Günther Lohr

Körpertext

Historische Semiotik der komischen Praxis

Westdeutscher Verlag

Günther Lohr · Körpertext

Günther Lohr

Körpertext

Historische Semiotik der komischen Praxis

Springer Fachmedien Wiesbaden GmbH

CIP-Kurztitelaufnahme der Deutschen Bibliothek

Lohr, Günther:
Körpertext: histor. Semiotik d. kom. Praxis /
Günther Lohr. – Opladen: Westdeutscher Verlag,
1986.

Umschlaggestaltung: Horst Dieter Bürkle, Darmstadt

Lengericher Handelsdruckerei, Lengerich

ISBN 978-3-531-11836-9 ISBN 978-3-322-91775-1 (eBook)
DOI 10.1007/978-3-322-91775-1

Vorbemerkung

"(...) schon oft hätten Seefahrer versucht, an der Insel zu landen, doch keinem wäre es bisher gelungen; denn die Kasperles hätten ein sonderbares Mittel, um etwaige Feinde wehrlos zu machen, sie beschössen sie mit Lachpulver. Das bekämen sie von der Lachpflanze. Wenn dies Pulver den Menschen in die Nase käme, müßten sie so schrecklich lachen, daß sie gar nichts mehr machen könnten."

Josephine Siebe: Kasperle in Kasperland. (1926). Stuttgart 1956:82

Die vorliegende Arbeit enthält zwei Teile eines ursprünglich in drei Themenkomplexe aufgeteilten Gegenstandes: Der erste - hier nicht enthaltene - Teil hätte die Genese der Struktur des Komischen im Rahmen einer 'historischen Ethnopoetologie' entfaltet und dabei sowohl ethnografisches Material als auch die Forschungsergebnisse der klassischen Philologie zur Entstehung der attischen Komödie einbezogen. Einzelne Ergebnisse dieses Komplexes sind in den ersten Teil 'Semiotik der Komödie' der vorliegenden Untersuchung eingegangen, der die Struktur des Komischen und der Komödie beschreibt. Der zweite Teil 'Didaktik des Amusements' verfolgt schließlich die historische Ausdifferenzierung dieser Struktur anhand der Komödientheorien vom 16. bis zum 18. Jahrhundert. Während der Arbeit an dem Quellenmaterial formte sich die Bedeutung des Körpers als einer philosophischen und einer ästhetischen Sinnfigur immer deutlicher heraus: der Körper des Harlekin ist als ästhetisches Ausdruckssystem innerhalb eines größeren historischen Kontextes zu begreifen, in dessen Rahmen der Körper als anthropologisches Sinnfeld bürgerlichen Bewußtseins problematisiert wird. In den Poetiken und Traktaten der "Weltweisen" ist manchmal ebensoviel vom Körper die Rede wie von den Gedanken - die verschiedenen epochalen Schauspielstile sind der unmittelbare Ausdruck dieses Zusammenhangs von Reflexion und Körperbewußtsein. Der Titel meiner Arbeit weist auf diese doppelte Bedeutung des Körpers hin.

Dies hatte auch eine folgenreiche Überkreuzung verschiedener wisenschaftlicher Paradigmata zur Folge, deren Spuren sich in der vorliegenden Untersuchung erhalten haben. Ausgehend von der Position der Kritischen Theorie - die Arbeit sollte auch als eine "Dialektik der Aufklärung" der Theorie und Praxis der Komödie zu lesen sein - bezog ich auch die Ergebnisse der anglo-amerikanischen Kulturanthropologie sowie derjenigen avancierten (post-)strukturalistischen Theorie ein, die von der konservativen Romanistik mit dem Schimpfwort "Telquelismus" bedacht wurde.

Dieser methodische Synkretismus sowie das historisch ausgreifende Untersuchungsfeld bedingen auch die Reihe der Desiderata der vorliegenden Arbeit. Generell wurde aus Darstellungsgründen die Diskussion derjenigen Gebiete, deren Forschungslage als 'gesichert' gelten darf, nicht nochmals aufgenommen; dies gilt insbesondere für die streng philologische Rekonstruktion der Poetiken. Die Aufzeichnung des historischen Streites zwischen einem akademisch geprägten Bildungsideal und der in einer anderen Tradition stehenden Theaterpraxis sprengt notwendigerweise den parteilichen Rahmen zwischen philologisch orientierter Dramentheorie und handlungstheoretisch orientierter Theaterwissenschaft. Um die verschiedenen 'Körpertexte' herauszuarbeiten, habe ich verschiedene formale Modelle übernommen bzw. entwickelt, die eine Erweiterung des literarischen Dramas zu einem semiotischen Bedeutungssystem implizieren, das immer auch die konkrete Aufführungssituation miteinbezieht. Sowohl die grafischen Zeichnungen als auch die Formeln - die sich auf das von der modalen Handlungslogik entwickelte Instrumentarium stützen - dienen der Rekonstruktion der verschiedenen Schauspielstile als einer semiotischen Praxis.

Die Formeln mögen so der doppelten Vergänglichkeit - der des Theatererlebnisses und der des Lachens -, vor die jede Theorie der Komödie gestellt ist, entgegenstehen - und auf diese Weise ein Schritt aus der im voranstehenden Motto angedeuteten Schicksalsbahn des Lachenden sein, wonach es das Lachen selbst ist, das ein Betreten der utopischen Insel verwehrt.

Inhaltsverzeichnis

Vorbemerkung V

EINLEITUNG. Stimme des Komischen, Schrift der Komödie 1

SEMIOTIK DER KOMÖDIE

I. ÄSTHETISCHE PRAXIS UND LOGIK DES SPIELS

I.1. Das hermeneutische Paradox der Komödie 9
I.2. Praxis der Codes: Nomos und Text 11
I.3. Spielfeld, Spielzeit und Spielleistung 18

II. IM REICH DER KOMISCHEN COMUNITAS - Umrisse einer Gelatologie

II.1. Ordnung und sekundäres Chaos 25
II.2. Witzkommunikation im Alltagshandeln 28
II.3. Exkurs zur deutschen Lachtheorie 30
II.4. Komische Bisoziation oder: Das Glück des dritten Terms 33
II.5. Allgemeine Kippformeln des Komischen 37

III. AKTIONSMITTEL THEATER

III.1. 'Herr und Knecht' im 'Welttheater' 42
III.2. Der doppelte Ort: Modell der intratheatralischen Kommunikation 47
III.3. Mikro- und Makrozeit: Entwurf zu einem semiotischen Modell der theatralischen Zeit 58

IV. THEORIE DER KOMISCHEN PRAXIS

IV.1. Zur Logik des komischen Sturzes 63
IV.2. Im komischen Raum 69
IV.3. Agent des Wunsches: Psychogramm der komischen Figur 72
IV.4. Die kinematische Maske 74
IV.5. ANHANG. Fragment zur Tragödie 80

DIDAKTIK DES AMUSEMENTS

V. DIE SUCHE NACH DER MITTE DES KOMISCHEN RAUMES

V.1. Das Theater der Renaissance: Schrift-Bild des Menschen 87
V.2. Erkenntnistheoretische Grundlinien der Poetiken des Cinquecento 90
V.3. 'Ridiculum': Zur Theorie des Komischen in der Renaissance 92
V.4. Die bürgerliche Komödie entsteigt dem "Archiv der Philosophie" (Pino da Cagli 1572) 95
V.5. Verschmelzung der Gattungen - Teilung des Komischen 99
V.6. Das alchemische Prinzip der Repräsentation: Arbeit/Erkenntnis/Spiel 100
V.7. Poesie als Repräsentation einer universalen Grenze (Boileau 1674) 101
V.8. Indexikalische Repräsentation. Zum rhetorischen Schauspielstil des Barock 103

V.9.	EXKURS. Negative Repräsentation des Menschen: der Krüppel als komische Figur	106
V.10.	Komische Praxis als Leerstelle der Repräsentation (d'Aubignac 1657)	107
V.11.	"Negative Poetik" der Komödie	109
V.11.1.	Denunziation der Komödie als weibliche Wunschproduktion (Nicole 1667)	111
V.11.2.	Priester, Narren und Bürger (Collier 1698)	115
V.12.	Die politischen Konnotationen des bürgerlichen 'humour'-Begriffes (Congreve 1695)	119
V.13.	Die Idee einer 'inneren Form' der Komödie (Farquhar 1702)	122
V.14.	'Mitte' als Metapher und Praxis. Zum Erkenntnisbegriff der Frühaufklärung	126
V.15.	Messung des "Schönen". Konstruktion der Ästhetik im Winkel von Rationalität und Sinnlichkeit (Crousaz 1715)	129
V.16.	Welt als Schrift und Poesie als Lektüre - aber die Lazzi sind keine Dichtung! (Muratori 1706)	132
V.17.	Die Komödie als Praxis der Vernunft (Terrasson 1715)	138
V.18.	Die Neuinterpretation einer komischen Katharsis: Konstruktion des Gesellschaftlichen durch affektive Progression (Du Bos 1719)	142
VI.	ERRICHTUNG EINES KONTINUUMS DER FIKTION	
VI.1.	Theater als Ort einer didaktischen Körpersemiotik (Wolff 1720; 1721)	147
VI.2.	'Witz': logisch-ästhetische Praxis der Tauschabstraktion	150
VI.3.	Teilung des komischen Körpers in tote Ware und lebendigen Schein	154
VI.4.	Doppelte Codierung der Poesie. Zur Aporie der Gottsched'schen Ästhetik (1730)	157
VI.5.	Vertreibung des Harlekins: Auswischung des Signifikanten	163
VI.5.1.	Der Körper	163
VI.5.2.	Brandmale	165
VI.5.3.	Die Texte	167
VI.5.4.	Der Affe	169
VI.6.	Marginalie über Improvisation	172
VI.7.	Gewinnung eines veristischen Schauspielstils durch Abspaltung des Signifikanten	175
VI.7.1.	Uminterpretation des rhetorischen 'pathos': Einheit von Körpersignifikant und Seelensignifikat (L. Riccoboni 1738)	176
VI.7.2.	Der 'Strahl' des Körpers: 'Illusion' als Einheitschiffre für Natur und Gesellschaft (Hogarth 1753)	178
VI.7.3.	Die 'Verdoppelung' des Schauspielers: Entdeckung der Inlusion (F. Riccoboni 175o)	183
VI.8.	EXKURS. Ende des veristischen Schauspielstils	187
VI.8.1.	Psychodrama (Moreno 1924)	188
VI.8.2.	Das Theater der Grausamkeit (Artaud 1931-37)	189
VI.8.3.	Das epische Theater (Brecht 1927)	191
VI.9.	Diskurs der Körper im Rokoko — oder: Kann Liebe komisch sein?	195
VI.9.1.	Brechung des dominanten Wunschterms	195
VI.9.2.	Harlekin als Agent des Sexualitätsdispositivs (L. Riccoboni 1743)	196
VI.9.3.	Die Liebe der Städter und die Liebe der Schäfer	200
VI.9.4.	Die Komödie als Herrschaftsinstrument	203
VI.10.	Naturallegorese der Psyche: Die "Gedancken von Schertzen" als Theorie der Spontaneität (G. F. Meier 1744)	205
VI.11.	Logische Autonomie und moralische Teleonomie der Kunst (J. E. Schlegel 1740—1774)	208
VI.11.1.	Tanztherapie	208
VI.11.2.	'Nachahmung' als Konstruktion eines logischen Subjekts	209
VI.11.3.	Die Komödie als didaktisches Instrument der bürgerlichen Mittelklasse	217

VII. ZERFALL DES KOMISCHEN

VII.1 Die 'gute Komödie' der Bürger (Gellert 1751 u. 1756; de Buzonnière 1747) 221
VII.2. Das Selbst als gespaltene Miniatur 224
VII.3. "Wollust der Poesie". Zum gesellschaftlichen Ort der Rührkomödie 227
VII.4. EXKURS. Teilung des Körpers in Ware und Wunsch 229
VII.5. Empfindsamkeit: Überschreitung des Begehrens 233
VII.6. Dissoziation der Körper 235
VII.7. Genese des Unkomischen 238
VII.8. Das Ende des Happy-Ends 240

Verzeichnis der logischen Symbole 242

Verzeichnis der Figuren 243

Anmerkungen 244

Quellen 274

Literaturverzeichnis 284

Einleitung

Stimme des Komischen, Schrift der Komödie

Am Ende von Platons *Symposion* doziert Sokrates über die Tragödie und die Komödie, entgegen der athenischen Praxis behauptet er, "es sei Sache des gleichen Mannes, sich auf das Dichten von Komödien und Tragödien zu verstehen und der kunstverständige Tragödiendichter sei auch ein Komödiendichter." (1) Darüber schlafen Aristophanes und Agathon ein. Das Gähnen der antiken Philosophenrunde ist zu einem beliebten Eingangstopos literaturwissenschaftlicher Arbeiten über die Komödie geworden und bedeutet traditioneller Auffassung nach, daß schon die Runde um Sokrates nicht viel relevantes über die Komödie zu sagen vermochte, so als bedürfe sie einer theoretischen Durchdringung nicht: der Regeln der komödiantischen Praxis sei man insgeheim sicher, und das Theoretisieren schade gar dem Lachen.

Dieser Kurzschluß führte zu einem historischen und systematischen Defizit der Theorie des Komischen bzw. der Komödie, wie es in der quantitativen und qualitativen Dürftigkeit der Passagen über die Komödie von Aristoteles und Cicero über die Renaissance-Poetiken bis hin zu Lessing zum Ausdruck kommt. Dies Defizit reproduziert sich nochmals in der heutigen wissenschaftlichen Bestimmung der Komödie, die von der Anstrengung gekennzeichnet ist, eine genuin *ästhetische* Bewegung des Komischen gegenüber einem bloß alltäglich Lächerlichen zu retten. (2) Das über den latenten Stoizismus der Poetiken tradierte antike Vorurteil einer Doppelung in einen unmoralischen Hedonismus und in eine diesem vorgelagerte abstrakte Moral findet sich als theoretisches Grundgerüst in den Lachtheorien der neueren Philologie wieder.

Die perennierende Kodifizierung der Komödie als der niederen Späre des Lebens zugehörig ist die Folge der platonischen Trichotomie von Urbild (eidos), Abbild (eidolon) und ästhetischer Konkretion, wodurch letztere als dritter Grad der Wirklichkeit bestimmt ist. (3) Zusammen mit seiner Definition des Lächerlichen als einer "schwachen Unwissenheit" (4) begründet Platon damit an der Schwelle des abendländischen Denkens eine Reflexionsfigur, die - über die aristotelische Theorie tradiert - eine Scheu der intellektuellen Anstrengung erkennen läßt, durch das archaische Substrat der komischen Praxis hindurch zu einer adäquaten Theorie zu gelangen. Damit wurde der Komödie vergolten, daß sie ein Derivat der mimetischen Praxis aus einer Zeit vor der Abspaltung einer pythagoreisch rein kontemplativen *theoria* ist - daß das Komische sozusagen in logischer und historischer Hinsicht an eine gemeinsame Herkunft *vor* aller Kultur erinnert und damit die Abkunft des Sinns aus dem Unsinn postuliert.

Demnach wäre mit der Darstellung des *Komischen* immer auch ein gesellschaftlich gegenläufiges Moment verbunden, das die ideologischen Normen freilegt. Dieses Moment der Dekonstruktion taucht in der *Komödie* als poetische Transzendierung der Gesellschaft wird, taucht die komische Praxis nur punktförmig in einzelnen - als Schriftdokumente erhaltenen - Komödien auf. Sie werden dem kulturellen Erbe einverleibt und verfallen als Werke der Weltliteratur der literarischen Kritik - es sei nur an die Diskussion um die "Moralität" des Aristophanes im 17. und 18. Jahrhundert in Frankreich erinnert. Diese Kritik personalisiert gleichsam Bruchstücke des ungleich größeren Spektrums der komischen Tradition und läßt die Exponenten sozusagen über die Zeitalter hinweg miteinander diskutieren - so als befänden sich Aristophanes, Plautus und Molière im gleichen Salon. Die sich vom philologischen Positivismus des 19. Jahrhunderts herleitende Literaturgeschichte übernimmt im Grunde diese willkürliche historische Perspektive und eliminiert damit das historische Schicksal der komischen Praxis. Als Folge tendiert die literaturwissenschaftliche Komödientheorie dazu, das von ihr als Positivierung der Ständeklausel (39) beschriebene literaturhistorische Faktum als theoretischen Gestus zu wiederholen. Der bürgerlichen Geschichte der Komödie steht die Ungeschichtlichkeit der Körperlogik der komischen Praxis entgegen. Die Bedeutsamkeit des Körpers stellt sich im Rückgang auf den ursprünglichen Logos im karnevalistischen Fest her - die Bedeutungsstruktur dieses Logos ist die unmittelbare Stimme. Dagegen tendiert die institutionalisierte Komödie dazu, diese Stimme des Komischen als literarische Schrift festzuhalten. (40) Die Schrift des Komischen in der literarischen Komödie wird die Stimme des Komischen zunächst als Inschrift am Körper der komischen Figur interpretieren und dulden, bis schließlich im 18. Jahrhundert die Schrift triumphiert und in ihrem Namen der Körper der komischen Figur eliminiert wird. Darüber wird die positivierte Komödie zum bürgerlichen Trauerspiel.

SEMIOTIK DER KOMÖDIE

"Là où la pratique n'est pas rire, il n'y a pas de nouveau: là où il n'y a pas de nouveau, la pratique n'est pas drôle: elle est à la rigueur, un acte répété et vide."

Julia Kristeva 1974:197

I. Ästhetische Praxis und Logik des Spiels

I.1. DAS HERMENEUTISCHE PARADOX DER KOMÖDIE

Der theoretische Kern der in den traditionellen Poetiken enthaltenen Ständeklausel verweist auf die Differenz und die Einheit von ästhetischer und gesellschaftlicher Praxis. Sie bezieht sich auf die Kluft zwischen Abbild und Abgebildeten und versucht eine paradoxe Situation zu formulieren: Die Komödie im Sinne einer ästhetischen Praxisform setzt ein gesellschaftlich Ganzes schon voraus, zugleich wird dieses normhaft Ganze in der komischen Handlung zerlegt und schließlich - jenseits der Anagnorisis - im Happy-End wieder konstruiert. Die Komödie als ästhetisch-gesellschaftliche Praxisform setzt mit der komischen Demontierung der Normen 'Gesellschaft' schon voraus - obwohl diese Norm in der produktiven Rezeptionssituation der Aufführung erst hergestellt wird. Aufgrund dieses hermeneutischen Paradoxons führt die Komödie - deutlicher als andere Kunstformen - eine doppelte Existenz: Sie thematisiert in "niederen" Bildern die Dimension des Alltagshandelns und damit der gesellschaftlichen "Konstruktion der Wirklichkeit" (1), indem sie das Alltagshandeln ästhetisch formt. Mit dem Hinweis auf die dominant ikonische Struktur des theatralischen "Textes" als eines "Superzeichens", in dem auch die symbolische und indizierende Zeichenvergabe zu fiktionalen Modellen realer Kommunikation ikonisiert wird (2), ist das Paradox nur zeichentheoretisch beschrieben, aber nicht erklärt.

Das erste Erklärungsmodell, das diese konstitutionslogische Doppelbewegung von Reflexion und Handeln analysiert, stammt aus dem letzten Jahr des 18. Jahrhunderts. 1799 hatte Friedrich Schleiermacher in seinem anonym erschienen Versuch einer Theorie des geselligen Betragens den hermeneutischen Charakter gesellschaftlichen Handelns skizziert. Nach Schleiermacher wiederholt sich das hermeneutische Paradox einmal auf der Ebene des individuellen Handelns (3), ein weiteres Mal auf der Ebene der Gesellschaft und reproduziert sich nochmals in der theoretischen Reflexion des nämlichen Sachverhalts. Schleiermacher entwickelt das dialektische Verhältnis von Kenntnis (Reflexion) und Handeln (Praxis) am Modell des "geselligen Betragens" im bürgerlichen Salon, der gleichsam "der Körper der Gesellschaft" sei. (4)

Jede Handlung beinhaltet zugleich die Anwendung einer Regel und ihre Reproduktion als Norm, vermittelt durch die Reflexion dieser Regel. (5) Diese Metaregel leistet ein Doppeltes: zunächst begründet sie den realen Zusammenhalt der Individuen in der Gesellschaft, desweiteren legitimiert sie nach Schleiermacher die Anwendung der Idee eines allgemeinen bürgerlichen Fortschritts auch im Bereich der Einzelnen, deren individuelle Emanzipation von den Zwecken der Berufswelt so zur Bedingung einer entfalteten bürgerlichen Gesellschaft wird. Noch zerfällt die unvollkommene bürgerliche Gesellschaft in in ihrer Konsequenz der platonischen Kunstauffassung: Ist nach Platon ein Kunstwerk das Abbild einer Wirklichkeit, die sich ihrerseits nur aus Bildern der Ideen zusammensetzt, so ist bei Hegel die Kunst das Surrogat einer Praxis, die die Aufhebung der Widersprüche zum Ziel hätte.

Dieser Hegelschen Bestimmung der Kunst steht mit der komischen Praxis das Modell einer anderen ästhetischen Praxis gegenüber, die sich in der Vereinigung von Widersprüchen überhaupt erst konstituiert. Wenn die Komödie eine ästhetisch und gesellschaftlich bestimmte Praxisform ist, die zudem das Modell der Versöhnung im Moment des Komischen einlöst, zerfällt mit der Differenz von Sinnlichem und Geistigem auch der moralische Zweck. Die Reflexionsform dieser aufgehobenen Moralität ist nach Hegel die Komödie. In ihr wird die Ordnung als bloßer Anspruch der Theorie denunziert, indem die komische Praxis die Subjekte und die Dinge gleichermaßen der "allgemeinen Ordnung" enthebt. Von daher legitimiert sich in Hegelscher Sichtweise das Diktum vom Ende der Kunst in der (romantischen) Komödie: in ihr wird diese Einheit, auf die der von der Praxis abgespaltene Schein verwies, nur in ihrer "Selbstzerstörung" dargestellt. (4)

Das in der abendländischen Geschichte oft konstatierte "Ende" der Komödie hat - ebenso wie der Ruf vom "Ende" der Kunst - seinen Ursprung in einem Kunstbegriff, der die ästhetische Praxis als schönen Schein vollkommen von der gesellschaftlichen Dimension abtrennt.

Demgegenüber haben die russischen Formalisten einen Kunstbegriff entwickelt, der die Materialität des ästhetischen Gebildes als "sozialen Akt" begreift. Medvedev entwickelte eine Theorie der Äußerung (5), die das Kunstwerk als ideologisches Produkt interpretiert, das wie alle übrigen Gebilde "Objekt der sozialen Interaktion ist". (6) Dabei handelt es sich nicht um ein dualistisches Widerspiegelungsmodell, vielmehr betont Medvedev, daß der ästhetische Prozeß die im allgemeinen Feld der kulturellen Ideologie schon gebrochene sozio-ökonomische Wirklichkeit formt. (7) Die Äußerung ist das quasimaterielle Instrument, das die ideologische Konfiguration der Gegenstände ästhetisiert - sie ist der Code der ästhetischen Praxis.

Der Begriff des Codes soll die zu Zeichen geronnenen Einschleifungen von kulturell und historisch determinierten Praxisformen und Interaktionsfiguren bezeichnen. Ein Code ist ein allgemeines Dispositiv, das entweder unbewußt mit der Sozialisation adaptiert wird oder aber als Bestandteil einer bestimmten Praxis erworben wird - hierzu gehören insbesondere die ästhetischen Codes, die einerseits ein produktionsästhetisches Handwerkswissen vermitteln und andererseits kognitive Rezeptionsmuster bereitstellen. Die Codes sind Teil eines kontinuierlichen Prozesses, der die Gesellschaft als Ganzes hervorbringt; sie sind gleichsam die Bindeglieder, die die materiellen Gegenstände in einer abstrakten Ordnung zusammenhalten. Diese Ordnung stellt sich auf zweierlei Weise her: zum einen in der Bewegung des "Schreibens" auf der Ebene des Signifikanten (also des materiellen Zeichenkörpers im Sinne Saussures), zum anderen in der "Lektüre" auf der

Ebene des Signifikats (des Zeichensinns bei Saussure). (8) Die Tätigkeit der Anordnung der Signifikanten nennt Kristeva Signifikantenpraxis. (9) Die signifikanten Praktiken sind Teil der ideologischen Praxis im Sinne Althussers (10), die den semiotischen Raum - den "Überbau" - herstellen. Die signifikanten Praktiken häufen als Teilbewegung der ideologischen Praxis Materiepartikel - beim Theater z.B. Sprache, Gesten, Bühnenbild usw. - zu Mustern an, die dann als normative Oberflächenstruktur - als 'Text' im semiotischen Sinne - aufgefaßt werden. Der Sinn der 'Texte' ist damit abhängig von der - durch die Codes gesteuerten - Signifikantenordnung.

Ähnlich wie der Begriff der Kunst sich durch die Konfrontation mit einem gesellschaftlichen Handlungsbegriff zur 'ästhetischen Praxis' erweitert, schließt die Soziologie des Alltagshandelns die relevanten symbolischen Operationen in ihre methodische Analyse mit ein. In der Nachfolge der phänomenologischen Soziologie (A. Schütz) und des symbolischen Interaktionismus (G. H. Mead) wurde eine Theorie des Alltagshandelns erarbeitet, die unter dem Einfluß der Chomskyschen Kategorien der Basis- und Tiefenstruktur der Sprache ein Modell der interaktionslogischen Basiscodes und der normativen Oberflächenstruktur der Gesellschaft entwickelt hat. Nach Cicourel sind die sozialen Basiscodes als Minimalbedingungen einer interaktionslogischen Kompetenz anzusehen, die - durch interpretative Regeln zu einer "kognitiven Organisation" kumuliert - das normative Oberflächensystem der Gesellschaft durch Praxis herstellen. (11)

Dem entspricht auch die Unterscheidung zwischen konkreter Handlung und abstrakter Metaregel in der neueren deontischen Logik. Die dreiwertige Handlungslogik mit den deontischen Operatoren O (Gebot), P (Erlaubnis) und V (Verbot) ist von einer Normenlogik zu unterscheiden, die die Struktur des Normensystems analysiert. (12) Entsprechend unterscheidet Khatchadourian innerhalb der Basishandlungen die konventionalisierten Regeln oder Handlungen (C-rules oder -acts) von den moralisch regulativen Regeln (R-rules). (13) Die R-Regeln dienen im Alltagshandeln als ein regulativer, den C-Regeln übergeordneter Set von moralischen Grundnormen, die erst in besonderen Situationen wirksam werden und den Bestand der Gesamtheit der Praxisformen sichern sollen. (14) Beide Normklassen sind nicht aufeinander reduzierbar, d.h. moralische Implikationen sind in den konventionalisierten C-Regeln nicht enthalten; wo eine solche Verbindung postuliert wird, wird immer zusätzlich von einem moralischen Handlungscode, einer R-Regel ausgegangen. (15) Die interaktionslogischen Basisregeln begründen einen Satz von besonderen (oder "ideographischen") Handlungsfiguren, die in ihrer Gesamtheit die allgemeine (oder "nomothetische") Oberflächenstruktur der jeweiligen Gesellschaft produzieren, d.h. neben den Produktionsregeln zur Steuerung der materiellen Produktion gibt es auch noch einen anderen gesellschaftlichen Regelkreis, der die Einheitlichkeit der erfahrungsweltlichen Realitätsebene garantiert. (16) Ein materiales Handlungsmodell enthält damit drei verschiedene Handlungsebenen, denen jeweils ein Aspekt des gesellschaftlich Ganzen entspricht:

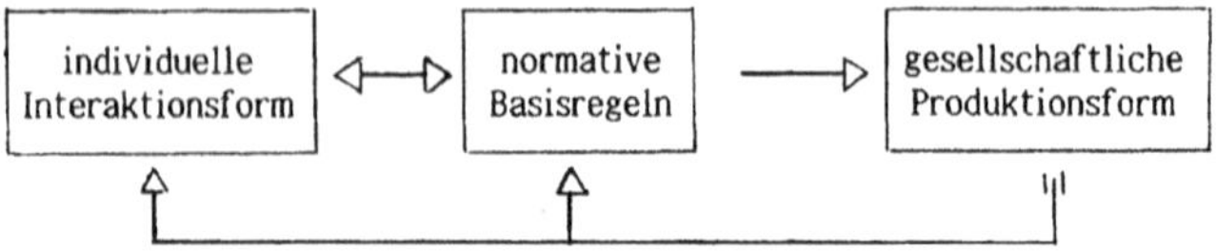

Fig. 1

Dabei ist die individuelle Interaktionsform gleichbedeutend mit einer Körperlogik (hexis), die die einverleibten gesellschaftlichen Strukturen zum Ausdruck bringt (17), zugleich entspricht sie in diesem Vektorenfeld der parole, die den Fundus der langue - das gesellschaftliche Dispositiv von Basisregeln - jeweils neu aktualisiert. (18) Auf die Unterscheidung der axiologischen Normen von einer handlungstheoretischen Skala von Konventionen (19) werden wir im Zusammenhang der Diskussion des Theaters als einer besonderen gesellschaftlichen und ästhetischen Praxisform zurückkommen.— Das Verhältnis von Basiscode und Oberflächennorm läßt sich wie folgt formalisieren (20):

*(A.1) $K \Rightarrow N$

K = (K)ode
N = (N)omos

bzw. genauer, unter Berücksichtigung der von Khatchadourian vorgeschlagenen Unterscheidung von konventionalisierten C-Handlungen (Ac) und R-Regeln (Ru):

*(A.2) $K_{(Ac//Ru \equiv N)} \Rightarrow N$

Ac = konventionalisierte Basishandlung
Ru = metaregulative Norm

In dieser Formel des Alltagshandelns ist K der dynamische (21) interaktionslogische Basiscode zur "Kosmisierung" (22) einer N, wobei N für die von den Basiscodes generierte normative Gesellschaftsstruktur steht. Die Bielefelder Soziologengruppe faßt den in *(A.1) angegeben Prozeß folgendermaßen zusammen:

> "Aufgrund des ständigen Flusses der unterschiedlichen Geschichtsdimensionen sowie der in ihnen auftauchenden Ereignisse und Deutungen ist die Situation, die den Interaktionspartnern gegenübertritt, stets unfertig. (...) Da die Handlungsorientierung jedoch ein relativ geschlossenes Vorstellungsbild vom Tableau zukünftiger Handlungsmöglichkeiten und insbesondere der zu erwartenden Ereigniskette innerhalb der ausgewählten Handlungssequenz benötigt, ist eine praktische Totalisierungsleistung der eigentlich untotalisierbaren Situationsfakten im Deutungsvorgang der Interaktionspartner erforderlich." (23)

Erst die ständige Überschreitung der Konvention $K_{(Ac)}$ schafft die Ordnung der Realität. Das Alltagshandeln ist nicht auf eine objektiv zu beschreibende "Realität" ausgerichtet, sondern teleologisch sowohl auf ein "Selbstbild" als auch auf ein "Gesellschaftsbild" gerichtet (24) - es ist sozusagen immer 'hermeneutisch' vermittelt, indem es den aktualen Strukturen vorauseilt und sie somit erst herstellt. (25)

Nach Waldenfels ist die Generierung neuer Zusammenhänge ein zwangsläufiges Produkt jeglicher Praxis. (26) Selbst ein auf Wiederherstellung einer "universalen Normativität" gerichtetes Handeln unterzieht die eigenen Maximen oder Zwecke einer solchen Transformation, da die Normen selbst immer nur relative stabile Kontexte darstellen, die durch vergangene Praxis hergestellt wurden. Der Prozeß der Entstehung neuer oder neuartiger Situationen erweist sich somit immer 'stärker' als die hypothetische Ausgerichtetheit auf universale Normen, da dieser Prozeß der gleiche ist, der die Normen einst produzierte. Der gemeine Raum des Alltagshandelns ist in dem Maße eine Fiktion, wie die Interaktionspartner bestimmte Idealisierungen vornehmen und Intersubjektivität durch bestimmte Konstrukte mit hypothetischem Charakter begründen. Die reale Differenz der individuellen Biografien wird durch zwei hypothetische Annahmen überbrückt: die Annahme der Auswechselbarkeit der Standpunkte und die Annahme der Kongruenz der Relevanzsysteme der jeweilig Interagierenden. (27) Nach Schütz bilden beide Idealisierungen zusammen die Konstruktion der "Reziprozität der Perspektiven". (28) Den teleologischen Aspekt des Handelns bestimmt Schütz in der Antizipation "modo futuri exacti", d.h. der tatsächlichen Aktion geht eine futurische Projektion in der Fantasie voraus. (29) Diese futurische Projektion wird von regulativen Basiscodes gesteuert, die eine Vermittlung zwischen dem 'nomothetischen' Gesellschaftsbild und den subjektiven Sinnintentionen der Handelnden leisten. (30) Den Handlungsprojektionen entspricht die futurische Bestimmung des Zeichens (das Peirce'sche "esse in futuro") (31), das erst in der vollzogenen deiktischen Gebärde die Offenheit der Bedeutung abschließt. Nur in diesem Sinn ist die Semiose Praxis - sie vermittelt sozusagen zwischen der individuellen Wunschökonomie und den gesellschaftlichen Produktionsprozessen, zwischen den beiden Feldern, die Marx in den Grundrissen als das "System der Bedürfnisse" und das "System der Arbeit" bezeichnet hat. (32)

Grathoff hat in einer Weiterentwicklung der phänomenologischen Soziologie eine Theorie der "permanenten Kluft" (permanent gap) entwickelt, die das Handeln in außergewöhnlichen Lagen, sogenannten "dramatischen Situationen" erklären soll. (33) Die Kluft entsteht immer dann, wenn die Kontinuität der 'nomothetischen' Oberflächenstruktur, z.B. bei persönlichen oder sozialen Krisensituationen, in Frage gestellt ist. (34) Die Kluft wird durch die intersubjektive Errichtung eines "typifikatorischen Schemas" überbrückt, das die Vorstellungfelder der Interagierenden momentan und provisorisch miteinander verbindet. (35) In der Erklärung dieses spontanen kognitiven Sprunges greift Grathoff auf den Peirceschen Begriff der "Abduktion" zurück. (36) Abduktion ist die "einzige logische Operation, die eine neue Idee hervorbringt (...)" (37), es ist der Geistesblitz. (38) Eine gleiche Erweiterung der logischen Operationen führt Lefebvre unter dem Namen "Transduktion" eine, ohne sich jedoch auf Peirce zu beziehen. (39) Eine ähnliche Vorstellung wurde innerhalb der verschiedensten theoretischen Zusammenhänge entwickelt, gemeint ist damit immer eine dialektische kognitive Schlüsseloperation. (40) Der kreative Gebrauch transduktiver Operationen ist einerseits eine Grundvoraussetzung für die Teilnahme an Interaktionsprozessen und subjektiver Identitätsbildung (41), andererseits begründen transduktive Prozesse auch die institutionelle Absicherung kollektiver kreativer Praktiken wie z.B. der des Theaters.

Burns hat den Ansatz von Grathoff aufgenommen und das Theater als Medium der Reduzierung der "kognitiven Dissonanz" (42) interpretiert. Das Theater hat danach die Funktion, die anomischen Strukturen der Realität unter die nomothetische Norm zu rubrizieren und auf diese Weise die Kluft zu schließen. Die unmittelbare Gleichsetzung von theatralischer Rolle mit dem soziologischen Rollenbegriff, die dieser Ansatz impliziert (43), greift aus mehreren Gründen zu kurz. Zum einen ist die Vermittlung von subjektiven und objektiven Prozessen nicht über die Rollentheorie zu leisten und zum anderen unterscheidet sich die ästhetische Praxis des Theaters im Sinne einer signifikanten Praxis durch einen anderen logischen Status vom Alltagshandeln.

Aus einem weiteren Grund ist die wechselseitige Übertragung theatralischer Begriffe in die soziologische Theorie und umgekehrt problematisch: mit der Ausklammerung des "objektiven Faktors Subjektivität" (44) beraubt sich der theatersoziologische Ansatz gerade der Möglichkeit, die Differenz von theatralischem und 'realem' Handeln anzugeben und rekurriert in der Folge auf Begriffe wie "Rollenempathie", "projektive Identifikation" etc.

Nach den Autoren des "Anti-Ödipus" bildet sich auf der Seite des Subjekts ein "Mehrwert an Code" (45) als eine ursprüngliche, primitive Form der Sinnproduktion, der sich als gesellschaftlich dysfunktionales Moment niederschlägt. Die ästhetische Praxis greift diese dysfunktionalen Elemente und gesellschaftlichen Brüche auf und präsentiert sie in einer anderen Ordnung. Kunst ist somit eine Überschreitung der gesellschaftlichen Totalisation, die immer auch über die herrschende Praxis hinausweist. (46) Das Konzept der signifikanten Praktiken beschreibt diese andere Praxis, die mittels des Mehrwerts an Code als einem subjektiven Sinnüberschuß die fiktionale Konstruktion der Realität (im Sinne einer gesellschaftlichen Oberflächennorm) garantiert. Dieser sekundäre Status der ästhetischen Codes kann formalisiert dargestellt werden, wenn wir die Ebene des Alltagshandelns als "real" (r) und den ästhetischen Code als "fiktional" (f) klassifizieren. Die Kategorie der Fiktionalität wird als ein Sonderfall der Codierung der interaktionslogischen Basisregel definiert, die der Realität nicht entgegengestellt ist, sondern lediglich einen spielerischen bzw. willkürlichen oder ad hoc definierten Aspekt des möglichen Realen bezeichnet: real und fiktional sind keine ontologisch opponierenden Kategorien - die im fiktionalen Kontext verwendeten ästhetischen Zeichen sind von gleicher Materialität wie nicht-fiktionale Gebilde -, das Fiktionale bestimmt nur die 'Aussicht' auf einen besonders definierten Wirklichkeitsausschnitt. "Fiktionalität" definiert sich als eine logisch mögliche Anhäufung von Basishandlungen oder von individuellen Interaktionsformen, die somit die nachfolgenden (Sprach-) Handlungen dem regulativen Prinzip einer dominanten Spielregel unterwerfen. Die signifikanten Codes erstellen Instruktionen "für das Produzieren von Signifikaten". (47)

Mit Hilfe der vier Parameter 'Basiscode des Alltagshandeln' (K_r), 'nomothetische Gesellschaftsstruktur' (N_r), 'fiktionaler Basiscode' (K_f) und der 'fiktionalen Realitätsebene' (N_f) oder semiotischer 'Text' (T) kann jetzt die allgemeine Produktionsregel der signifikanten Praktiken formuliert werden:

*(A.3) $N_r \ (K_r \Rightarrow N_r) \ \& \ K_f \Rightarrow N_f$ bzw. T

Dies ist folgendermaßen zu lesen: Die normative Oberflächenstruktur der erfahrungsweltlichen Realitätsebene (N_r) wird durch die um eine Fiktions-/Spielregel (K_f) erweiterte interaktionslogische Basisregel ($K_r \Rightarrow N_r$) zur normativ fiktionalen Struktur des semiotischen Textes (N_f) transformiert. Der ontologische Status von Kunst ist in *(A.3) durch eine doppelt offene Bestimmung definiert, da sie durch zwei verschiedene transduktive Prozesse produziert wird (abzulesen an der zweimaligen Verwendung des Zeichens =>).

Die doppelte Bestimmung der ästhetischen Codes siedelt die signifikante Praxis im Schnittpunkt der geschichtlich vermittelten Einübung in die Praxisformen und dem konkreten Bezug zur Produktionsweise einer bestimmten Gesellschaft an. Gleichwohl überschreiten die Kunstwerke in doppelter Weise die gesellschaftliche Norm: ihre besondere Produktivität entfaltet sich an einem inneren, individuellen und an einem gesellschaftlichen Ort. Aufgrund dieser doppelten Transgression glaubt die Rollentheorie des symbolischen Interaktionismus auch, mit der ästhetischen Metapher die gesellschaftliche Wirklichkeit erklären zu können. (48) Die Theatermetapher kann das innovatorische Moment der Handlungsmöglichkeiten nicht erklären (49), weil ihr - der idealistischen Prämisse gemäß - weder die materielle Produktion der Gesellschaft noch die andere Produktion der individuellen Triebökonomie in das Sichtfeld gerät. (50) Die letztlich bloß identitätsphilosophische Fragestellung der soziologischen Rollentheorie geht am Kern des "gesellschaftskonstitutiven Verhältnisses von Produktion und Aneigung" vorbei (51) - ebenso wie auf der Seite einer Kunsttheorie das ästhetische Produzieren nicht auf eine einfache sigmatische Verdoppelung der gesellschaftlichen Produktionsverhältnisse reduziert werden kann.

Die in der Kunst enthaltene zweifache Transduktion bestimmt sie logisch als doppelte Form, die materiell und nicht-materiell zugleich ist. Dem entspricht die doppelte Funktion der Kunst, einerseits Ersatzbefriedigung für reale Versagungen anzubieten und andererseits zugleich Manifestation eines Anspruchs auf diejenigen Bedingungen zu sein, unter denen die Befriedigung real möglich wäre. (52) Kunst verwandelt das Mögliche ins "Gebilde" (53), die signifikante Praxis ist eine spielerische Verwandlung der Form und damit auch die Materialisation der Spielform.

In dieser Einheit von Gesellschaftlichem und Imaginärem entsteht Kunst als ein Drittes, das weder materielle Produktion noch Spiel ist: sie ist ein "Aktionsmittel" (54) zur Wunscherfüllung. In diesem antizipierenden Charakter der ästhetischen Codes materialisiert sich das "Noch-Nicht-Bewußte" (55) als konkretes Korrelat der utopischen Fantasie.

Um die besondere ästhetische Gestalt der Komödie beschreiben zu können, die ihrerseits wieder mit dieser logischen Form der Kunst spielt und somit nochmals ironisch überhöht, sei zunächst eine materiale Spieltheorie skizziert.

I.3. SPIELFELD, SPIELZEIT UND SPIELLEISTUNG

"Spielen ist experimentieren mit dem Zufall."
Novalis: Schriften. Bd. 3. Stuttgart 1968:574

Kunst ist mehr als Spiel (im Sinne eines zweckfreien Verhaltens) und weniger als Arbeit (im Sinne einer Tätigkeit zur physischen Reproduktion). Kunst ist - im Gegensatz zum Spiel - immer auch gesellschaftliche Praxis; beiden ist die gleiche logische Form eigen, lediglich das Verhältnis von materialer Gestalt und variabler Funktion unterscheidet das Spiel von der Kunst.

Die Funktion des Spiels ist gerade seine logische Form als Abwesenheit eines instrumentellen Zwecks oder eines transzendenten Signifikats (1) - mit dieser Abwesenheit des Signifikats im Spielfeld ist aber noch nicht die vollkommene Nicht-Zweckgerichtetheit des Spiels gegeben, wie es die traditionellen Spieltheorien behaupten. (2) Spielen bedeutet geradezu den Rückgang auf die Signifikanten, die behandelt werden, als wiesen sie nicht immer auch auf eine Bedeutung (Sé) hin. Ebenso läßt sich Kunst als signifikante Praxis begreifen, die in ihrer materiellen Gestalt einen Signifikanten darstellt, dessen Signifikat nur ein Mögliches bezeichnet. Die Kunst ist gesellschaftliche Tätigkeit - wenngleich sie aufgrund des intensionalen, futurischen Charakters der Zeichen nur verzögert an der Gesellschaft teilnimmt. (3)

In diesem Sinne ist auch Freuds Vergleich des Dichters mit dem spielenden Kind berechtigt (4) und trifft das Verhältnis von Kunst und Spiel genauer als etwa die Auffassung von Kris, dem die Kunstwerke nur von der Gesellschaft rezipierte Tagträume sind. (5) Freud hat auch als erster auf den Zusammenhang von phylo- und ontogenetischer Funktion des Spiels verwiesen: nach der halluzinatorischen Wunschbefriedigung tritt sowohl das Kind als auch die Menschheit in die Phase der "motorischen Halluzination" (6), deren Ausdruck beim Kind das Spiel und beim sogenannten "Primitiven" das archaische

Ritual sei. Dieses Moment der Instrumentalisierung hat Winnicott zu einer Theorie des "Übergangsobjektes" weiterentwickelt. Das Übergangsobjekt bildet sich im Stadium frühester Objektbildung durch die symbolische Illusionierung von Teilen der Mutter. (7) In diesem Übergangsfeld von Proto-Ich und Objekt bildet sich ein "potentieller Raum", in dem sich die Objekte in ihrer Gestalt konstituieren. (8) Dieser sowohl außerhalb des intraphysischen Raums als auch außerhalb der äußeren Realität liegende Raum (9) ist das Spielfeld, in dem sich die kreative Imagination entfaltet. Das Spielfeld ist zugleich Teil der Welt und weist teleonomisch auf sie hin, es ist der Raum der Aneignung der Welt in der Konstitution der Objekte. (10) Der "nicht assimilierte Einbruch der Realität in den Organismus" (11) wird im Kinderspiel durch die spielerische Wiederholung aktiv bewältigt. (12)

Ausgehend von ontogenetischen Untersuchungen zur Entwicklung des Kindes führt Piaget das Anwachsen der kognitiven und motorischen Leistungen auf zwei Mechanismen zurück, die er - in Anlehnung an behavioristische Modelle - Assimilation und Akkomodation nennt.

Die Assimilation bezeichnet zunächst eine Nachahmung des eigenen motorischen und perzeptiven Verhaltens und transformiert und stabilisiert das eigene Verhaltensschema. (13) Es handelt sich um eine Assimilation des Objektes in die bestehenden Schemata und konstituiert auch die Sphäre des Spiels. Formal läßt dieser Vorgang sich wie folgt ausdrücken:

*(A.4) $$A \;\&\; (\sim A \rightarrow b) \;\Rightarrow\; b \in A \;\Rightarrow\; B$$

Diese Formel der Assimilation ist zu lesen als: Unter dem Einfluß des dem Verhaltensmodell (A) widersprechenden Elements (b) transformiert sich Modell (A) zum Modell (B), in dem (b) nunmehr integriert ist; wobei (b) sowohl ein Verhalten als auch ein reales oder imaginiertes, symbolisches Objekt sein kann.

Die Akkomodation bezeichnet demgegenüber die Angleichung des eigenen subjektiven Schemas an die veränderte Realität. (14) Beide Verhaltensmuster wirken immer zusammen, überwiegt die Assimilation, so entsteht nach Piaget die kreative Sphäre des Spiels, überwiegt die Akkomodation, so kommt es zur bloßen Imitation.

Die beim Spiel durch Assimilation stattfindende "Einverleibung der Außenwelt" (15) hat E. Simmel als eine Funktion der "Spielleistung" bestimmt. (16) Der Begriff ist eine Parallelbildung zur Traumarbeit der Psyche und zur Symptombildung im Soma: die Spielleistung manifestiert sich in der sozialen Sphäre. Im Gegensatz zur Wiederkehr des Verdrängten sowohl im Traum als auch in der Neurose weist der Begriff der Spielleistung auf einen dritten möglichen Mechanismus hin, durch den der aktuelle Konflikt ausagiert wird. (17)

Die Spielleistung stellt somit eine besondere Form derjenigen Leistungen dar, die sowohl den Interaktionsprozeß als auch die subjektive Identität steuern. Krappmann hat die Identität einer Person als Prozeß beschrieben, der sich auf zwei Achsen abspielt. (18) Danach muß das Ich einerseits auf einer horizontalen Ebene einen Ausgleich zwischen seiner tatsächlichen aktualen Identität und einer normhaft imaginierten Identität und andererseits auf einer vertikalen Zeitachse die aktuale biografische Besonderheit mit einer vorausgesetzten Kontinuität der Persönlichkeit ausbalancieren. (19) In dieser "Ambiguität" (20) von Genese und Struktur bildet sich das Ich aus seiner "doppelte(n) Eigenschaft, abwechselnd sich selbst aufzulösen und die Auflösung wieder auflösen zu können" (21). Das "Spiel des Wunsches" produziert die Sexualität als Struktur, die ohne den Bruch eines neuerlichen Werdens sich in der Monotonie einer ewigen Sexualität verlöre. (22) In dieser Differenz des Werdens und der Struktur lebt das Subjekt. Das Spiel ist Ausdruck dieser "Antilogik" (23) des Lebendigen, indem es dessen logische Form sichtbar macht. Das Spiel ist wie ein "Gestaltkreis" (V. von Weizsäcker) (24) konstruiert, indem die Mehrdeutigkeiten sozusagen ein dialektisches Spiel veranstalten, mit verschiedenen Spielzügen Breschen in die Welt des Realen schlagen und auf diese Weise die multi-modale Dimension der Welt aufzeigen. Die Funktion der Spielleistung ist nicht in einem binär operierenden Regelkreis zu simulieren - wie es die auf einem antagonistischen Nutzenbegriff beruhende ökonomische Spieltheorie (theory of games) versucht. (25) Das Spiel etabliert ein Moment neben Momenten (26), dessen theoretische Ordnung - die Spielregel - kontingent zur materiellen Ordnung der Welt steht. Das Spiel ist nur vorstellbar als Spielpraxis - es hebt das logische Paradox von theoretischer Ordnung und allem Handeln - das die Ordnung der reinen Theorie notwendigerweise durchbrechen muß - auf. (27) Aus der scheinbaren theoretischen Unmöglichkeit, diesen transduktiven Durchbruch zu fassen, folgerten einige Psychologen, "Spiel" als wissenschaftlichen Begriff überhaupt aufzugeben. (28)

Bateson hat diese paradoxe Logik des Spiels als metakommunikative Kumulation mehrerer Codes beschrieben. (29) Der Konsens der Beurteilung einer Situation als Spiel resultiert aus dem Verstehen einer negativen Aussage, die selbst eine negative Metaaussage impliziert.

> "These actions, in which we now engage, do not denote what would be denoted by those actions which these actions denote." (30)

Das Spielparadox setzt sich somit aus insgesamt drei Gesetzen - zwei Spielgesetzen und einer metakommunikativen Regel - zusammen:

1. einem realen "Primärprozeß", in dem der Name der Dinge diese auch tatsächlich denotiert;
2. einem "sekundären Prozeß", in dem die Spielhandlung als hypothetisch und das Objekt, das die hypothetischen Codes denotieren, als fiktional denotiert wird. (31)

Beide Prozesse begründen zusammen die metakommunikative Spielregel

3. des "Stolzierens" (galumphing) (32) als einen metakommunikativen Code, der die beiden Spielgesetze zusammenfaßt.

Ausgehend von der formalisierten Darstellung der Assimilation *(A.4) kann die metakommunikative Dialektik des Bateson'schen Spielparadoxons näherungsweise wie folgt dargestellt werden:

*(A.5) $A \ \& \ b\ (= df//\sim A) \implies b \in A \implies B$

Diese Spielformel ist zu lesen als: das Spiel besteht in der ständigen Konstruktion einer Spielebene (B), die durch Erweiterung der Alltagsebene (A) mittels einer diese teilweise negierenden Sonderbedingung (b) kreativ produziert wird; (b) kann dabei ein beliebiges Symbol als Objekt, eine Handlung oder Regel, auch ein Spielzeug etc. darstellen. Dabei ist (A) die Ebene des Primärprozesses im Sinne einer logischen Identität, (b) in der Defintion (b//A) die Ebene des nicht identischen Sekundärprozesses, ($b \in A$) gibt die metakommunikative Spielregel an und (B) ist das Spiel in einer Einheit als Struktur und Prozeß. Der Doppelstrich (// "teilweise auf der Basis von") im zweiten Spielgesetz (b//A) weist auf die partikulare Gültigkeit des Spiels hin, das jederzeit abbrechen kann, wenn aufgrund des Zusammenbruchs der Spielregel das Spielfeld wieder von der Wirklichkeit überflutet wird. Der Trenner definiert gerade die Grenze des Spielfeldes, indem er auf die logische Abhängigkeit des Spiels von realen Außenraum hinweist. Die metakommunikative Spielregel weist in einer deiktischen Gebärde auf die logische Form aller Praxis hin: die Aneignung von Natur durch Arbeit findet im Spiel ihren logisch äquivalenten Ausdruck im Abbau einer artifiziellen Entropie (33), die endlich ist. Spielen bedeutet Handeln in einem semiotischen Raum, um die logische Entropie des Spielsystems zu reduzieren. (34) Der Zusammenhang von Spielen und Praxis stellt sich über die logische Form beider Tätigkeiten her: wenn die Praxis des Alltagshandelns Aneignung von Natur und zugleich den Ursprung der Reflexion in der nämlichen deiktischen Geste beinhaltet, so ist das Spiel die Methode, die Form der Praxis im Sinne einer logischen Reduktion der Entropie der Welt sichtbar zu machen. (35)

Die Logik der metakommunikativen Spielregel begründet eine geschlossene Welt, die durch die basalen Praxisschritte der Spielzüge zugleich entstellt und wieder aufgebaut wird. Die Spielsituation schafft eine Einheit von fiktionalem Raumgebilde und gleichfalls fiktionaler Zeitstruktur. Die Räumlichkeit wird im Spielfeld umgrenzt, dessen Materialität logisch einen Auschnitt der Welt repräsentiert.

Die Spielzeit entsteht als ein temporales Binnensystem im Sinne einer Mikrozeit, die das Zeitgeschehen der gesellschaftlichen Makrozeit vorübergehend suspendiert. (36) Diese mikrozeitliche Struktur ist sowohl für die Sphäre des Spiels, des Tagtraums (37), des Rituals (38) und auch des Theaters konstitutiv. Die Spielzeit rekonstruiert die Genese von Zeit, indem sie in ihrer logischen Form den haptischen Charakter der Zeit demonstriert und diesen subjektiven Zeitbegriff auf eine objektive Zeitlichkeit beziehen muß. Der einen Zeitlichkeit der Materie, chronos, als einer unendlichen Reihe von Augenblicken t_o steht das Kontinuum einer immateriellen Zeit, aion, gegenüber, in der t_o ein mathematischer Nullpunkt ohne Bedeutung ist. (39) McTaggert hat diese beiden "Zeitarten" einmal als "B-Zeitreihe", in der sich die Ereignisse nach den Relationen "früher als" und "später als" einordnen lassen, und zum anderen als "A-Zeitreihe", in der die Ereignisse als "vergangen", "gegenwärtig" und "zukünftig" aufgefaßt werden, bestimmt. (40)

Die lineare Zeit des physischen Kontinuums konstituiert sich durch die Addition der logisch binären B-Zeitreihen. Demgegenüber bildet sich die qualitativ andere A-Reihe erst in der haptischen Gebärde, die ein anderes, den Raum, miteinbezieht. Die Reihung dieses proleptischen Tastens begründet die A-Reihe als Kette einer "zeitüberbrückenden Vergegenwärtigung" (41) sowohl des Künftigen als auch des Vergangenen. Zeit ist also ein analytischer Begriff der Praxis, der die lineare Zeitstruktur einer physikalischen Zeit transzendiert. (42) Aufgrund dieser analytischen Gliederung in zwei Zeitreihen ist es möglich, Identität als subjektive Selbstdarstellung in der realen Zeit aufzufassen. (43) Dieses Zeitsystem ist nicht linear, sondern eher als ein Vektorsystem mit einer "diskreten Topologie" aufzufassen. (44) Die Identität entspringt einer subjektiven Appräsentation zweier B-Reihen, nämlich Vergangenes in Bezug auf Gegenwärtiges (Vergangenheit als Resultat) und Gegenwärtiges in Relation auf Zukünftiges (Vergangenheit als projektierte Gestalt). (45) Damit wird eine A-Determination vom Subjekt der Gegenwart aus konstruiert, innerhalb dieser subjektiven Ordnung realer B-Reihen strukturiert sich sowohl die Erfahrung einer als objektiv wahrgenommenen Realität als auch die Subjektivität als je wieder neu zu definierenden Identitätspunkt am Schnittpunkt zweier verschiedener B-Reihen. (46)

Der Einbruch der gesellschaftlichen Zeit in der Spielzeit ist das Resultat einer Funktionalisierung des Verhältnisses beider Zeitreihen. Die Zeitstruktur des Spiels konstituiert sich aus der Interferenz zweier B-Reihen - der Zeit vor dem Spiel und der Spielzeit sowie der Spielzeit und der Zeit nach dem Spiel - mit einer A-Reihe, die die Spielzeit näher definiert als vergangene Spielhandlung, gegenwärtige Spielhandlung in actu und zukünftige Spielhandlung. Die A-Determination der gesellschaftlichen Zeit wird in Kategorien der B-Reihe ausgedrückt, dies Verhältnis konstituiert die Makrozeit des Spiels, während die innere A-Determination die Mikrozeit des Spiels ergibt. Mit den beiden Zeitebenen der Mikro- und der Makrozeit, die sich beide aus verschiedenen Schichtungen von B-Reihe und A-Determination zusammensetzen, ist die Grundform der Zeitstruktur aller fiktionalen Aktionsräume - Spiel, Ritual, Theater - beschrieben. Wir werden anhand der Zeitstruktur der Komödie bzw. des Theaters auf diese Grundbegriffe zurückgreifen.

Mit den Begriffen der Spielzeit, des Spielfeldes und der Spielleistung - denen noch der Begriff der Spielstimmung beizufügen ist (47) - haben wir auch die Grundfunktionen der ästhetischen Praxis beschrieben. Das Spiel enthält die Grundmuster derjenigen Codierungspraktiken, die als logische Abstraktionen realer Prozesse angegeben werden, die zugleich konstitutiv für die Konstruktion dieser Wirklichkeit selbst sind. Sowohl das Spiel als auch die Kunst reduzieren den offenen Horizont der Welt, weil sie diese Offenheit als eine fiktionale repräsentieren. Der multi-modale Aspekt der möglichen Welt - der in der Realität durch Praxis im Sinne eines Einschnitts in die Materie aufgehoben wird - wird in den fiktionalen Gebilden aufgenommen und als Logik der Deixis im Sinne einer Sinnabgrenzung "nachgeahmt". Ästhetische Praxis ist somit die Praxisform der Logik einer materialen Spieltheorie. Zugleich wird damit die kybernetische Spieltheorie durch einen materialistischen Praxisbegriff erweitert.

Nach Kroy sind die quasi-automatisierten Prozesse der Fantasietätigkeit im Sinne von Input-Output-Einheiten mit Hilfe einer finiten Hierarchie von Metaregeln beschreibbar (48), die kreative Seite der Einbildungskraft, der schöpferische Sprung zur bewußten Produktion verschiedener möglicher Welten durch transduktive Appräsentation ist jedoch nicht formalisierbar. Den geordneten Vorräten logischer Kognitionen und praktischer Interaktionsfiguren des Subjekts, mit deren Hilfe es die Welt ordnet und sich aneignet, steht als spieltheoretische Hypothese ein Satz logischer Formen der "Welt" gegenüber, die alle möglichen Sinnstrukturen enthalten ("Offenheit der Welt"). Die Tätigkeit der Agenten im kybernetischen Sinn reduziert die logische Entropie der Natur durch semantische Entscheidungen. (49) Die entscheidende Wende vom spieltheoretischen Axiom monadischer Agenten zu einem Konzept von Subjektivität vollzieht sich durch die Pointe der Praxis. Die semantischen Entscheidungen basieren auf der kognitiven Struktur des jeweiligen Weltmodells, das seinerseits aber immer schon ein Produziertes ist. Das semantische Universum, auf das sich die deiktischen Gebärden beziehen, entspringt dem primordialen Feld der gesellschaftlichen Praxis. Damit ist das semantische Entscheidungsraster, das den ideologischen Nutzenbegriff der monadischen Agenten steuern soll, von der Logik des Tuns transzendiert. Der materielle Eingriff strukturiert die Natur, reduziert ihre potentielle Sinn-Entropie durch Gebrauch/Funktion und stellt zugleich auch die Beziehung zwischen den arbeitenden Individuen her. Diese "produktive Interaktion" schafft den Sinnhorizont, innerhalb dessen die fantasierten Welten entworfen werden.

Die Einheit von deiktischer und praktischer Logik ist auch der Schlüssel für den Zusammenhang von ontogenetischer und phylogenetischer Spielleistung: sowohl die individuelle Illusion als auch die "kollektiven Entwürfe" (50) bilden sich an jenem Ort, der zugleich Ursprung der Reflexion, der Praxis und der Fantasie ist. Im Bereich der ontogenetischen Spielleistung leitet der Prozeß der infantilen Konstitution der Übergangsobjekte hinüber zur allgemeinen Logik des Fantasmas, wie es die Lacansche Formel S ◇ a ausdrückt: Das Subjekt begehrt das andere Objekt, das auf 'ewig' zum imaginären Signifikat seines signifikanten Wunsches geworden ist. (51) Die praktische Logik des infantilen Be-greifens begründet zugleich die Welt des gesellschaftlich Realen und die Welt des individuell Imaginären. In der phylogenetischen oder kollektiven Spielleistung vereinigen sich die Welt des Realen und des Imaginären, um das wiedergekehrte Verdrängte der Logik des Spiels zu unterwerfen. Die gesellschaftliche und die individuelle Regression führt zur mythopoetischen, kontrollierten Rückkehr der kollektiven Traumata. Weil die archetypischen Schreckbilder in signifikante Codes übersetzt werden, verlieren sie ihre Macht und werden zu bloßen Bildern - der mythische Terror verliert seine Potenz (52) und die Kunst "springt" von den Kultobjekten ab. (53) In dieser doppelten Form der Negation der Negation (54) konstituiert sich die "Transgression" (55) des Nomos - es entfaltet sich ein Spiel zwischen den Räumen des Realen und des Imaginären. In dieser Bewegung entsteht der Raum des Heiligen, die Zeit des Spiels, der Augenblick des Lachens und die Praxis des Ästhetischen. Inmitten der thetischen Norm öffnet sich der Raum einer anderen Praxis.

II. Im Reich der komischen Comunitas

Umrisse einer Gelatologie (1)

II.1 ORDNUNG UND SEKUNDÄRES CHAOS

Der mythische Diskurs verläuft in einer spiralförmigen Bewegung, er kommt nie zu seinem Ausgangspunkt zurück. Die Negation des "Mediators" (1) der mythischen Handlung führt zu einem Zustand, der mehr ist "als die Nullifikation des Ausgangszustandes". (2) In der Vermittlung scheinbar irreduzibler Gegensätze spielt der Mythos als "universaler Neutralisator" die signifikante Opposition der geltenden Norm durch (3) und gewinnt im Durchgang durch diese negative Seite die Positivität des Nomos und damit die soziale Stabilität zurück. Diese Durchquerung des Nomos mittels eines Rückfalls in die Anomie dient dazu, die "Plausibilitätsstruktur" (4) der spezifischen Gesellschaft ständig erneuernd zu erhalten. Es ist dies die symbolische wie reale Reproduktion der Wirklichkeit der Welt. Diese rituelle Erneuerung der Welt basiert auf zwei unterschiedlichen Praktiken: zum einen auf der metalogischen Praxis des Rituals, das die reflexive Diskursivität der Alltagsverständigung durch ein metonymisches Spiel mit den reinen Signifikanten ersetzt (5) - und somit erst das nomothetische Signifikat produziert -, und zum anderen auf der alogischen Praxis des Fests, in der das primordiale Chaos als ein sekundäres wiederkehrt. Die Logik der Transgression funktioniert somit nach zwei Modellen, dem des amorphen Festes und dem des geregelten Rituals. Das Fest ist eine Sonderform des Spiels, es ist eine Anhäufung 'reiner' Signifikate. (6) Es ist die Praxis der Darstellung der coincidentia oppositorum (7): alle Signifikate sind sozusagen in einer Sinnentropie aufgehoben. (8) Das Fest ist damit ein begrenzter Rückfall in das urzeitliche Chaos vor der Schöpfung. (9)

Im archaischen Fest bricht das Hierophane in den alltäglichen Raum ein und theatralisiert ihn gewissermaßen, indem es den Nomos in einem numinos-transzendenten Medium zugleich bricht und spiegelt. (10) Das Heilige und das Unheilige sind in einer endlosen Kette "binärer Antagonismen" verwirkt, die sich im Lauf der Zeiten zur Spirale formen, in deren Zentrum das Fest liegt.

Das Ritual ist die signifikante Struktur in ihrer Eigenschaft als Abwesenheit des Signifikats, währenddem das orgiastische Fest eine Funktion des "Insignifikanten" (12) als einer Summe aller signifikativen Verweise ist. Dieser doppelten Linie fährt auch der "karnevalistische Diskurs" (13) nach. Die karnevalistische Deformation der Gesellschaft im sekundären Chaos bezieht ihre Bedeutung aus der zweifachen Verankerung in der alten Ordnung und im post-karnevalistischen Zustand. Der signifikanten Form - dem Strukturmodell der rituellen Erneuerung - steht gewissermaßen das 'reine' Signifikat einer dialektischen Transzendierung der Gesellschaft gegenüber. Diese zweifache Codierung findet ihren Niederschlag noch jenseits der "Depotenzierung des Mythos" (14) im poetischen Diskurs: die signifikante Praxis transportiert die mytho-logische Komplexion von Bedeutung und Gestalt in ihrer doppelten Transgression - der inneren und der äußeren. (15) Bei der Komödie erscheint die innere Transgression als paradigmatischer und iterativer Rückfall in den Gegensinn des Komischen, die äußere Transgression funktioniert als parallel dazu verlaufende syntagmatische (16) Bedeutungskonstitution, die von der Umstülpung der gesellschaftlichen Norm lebt.

Die Logik der Erneuerung funktioniert auf der Ebene der biologischen Materiespaltung (17), der triebökonomischen Genese von Identität, der Ebene der Bedeutungsherstellung in der signifikanten Praxis und schließlich auch auf der Ebene der gesellschaftlichen Gesamtstruktur. Für die Bewegung des Verwerfens der "Stase" (18) hat Turner - ausgehend von einer Analyse der Geschichte des Franziskanerordens sowie des ethnologischen Studiums afrikanischer Gesellschaften - den Begriff der "Communitas" wieder eingeführt, der zunächst durch die Abwesenheit des "Ordo" definiert ist. (19) In der rituellen Communitas ist die alltägliche Norm aufgehoben - aber nur, um in neuer Form wieder gültig zu werden. (20) Die gesellschaftliche und die symbolische Ordnung entsteht nach einem dreiphasigen Muster. (21) Die Ordnung im Sinne eines primordialen Grundaxioms produziert paradoxerweise - zum Zwecke der Aufrechterhaltung der logischen Form "Ordnung" - ihre Aufhebung in der Gestalt der Communitas. Im gleichen Moment, da sich die Ordnung schließt, öffnet sie sich immer schon auf einen anderen Zustand hin. Die Communitas bezeichnet den notwendigen destrukturierten Zustand, der (vom Individuum, der Gruppe, der Gesellschaft) durchlaufen werden muß, um einen ersten Zustand der Stabilität wieder zu gewinnen. Das logische Prinzip des 'unordentlichen' Ganges der Welt in die Ordnung läßt sich wie folgt formalisieren:

*(A.6) $$O_1 \supset (\sim O_1 \equiv C) \rightarrow C \in O_1 \Rightarrow O_2$$

O = Ordo
C = Communitas

Diese Communitasformel ist zu lesen als: Eine (erste) Ordnung impliziert ihre Aufhebung durch die Anti-Ordnung der Communitas; durch die Integration der Communitas in die erste Ordnung entsteht eine qualitativ andere Ordnung (O_2), oder vereinfacht geschrieben:

*(A.7) $$O_1 \supset C \Rightarrow O_2$$

Dies ist zu lesen als: Aus einer Ordnung geht zwangsläufig die andere Ordnungsstruktur der Communitas hervor, aus dem Prozeß der Angleichung der beiden Strukturen geht eine qualitativ andere Ordnung O_2 hervor. Die vollständige Formel, die einen endlosen stufenförmigen Prozeß wiedergibt, hat das Aussehen einer unendlichen spiralförmigen Kette:

*(A.8) $O_1 \supset (\sim O_1 \equiv C_1) \rightarrow C_1 \in O_1 \searrow O_2 \supset (\sim O_2 \equiv C_2) \searrow O_3$ ... etc.

Unter das Communitas-Gesetz fallen die verschiedensten Ausdrucksgestalten menschlicher Tätigkeit, da sie den "Evolutionsprozeß der Totalität des Lebens" reflektiert. (23) Turner selbst unterscheidet die spontane Communitas (etwa der Hippie-Bewegung) von einer normativen Communitas, (die in die Gesamtstruktur der Gesellschaft eingegliedert ist). (24) In der Communitas kann die Unterscheidung von ästhetischer und politischer Praxis verschwinden: nach Weidkuhn brachen die meisten bäuerlichen Unruhen und Kriege vergangener Zeiten (im Süden des deutschsprachigen Raumes) in der Fastnachtszeit aus. (25)

Die Komödie folgt dieser logischen Spur der Communitas in zweifacher Weise: als gesellschaftlich-ästhetische Interaktionsform Komödie (26) und im Mechanismus des Komischen. (27) Aus der politisch-gesellschaftlichen Communitas wird die komische Comunitas. (28) Wer sich auf diese "dunkle Reise" (29) der komischen Comunitas begibt, kehrt mit neuem Wissen, mit frischem Mana (30) in die Wirklichkeit zurück. Die komische Gegenwelt entwirft die Sinnfiguren gleichsam hinter dem Spiegel, sodaß das Spiegelbild auch in seinen negativen Konturen sichtbar wird: die doppelte Transgression der komischen Praxis verweist immer auf die Norm - das Spiegelbild - und auf das Gespiegelte. Die Transgression betrifft das Verhältnis von Signifikant und Signifikat ebenso wie die Ordnung der Dinge selbst. Obwohl der karnevaleske Diskurs die symbolische Wahrheit des normativen Signifikats nicht aufheben kann, ohne selbst sinnlos zu werden (31), zerstört er trotzdem die Einheit der Norm und verweist auf die "nicht-disjunktiven Dyaden" (32) von Akteur und Zuschauer, Wort und Bedeutung, Herr und Knecht, häßlich und schön, Vater und Sohn, Es und Über-Ich. Die komische Praxis errichtet ein temporär geltendes sekundäres Codesystem, innerhalb von dessen Zeit-Raum-Struktur die primären Grunddaten neu geordnet werden. Diese komische Reflexion entfaltet sich als besondere Form der Spielleistung zum einen auf der Ebene des Alltagshandelns in Form einer spontanen Witzkommunikation und im Rahmen der signifikanten Praktiken in Form einer sekundären Codierung. Beide Ebenen, Syntagma und Paradigma - in der Terminologie der Renaissance-Potiken: fabula und ridiculum - konstatieren die Gesamtheit der komischen Praxis der Komödie.

Situationen aufzulösen bzw. genau zu bestimmen. Wir werden das Problem der Lachstruktur bei der Diskussion des Verhältnisses Schauspieler - Rolle - Zuschauer innerhalb der intratheatralischen Kommunikation wieder aufnehmen. (20)

II.3. EXKURS ZUR DEUTSCHEN LACHTHEORIE

> "(...) Häufig tauchen auch noch Gaukler auf. Zwar gibt es nichts widerwärtigeres als diese Sorte von Menschen; du glaubst aber nicht, welchen Spaß die Deutschen an ihnen haben. Der Ofen droht einzufallen von ihren Liedern und Witzen, ihrem Tanzen und Springen, man versteht sein eigenes Wort nicht mehr."
> Erasmus von Rotterdam (1518)

Die während der Herrschaft des Faschismus in Deutschland veröffentlichten Beiträge zu einer Theorie des Komischen sind fast alle in wissenschaftlichen Publikationen wiederveröffentlicht worden. (1) Dabei wurden sie - außer geringfügigen Korrekturen bei offen nationalsozialistischem Sprachgebaren (2) - unverändert nachgedruckt. Trotzdem sind sie nicht mehr die gleichen: Erreichten die theoretischen Anstrengungen damals trotz ihrer Begründung durch faschistische Ideologeme eine gleichsam subversive Position, indem sie dem kollektiven Marsch in den Tod wenigstens in einer Art 'theoretischer Emigration' das Glück des Lachens entgegenstellten, so stellt sich heute um so krasser die faschistische Basis als immanenter Gehalt dieser Theorien dar.

In seinem 1974 wiederveröffentlichten Beitrag von 1940/41 "Über das Lachen" definiert Ritter dieses als "das dem Ernst und der allgemeinen Ordnung der Dinge und des Lebens schlechthin Entgegenstehende" (3). Damit referiert er auf dem Niveau eines lebensphilosophisch gefärbten Idealismus die "Kontrasttheorie", die das Lachen bzw. das Komische als Resultat nicht vereinbarer Vorstellungen oder Gegenstände definiert. Nach Rommel unterscheidet sich Ritter somit vorteilhaft von einem in Frankreich und England vorherrschenden positivistischen Ansatz, der die "entwicklungsgeschichtliche Ableitung und die psychologische Einschau an die Stelle der begrifflichen Deduktion" setze. (4) "Was das Nichtige zum Nichtigen macht, das Entgegenstehende zum Entgegenstehenden und sie ausgrenzt als Ausfallendes, Unwesentliches, Unsinniges, Unverständiges usw., ist je die positive Ordnung selbst, die das Dasein sich gibt" (5) Damit umreißt Ritter eine Grundmaxime faschistischer Denkkategorien, wie sie etwa Carl Schmitt in seiner politischen Theorie explizit formuliert hat. Danach legitimiert sich die "dezisionistische" Setzung des Seins nur durch die Abstempelung des Anderen zum "Feind", wobei die Feindschaft "die seinsmäßige Negierung des anderen Seins" sei. (6) So versucht der Faschismus im Zirkel des ständigen Abwehrkampfes gegen das "Nichtige" ein "Sein" zu positivieren, bis dieses jenem angeglichen ist und schließlich das Dasein selber zum Nichts geworden ist.

Vor dem Hintergrund solchen Denkens verschärft F. G. Jünger die Kontrasttheorie zur Konflikttheorie. Er benennt auch den "Feind", mit dem der Konflikt ausgetragen wird: "Der Haß gegen das Schöne steckt tief und u n a u s r o t t b a r (meine Hervorhebung, G. L.) in allem Pöbel, und überall, wo er hervorbricht, arbeitet er mit, um das woran er keinen Anteil hat, wenigstens besudeln und beschmutzen zu können." (7) Nach Jünger besteht das Wesen des komischen Konflikts aus einer "unangemessenen Provokation" von Seiten des "Unterlegenen", die durch eine "unangemessene Entgegnung" des "Überlegenen" beantwortet wird. (8) Worin aber besteht die spezifische Qualität des unterlegenen Angriffs, wenn er schon apriorisch als nichtig definiert wird, aber dennoch eine Reaktion des Überlegenen hervorufen kann? Jüngers politisch formulierte Abhandlung gibt darauf keine Antwort; Hinweise finden sich bei Ritter. Diese weisen allerdings auf ein "Anderes", das sich nur jenseits der positiv "gesetzten Lebensordnung" des Faschismus findet.

Das "Andere" des Komischen als das dem Ernst "Entgegenstehende" ist zunächst ganz allgemein das Unterdrückte, das subkutan sich Außernde: "Der Ernst besteht überhaupt darin, daß er nur das zur Sache Gehörige gelten läßt und so hiermit zugleich unzählige Gedanken, Wünsche, Neigungen, Vorstellungen, die in der Wirklichkeit des Daseins außerdem und nicht weniger lebendig mitgehen, zwingt, in der Form des Unwesentlichen und Nichtdazugehörigen fortzubestehen (...)." (9) Man kann diesen Satz psychologisch wie auch politisch interpretieren. Beides ist richtig. (10)

Daß der Faschismus zumindest ahnte, daß sein Tun und Denken nicht völlig in der "deduktiven Begrifflichkeit" deutscher Art aufgeht, belegt eine Stellungnahme Rommels zur Psychologie: "Sie beseitigte wohl manche zwanghafte, die objektive Erfassung des Tatbestandes hemmende Versteifung, hinterließ aber vielfach größte Rat- und Richtungslosigkeit, die noch durch die unerfreuliche Einwirkung jüdischer Schriftsteller vermehrt wurde." (11) Die antisemitische Äußerung ist keine formale Einschränkung oder nur äußerliche Anpassung an den Zeitgeist. Das "Jüdische" symbolisiert den Kern dessen, was der Faschismus aus dem eigenen "Dasein" ausgrenzt. (12) Ritter vermag das Negierte kaum positiv zu fassen, es ist ihm das "Zweideutige", die "Anspielung" und die "in der anständigen Rede nicht zugelassene Sphäre" (13). Positiv gewendet heißt das aber, daß das "Andere" das "Unanständige", kurz: die Zote ist, deren Zeichen das Lachen sei. Der damit angedeutete Bereich einer positiven Deutung des "Anderen" führt aber nicht zu einer Reflexion über die Bedingungen des Seins auf jener anderen Seite der uneingestandenen Wünsche, wie sie etwa Freud angestrengt hat, sondern dient der Unterschlagung des Denkens selber. Das Lachen soll das signifikante Moment der "geheimen Zugehörigkeit des Nichtigen zum Dasein" (14) sein. Dem Lachen wird die Kraft, von jenem Anderen zu zeugen, genommen, indem es zum affirmativen Signum der tautologischen Ordnung diesseits erklärt wird. "Das Komische entsteht so hier in einer doppelten Bewegung, einmal im Hinausgehen über die jeweilig gegebene Ordnung zu einem von ihr ausgeschlossenen Bereich, und zweitens darin, daß dieser ausgeschlossene Bereich in und an dem ihn ausschließenden Bereich selbst sichtbar gemacht wird." (15) Komik stellt sich so als Ergebnis einer begriffslosen Dialektik von hypostasierter "positiver Ordnung" und dem Lachen als dem schlechten "Anderen" dar. Ritter gesteht dem Komischen zwar zu, den "tieferen Sinn einer Kritik an der ernsten Welt selbst" (16) ausdrücken zu können, doch nur zu dem Zweck, "die Identität eines Entgegenstehenden und Ausgegrenzten mit dem Ausgrenzenden herzustellen". (17) Da das Komische erst als negatorisches Lachen dieses primäre "Sein" affimiert, bleibt die Transgression des Lachens dieser Theorie unfaßbar.

Ungeachtet des Entstehungsdatums und im Vertrauen auf die dialektische Kraft der Formel stellt Ritters Theorie im deutschsprachigen Bereich nach wie vor das favorisierte Modell des Komischen dar. In einer systemtheoretischen Korrektur hob Warning die bei Ritter unterstellte Koppelung von Reflexivität und axiologischer Norm auf und überführte das Modell in die Formel der lachenden "Positivierung von Negativität" (18). Damit ist die ternäre Termkombination der Comunitas-Formel *(A.7) zwar vollständig thematisiert, aufgrund der methodischen Lücke, die die funktionalistische Absage an einen ontologischen Wahrheitsbegriff und die Scheu vor einem materialistischen Praxisbegriff hinterlassen, kann die <u>logische</u> Verknüpfung der drei Terme jedoch nicht präzisiert werden. In einem späteren - brillanten - Beitrag (19) hebt Warning den Erkenntnisverzicht teilweise durch die Einführung der Kategorie "Sitz im Leben" wieder auf. (20) Dieser Begriff soll sowohl das hermeneutische Paradox der Komödie bezeichnen als auch den Dualismus von Alltagskomik und ästhetischer Komik überbrücken und so die zuvor aufgegebenen Praxisdimensionen des Ästhetischen kompensatorisch zurückgewinnen. Wenn Warning feststellt, daß die "komische Gegensinnigkeit" nicht auf das Sinnsystem zeigen kann, "über das sie faktisch hinaus ist" (21), so verwechselt er - als Folge der Verkennung der doppelt dialektischen Bewegung des Komischen in der Transgression - die Stadien (0_1) und (0_2). Vollends deutlich wird das Erklärungsdefizit des Ritterschen Modells in der Formulierung von Marquard: "Komisch ist und zum Lachen bringt, was im offiziell Geltenden das Nichtige und im offiziell Nichtigen das Geltende sichtbar werden läßt." (22) Das System des offiziell Geltenden impliziert ein Nichtiges, das sich aus zwei Komponenten zusammensetzt - offiziell Nichtiges und Nichtiges des offiziell Geltenden. Indem diese Doppelperspektive des Nichtigen auf das Geltende verweist, wird auch die Geltung des Nichtigen gesetzt. Formallogisch interpretiert die Ritter-Marquard-Formel das Verhältnis der Terme Ordo, das offiziell Geltende, und Comunitas, das Nichtige des offiziell Geltenden, als Komplementbeziehung axiologischer Mengen; die Formel sagt aber nichts über das Verhältnis der beiden Mittelterme - das Nichtige im offiziell Geltenden bzw. C und das offiziell Nichtige des Geltenden bzw. $C \in 0_1$ - aus. Aus beiden Formen des Nichtigen ergibt sich zwar eine "Positivierung von Negativität", die <u>Logik der Vermittlung</u> ist aber nicht mitformuliert.

II.4. KOMISCHE BISOZIATION
oder: Das Glück des dritten Terms

Koestler hat für den Prozeß des kreativen Denkens, der auf der logischen Operation der Transduktion beruht, den Terminus "Bisoziation" geprägt. Bisoziation beruht auf der ganzheitlichen Wahrnehmung zweier verschiedener Codesysteme oder operativer Felder, die normalerweise kontingent nebeneinander liegen. (1) Mit Hilfe dieses Bisoziationsmodells hat Koestler die traditionelle Kontrasttheorie des Komischen präzisiert. Danach stoßen zwei operative Felder aufeinander, die Art ihres Aufeinandertreffens produziert das Lachen (2):

*(G.1) $F_1 \;\&\; F_2 \longrightarrow {}^{\bullet}F_1/{}^{\bullet}F_2 \Longrightarrow J$

J = Joke/Witz
F = operatives Feld

Koestler merkt an, daß der Akt der Bisoziation alleine noch kein komisches Moment transportiert (3) - wir haben deshalb die beiden Operationsfelder in *(G.1) durch den gelatologischen Prädikator (•) näher bestimmt. Es bleibt herauszufinden, was die Ernsthaftigkeit ausschließt.

Immerhin ist der Bereich des Komischen prominentester Anwendungsfall der Bisoziation. Der Begriff ist brauchbar genug, um mit seiner Hilfe alle neueren Theorien des Komischen einem systematischen Vergleich zu unterziehen; Johnson kommt dabei zu folgenden Ergebnissen:

1. Das Komische entfaltet sich im Durchspielen einer Ordnungsstruktur, wobei Teile von dessen inhärentem Begriffsystem sich an einen Ort ober- oder unterhalb des denotierten Objektes - das dieser Struktur angehört - begeben.

2. Die logische Fähigkeit zur Generierung eines Witzes als einer inhaltlichen Gegenstruktur ist eine Eigenschaft jedes kognitiven oder klassifikatorischen Systems.

3. Ein geltendes Begriffssystem wird im komischen Zusammenbruch seiner Binnenstruktur als ideologisch generiert aufgedeckt.

4. Das Komische setzt eine sich selbst stabilisierende Ordnung von Begriffssystemen als Paradigma einer allgemeinen kognitiven Ordnung voraus.

5. Der Witz ist untrennbar mit einer bestimmten sozio-ökonomisch - und das heißt letztlich einer historisch - definierten Situation verbunden.

Damit ist das Komische bzw. seine Konkretion in Form eines Witzes doppelt bestimmt: als ideologisches Moment, das - durchaus im Sinne von Ritter - an der Norm teilhat, und als deaxiologische Bewegung, die diese Norm entlarvt und für immer hinter sich zurückläßt. Dabei bezeichnet der Mechanismus der Bisoziation sowohl die physiologischen Vorgänge im Umschlagfeld psychischer und mentaler Energie als auch diejenigen kognitiven, psychischen oder sozialen Konstellationen, die den physiologischen Ablauf hervorrufen können. Bisoziation kann in der Psyche (Bisoziation zweier Besetzungsaufwände) (5), auf der Ebene der Semantik (Überlagerung zweier Signifikate/Konnotationen) (6) und im sozialen Bereich (Bisoziation zweier Interaktionsformen oder unterschiedlicher Praxiscodes) stattfinden. (7) Die Übergänge sind dabei fließend, die Abgrenzungen entstehen nur beim Versuch einer methodischen Beschreibung.

Nach Mead (8) und Victoreff (9) kann man drei Klassifikationstypen eines bisoziativen "ersparten Hemmungsaufwandes" aufstellen:

1. die emotive Bisoziation, die eine Emotion erspart;
2. die kognitive Bisoziation (Ersparnis einer Überlegung oder eines Diskurses);
3. die praktische oder materiale Bisoziation (Ersparnis von Tätigkeit und Gesten).

Interaktionslogisch können sich diese Bisoziationsfelder aufteilen in eine intrapersonale Bisoziation (Humor: die beiden Vorstellungsfelder liegen im Subjekt); in eine interpersonale Witzkommunikation (die beiden Felder treffen sich in einem dritten, belachten Objekt/ Person); und schließlich können sich die beiden Felder innerhalb einer tatsächlichen Interaktion von Gruppen bilden. (10)

Die Vielgestaltigkeit der komischen Bisoziation, die buchstäblich allerorten stattfinden kann, läßt sich zu einer philosophischen Bestimmung des Komischen als einer Bisoziation der Welt mit dem Nicht-Existierenden ausweiten. Diese allgemeinste Bestimmung nimmt Chapiro zum Ausgangspunkt des Irrealitätstheorems. (11) Danach etabliert sich im Komischen eine Gegenwelt, der es für einen Moment gelingt, die Zensur des Unterbewußtseins zu unterlaufen, sodaß sich komische Irrealität und Wirklichkeit mischen können. (12) Im Anklang an die Freudsche Traumtheorie führt Chapiro den Begriff der "komischen Maske" ein: ein schemenartiges Gebilde, dessen absurder Sinn nicht erkannt wird, schiebt sich vor die Wirklichkeit und wird als Teil von ihr wahrgenommen. (13) Diese komische Maske funktioniert nach dem umgekehrten Mechanismus des Traumbildes - das die Wirklichkeit in verschlüsselter Logik repräsentiert -; bei der komischen Maske korrumpiert das absurde Bild sozusagen die Logik selbst, indem das Irreale als real erscheint. (14) Der Zulassung des Absurden folgt der Ausschluß der Realität im Bewußtsein; das Moment des Absurden, das qua komischer "Maske" als wirklich gilt, überschwemmt so das Bild der Wirklichkeit, daß diese nunmehr gleichfalls als irreal erscheint. (15) Die Wirkung des Komischen beruht auf dem Entlastungseffekt, der aus der Aufhebung aller Realität im Moment der Kontaminierung mit dem Absurden folgt; das Nicht-Wirkliche, das Imaginäre wird plötzlich zum Maßstab der Bewußtseinslage. In diesem komischen Moment des universellen Scheins gelten die beschränkenden Regeln und Gesetze der äußeren Realität für das Bewußtsein nicht mehr, als Folge durchströmt das Ich eine tiefe, lustvoll erlebte Freiheit. (16) Nach Chapiro ist das Komische somit Ausdruck höchsten Triumphes eines triebhaften Lebensgefühls über das unausweichliche Telos im Tode: wenn das ganze Universum unwirklich ist, ist es auch der Tod. (17) Aber der reine Trieb - das nie endende Glück des Lachens - wäre identisch mit dem entropischen Tod in der Formauflösung.

In der Erkenntnis jener anderen Wirklichkeit des Glückes - des Todes - kehrt das Leben als Struktur, als neue Ordnung zurück. Diese Dialektik - das Leben als Grund zum Tode und der Tod als Bedingung des Lebens - ist der letzte Schlüssel der doppelt dialektischen Bewegung des Komischen.

Da die "komische Illusion" immer nur Bruchteile unserer Existenz andauert - so das abschließende Argument der Irrealitätstheorie -, dient sie letztlich dazu, "im Bewußtsein die tatsächliche Wahrnehmung des Wirklichen wiederherzustellen". (18) Diese Definition hat die gleiche Aussage wie das Comunitas-Modell *(A.7), wobei die Irrealität der komischen Maske der Anti-Ordnung einer komischen Comunitas entspricht. Zugleich aber funktioniert die komische Irrealität nach dem logischen Prinzip der Spielformel *(A.5), das Komische stellt allgemein eine Integration eines Nicht-Integrierbaren durch Assimilation dar. Der gelatologische (CPS-) Faktor beinhaltet damit die gleiche logische Aussage wie das Spielparadox, jedoch mit dem wichtigen Unterschied, daß die komische Fiktionalität die Bedingungen allgemeiner Fiktionalität oder Irrealität nochmals transzendiert. McGhee nennt diesen Vorgang "Fantasy Assimilation" im Gegensatz zur "Reality Assimilation" der Formel *(A.4), die nur in Bezug auf reales Handeln gilt. (19) Die komische Spielleistung baut einen zusätzlichen fiktionalen Gegenterm auf und bewältigt ihn dann mit Hilfe der besonderen komischen Mechanismen der Fiktionsdruchbrechung, des Perspektivenwechsels, der Subjekt/Objekt-Vertauschung etc.

Damit in Einklang steht das psychoanalytische Erklärungsmodell für den gelatologischen Faktor. Nach Reik reaktualisiert die komische Regression auch die mit den primitiven Ängsten verbundene Angstabwehr. (20) Da durch die Fiktionalität des komischen Codes zugleich auch die Gefahrlosigkeit des wiedergekehrten Verdrängten mitsignalisiert wird, "wird der aufgebrachte Reaktionsaufwand für das Lachen verfügbar". (21) Die logische Struktur dieser Fiktionalität des komischen Codes ist aus der Rekonstruktion der Unlogik der Bisoziation zu gewinnen - diese spezifische Struktur ist zugleich Auslöser bzw. Träger des gelatologischen Faktors.

Nach Lévi-Strauss ist beim Prozeß der Bisoziation der dritte Term der entsprechende kognitive Auslöser für den physiologischen Ablauf des Lachens. (22) Zwei ungeordnete Dinge/Gegenstände/Terme, die - real wie logisch - nicht ohne Zwischenglieder aufeinander folgen können, werden nachträglich durch ein Zwischenglied verbunden, das logisch einen dritten Term darstellt. Da dieser dritte Term - die Resultante (R) der Bisoziation - logisch an zweiter Stelle, d.h. vor dem zweiten Operationsfeld der Bisoziation liegen müßte, ist er a-logisch. Wenn man für das erste operative Feld einen ersten Term T_1 und für das zweite Feld einen anderen Term T_2 setzt, die beide einen resultierenden Faktor R(esultante) produzieren, so kann der Vorgang wie folgt dargestellt werden:

*(G.2) $$T_1 \quad \& \quad (!T_2 \equiv \sim T_1) \quad \Rightarrow \quad R$$

Dabei generiert der resultierende Term R eine fiktionale Logik der Terme, d.h. die logische Folgerung widerspricht der realen Abfolge der Geschehnisse. Der hypothetische Charakter der rekonstruierten logischen Kette sei durch das Zeichen (*) angedeutet, die zeitlich dritte Stellung des zweiten Term R ist durch das Zeichen (>) angezeigt. Die logische Rekonstruktion der Ereignisse führt also zu einem Einbau des dritten Terms R zwischen T_1 und T_2, die logische Stellung der Rekonstruktion sei durch das Zeichen (↓) ausgedrückt, das als termerzeugender Operator zu lesen ist.

*(G.3) $$*\left\langle T_1 \downarrow (R > T_1, T_2) \downarrow T_2 \right\rangle$$

Das heißt: ein erster Term T_1 produziert einen anderen Term R, der aber seinerseits erst von einem zweiten Term T_2 erschlossen werden kann, der logisch zweite Term R steht damit in der realen Denkbewegung an dritter Stelle. *(G.3) enthält somit auch die logische Definition des gelatologischen Faktors: erst die Bisoziation verleiht den Dingen einen Sinn als einem dritten Moment, das ihrer Relation entspringt und sie damit erst als Dinge benennt. Der Ernst bzw. das Tragische entspringt den gleichen Grundtermen, operiert jedoch mit ihnen auf eine andere - sozusagen weniger glückliche - Weise. (23) Zieht man beide Teilkomplexe *(G.2) und *(G.3) zusammen, so erhält man die vollständige Form der Bisoziationsformel:

*(G.4) $$T_1 \ \& \ (!T_2 \equiv \sim T_2) \Rightarrow R \ \vdash \ *\left\langle T_1 \downarrow (R > T_1, T_2) \downarrow T_2 \right\rangle$$

Lachen wäre somit definiert als Zeichen des Glücks beim Finden des dritten Terms R, einer Brücke, die die binären 'Ur-Terme' miteinander verbindet.

Die Konzepte einer Realität des Irrealen in der komischen Maske und einer antagonistischen Einheit binärer Urterme sind Vorstellungen, die sich mit bestimmten Inhalten des fernöstlichen Denkens berühren. Die 'Weisheit des Ostens' lehrt diese Wege (tao) zwischen Ich und Nicht-Ich zu gehen — und bedient sich dabei gerne des Witzes. Das Koan des Zen-Buddhismus als eine logisch nicht zu lösende Denk- oder besser Lebensaufgabe - wie sie in den Anekdoten von Zenmeistern und Mönchen der Rinzai-Sekte erzählt werden - dient ebenso wie die Nasrudin-Witze des Sufismus als Meditationsvorlage und damit als Medium höchster Erkenntnis. (24) Dem Prozeß der Destabilisierung der nomologischen Begriffsstruktur in den meditativen Praktiken (Yoga, Taoismus, Buddhismus) folgt die semantische Struktur von Rätsel, Witz und narrativen Mythen - der Transgression der binären Opposition zweier universaler Diskurssysteme und ihrer Auflösung in ein drittes, "paragrammatisches" Sinnkontinuum. (25) Die Praxis der Versenkung als eine andere Form der materialen Reflexion ist auch unmittelbar physiologisch mit dem Lachen verwandt. Ähnlich wie die Ataraxie des Meditierenden sich nur durch bewußte Atemtechniken einstellt, werden im Lachen die Introjekte respiratorisch ausgestoßen. (26) Demgegenüber ist das Weinen wesentlich ein inspiratorischer Akt, mit dem die Distanz zu den Objekten aufgegeben wird (27), das Ich bricht zuammen.

Das höchste Glück einer bisoziativen Operation läge in einer gelungenen und damit aufgehobenen Konfrontation von Subjekt als erstem Term und der Welt als Zweitem begründet: die Erfahrung der teleté als einer Befreiung von den Fesseln des materiellen Leibes in den initiatischen Mysterien der Antike (28), das Einswerden mit Gott in der unio mystica und die Erfahrung des nirvana zeugen von diesem letzten Zusammenfall. Das Lächeln Buddhas wird dabei zu einem doppelten Symbol, das im Begreifen der binären Ur-Terme 'Werden' und 'Vergehen' zugleich auch die Aufhebung dieses Prinzips umfaßt und auf diese Weise sowohl den Bereich biologisch definierter Natur - des 'Lebens' - als auch der Materie selbst transzendieren kann. Von diesem letzten Lachen einer höchsten Stufe der Bisoziation, das über die Erfahrung einer reinen Materialität lacht, zehrt jedes irdische Lachen. Die Bisoziation des Wunsches mit dem Anderen ist die Praxis, die das Subjekt in seiner Einheit erst hervorbringt, der Witz ist der Blitz des Signifikanten, der die Spaltung des Subjekts beleuchtet. (29) Die Szene, die dieser Blitz erhellt, ist der Ort einer leeren Bedeutung ohne Signifikate, die erst durch Praxis bedeutsam gemacht werden muß. Das Lachen gibt dabei Ein- und Ausblicke frei und verweist zugleich auf Horizonte, die in diesem kurzen Moment des Glücks erst erscheinen und sich in den Körper des Lachenden einschreiben.

Doppelsymbol dieses Bedeutungsniederschlags der leeren Signifikanten in einer thetischen Ordnung ist das Happy-End der Komödie. Bezeichnete die Hoch-Zeit einstmals den glückhaften Ausgang des Agon und war damit kultischer Garant des Weltverlaufs, so zeigt das Happy-End das Ende der komischen Comunitas an und setzt zugleich den Beginn der neuen Ordnung. (30) Aber der Trieb, der Wunsch, das Lustprinzip hat, außer dem Tod, keinen Ort, an dem es zur Ruhe kommen könnte, - es ist vielmehr identisch mit der Überschreitung des Thetischen. Die Ordnung des Happy-End ist mit Widerhaken versehen, die sich jederzeit wieder in den Sinnfrakturen des Alltags festsetzen können. Die symbolische Ordnung des Happy-End ist insignifikant, weil sie außerhalb des syntagmatischen Handlungsstranges bleibt. Keimhaft trägt sie damit neuen Konflikt- und Handlungsstoff in sich, der bei der nächsten Vorhangsöffnung sichtbar wird. Die immanente Transgression der Ordnung bricht das Tableau in dem Moment auf, da sich die Darsteller zum Schlußbild formieren. Auf diese Weise führt das Happy-End die dynamische Beziehung der beiden Ordnungen O und C vor und verweist uns auf den Beginn der Komödie zurück.

II.5. ALLGEMEINE KIPPFORMELN DES KOMISCHEN

Der Doppelcharakter des Happy-End ist ein Ergebnis der Fähigkeit des Komischen, sowohl mit der Welt als auch mit der Fiktion spielen zu können. Das Hin- und Herspringen der komischen Figur ist ein beständiges De- und Recodieren, das die beiden Räume von Ordo und Communitas immer wieder durchquert und so die Bedingung der thetischen

Norm als auch ihrer Transgression immer wieder, sozusagen endlos witzelnd, vorführt. Dabei durchmißt das Komische sowohl das Symbolische - das gesellschaftliche Sinnkontinuum - als auch das Semiotische - das innere Feld der Bedeutungsgenese (im Sinne Kristevas) (1) - und koppelt die beiden Räume auf eine eigentümliche Weise miteinander.

Vor dem Hintergrund des logischen Musters der Spielformel *(A.5) und der Comunitasformel *(A.7) läßt sich die Bisoziationsformel *(G.2) in Beschreibungsmodelle der verschiedenen Modi komischer Praxis überführen. Wir übernehmen dabei die bei der Erörterung der signifikanten Praxis entwickelten Konstanten, die jeweils an die Stelle der 'Terme' von *(G.2) rücken: K ist ein bestimmter Praxiscode zum Aufbau eines semantischen Kontextes, wir unterscheiden dabei zwischen dem fiktionalen Code K_f und dem Handlungscode des Alltagshandelns K_r. N bezeichnet die thetische Oberflächenstruktur im Sinne einer axiologischen Norm, hier ist ebenfalls zwischen N_r als einer Wirklichkeitsebene und N_f als fiktional generiertem Text zu unterscheiden. In der Grundform der komischen Praxis trifft ein gelatologisch indizierter, fiktionaler Code $^{\bullet}K_f$ auf eine bestimmte Wirklichkeitsebene $N_{1(r)}$, die im Zusammenstoß mit $^{\bullet}K_f$ zu einer weiteren Realität $N_{2(r)}$ transformiert wird:

*(G.5) $$N_{1(r)} \;\&\; {}^{\bullet}K_f \;\longrightarrow\; {}^{\bullet}K_f \in N_{1(r)} \;\Longrightarrow\; N_{2(r)}$$

Diese Formel für die Witzkommunikation des Alltagshandelns folgt der logischen Struktur der Spielformel *(A.5); dabei ist der einer normativen Realitätsebene $N_{1(r)}$ hinzugefügte komische Code $^{\bullet}K_f$ fiktional (oder paradoxal oder irrational), da $^{\bullet}K_f$ nach *(G.4) als $!\,^{\bullet}K_f \equiv \sim N_{1(r)}$ definiert ist. Die Formel *(G.5) ist zu lesen als: Eine bestimmte Wirklichkeitsebene $N_{1(r)}$ wird durch eine paradoxale Regel $^{\bullet}K_f$ 'auf den Kopf gestellt', im Zuge der Hereinnahme des fiktionalen Codes in eine vorgängige Realität $N_{1(r)}$ wird diese eine andere Wirklichkeit $N_{2(r)}$. Der Zusammenhang von gelatologischen Codes und Wirklichkeitsebenen kann logisch ein kontingenter sein, dies ist durch das Konjunktionszeichen (&) angezeigt, z.B. N_r & K_f. Diese Form zeigt den fiktionalen Code des Komischen im Alltagshandeln an. Der Zusammenhang kann aber auch ein logisch intendierter sein, dies ist durch die materiale Implikation $\supset$ angezeigt, z.B. $N_r \supset {}^{\bullet}K_f$. Diese Form beschreibt die metakommunikative Absicht des Komischen innerhalb einer ritualisierten oder institutionellen Comunitas (z.B. Büttenreden). Diese metakommunikative Absicht definiert aber noch nicht die Form einer ästhetischen Komik, weil durch die logische Differenz von Konjunktion und Implikation zunächst noch nichts darüber ausgesagt ist, ob diese komische Absicht sich in einer signifikanten Praxis niederschlägt. Im Sinne dieses reflektierten Einsatzes des Komischen soll der Code $^{\bullet}K_f$ die Negation der Realität zur Folge haben ($!\,^{\bullet}K_f \equiv \sim N_r$), da aber "Realität" nicht verschwinden kann, etabliert sich auf einer weiteren Stufe eine gleichsam fiktionale Realitätsebene N_f. Komische Praxis als Generierung eines einfachen fiktionalen Codes hat also die Form:

$$*(G.6) \qquad N_r \supset (!\,{}^{\bullet}K_f \equiv \sim N_r) \quad \vdash \quad {}^{\bullet}K_f \in N_r \quad \Rightarrow \quad N_f$$

Zu lesen als: eine vorausgesetzte Realitätsebene N_f wird durch einen diese negierenden komischen Code in eine fiktionale Realitätsebene N_r transformiert, wobei N_f den Zustand der Comunitas anzeigt. Bei ästhetischen Formen des Komischen im Sinne einer intendierten Signifikantenstruktur kann der Begriff der 'fiktionalen Realitätsebene' (N_f) durch den Begriff 'Text' (T) ersetzt werden. (2) Bei der letzten Form ist zu beachten, daß die komische Bisoziation sowohl Resultat des Zusammenstoßes von ${}^{\bullet}K_f$ und N_r in ${}^{\bullet}K_f \in N_r$ als auch Resultat einer Zusammensicht von N_f und N_r (bzw. von T und N) sein kann. Diese fiktionale Ebene N_f ist aber immer noch Teil der Realität N_r, es gilt also: $N_f \subset N_r$. N_f kann aber seinerseits beliebig durch weitere paradoxale Codes ${}^{\bullet}K_{1(f)}$, ${}^{\bullet}K_{2(f)}$, ${}^{\bullet}K_{3(f)}$ ... etc. negiert werden. Diese grundlegende Fähigkeit des komischen Codes, beliebig viele Binnencodes zu generieren, hat Striedter in einem eindrucksvollen Beitrag demonstriert - und damit gleichsam als Clown bewiesen, daß eine Handlung auch nur dann komisch sein kann, wenn sie deaxiologisch auf einem beliebigen bisoziativen Umschlag von einem Code in einen anderen beruht. (3)

Komische Praxis als superstrukturelle Generierung eines gelatologischen Codes läßt sich wie folgt ausdrücken:

$$*(G.7) \qquad {}^{\bullet}K_{1(f)} \supset (!\,{}^{\bullet}K_{2(f)} \equiv \sim {}^{\bullet}K_{1(f)}) \quad \Rightarrow \quad (K_{X(f)} \equiv \sim N_r)$$

Das Spiel der Negation kann sich auch nur auf die Regeln beziehen, ohne die von diesen intendierten Welten oder Strukturen zu beachten. Dabei wird ein fiktional generierter Code ${}^{\bullet}K_{1(f)}$ durch einen zweiten gleichfalls fiktional erstellten Code ${}^{\bullet}K_{2(f)}$ negiert, aus der Bisoziation beider miteinander unvereinbarer Annahmen resultiert die paradoxale Möglichkeit eines allgemeinen fiktionalen Codes $K_{X(f)}$, der selber nicht unbedingt Träger eines gelatologischen Index sein muß. Die Form *(G.7) wird in der Komödie häufig angewandt, die Einführung verschiedener Codesysteme führt auf der syntagmatischen Ebene zu den Mechanismen der Informationsvergabe bzw. —verhinderung (4), die dann auf der Ebene der komischen Paradigmata - der Lazzi und Gags - die "Ermöglichungsstruktur komischen Gegensinns" (5) bilden. Komisches kann übrigens auch nur durch die Verschiebung der N-Struktur entstehen, wenn sozusagen nur die kommunikative Situation verändert wird, die 'Texte' aber stehenbleiben. Dies ist das Verfahren der "Null-Modifikation" der Parodie. (6)

In *(G.7) zeigt $!\,{}^{\bullet}K_{X(f)} \equiv \sim N_r$ das "Kipphänomen" des Komischen im Sinne Isers an. (7) Die reale Oberflächennorm der Bezugsebene N_r wird durch den allgemeinen komischen Code ${}^{\bullet}K_{X(f)}$ negiert, mit dem Generierungscode ${}^{\bullet}K_{1(f)}$ verschwindet auch die ihm zugehörige Welt N_r oder präziser $N_{1(r)}$. Komische Praxis läßt sich mittels eines Generierungsverfahrens zur Produktion gelatologischer fiktionaler Praxiscodes definieren, die bestimmte fiktionale Realitätsebenen oder "Welten" erstellen. Beide - komische Praxiscodes und die von ihnen produzierten komischen Gegenwelten - sind aber ihrerseits je wieder von den allgemein geltenden Praxiscodes und normativen Welten abhängig. Das Verhältnis kann wie folgt zusammengefaßt werden:

*(G.8)

$$N_{1(r)}/N_{1(f)},\ N_{2(r)}/N_{2(f)},\ N_{3(r)} \text{ etc.} \rightarrow N_{(r \rightarrow f)}$$

$$K_{1(r)}/{}^{\bullet}K_{1(f)},\ {}^{\bullet}K_{2(r)}/{}^{\bullet}K_{2(f)} \ldots \text{ etc.} \rightarrow {}^{\bullet}K_{(r \rightarrow f)}$$

Dabei beinhaltet $N_{(r \rightarrow f)}$ die Anzahl der möglichen realen und fiktionalen Welten, die von der möglichen Anzahl realer Basisregeln und fiktiver Codes ${}^{\bullet}K_{(r \rightarrow f)}$ hergestellt werden können. ${}^{\bullet}K_{(r \rightarrow f)}$ enthält sämtliche deiktischen Verweisungsmöglichkeiten, die gelatologisch (im Sinne von *(G.3)) wirksam werden können. Wendet man die logische Struktur der Comunitas-Formel auf diesen allgemeinen Dispositionsbereich komischer Praxis an, erhält man die allgemeine Kippformel der doppelt dialektischen Bewegung des Komischen:

*(G.9) $$N_{r \rightarrow f} \supset (!{}^{\bullet}K_{r \rightarrow f} \equiv \sim N_{r \rightarrow f}) \rightarrow (K_{r \rightarrow f} \in N_{r \rightarrow f}) \Rightarrow N_x \ (= df\ N_r | N_f)$$

N_x ist das logische Kürzel für die in der komischen Praxis aufgedeckte irreale Dimension der Wirklichkeit, zugleich auch das Zeichen für die 'Realität' des Irealen. N_x bezeichnet gleichsam einen semantischen 'Nullraum', einen Ort, an dem es keine Bedeutungen mehr gibt, nur noch die reine Materialität der Signifikanten. Von diesem Ort der "semiotischen Chora" (8) aus ist nur noch das Wachsen der Bedeutung möglich, hier schlägt die komische Transgression in die Bedeutungsgebung einer neuen Ordnung um. N_x ist weder in N_r noch in N_f enthalten, dies ist durch den sogenannten Scheffer-Strich ($|$) angedeutet. Da aber $N_{r \rightarrow f}$ die Anzahl möglicher Welten angibt, ist N_x dennoch Teil von $N_{r \rightarrow f}$, es gilt also auch – neben N (=df $N_r | N_f$) – die Definition $N_x \in N_{r \rightarrow f}$. Das bedeutet, daß im Moment von N (=df $N_r\ N_f$)/$N_x \in N_{r \rightarrow f}$ die Formel wieder zurückläuft, der logische Prozeß kommt also bei einer bestimmten Wirklichkeit N_n an. Da aber der Praxiscode ${}^{\bullet}K_{r \rightarrow f}$, der zur Bildung von N_x führte, ebenfalls in der rückläufigen Bewegung von N (=df $N_r | N_f$) negiert wird, kann die Wirklichkeit N_n nicht durch den Code ${}^{\bullet}K_{r \rightarrow f}$ generiert sein. Als Konsequenz ergibt sich, daß die Praxis, die N_x schuf, einen über die Handlungsmöglichkeiten ${}^{\bullet}K_{r \rightarrow f}$ hinausweisenden neuen Code K_n hinzufügt. Die Gesamtheit der Praxiscodes ist jetzt also ${}^{\bullet}K_{r \rightarrow f}$ & K_n. Dieser neue Code K_n ist das Ergebnis des teleonomischen Moments der komischen Praxis. K_n selbst muß nicht komisch sein - eher im Gegenteil, markiert er doch jenen unweigerlichen Punkt des Eintritts in eine neue Ordnung - jenen Schritt, mit dem jeder Lachende von seinem kurzen Glück Abschied nehmen muß. In der umgangssprachlichen Wendung, daß sich 'einer totlacht', ist die Sehnsucht nach der Dauer dieses Glücks festgehalten. Doch den Lebenden ist das Verharren im heiligen Stand, dem alles gleich bedeutend oder leer erscheint, verwehrt. Die Comunitas ist nur eine transitorische Phase der semiotischen Überdeterminierung, die in Richtung auf ein neues thetisches Moment durchquert wird. In der Rückkehr zum Nomos der zweiten Ordnung bildet sich wieder ein konnotatives System eines weiteren diskursiven Universum aus: weil es Welten produziert, ist das Komische <u>Praxis</u>.

III. Aktionsmittel Theater

III.1. 'HERR UND KNECHT' IM 'WELTTHEATER'

> "If then the world a Theater present,/As by roundness it appears most fit,/Built with starre-galleries of hye ascent,/In which Jehouve doth as spectator sit."
>
> Thomas Heywood: An Apology for Actors. (1612)

Der antike Topos vom theatrum mundi, demzufolge die Menschen gleichsam schlafwandlerisch ihre in einem göttlichen Drehbuch festgehaltene Rolle spielen (1), dient konservativen Sozialtheorien noch immer zur methodologischen Absicherung des irrationalen Antagonismus der in der Gesellschaft aufeinanderstoßenden Aktormonaden. (2) Dabei hatte die Schauspielmetapher ihre heuristische Kraft spätestens in den faschistischen Massenschauen verloren: Im Rücken der ästhetischen Affirmation des 'Mythos' wütete blind der Schrecken einer archaischen Natur - die scheinbare Inszenierung der Welt hat dieser gleichsam ihr 'Unbild' eingeschrieben. (3)

In der Philosophie des deutschen Idealismus bildete die Theatermetapher zum letzten Mal ein systematisches Argument, dort stellte sie den Gegensatz von naturmächtigen Trieben und freiem sittlichem Handeln dar. Aber schon Hegel reduzierte das optimistische Pathos der Metapher - bei Schiller repräsentierte sie noch unmittelbar die Anschaulichkeit der Dichotomie von Schicksal und Freiheit - auf ein sozialpsychologisches Erklärungsmodell. (4) In der Phänomenologie des Geistes deutet Hegel die Theatermetapher im Sinne eines Programmentwurfs, der die Leitlinie für ein Erklärungsmodell abgibt, wie der "Endzweck der Welt" (5) durch "die Harmonie der Moralität und der gegenständlichen Natur" (p.447) zu erreichen sei. Die Theatermetapher steht so für den Versuch, im Rahmen einer programmatischen Anthropologie die Einheit des Bewußtseins durch die beiden Elemente "Vernunft" und "Natur" hindurch zu begründen. Die Natur stellt sich dem Bewußtsein als Trieb und Sinnlichkeit dar, während die Vernunft das moralische Bewußtsein repräsentiert. Das Verhältnis beider Sphären wird durch das einseitige Zurückdrängen der Natur, durch das "Aufheben der Sinnlichkeit" (p.446) bestimmt. Da aber die Natur als primordiale Gestalt erst mit dem Ende des Bewußtseins aufhörte, diesem antithetisch zu sein, wird die Moral zu einer unendlichen Aufgabe (p.447), einem ewigen Kampf gegen die eigene Natur. Der Widerspruch dieses aporetischen Menschenbildes wird nun aber nochmals im Inhalt des moralischen Bewußtseins reproduziert: Die futurische, unendliche Bestimmung der Moralität soll sich zugleich als präsenter Inhalt im Bewußtsein niederschlagen (p.447). Hegel umgeht aber in der weiteren Konstruktion ausdrücklich diesen Widerspruch, indem er die beiden Momente, nunmehr "Endzweck der Welt" und "Endzweck des Selbstbewußtseins" genannt, auf einem anderen Feld sich vermitteln läßt: dem der Interaktion. "Was aber diese beiden extremen Endzwecke, die gedacht sind, als Mitte vermittelt, ist die Bewegung des wirklichen Handelns selbst" (p.447). Ein weiteres Erklärungsmodell dieses "wirklichen Handelns" findet sich ebenfalls in der Phänomenologie: Die Dialektik von "Herrschaft und Knechtschaft" siedelt das Handeln innerhalb eines Paradigmas an, das auf der Aneignung von Natur durch Arbeit beruht. (6) Innerhalb diese Arbeitsmodells begründet sich Interaktion aus der Hegelschen Folgerung, daß das einzelne Bewußtsein nur im Bezug auf eine Anderes sei. Dieses Andere ist ein anderes Bewußtsein mit den gleichen Strukturen, in der Anerkennung des Einen durch den Anderen findet also eine Verdoppelung des Bewußtseins statt (p.145f.). (7) Aus dieser Bewegung wächst das Handeln; indem Jedes des Anderen "Mitte" ist (p.147), konstituiert sich das Tun doppelsinnig: Tun ist ebenso "Tun des Einen" wie "Tun des Anderen" (p.146). Die soziale Differenz der sich so in einer gemeinsamen Handlungen treffenden Individuen abstrahiert Hegel zu einem Modell der Dichotomie von "Herrschaft und Knechtschaft", indem er die Unterschiedenheit subjektiv aus dem Bewußtsein der Handelnden begründet. Sie zerfallen in ein "Anerkanntes und in ein "Anerkennendes" (p.147). Die Entscheidung, wer was sei, fällt in einem "Kampf auf Leben und Tod" (p.149), aus dem der eine "selbständig", der andere "unselbständig" hervorgeht; "jenes ist der Herr, dies der Knecht" (p.150).

Der Herr gibt sich dem Genusse hin, aber die Dinge, die er hierzu benötigt, kann er nur mittelbar durch den Knecht erreichen, die dieser für ihn bearbeitet (p.151). Somit ist die Herrschaft das Verkehrte dessen, was sie sein will, indem sie gleichsam knechtisch von der Arbeit des Knechtes abhängig ist (p.152). Obwohl das knechtische Bewußtsein zunächst außer sich erscheint, kommt es aber in der Entäußerung durch die Arbeit zu sich selbst (p.153). "Es (das knechtische Bewußtsein, G. L.) wird also durch dies Wiederfinden seiner durch sich selbst eigener Sinn, gerade in dieser Arbeit, worin es nur fremder Sinn zu sein schien." (p.154)

An diese - hier lediglich in Erinnerung gerufene - Dialektik von Produktion und Konstitution reflexiver Subjektivität ist anzuschließen, um aus dem Zirkel der theatersoziologischen Tautologie auszubrechen: Die Gesellschaft wird mit Begriffen erklärt, die dem Theatermodell entlehnt wurden, als soziologische Metaphern sollen sie schließlich wieder die gesellschaftliche Institution 'Theater' beschreiben. Demgegenüber ist das Handlungsmodell Theater innerhalb der Kategorien der Bedürfnisbefriedigung und der wechselseitigen Anerkennung zu entwickeln. Im Theater werden subjektive Wunschfantasien als objektive vermittelt, dies gesellschaftlich Objektive konstituiert sich in der Aufführungssituation als Wechselseitigkeit von schauspielerischer Aktion und zuschauendem Tun des Publikums. Theater ist ein institutionalisiertes Modell, das Subjektivität auf der

Bühne zur Anschauung bringt und damit über die Rampe hinaus vermittelt. Diese Anschaulichkeit des Theatralischen unterliegt aber der Gesetzmäßigkeit der ästhetischen Praxis wie auch der gesellschaftlichen Produktionsweise überhaupt.

In der ersten Bestimmung des antinomischen Verhältnisses von Kapital und bloßem Arbeiter knüpft Marx an die von Hegel entwickelte Dialektik von Herrschaft und Knechtschaft an. Die entfremdete Arbeit des Arbeiters ist dessen Leiden, während "das genießende Individuum unter das kapitalisierende subsumiert" (8) ist. Allerdings ist der Umschlag dieses Verhältnisses für Marx nicht mehr durch bloße Erkenntnis des Widerspruches zu denken, sondern kann nur praktisch realisiert werden. Die Idee der kooperativen Aneignung der Natur war in den Pariser Manuskripten von 1844 ebensosehr Mittel zur Aufhebung der Entfremdung wie das Ergebnis einer hedonistischen Utopie. Dies Programm zur Entfaltung der Sinne leitet sich aber vom Fortschrittsidealismus der bürgerlichen Anthropologie ab und ist nicht ohne Schwierigkeiten in eine materialistische Theorie zu überführen, weil die Sinnlichkeit selber dem realen Kapitalbildungsprozeß unterworfen wird. Diese Einsicht und die Verlagerung des Erkenntnisinteresses auf die Kritik der politischen Ökonomie bilden den Bruch zwischen den Junghegelianern und Marx, wobei letzterer allerdings in seinen späteren Werken die Analyse derjenigen gesellschaftlichen 'Äußerungen' vernachlässigte, die in nicht-warenformaler Gestalt zirkulieren.

Demgegnüber finden sich in den Pariser Manuskripten Hinweise, daß das Verhältnis - sowohl des Individuums als auch der Gesellschaft - zur Kunst als ein Produktionsverhältnis zu bestimmen ist. (9) So sind Sprache und das Bewußtsein ebenfalls gesellschaftliche Produkte (10), aber von den materiellen Produkten, den Waren, ebenso verschieden wie das "System der Bedürfnisse" sich vom "System der Arbeit" unterscheidet. (11) Das Moment der Subsumtion der ideologischen Produktion unter das kapitalistische Wertgesetz hat Marx im ersten Band der Theorien über den Mehrwert am Begriff der Dienstleistung exemplifiziert, die eine immaterielle Ware produziert. Die immaterielle Produktion schafft Waren in zweifacher Form, einmal Waren mit "selbständiger Gestalt" (z.B. Werke der bildenden Kunst, Bücher) und zum anderen solche ohne "objektive Gestalt" (z.B. Theater und Musik). (12) Letztere können nur in der Einheit von Produktion und Konsumtion existieren. (13) Durch dieses Zusammenfallen von Produktion und Konsumtion verschleiert sich der Wertbildungsprozeß der immateriellen Waren noch stärker als in der dinghaften Warenproduktion. Das Verhältnis von Gebrauchs- und Tauschwert tritt als Widerspruch zwischen dem "ästhetischen Genuß" und der ökonomischen Organisationsform desselben zutage.

Im immateriellen Produktionsprozeß überlagern sich so eine Wertkategorie, die der strikt ökonomischen Seite entstammt und die Dienstleistung in produktive und unproduktive Arbeit teilt, und eine andere Art von Wertbildung, die in ihnen entsteht und sich als ideologischer Gehalt oder - im Falle von ästhetischen Gebilden - als Einheit von Signifikant und Signifikat realisiert. Die Analyse dieser inneren Wertbildungskategorie wird durch den Umstand erschwert, daß der Gebrauchs- und der Tauschwert der immateriellen Ware wie bei der dinghaften Ware gekoppelt sind, zusätzlich wird diese Einheit noch in einem Komplex der Identität von Produktion und Konsumtion transferiert. Der sinnliche Inhalt des in der theatralischen Interaktion zur Anschauung gelangten Gebrauchswertes wird so vom Kapitalverhältnis zerstört (14): das Bedürfnis sowohl des Schauspielers als auch des Zuschauers kann sich nur durch ein drittes Interesse vermitteln - der Realisierung des ökonomischen Mehrwerts in Form des Eintrittsgeldes. (15) Weil aber das ästhetische 'Produkt', das im Theater hergestellt und ausgetauscht wird, neben den ökonomischen Wertgesetzen noch zusätzlich den Bedingungen der ideologischen Praxis - den Codierungstechniken der 'kunstwertschaffenden' Signifikantenpraxis - unterliegt, kann die gesellschaftliche Verzerrung und Blockierung der im Theater produzierten Sinnlichkeit nicht durch eine bewußtere Produktion von Gebrauchswerten aufgehoben werden. (16) Ein solches emanzipatorisches Interesse am Gebrauchswert (17), das sich als kritische Ergänzung des in den Kulturindustrie-Thesen der Kritischen Theorie (Horkheimer und Adorno) entwickelten Begriffs eines kulturellen Tauschwerts versteht, verkürzt den Zusammenhang, weil es einen gesellschaftlichen Freiraum voraussetzen muß, in dem sich der Gebrauchswert entfalten könnte. Gegenüber dieser Position ist an der Frage nach der Produktion von Ideologie im Rahmen einer materialistischen Überbautheorie festzuhalten: Die ästhetische Dichotomisierung von Gebrauchs- und Tauschwert beruht weitgehend auf einer Verwechslung der ökonomisch determinierten Wertkategorien mit dem in Signifikant und Signifikat gespaltenen ästhetischen Gegenstand.

Die vollkommene Beziehungslosigkeit der Ebene der ideologischen Praxis zur Ebene des einfachen ökonomischen Wertverhältnisses hat Marx selbst hervorgehoben. Läßt sich für die ökonomische Bestimmtheit der Dienstleistung die vollkommene Gleichgültigkeit der Qualität der Arbeit (des Clowns, des Arztes, des Advokaten) feststellen (18), so realisiert sich der Sinn ihrer Bemühungen erst durch die Schaffung eines ideologisch fixierten Wertgefüges.

Diese materiale Form der Produktion von Ideologie hat Marx in einer "Abschweifung über produktive Arbeit" in den Theorien über den Mehrwert am Beispiel des Verbrechers vorgeführt. "Der Verbrecher produziert einen Eindruck, teils moralisch, je nachdem, und leistet so der Bewegung der moralischen und ästhetischen Gefühle des Publikums einen 'Dienst'." (19) Das Arsenal von polizeilichem Handwerkszeug bis hin zu den Büchern - Strafgesetzbüchern und Tragödien -, das der Kriminelle produziert, gilt nun nicht mehr dem einzelnen Verbrecher-Individuum, sondern dient der Konstitution des Verbrechers als eines "sozialen Typus". (20) Der Sinn dieser außerhalb der Norm stehenden Arbeit von Verbrechern (und, so dürfen wir hinzufügen, von Clowns) ist nach Marx die Unterbrechung der "Monotonie und Alltagssicherheit des bürgerlichen Lebens". (21) Die devianten Sozialtypen produzieren eine signifikante Sinnfigur, "ohne die selbst der Stachel der Konkurrenz abstumpfen würde". (22)

tuieren sich durch zwei verschiedene Produktionsmechanismen, die die dichotomische gesellschaftliche Struktur in die topologische Struktur der beiden Orte verwandeln. Das Ineinandergreifen beider Funktionskreise begründet das Theater als einen Ort von ästhetischer und gesellschaftlicher Praxis. Dies ist zugleich Voraussetzung für das Funktionieren einer kollektiven Spielleistung. Das Theater ist sozusagen ein Ort der zweiten Repräsentation, weil es die gesellschaftlich produzierten interaktionslogischen Basiscodes nochmals ästhetisch strukturiert. Der Ort dieser Repräsentation des Produzierten ist aber gesellschaftlich nicht mehr anzugeben, es ist ein gesellschaftlich leerer Ort. Diese Leere taucht nun in der semiotischen Praxis als ästhetische Fülle auf. Das Theater ist damit in seiner Realisation des Gesellschaftlichen Schein und zugleich realer Ort der Verweisung auf dieses Gesellschaftliche. Die theatralische Praxis vermittelt zwischen beiden Repräsentationsebenen und füllt den leeren Ort wieder auf - er wird sowohl von der Aktion der Bühne als auch von der teilnehmenden Hinsicht des Publikums gespeist.

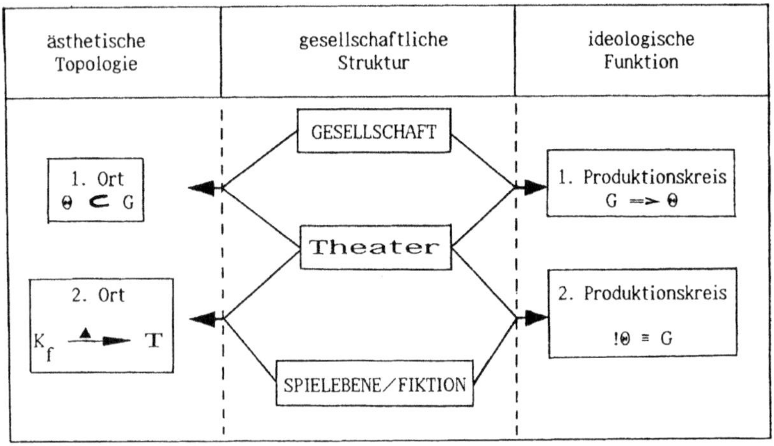

Fig. 3 (Funktionsräume des Theaters)

Im Rahmen der von Luhmann geprägten Begriffe ist die ästhetische Topologie des Theaters ein Produkt des Abbaus der doppelten Kontingenz seiner dreigliedrigen gesellschaftlichen Struktur. Das Theater als gesellschaftliches Binnensystem (6) entwirft und öffnet den menschlichen Handlungsraum, indem es die interaktionslogischen Basiscodes, die die Gesellschaft herstellen, im Rahmen einer signifikanten Praxis reorganisiert. Die doppelte Szene des Theaters wird dabei zum theoretischen Problem einer doppelten Kontingenz (7) der theatralischen Aufführung: das fiktionale Binnensystem "Spiel" muß in ein Verhältnis zum realen Interaktionssystem "Theater" einerseits und zur gesellschaftlichen Totalität andererseits gebracht werden. Die Kontingenz reduziert sich durch die Konstruktion eines beiden Systemen gemeinsamen nomologischen Handlungsmusters - das Dargestellte und die Rezeption des Dargestellten treffen sich außerhalb des Theaters im Sinne eines Systems elementarer Interaktion. Das Dargestellte und das Wahrgenommene haben ihren Ort außerhalb des geschlossenen Raumes der Aufführung in der globalen Gesellschaft. Dieses Konstrukt bildet sich im Rahmen einer ideologischen Praxis (im Sinne Althussers) als Kette der beiden Produktionskreise. Wenn wir 'Theater' mit Theta (Θ) abkürzen und 'Gesellschaft' als (G) setzen, so können wir die Formel des doppelten Produktionskreises des Theaters bilden:

*(A.9) $(G \Longrightarrow \Theta) \Longrightarrow (!\Theta \equiv G)$

G = Gesellschaft
Θ = Theater

$G \Longrightarrow \Theta$ weist auf die materiellen und symbolischen Mittel hin, die das Theater von der jeweiligen Gesellschaft abhängig machen (vom Theatergebäude bis zu den Dramentexten etc.), $!\Theta \equiv G$ verweist auf die normative Ebene der Relation Theater — Gesellschaft, die durch den Mechanismus einer ideologischen Praxis erst hergestellt wird, (der deontische Operator (!) vor Θ soll dies anzeigen). Dabei werden die regulativen R-Regeln nach *(A.2) als Grenze und Ziel der Signifikantenpraxis des Theaters abgesteckt. Der doppelten Szenerie des Theaters entspricht die Doppelung der Regeln in normative Basiscodes und deren ästhetische Codierung in fiktionalen 'Basiscodes'. Wenn man jedem der beiden Systeme von Handlungs-Codes einen eigenen logischen Status zuweisen könnte, wäre die im Theater erfolgende Reduktion der doppelten Kontingenz als Transformation von Normen zu beschreiben.

Das Theater folgt auf der fiktionalen Ebene der Logik der konventionalisierten Handlungen (C-acts), weil aber diese auf der Bühne repräsentierte Handlungslogik noch in den anderen Metarahmen der gesellschaftlichen Aufführungssituation eingelagert ist, stellen die konventionalisierten Handlungscodes der Alltagswelt auf der Bühne zugleich auch die Welt in ihrer logischen Abhängigkeit von den R-Regeln dar. (8) Die signifikante Praxis reduziert die doppelte Szene durch eine Transformation des logischen Status der repräsentierten Handlungscodes: Theater läßt sich als ein fiktionaler 'Mikro-Set' von dargestellten C-Handlungen des Alltagshandeln definieren, die nun aber innerhalb des 'Makro-Sets' der Gesellschaft - des anderen Ortes des Theaters - im Sinne von R-Regeln interpetiert werden. Nur mit Hilfe dieser Verschiebung des logischen Status der repräsentierten Handlungscodes kann die Gesellschaft als Ganzes im Sinne einer synekdochischen Repräsentation errichtet werden.

Wenn wir die von der signifikanten Praxis des Theaters errichteten Codes mit K_f und den von diesen hergestellten semiotischen Text mit $\mathcal{T}$ bezeichnen und die Relation von Code und Text durch den ikonischen Verweis ($\overset{\blacktriangle}{\longrightarrow}$) angeben, so erhalten wir die Regel der signifikanten Praxis des Theaters:

*(A.10) $K_f \overset{\blacktriangle}{\longrightarrow} T$

K_f	= Code der Signifikantenpraxis
T	= semiotischer Text

Die doppelte fiktionale Bestimmung gibt zugleich den gesellschaftlich leeren, zweiten Ort des Theaters an. Unter Berücksichtigung der beschriebenen Transformation von Normklassen an diesem Ort hat *(A.10) die genauere Form:

*(A.11) $K_{(Ac \rightarrow f)} \overset{\blacktriangle}{\longrightarrow} T\ (K_{Ru})$

D.h. die konventionalisierten Basisregeln des Alltagshandelns werden durch den axiologischen Sprung der Signifikantenpraxis zu einem übergeordneten Set von normativen Metaregeln transformiert. Setzt man diese Bestimmung in Relation zum ersten Ort des Theaters, an dem das Theater Teil der Gesellschaft ist ($\Theta \subset G$), ergibt sich die Formel des doppelten Ortes des Theaters:

*(A.12) $(\Theta \subset G) \Rightarrow (K_f \overset{\blacktriangle}{\longrightarrow} T)$

Zusammen mit den Produktionskreisen *(A.9) sind nun sämtliche Beziehungen, die sich zwischen der dreigliedrigen realen Struktur des Theaters herstellen, angegeben. Innerhalb dieses analytischen Modells von gesellschaftlicher Struktur, ästhetischer Topologie und ideologischer Funktion des Theaters kann auch die besondere Form und Funktionsweise der intratheatralischen Kommunikation skizziert werden.

Die beiden topologischen Orte - Theater der Gesellschaft und Gesellschaft als Theater - sind während der Aufführung die konstitutiven Momente der produktiven Interaktion von A und S. Das triadische Schema von Rapp (9), das die Beziehungen von A, S und R darstellen soll, ist falsch konzipiert, da es sich - sowohl logisch als auch interaktionstheoretisch - nicht um eine triadische Relation, sondern um eine komplexe mehrfach besetzte Dyade mit wechselseitigen propositionalen Einstellungen handelt, deren reale Leistung, ein Imaginäres hervorzubringen, auf der logischen Form des Spiels beruht. R bildet sowohl in Hinsicht auf A als auch auf S einen propositionalen Faktor, der von A manifestiert und von S gleichermaßen erwartet und rezipiert wird. Die Rolle besitzt keine eigenständige materiale Gestalt, sie entspringt in actu fortlaufend neu aus der kommunikativen Interaktion von A und S. Der Einheit von Produktion und Konsumtion innerhalb des Aktionsmittels Theater entspricht die Verdoppelung von A und S in Produkt und Produzent. (10) Daher läßt sich auch von einem Produktionsverhältnis zwischen A und S reden (11): ohne Schauspieler existiert kein Publikum und umgekehrt; diese paradoxe und zugleich tautologische Bedingung kann man als die Beziehung zweier Produzenten beschreiben, wobei "jeder zugleich Produzent und Produkt des anderen ist" (12). Die Ereignisse im Theater sind aus dem gleichen Grunde nicht in informationstheoretischen Begriffen zu beschreiben; Theater ist Praxis und keine duale Folge von ästhetischem Signal und darauffolgendem "Feed-back". (13) Das Aktionsmittel Theater setzt die Fähigkeiten der individuellen und kollektiven Spielleistung in Relation zueinander und rearrangiert auf diese Weise die Felder des Imaginären und des Realen. In diesem Zusammenhang ist die Rolle R als ein Sonderfall der Spielregel (b) im Sinne von *(A.5) aufzufassen, die nach dem Muster der signifikanten Praxis des Theaters *(A.10) in Szene gesetzt wird: Im Theater werden die mythischen "Schlüsselbilder" objektiviert - die innere Realität des Fantasmas wird in das Gesellschaftliche integriert. (14) Die Spielleistung des Theaters beruht letztlich auf einer Strukturadäquation zwischen der "imaginären unendlichen subjektiven Repräsentation" des Mythos im kollektiven Trauma und einer unbewußten Struktur individueller Bilder und Wahnvorstellungen, die ihrerseits wieder in den gesellschaftlichen Korpus eingegliedert werden müssen. (15) Das Theater entwirft ein Ganzes - das als Totalität nicht in der logischen Diskursivität zu fassen ist - im Rahmen einer anderen Praxisform, die dem spiralförmigen Diskurs des Mythos verpflichtet ist. (16) Es überschreitet die Totalität des Realen im Medium des Spiels. (17) In der ästhetischen Topologie wird damit das sichtbar, was in der realen gesellschaftlichen Struktur nur als Hypothese oder Untergrund existiert. Auf der Bühne wird dieser "Vortext" (prétexte) des "schon Gelebten und des noch nicht Gelebten" inszeniert (18), das Theater entwirft gleichsam einen semiotischen Text, der <u>vor</u> dem realen Diskurssystem herläuft. Die Rolle R ist das vermittelnde Medium zwischen dem offiziellen rationalen Diskurs und dem aus ihm herausfallenden Feldern der Fantasie. Sie formt sich als ein symbolisch repräsentiertes "social object" (19) oder "sur-object" (20) auf dem Weg einer "sensorischen Projektion" (21). Da die illusionäre Überzeugungskraft der schauspielerischen Geste noch eine zusätzliche "affektive" Komponente überträgt, wandelt sich das "Über-Objekt" zum "dramatischen Helden" (22). Der Schauspieler ist dann in der Meta-Person des 'Helden' verborgen, zugleich steckt der 'Held' durch die Hereinnahme des Über-Objektes im Schauspieler. Auf diese theatertechnische Konstellation bezieht sich der Begriff "dédoublement" des Diderot'schen Schauspielerparadoxons.

Der Begriff bezeichnet aber noch einen anderen Komplex der schauspielerischen Darstellung: die Fähigkeit, die emotionale Einfühlung der Rollenempathie und die intellektuelle Rollendistanz als Einheit wahrzunehmen. (23) Dieser Aspekt der Doppelung von A und R ist eine Sonderform der von Bullough schon 1912 in einem vielzitierten Essay konzipierten "psychischen Distanz" (24), die sich zwischen die kognitiv erfaßte Identität des Ich und desssen affektive Wahrnehmung schiebt. Aufgrund dieser Distanz wird der unmittelbar zweckrationale Aspekt des Alltagshandeln zugunsten einer gehobenen, ästhetischen Perspektive aufgegeben. Wenn man das Theater als ein "oeuvre d'art communiquée obligatoirement dans l'espace et dans le temps" (25) definiert, ist auch die Verwechslung der dramatischen Figur des literarischen Textes mit der Rolle der theatralischen Praxis ausgeschlossen. Die Idee einer Identität von Figur (F) und Rolle (R) ist ohnehin nur vor dem Hintergrund des veristischen Schauspielstils möglich, bei dem Signifikant und Signifikat der theatralischen Codes zusammenfallen und so den Schein einer Einheit von A und R produzieren. Gegenüber dem oben entworfenen System der theatralischen Spielleistung ist die F des literarischen Textes ein vollkommen kontingentes Ausgangsmaterial, das durch beliebige andere 'Informationsquellen' ersetzt werden kann. Daß die F des literarischen Substrats als eine von A und S produzierte R erscheinen kann - daß die Figur somit als Rolle für den Zuschauer erkennbar bleibt - ist die Folge einer historisch gewachsenen arbeitsteiligen Theaterpraxis. Die F ist sozusagen eine noch nicht als Signifikant realisierte 'Null-Rolle' (R^{o-Sa}).

Um die Besonderheiten des Agierens der komischen Figur in der Komödie von der allgemein geltenden theatralischen Kommunikation abheben zu können, sei das Verhältnis von Schauspieler, Zuschauern und Rolle in formalisierter Weise dargestellt. Die theatralische Kommunikation ist gegenüber der formalen Beschreibung der freien Sprachhandlungen innerhalb des Alltagshandelns leichter zu formalisieren, da die Menge der propositionalen Einschätzungen durch den ritualisierten Rahmen eindeutig begrenzt ist. Der Katalog deontischer Faktoren kann somit unberücksichtigt bleiben, die folgenden Formalisierungen stellen nur die Form der theatralischen Interaktion dar.

Zunächst steht der eine Rolle spielende Schauspieler A_R in einer konstanten Wechselbeziehung (angedeutet durch das Zeichen $<==>$) den Zuschauern S_n gegenüber:

*(A.13) $$A_R <==> S_n$$

A	= (A)ctor
R	= (R)olle
S	= Zuschauer

Die Zuschauer S_n sehen dem Schauspieler A in antizipierender Erwartungshaltung entgegen, sie nehmen an, daß dieser auch weiterhin eine Rolle spielen werde. Die Zuschauer sind somit auf eine beliebige Anzahl von Rollen R_1, R_2, R_3 ... usw., abgekürzt als R_n, die der Schauspieler verkörpern kann, eingestellt. Diese begründete und objektive Hoffnung der Zuschauer sei als Klammerfunktion des S -Teils ausgedrückt, die vollständigere Form lautet also:

*(A.14) $$A_R <==> S_n(A_{R(1)}, A_{R(2)}, A_{R(3)} \ldots \text{etc. } A_{R(n)})$$

Da man aber beim Schauspieler sowohl seinen subjektiven Willen, weiterhin diese Rolle zu spielen, als auch ein Wissen der ihm möglichen Gestaltung weiterer Rollen voraussetzen kann, ergibt sich unter Einschluß des Wissens von A um die ihm möglichen n-Rollen in der Perspektive von S die allgemeine Formel der intratheatralischen Kommunikation:

*(A.15) $$A_{R(n)} <==> S_n(A_{R(n)})$$

Dabei bezeichnet die Teilbeziehung des Zuschauers in Hinblick auf die möglichen Rollen des Schauspielers ($S_n \rightarrow A_{R(n)}$) das Moment der Illusion (26); die Teilrelation des subjektiven Wissens seiner Rollenidentität des A im Hinblick auf das Publikum ($A_{R(n)} \rightarrow S_n$) nennt Rapp (27) Inlusion. Da aber sowohl A als auch S die jeweilige Perspektive des anderen antizipieren, überlagern sich Illusion und Inlusion: der doppelten Einheit des A in A_R entspricht eine "Doppelung des S in den sich mit dem Schauspieler-als-Rollenspielenden Identifizierenden (...)". (28) Dieser Erwartungshaltung der Zuschauer S_n korrespondiert nun eine ähnliche, reziproke Voraussicht des Schauspielers A_R, der in seinem Spiel die gesamte Antizipationsstruktur des Zuschauerbewußtseins berücksichtigen muß; er weiß, daß die Zuschauer wissen, daß er eine Rolle spielt. Die gesamte Antizipationsstruktur des S, nämlich $S_n (A_{R(n)})$, wird in die Erwartungshaltung des A integriert. Da aber nicht immer alle vorausgegangenen Einschätzungen mitbedacht werden, ersetzen wir das Zeichen des wechselseitigen Produktionsverhältnisses ($<\!\!==\!\!>$) durch das Zeichen (//), das die partielle Abhängigkeit der beiderseits stehenden Teilglieder anzeigt. Zwecks besserer Übersicht sei bei den folgenden Formeln *(A.16) bis *(A.22) auch die quantifizierende Bestimmung (n) weggelassen. Die weitere Stufe der erwartungsvollen Hinsichten von Schauspielern und Zuschauern hat nunmehr also die Form:

*(A.16) $$A\ (S\ (A_R\ ))_R // S\ (A_R)$$

Diese geschachtelte Perspektivität wird nun wieder teilweise (symbolisiert durch den Doppelstrich //) zum Bestandteil der Perspektive des S.

*(A.17) $$A\ (S\ (A_R))\ //\ S\ (A\ (S\ (A_R))\ )A_R \quad \text{etc.}$$

Das "etc." deutet an, daß der Prozeß der reflexiven Ko-Orientierung (29) sich in einer endlosen Schaukel der hyper-perspektivischen "Metanoia" (30) fortsetzen kann. Diese "Spirale reziproker Perspektiven" (31) mit den sich übereinandertürmenden Meta-Perspektiven mag für bestimmte gestörte Kommunikationssituationen der Alltagsinteraktion charakteristisch sein, im Normalfall muß der metaperspektivische Koorientierungsprozeß von einem Reduktionsprozeß durchkreuzt werden, der die Verstehensleistung auf einer überschaubaren Ebene sichert. Die ins Endlose steigenden Ketten wechselseitiger Antizipationen müssen an einer bestimmten Stelle auf die Elemente A, S und R reduziert werden.

Ein ähnliches Problem wirft die Analyse der Sprechakte im Alltagshandeln auf. Der von Grice geprägte Terminus der "konversationellen Implikatur" (32) bezieht sich auf diese zwischen Sprecher und Hörer wechselseitig hin- und herlaufenden Intentionen mehrerer Grade. (33) Wenn man davon ausgeht, daß sich die Kommunikationsprozesse des Alltagshandelns in den Bahnen konventionalisierter Verstehenshorizonte - im Geltungsbereich sozialer Basisregeln - abspielen, erscheint die These Wunderlichs vertretbar, nach der die Intentionsanalysen des Hörers stufenweise fortgeführt werden, bis das vom Sprecher intendierte Bedeutungsfeld erreicht ist. (34) Auf den Bereich der theatralischen Interaktion angewandt, bedeutet dies, daß die Verstehensebenen in einem dialektischen Prozeß durchmessen werden: von *(A.13) zu *(A.14) zu *(A.15) usw., bis beim Erreichen eines gemeinsamen Codes wieder zur Nullebene zurückgesprungen werden kann.

In diesen Prozeß bricht nun die komische Figur auf eine nur ihr mögliche Weise ein, indem sie zur reflexiven Rollendistanz noch eine spielerische metareflexive Form hinzufügt. (35) Um das Funktionieren der Aktionsformen der komischen Figur besser analysieren zu können, sei zunächst noch einmal auf das oben kritisierte Schema Rapps (36) zurückgegriffen, allerdings in modifizierter Form und unter Betonung der trennenden Ebenen zwischen A, S und R (Fig. 4).

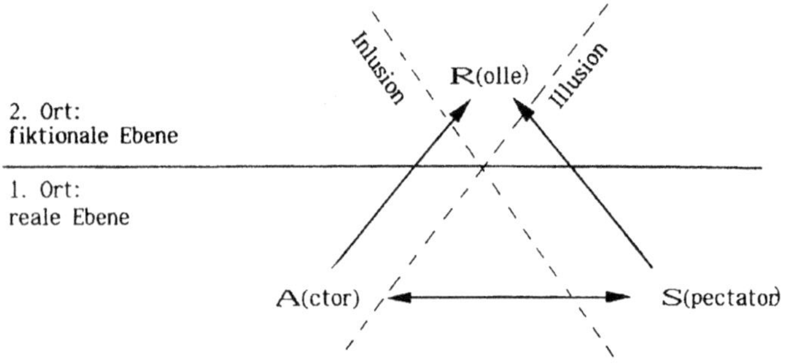

Fig. 4 (Grundschema der intratheatralischen Kommunikation)

Im obigen Schema (Fig. 4) weist der wechselseitige Pfeil zwischen A und S auf das beiderseitige Produktionsverhältnis in Hinsicht auf die R hin, die jenseits der realen Ebene im zweiten topologischen Ort angesiedelt ist. Die gestrichelten Diagonallinien deuten die Grenzen der Illusion bzw. der Inlusion an, wobei in der grafischen Darstellung auch der Verlauf der Inlusion zwischen Aktor und Rolle deutlich hervortritt. Dieses grafische Schema wird uns nicht nur die besondere Aktionsform der komischen Praxis im Theater verdeutlichen, sondern auch im zweiten Teil der vorliegenden Studie (Didaktik des Amusements) die Analyse der verschiedenen historischen Schauspielstile ermöglichen.

Die Besetzung der - normalerweise der R vorbehaltenen - fiktiven Ebene durch den A kennzeichnet den Einbruch der komischen Comunitas in die ritualisierte Kommunikationsform des Theaters. Diese rituelle Überschreitung der Schranke sowohl der Inlusion wie der Illusion definiert die komische Figur. Ihr steht als möglicher Aktionsraum die gesamte Dimension des obigen Schemas offen, dabei unterläuft sie spielerisch die Illusionsebene $S_n \longrightarrow A_{R(n)}$ (Praxis des Beiseitesprechens!), indem sie den A in die fiktive Ebene projiziert und zugleich die R in das reale Geschehen einführt. (37) Dies Spiel mit der Rolle entsteht formal aus der Umkehrung der Beziehung A_R zu R_A und hat die vollständige Form:

*(A.18) $A_R (R_A)$

Mit Hilfe dieser Doppelbödigkeit ist die komische Figur in der Lage, beliebig viele autonome Codes nach *(G.6), *(G.7) und *(G.9) zu errichten. Von der Formel *(A.18) aus können alle Formen des komischen Verhaltens und Handelns generiert werden, das 'Dummstellen' ebenso wie das 'Alleswissen'.

Die Grundfigur komischer Praxis besteht jedoch im hypoperspektivischen Dummstellen. Das komische Scheitern hat seinen Grund darin, daß die komische Figur an die Stelle des symbolischen Beziehung des Zeichens zu den Gegenständen eine indexikalische setzt. (38) Diese Fehldeutung der "symbolischen Arbitrarität" das Alltagshandelns weist unmittelbar auf die gesellschaftliche Funktion des Komischen hin. Mit Hilfe dieser Fehldeutung der Logik des Alltagshandelns restituiert die komische Figur den Sinn dieses Handelns in einem kompromißlosen Rekurs auf die Norm des gesunden Menschenverstandes. Das unter der Normal-Perspektive negative Resultat bestätigt somit im Scheitern der komischen Figur den symbolischen Zusammenhang der Dinge. Mit der verzögerten, gleichsam reflexiven Gebärde der Affirmation einer mythischen Sinngebung deckt sie im Durchmessen anderer möglicher Bedeutungen die irrationale Komponente der geltenden Sicht auf.

Die Tätigkeit des S besteht angesichts des fließenden Wechsels der komischen Figur von der realen zur fiktiven Ebene darin, die jeweils in der mimetischen Praxis fehlende Komponente zu ergänzen und somit "beständig Gegenentwürfe" zur verqueren Narrenlogik zu liefern. (39) Die komische Figur im Sinne eines Komplexes von $A_R (R_A)$ dynamisiert die Perspektivitäts-Linien und macht durch ein Wechselbad behender Neuperspektivierungen die Funktionsweise der Basiscodes durchsichtig. Demnach stellt sich die Beziehung von A, S und R für den Fall R = komische Figur wie folgt dar:

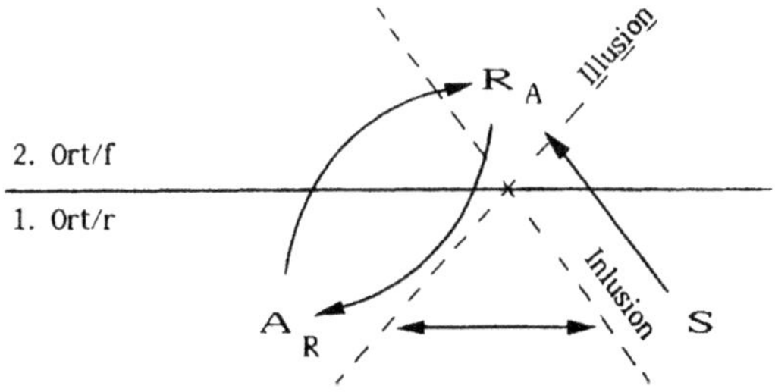

Fig. 5 (komische Fiktionsdurchbrechung)

Die gebogenen Doppelpfeile zwischen A und R deuten dabei auf die Dynamisierung von A_R im Falle komischer Praxis zu $A_R(R_A)$ hin. Dieses metakommunikative Hin- und Herspringen zwischen den beiden topologischen Orten definiert die komische Praxis als eine ästhetisch-artistische "Vermittlungshandlung" (40) der Comunitas. Hillach weist bei der Auflistung der Techniken der komischen Distanzierung darauf hin, daß diese sowohl fiktional als auch fiktionsdurchbrechend sein können. (41) Zur Begründung der "fiktionalen" Fiktionsdurchbrechung trennt er die Figur als Signifikat des literarischen Textes von der Rolle als deren signifikantem Träger:

*(A.19) $A \longrightarrow R^{Sa}/F^{Sé}$

Sa =	Signifikant
Sé =	Signifikat
F =	(F)igur des literarischen Textsubstrats

Bei den Perspektivwechseln bzw. Fiktionsdurchbrechungen wird nun das Signifikat von der F abgelöst und auf die in der fiktionalen Ebene diesseits der Inlusion getretene R verlegt. Zugleich wird die R 'näher' zum A gerückt. Die R wird Träger eines von A produzierten weiteren Signifikats - eines momentanen Nebensinns, der das fiktionale Geschehen durchbricht und eine neue Ebene der Spielhandlung in Szene setzt, die nun ihrerseits die außertheatralische Ebene der F des literarischen Textsubstrats ironisch kommentiert:

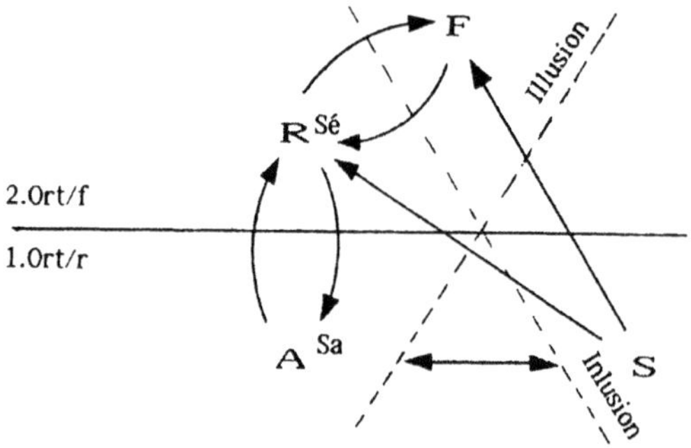

Fig. 6 (fiktionale komische Fiktionsdurchbrechung)

Die Einheit A_R des auktorialen Rollenträgers wird aufgelöst, indem die signifikante Ausformung der Null-Rolle des Textsubstrats aufgegeben wird und der A diesseits der Inlusionsebene eine sekundäre Nebenrolle etabliert ($R^{Sé}$). Allgemein ausgedrückt handelt es sich dabei um eine Beschreibung eines Dispositionsbereiches der komischen Figur (im Sinne einer Einheit von A und R), die Ebene beliebig wechseln zu können:

*(A.20) $A_R{}^{Sa} \longrightarrow A^{Sa}/R^{(0-Sa)/Sé}$

Die gebräuchlichste Form der komischen Fiktionsdurchbrechung ist jedoch das Hin- und Herspringen von einem Ort zum anderen, d.h. von der fiktionalen zur realen Ebene und umgekehrt. Diese Wechsel dienen hauptsächlich der Schaffung eines komischen Gegenterms, der den Mechanismus der Bisoziation auslöst. Dabei vervielfacht sich auch die Hinsicht des S, der durch die Gesamtsicht der gespielten Perspektiven gleichsam eine "Überperspektivität" (42) gewinnt, die ihn von der "Schwerkraft" (43) der geltenden Sichtweise befreit. Erst das Hüpfen der komischen Figur begründet die Komödie als eine "dianoetische Vision" (44) der Gesellschaft - das Handeln, das körperliche Faxenmachen wird zu einer materialen Reflexion.

Bei der schematischen Darstellung der spezifischen Rollenauflösung als Bestandteil der komischen Praxis ändert sich die Schreibweise des Schauspieler-Rollen-Komplexes A_R auf der realen Ebene r in A_r, das Verhältnis R_A bzw. vollständiger $A_R\,(R_A)$ auf der fiktionalen Ebene f wird als A_f zusammengefaßt:

*(A.21) $A_R \longrightarrow A_{R(r)} \longrightarrow A_r$

*(A.22) $A_R\,(R_A) \longrightarrow A_{R(f)} \longrightarrow A_f$

Daraus ergeben sich zwei Konsequenzen: zum einen verschwindet die Rolle R virtuell als konstitutives Element der dyadischen Interaktion von A und S, zum anderen bleibt sie dennoch als Potential dieser Beziehung jederzeit abrufbar, da sie eine Funktion des A als komische Figur darstellt. Dieser Auflösung fester Charakteristiken und ihr Übergang in stufenlose Funktionswertzuordnungen entspricht auf der Seite des S eine ambivalente Reaktionsform: der Doppelung der komischen Figur in A_r (Produzent) und in A_f (Produkt) korrespondiert ein doppeltes Lachen und damit eine doppelte Identifizierungsmöglichkeit auf Seiten des S. (45) Der S schwankt zwischen einem verlachenden "Konzessionslachen" gegenüber dem A_f und einem solidarischen "Kooptionslachen" gegenüber dem A_r. (46)

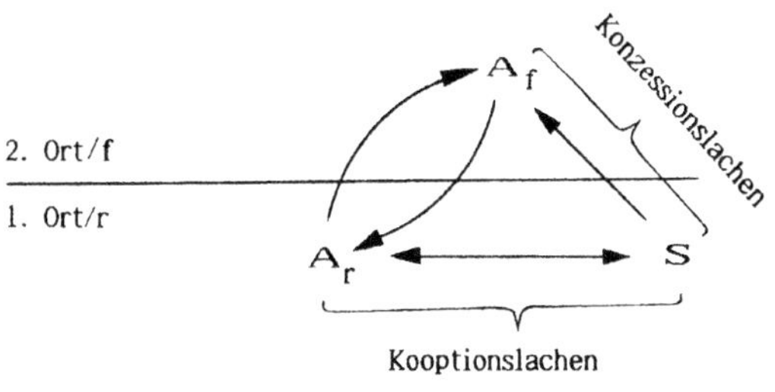

Fig. 7

Paradox in Form einer Aktionszeit des A und einer passiven Zeit des S auf. Die Aktionszeit begründet ein Handeln, das durch A-Determinationen bestimmt wird; dieses Handeln stellt sich aber für den S als Handlung, d.h. nur als B-Ausdruck dar. Dies Paradox von widersprechendem logischen Status einer A-Determination der auktorialen Aktionszeit und einem B-Ausdruck der passiven Zuschauerzeit wird durch die Transformation dieser B-Reihe in eine gemeinsame A-Determination aufgehoben: diese A-Zeitreihe begründet die Mikrozeit der Fiktion. Das Geheimnis der fiktionalen Zeitstruktur besteht nun darin, daß diese Transformation als eine strukturelle Äquivalenz der offenen aktionalen Makrozeit mit der geschlossenen nicht-aktionalen Mikrozeit interpretiert wird. Die subjektiven Zeiterlebnisse innerhalb der Mikrozeit sind objektiv, weil sie sich immer auf die Makrostruktur der gesellschaftlich definierten Zeit - repräsentiert im Handeln des Aktors - beziehen müssen.

Zum besseren Verständnis sei die Einlagerung der Aufführung in die beiden Zeitebenen schematisch dargestellt. Bei der gesellschaftlich bestimmten Makrozeit ist die A-Zeitreihe von der Dauer der Aufführung t_0 bestimmt, dies ist die Gegenwart des Spiels. Davon ist zu einen die Vergangenheit vor dem Spiel ($t_0 - t_1$) und zum anderen die Zukunft nach dem Spiel ($t_0 + t_2$) unterschieden. Die entsprechenden B-Ausdrücke unterscheiden zwischen dem Jetzt der Aufführung und einem früheren Geschehen (t_1) und zwischen der Aufführung und einer späteren Zeit, in der nicht mehr gespielt wird (t_2).

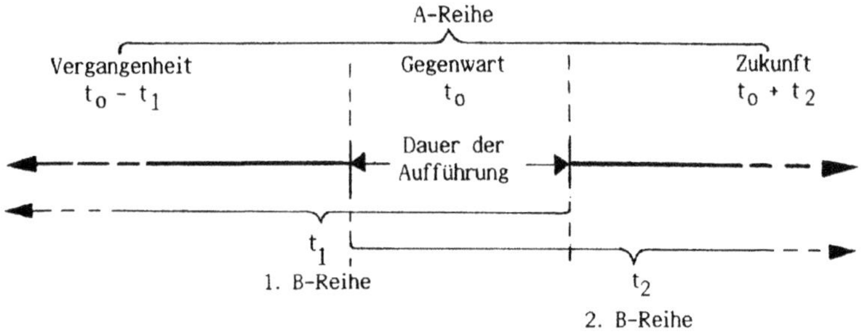

Fig. 8 (Schema der offenen theatralischen Makrozeit)

Aus der obigen Fig. 8 wird ersichtlich, daß die Dauer der Auffführung (t_0) - die "reale Spielzeit" herkömmlicher Zeittheorien - lediglich ein Teilkonstrukt einer komplexeren Makrozeit ist. Innerhalb dieses Teilbereichs der Makrozeit erfolgt die Gleichsetzung von t_0 der Makrozeit mit dem 'Jetzt' t_0 der Mikrozeit im Rahmen der Transformation der B-Ausdrücke. Das jetzige Spielmoment t_0 der Mikrozeit hat keine zeitliche Dimension, es ist ein reiner mathematischer Punkt, der als Grenze fungiert. In diesem Nullpunkt, an dem sich die beiden Zeiträume der Mikro- und der Makrozeit treffen, wuchert die Fiktion.

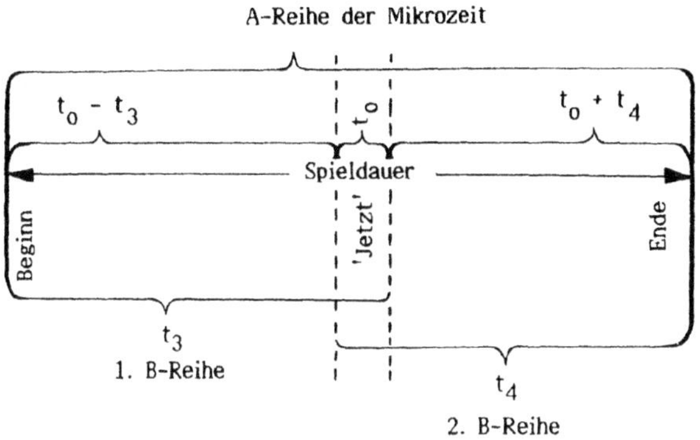

Fig. 9 (Schema der geschlossenen theatralischen Mikrozeit)

Der Punkt t_0 hat in der grafischen Darstellung (Fig. 9) nur aus Gründen der Darstellbarkeit eine räumliche Ausdehnung; tatsächlich ist t_0 in der Wirklichkeit der theatralischen Fiktion nur ein imaginierter Punkt. Da dieser Moment selber keine zeitliche Ausdehnung oder Dauer besitzt, wird er von den B-Ausdrücken ($t_0 - t_3$) bzw. ($t_0 + t_4$) der rezipierten Handlungszeit gesetzt. Die repräsentierten Handlungscodes werden (auf der Grundlage des Verhältnisses von A und S) aus der objektiven Makrozeit der gesellschaftlichen Aufführungssituation in die 'subjektive' Mikrozeit des individuellen Theatererlebnisses gehoben. (14) Dieser Vorgang wird selbst wiederum durch Informationsvergabe auf zwei zeitlichen Achsen initiiert, einmal simultan über die verschiedenen Kanäle der plurimedialen Aufführung und sekzessiv im Nacheinander der "linear-akkumulativen Information". (15) Der Gesamteindruck der Mikrozeit - die abgeschlossene Zeitstruktur des Stückes - bildet sich in der fortwährenden Fixierung der fiktionalen Codes (als Momente der B-Reihe der Mikro- und der Makrozeit) innerhalb der zunächst noch offenen, aber grundsätzlich als geschlossen vorgestellten A-Reihe der Mikrozeit. Die Mikrozeit ist eine hypothetisch abgeschlossene A-Determination, die sich erst im Ablauf der B-Ausdrücke füllt. Die A-Determination der Mikrozeit lagert sich so in die A-Reihe der Makrozeit ein und schiebt sich als Illusion gleichsam vor diese: Die fantastische Mikrozeit mit ihren Sprüngen, Raffungen, Retardierungen und Stillständen hat den ontologischen Fluß der offenen A-Determination der gesellschaftlichen Mikrozeit abgelöst. Die mikrozeitlichen B-Ausdrücke, die sozusagen als Zeitanker in das noch nicht begreifbare Meer der A-Determination eingelassen sind, werden als präsente Momente einer 'zukünftigen Vergangenheit' gedeutet. Aufgrund dieser Transformation innerhalb des Handlungs- und des Zeitraumes im Theater ergibt sich der Eindruck, daß die Ereignisse in einer anderen als der unmittelbar präsentierten (Makro-)Zeit stattfinden.

Wenn wir die zeitlogische Transformation in Zusammenhang mit den oben entwickelten Modellen der signifikanten Praxis bringen, ergibt sich, daß der Code K_f durch die beiden B-Reihen t_1 und t_2 determiniert wird. Der von K_f hergestellte Text T wäre dann das Resultat der Interferenz der beiden B-Ausdrücke t_3 und t_4. Die Transformation der auktorialen Aktionszeit in die geschlossene Mikrozeit hat demnach folgende Form:

*(A.24) $$K_f /(t_1 + t_2) \Longrightarrow \mathrm{T} /(t_3 + t_4)$$

In abkürzender Schreibweise erhalten wir - wenn wir die B-Reihe der Makrozeit als <u>real</u> (r) und die der Mikrozeit als <u>fiktional</u> (f) klassifizieren - die <u>Formel der Transformation der Makrozeit in eine ästhetische Mikrozeit</u>:

*(A.25) $$K_f/\Delta(r)t_0 \Longrightarrow \mathrm{T} /\Delta(f)t_0$$

Aus dem ständig wiederholten Transformationsprozeß nach *(A.25) geht die A-Determination der Mikrozeit im Sinne einer imaginären Zeitstruktur des theatralischen Bildes hervor. (16)

In der komischen Fiktionsdurchbrechung wird die geschlossene Mikrozeit aufgebrochen (17), indem die komische Figur die geschlossene B-Reihe der Mikrozeit als offene B-Ausdrücke der Makrozeit interpretiert. Strukturell formuliert, springt die A_R —Einheit der komischen Figur von der Mikrozeit in die gesellschaftliche, reale Makrozeit der Aufführungssituation. Damit wird die fiktionale Rekonstruktion der A-Determination der Mikrozeit unterbrochen - weil aber die Gesamtstruktur von Mikro- und Makrozeit noch nicht aufgehoben ist, wird die Ausbildung der Mikrozeit nur verzögert. Dieses Verzögerungsmoment wirkt retardierend. Der S kann keine zeitlogischen Transformationen vornehmen, die Konstruktion der A-Determination der Mikrozeit stagniert. Dieser zeittheoretische Aspekt des Beiseite-Sprechens muß in engem Zusammenhang mit dem räumlichen Übertreten der Bühnenbegrenzung und dem Aus-der-Rolle-Fallen der komischen Figur gesehen werden. Erst alle drei Teilmomente des Beiseite konstituieren den Wirkungsradius der komischen Fiktionsdurchbrechung.

IV. Theorie der komischen Praxis

"But my basic policy is to avoid people with Ph. D.'s. (Loud laughter) It takes a long time for them to become fools."

Eido Tai Shimano (1)

IV.1. ZUR LOGIK DES KOMISCHEN STURZES

Der komische Sturz ist ein Fall aus allen Bedeutungen auf die Nullstufe der Codes, ein Sturz in den "Untersinn" (1). In der Bewegung des Rückgangs auf den Signifikanten wird die Einheit des Sinnkontinuums zerstört - wir stürzen durch die metaphysische Oberfläche des Bedeutungsfilms, der als Gott/Transzendenz/Signifikat über den Dingen schwebt (2) und sehen für einen kurzen Moment die Oberfläche der Dinge aus der Hypoperspektive des Untersinns. Diese Erkenntnis der Dinge gibt ihnen schließlich ihren Namen zurück - jenseits des Lachens entsteht die neue Ordnung. Die positive Regression des Komischen wurde in der Antike philédonos (3) genannt (der das 'Vergnügen liebende Affekt') und bildete das Gegenstück zur tragischen Katharsis. Die komische Spielleistung führt uns an jenen Ort zurück, an dem das Ich entstanden ist und an dem die Dinge ihren Namen erhalten haben - es ist der tabuisierte Ort des Verdrängten (4), der in der Transgression der Norm sichtbar wird. Das Lachen zeugt vom semiotischen Prozeß der Praxis, von der Durchquerung eines semantischen Nullraumes im Prozeß der Symbolbildung (5) - wobei Symbol hier sowohl im Sinne Kristevas als auch Lorenzers (6) zu verstehen ist. Desymbolisierte Interaktionsfiguren werden aufgelöst und analog der topischen Progression einer psychoanalytischen Kur wieder zu neuen Formen zusammengesetzt.

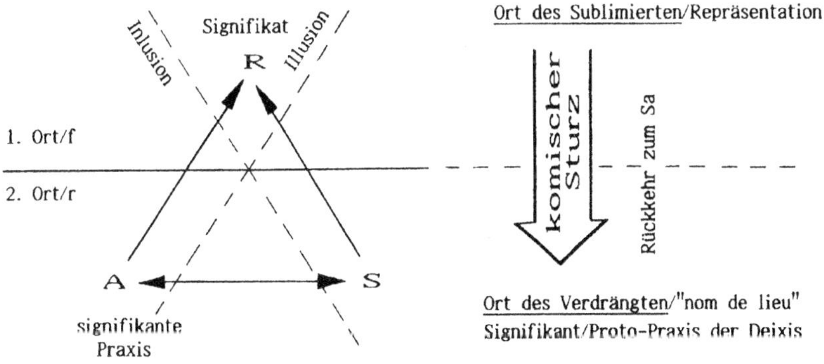

Fig. 10 (Schema des intratheatralischen komischen Sturzes)

Das Schaubild (Fig. 10) macht diesen Vorgang deutlich: Die signifikante Praxis des A produziert die R als repräsentiertes Signifikat, im Moment der Perspekivenkreuzung nach *(A.23) stürzt mit der R auch die an sie gekoppelte Bedeutungsebene des Signifikats aus dem zweiten Ort an den ersten; der komische Sturz ist eine Rückkehr zum Signifikanten auf der andren Seite der Illusion, nämlich im S. Auf diesem Austauschprozeß zwischen dem zweiten und dem ersten theatertopologischen Ort beruht die Faszination komischen Theaters. Gesellschaftliche Tabus, die sich im Arrangement von Über-Ich und Es formen, werden im komischen Sturz depotenziert. (7) Die Transformation des mythischen Traumas durch die kollektive Spielleistung in der Komödie basiert auf der triebökonomischen Konstellation der Individuen. Die Aktualisierung des ödipalen Konflikts (8) läßt eine andere Ordnung der Wünsche - jenseits der Grenzen von Tabu und Norm - erscheinen. Auf paradigmatischer Ebene leistet dies der Gag als Durchbruch des Wunsches durch die individuelle und soziale Zensur, während der syntagmatische Handlungsstrang ein allgemeines ödipales Klima produziert, in dem der Wunsch sich ein gesellschaftlich legitimiertes Aktionsfeld bahnt.

Der komische Sturz vom Über-Ich ins Es kann mit Hilfe von *(A.2) auch als gesellschaftliche Bewegung angegeben werden. Dazu transformieren wir die in Fig. 1 angegebenen Codefelder und die von Ihnen produzierten normhaften Strukturen in einen Vektorraum. Durch die Verwendung eines modifizierten "Klassifikationsgitters" (grid) nach Douglas (9) kann die Richtung des komischen Sturzes schematisch angezeigt werden:

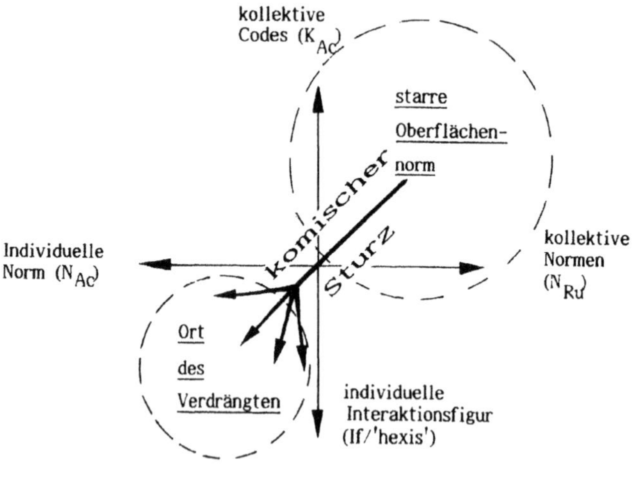

Fig. 11 (soziale Dimension des komischen Sturzes)

Die thetische Norm der durch starre R-Regeln gebildeten gesellschaftlichen Oberflächenstruktur stürzt im Moment des Komischen ein, die Individuen finden sich auf der Seite der individuellen Interaktionsfiguren bzw. der konventionalisierten Basiscodes wieder. Aber selbst diese Ebene wird noch durchquert, im komischen Destruktionsprozeß des komischen Sturzes werden alle auf eine individuelle archaische Comunitas zurückgeworfen. Nach Kristeva ist diese Regression eine Erinnerung an die prä-kognitive Leistung des ersten Lachens, das ein erstes Anderes bezeichnet und somit Reflex frühester Ich-Bildung noch vor dem "Spiegelstadium" ist. (10) Dieses psychogenetische Modell des 'Lacherwerbs' steht im Einklang mit der Bisoziationstheorie: jeweils zwei verschiedene Affekte oder Wahrnehmungsqualitäten (wie Bewegung/Halt oder Anrufen/Erkennen) kontrastieren miteinander, das erste Lachen wäre demnach Ausdruck eines Ur-Kontrastes des Proto-Ich mit einem ersten Da/Dort. (11) Das Lachen ist somit frühestes Zeugnis eines Stadiums der ungeteilten Einheit von Reflexion und Praxis; das sinnliche Erfassen des Raumes ist zugleich das sinnhafte Sein des kindlichen Ichs. (12) Lachen ist Symbol und Praxis der frühesten Aneignung der Welt. An die Stelle des Lachens treten später Laute, "archetypische Morpheme" — das Lachen, das den Raum des Da produziert hat, wird zum Begriff, der den Raum für immer besetzt ("nom de lieu"). (13) Das Komische regrediert auf den Namen des Ortes als ein Außen, das zugleich der innere Ort des Namens ist und rührt damit an das Verhältnis von Ich und Welt, wie es sich in der ersten Proto-Praxis geformt hatte. Linguistisch läßt sich der komische Sturz als eine "Desemantisierung" (14) innerhalb verschiedener semantischer Räume (15) beschreiben. Kennzeichnend ist dabei aber, daß die Kategorie des "Sinns" bzw. des komischen Gegensinns die Barriere der Sprache überspringt und als Resultat der Tätigkeit von Codes erscheint. Das Komische umreißt damit unmittelbar - gerade auch im Moment der 'stummen' Gebärde der komischen Figur - das Verhältnis von Sprache und Praxis.

Vor dem Hintergrund der noch nicht abgeschlossenen Theoriebildung einer linguistischen Semantik läßt sich das Problem der Bedeutung als einer Vermittlung von signifikanten Codes (Ebene der Kompetenz, "Lexikoneintragung") zu einem konnotativen Signifikat (Ebene der Performanz, "Kontextsensivität") bestimmen, die selbst noch einmal vermittelt ist. Die Logik dieser zweiten Vermittlung leisten die außerlinguistischen Regelsysteme von kognitiven Strukturen und gesellschaftlichen Normen. (16) Das linguistische Steuerungssystem, die Tiefenstruktur der Sprache, ist nicht unabhängig vom 'Sinn' der sozialen Struktur selbst zu beschreiben und ist letztlich auf bestimmte psychologisch und sozial determinierte kognitive Prozesse zurückzuführen. (17) Dieser Aspekt der Praxis, der sich als immer anzugebende indexikalische Relation niederschlägt, löst auch die Frage nach den "mysteriösen" Feldeigenschaften (18) der Sememe, also danach, wie außerhalb der Lexikoneintragung neue Konnotationen auftauchen können. Gerade der nicht im Lexikon enthaltene Bedeutungsüberschuß der Gesten, Handlungen und Sprechakte verleiht der Interaktion den Charakter eines offenen, nicht determinierten Systems. Die semantischen Konnotationen sind demnach kontingente Alternativen, die sich erst in der Praxis der Interaktion ordnen. (19) Zwischen das Sem als Signifikat (der langue) und das bedeutete Objekt tritt immer der Kontext (20) der Äußerung (der parole) - die bestimmte Bedeutung ist das Resultat einer deiktischen Abgrenzung zu Alternativen, so daß die Gestalt des Objektes appräsentiert wird.

In diesen Umriß der kognitiven Ordnung bricht das Komische ein, indem es nach der Logik der Comunitas ein "negatives Signifikat" (21) bildet und - unter dessen 'Steuerung' - auf die den beiden Systemen O und C gemeinsamen Signifikanten zurückgeht. Weil der komische Sturz zu einem Ort vor die Sprache führt, ist das Komische eine genuin semiotische Praxis, die alle existierenden Codes der gleichen logischen Bewegung der Transgression unterwirft. Im Rückgang auf die Signifikanten erhalten die Objekte ein besonderes 'semantisches Volumen', die bestimmte Bedeutung - als ein ideologischer Punkt innerhalb des semantischen Raumes - löst sich durch die Beiordnung sämtlicher Konnotationsmöglichkeiten auf. Der Prozeß der komischen Desemantisierung ist damit auch eine Hypo-Semantisierung, die das Objekt zwar 'benennt', seinen 'Sinn' aber vorübergehend aufhebt. Die negative Signifikatbildung kann auch durch einen gegenteiligen Prozeß - sozusagen eine Hyper-Semantisierung - produziert werden, wenn mit der pointierten Überbetonung eines Sinnfragments 'Sinn' überhaupt thematisiert wird. Der Aufbruch in die Ordnung O_2 wäre dann als Resemantisierung zu beschreiben.

Sowohl das Hinaustreiben des Sinns als auch die Hypo-Semantisierung lassen sich als affektive Desymbolisierung bzw. reflexive Zeichenbildung im Sinne Lorenzers auffassen. (22) In seinem Modell, das den semantischen, interaktionslogischen und psychologischen Aspekt der intersubjektiven Verständigung Rechnung trägt, bezeichnet der Begriff des Symbols die ausgewogene Mitte im System innerer Praxis, während das Klischee die affektive überladene und das Zeichen die affektlose Form internalisierter Interaktionsfiguren darstellen. Die komische Desemantisierung ist nun innerhalb dieses Modells ein Vorgang, der sowohl auf der Achse der Zeichenbildung als auch der Klischeebildung stattfinden kann. (Vgl. Fig. 12, p. 67)

Im Hinblick auf die traditionelle psychoanalytische Theorie des Komischen ist es sogar denkbar, daß beide Richtungen in einem Sturz nacheinander durchlaufen werden. An der semantischen Einbruchstelle löst sich der energetische Hemmungsaufwand in Lachen auf, zugleich wird im Passieren der affektiven Konnotationen auf der anderen Seite der Resemantisierung das kognitive Wissen restabilisiert. Aber dieses Moment der Restabilisierung - das Stadium O_2 - ist schon ein Schritt, der aus der Comunitas des Sinns in die andere Ordnung führt. Das Aufleuchten der konnotativen Systeme ist zugleich auch ihr Verlöschen. Das Objekt 'vergegenständlicht' sich in der semantischen Comunitas auf einer Stufe der 'reinen Materialität' - es existiert nur noch als Signifikant. Im Rückgang auf diesen signifikanten Nullraum der chora, des noch nicht gegliederten

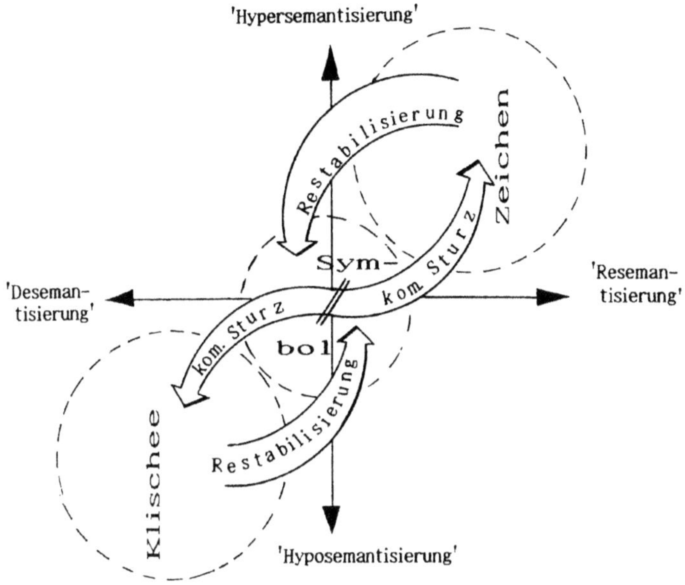

Fig. 12 (semantische Dimension des komischen Sturzes)

Bedeutungspotentials, liegt der Sinn des Komischen und die Quelle seiner Lust verborgen. Der Trieb transgrediert die Bedeutungslosigkeit des Signifikanten und formt ein neues Signifikat. Erst mit dieser Restabilisierung ist die doppelt dialektische Bewegung des Komischen abgeschlossen. Je nachdem, welches Moment beschrieben wird, erscheint das Komische - ebenso wie auf anderer Ebene die Komödie - als emanzipatorische oder als konservative Bewegung. (23) In der Zusammensicht des gesamten Ablaufs werden die wertenden Teilaussagen von einer grundlegenden Reflexivität des Prozesses relativiert: Das Komische spielt den gesamten Prozeß der indexikalischen Sinngebung auf abstrakter Ebene - auf einer fiktionalen Ebene ohne reale Praxis - durch. Es fährt lediglich der Logik der Praxis nach, die Reflexivität des Komischen wäre damit das Resultat eines Spiels mit der logischen Form der Deixis.

Das konservative Element des Komischen bestimmt sich nach dem Maße, wie bei der restabilisierenden Symbolbildung eine herkömmliche Auswahl aus den Trümmern der Konnotationen getroffen wird. Ein möglicher Qualitätsmaßstab für die Arbeit der komischen Figur wäre das Steuern der komischen Desemantisierung durch superstrukturelle gelatologische Codes, die bestimmte Konnotationsmöglichkeiten überhaupt erst eröffnen.

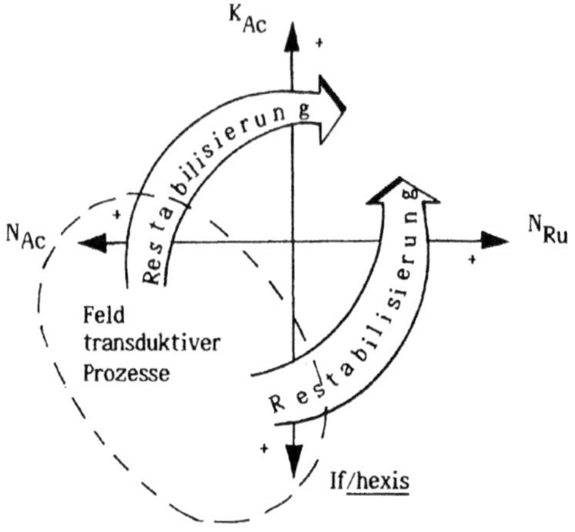

Fig. 13 (komische Restabilisierung)

Innerhalb des vektoriellen Handlungsraums stellt die Restabilisierung eine Rückkehr zur normhaften und konventionalisierten Oberflächenstruktur dar (Fig. 13). Die grundlegende Differenz des konservativen Elements des Komischen zu anderen Bewahrungsformen des Nicht-Handelns beruht darauf, daß die Norm, die die komische Praxis ansteuert, nicht mehr Bestandteil der ersten Ordnung O_1 sein kann, sondern eine neue Ordnung O_2 errichtet. Weil die Praxis des Komischen immer auf die Bisoziation und die ihr zugrundeliegenden transduktiven Prozesse angewiesen ist, besteht die Hoffnung, daß der im Hüpfen der komischen Figur angedeutete semantische Sprung auch ein gesellschaftlicher sein kann.

IV.2. IM KOMISCHEN RAUM

"Oh! die Bacchanale der neuen Begräbnisse! Die Rückkehr vom Friedhof: neue Karnevale!"

Aldo Palezzeschi: Der Gegenschmerz. (1913)

Trotz der Instabilität der einzelnen komischen Momente führt die beständige Produktion negativer komischer "Superzeichen" zu einem stabilen Gegenbild (1), es bildet sich ein komischer Raum. Die Summe der gelatologischen Codes transformiert sowohl den ersten als auch den zweiten Ort, d.h. Realität und Fiktionalität in den gleichsam 'dritten' Zustand der Comunitas. Weil der komische Raum nicht an die beiden topologischen Orte gebunden ist, kann die komische Figur auch zwischen den beiden Gefilden hin- und herspringen. Ihr Aktionspotential wird von der Anti-Norm der komischen Comunitas bestimmt, die komische Figur ist sozusagen ein Agent dieser Funktion. Wenn man die Eckwerte des komischen Raums in einem Koordinatensystem absteckte, so wäre er zweidimensional mit jeweiligen Gegenpolen zu denken. Eine diachronische Zeitachse umfaßt die Extrempunkte der positiven Regression und der futurisch orientierten Teleonomie des komischen Handelns einerseits, während andererseits auf der synchronen Achse des Raumes sich die Hypoperspektivität und die gleichzeitige Transzendierung in einer "Überperspektive" (2) gegenüberstehen. In diesem zweidimensionalen Raum wird die komische Figur tätig, indem sie konventionalisierte Handlungsmuster 'bearbeitet' und auf diese Weise die dreidimensionalen Praxiscodes der gesellschaftlichen Handlungslogik in 'zweidimensionale' Codes übersetzt. Der Bezugspunkt komischer Praxis sind damit immer die Handlungen anderer, die in ihrer Gesamtheit die Folie komischen Handelns im Sinne eines "metasemiotischen Textes" abgeben. (3) Innerhalb des komischen Raumes ist jedes Handeln ohne Handlung (4), das gleichsam synthetische Agieren (5) der komischen Figur ist quasi ein Meta-Handeln, es ist nicht auf ein intensionales Ergebnis gerichtet. Das Ziel der komischen Praxis ist vielmehr die Auflösung der realen Handlungsfelder und ihre Recodierung innerhalb des komischen Raums. Aufgrund der nicht-agonalen Struktur des komischen Handelns ist es reflexiv, im Handeln dieses selbst transzendierend. In diesem Sinne ist die komische Praxis eine materiale Reflexion.

Die komische Praxis - im Sinne eines metasemiotischen Systems - bezieht in ihre materiale Reflexion sämtliche das soziale Regelsystem konstituierenden Dimensionen ein:

1. die Motorik als doppelten Ausdruck von Arbeit und Selbstdarstellung in Gesten, die Kinematik wäre als Bindeglied zwischen Arbeit und Sprache aufzufassen;
2. das Verhältnis zu den Gegenständen der Natur/Kultur, an denen sich das Subjekt erfährt;

3. das Verhältnis zu anderen: Intersubjektivität/Sprache.

Alle drei Dimensionen werden im Medium des Körpers der komischen Figur vorgeführt: der metasemiotische Text der komischen Figur ist ein Körpertext. Wenn man mit Hesse (6) bei der Konstitution einer dramatischen Figur ihren physiognomischen Habitus, ihre soziale Determiniertheit und ihre psychologische Konstitution unterscheidet, so ist die komische Figur entsprechend durch ihren harlekinesken Habitus, ihre gesellschaftliche Funktion als Sozialtypus "Narr" und durch ihre Funktion als Agent des Wunsches näher charakterisiert. Die Auflösung dominanter Strukturen in jeder Comunitas findet ihren Ausdruck im körperlichen Habitus (7): der Flickenkittel des Harlekins - den er vom Cetunculus, einem antiken Vorfahr, erbte (8) - ist das am Kleid codierte Anzeichen der komischen Comunitas. Die äußere Zerzaustheit und die physiologische Lockerheit der komischen Figur sind körperliche Ausdruckssymbole, die den Bruch mit der Ordnung anzeigen. (9) Auch das voll funktionierende Körper-Ich, das sich in hörbarem Winden, im Schmatzen und anderen, sonst unterdrückten physiologischen Vorgängen äußert, soll mit der "Lockerung der Körperkontrollen" (10) die Comunitas markieren. Das Problem der komischen "Niedrigkeit" (11) oder gar der komischen "Obszönität" (12) läßt sich somit objektiv formulieren: "niedrig" ist das komische Gebaren nicht im Hinblick auf die am Kommunikationsprozeß Beteiligten - Autor, Schauspieler, Zuschauer usw. - sondern im Hinblick auf die Vorstellung eines normhaften Wertsystems überhaupt. Die komische Transgression der Ordnung als Deixis der Praxis ist vollkommen wertfrei - aber in diesem gleichsam materialen Gestus, im Rückgang auf die Signifikanten stürzt mit den Signifikaten auch das geltende Wertsystem ein. Hier greift die ambivalente Dialektik des Komischen: um auf den logischen Prozeß der Ordnung hinweisen zu können, muß die komische Figur reale Normen zerstören. Die historisch belegbare Entrüstung über das Komische - deren Wege wir im zweiten Teil der vorliegenden Arbeit ein Stück weit verfolgen werden - hakt an dieser demonstrativen Qualität der komischen Codes ein.

Die Denunziation verfehlt aber ihren Gegenstand, weil die komische Figur - neben dem 'Helden' und dem 'Kriminellen' - einer der devianten Sozialtypen ist, die das imaginäre Netz der gesellschaftlichen Konventionen und Regeln überhaupt erst - ex negativo - sichtbar machen. Nach Klapp bildet sich im Alltagshandeln die Vorstellung eines moralischen "Mittelfeldes", innerhalb dessen Grenzen den Individuen keine Sanktionen drohen. (13) Dieses "Mittelfeld" wird aber nicht durch die Strukturierung bestimmter positiver Normen gewonnen, sondern es ist lediglich ein Territorium, das durch die Fluchtpunkte devianten Verhaltens markiert wird. Die "Narrenlogik" (14) der komischen Figur repräsentiert Wertvorstellungen, die von der Gesellschaft, deren Narr er ist, zurückgewiesen werden. (15) Er wird damit zum Agenten einer 'nicht-rationalen' sozialen Kontrolle, indem er primäre Identifikationsmuster liefert (16), die die Brüchigkeit der Ordnung zu heilen vermögen. (17) Mit dieser heilenden Kraft des Komischen hängen auch die zwei "Metaebenen des Narren" zusammen, die die 'Normalperspektive' einmal unterlaufen und zum anderen transzendieren (18):

1. Die komische Figur kann ihre Rolle nicht verlassen - sie ist ewig ein fool, weil auch die Norm immer wieder ihre comunitative Unterbrechung benötigt.
2. Die komische Figur kommuniziert ironisch mit der Menge und schafft damit eine reflexive Distanz, wie sie nur im komischen Raum möglich ist. (19)

Die zweifache Möglichkeit von Hypoperspektive und Überperspektivität kann durch die Verdoppelung der komischen Figur unmittelbar funktionalisiert werden - im Slapstick-Film führen das etwa Stan Laurel/Oliver Hardy, im Zirkus das Paar dummer August/weißer Clown und in der Commedia dell'arte die Zuordnungen der verschiedensten Zanni und auch Arlecchino/Colombina vor. (20)

Reflexive Distanz, Überperspektivität und materiale Reflexion weisen auf die grundlegende Funktion der komischen Figur hin, als ein "geometrischer Ort" sich kreuzender Perspektiven und Möglichkeiten (21) die Wunschträume der Individuen zu recodieren. Die komische Figur, die nur einen funktionellen Ort darstellt, führt damit das "Scheinleben" (22) eines Idealtypus im Sinne des Begriffs von Max Weber. (23) Allerdings umfaßt der Idealtyp der komischen Figur nicht nur den Harlekin, vielmehr fallen unter den Begriff sämtliche Protagonisten einer komischen Handlung. (24) Das spezifische Merkmal der einzelnen Figur ergibt sich aus der relativen Nähe oder Distanz zur abstrakten Figur des Narren, der das Prinzip der Narrenlogik am radikalsten repräsentiert. Der Narr als eine Extremform der komischen Figur reduziert die Erkenntnisfunktionen auf ein infantiles magisches Denken (25), das dem eingebrochenen Chaos als adäquate Erkenntnisstruktur entgegengesetzt wird. Ausdruck dieser Irrealität des komischen Raums ist auch die "moralische Indifferenz" (26) bzw. die "brutale Unmittelbarkeit" (27) der komischen Figur, wenn man sie an der seit Theophrast gültigen Skala einer traditionellen Charaktertypologie mißt. Diese komische Enthobenheit findet ihren merkwürdigsten Niederschlag in der körperlichen Unverletztlichkeit der komischen Figur, gleichviel, wie hoch die - physikalische oder moralische - Fallhöhe auch gewesen sein mag. Das Unverletzlichkeits-Syndrom resultiert aus dem imaginären Volumen der komischen Figur; ihre Welt - der komische Raum - ist von einer anderen materiellen Struktur. Die Schwerkraft des Irdischen scheint aufgehoben, die großen Sprünge Harlekins wirken grotesk und 'natürlich' zugleich. Aber die andere Welt der Comunitas hat noch eine andere Qualität, die die Unverletzlichkeit vollends plausibel macht: die komische Comunitas ist auch die Welt des rituellen Todes im sekundären Chaos. (28) Weil die komische Figur symbolisch tot ist, kann sie auch auf der Bühne, in der Komödie nicht mehr sterben. Aus diesem komischen Raum gibt es keinen Ausgang in den Tod, er öffnet sich nur zum Leben hin. Dieses führt allerdings unausweichlich zum Tod - indem das Komische auf diese Spannung, die allem Lebendigen innewohnt, hinweist, bereitet es uns auf den Ausgang des Lebens - symbolisiert im Bilde des Glücks - vor.

IV.3. AGENT DES WUNSCHES:
Psychogramm der komischen Figur

> "Unsereins ist ja so nervös, daß man gar net mehr weiß, ob man ein Manderl oder ein Maderl is'." (1)

Wenn die komische Praxis in gesellschaftlicher Hinsicht emanzipatorisch wirken kann, dann nur im Bereich der "Mikropolitik des Wunsches" (2) und nicht im realen Feld gesellschaftlicher Praxis. Die Differenz von komischer Figur und revolutionärem Subjekt läßt sich gerade an den gemeinsamen Qualitäten beider Handlungsweisen demonstrieren. Sowohl die komische als auch die revolutionäre Praxis zerstören die Struktur der Ordnung und schaffen ein Neues, einen dritten Term. Aber der Revolutionär handelt im Seinsfeld der Welt, der Narr im Seinsfeld des Spiels. Der komische Sturz ist immer der des Narren und der unseres Bewußtseins - niemals aber stürzen die Herrschenden. Der Revolutionär ändert die Welt, indem er in ihre materiellen Strukturen eingreift, die komische Figur ändert die Welt nur in dem Maße, wie ihre materiale Reflexion den Dingen ein anderes kognitives System überstülpt. (3) Während der revolutionäre Held vor der wahrhaften Sisyphus-Aufgabe steht, die Wirklichkeit so zu ändern, daß das Realitätsprinzip mit dem Lustprinzip zur Deckung gebracht werden kann, ist die 'positive Regression' der komischen Figur zum Ort der Entstehung der Moral nur am Lustprinzip orientiert (4) - <u>die Wirklichkeit des Narren ist die des Wunsches</u>.

Das infantile Moment des Komischen konfrontiert das Über-Ich mit den archaischen Wünschen des Es. (5) Nach dem Comunitas-Modell bezeichnete das <u>Über-Ich</u> die erste Ordnung, die in der Comunitas des <u>Es</u> negiert wird, um die qualitativ andere Ordnung des <u>Ich</u> hervorzubringen, in der die beiden anderen Ordnungen aufgegangen sind. Die komische Figur ist als Agent der Comunitas auch Agent des Wunsches: <u>Liebe</u>, <u>Essen</u>, das <u>Bedürfnis</u> allgemein spielt sie in einer Demonstration des Begehrens gegen alle Hindernisse aus. Ihr gleichsam "eindimensionaler" Charakter (6) entsteht durch die katalysierende Funktion, beständig den komischen Raum produzieren zu müssen. Dominantes Merkmal des komischen Raumes ist die amorphe Sexualität, die traditionellerweise in zwei Themenkomplexen in der Komödie auftaucht: einmal als die Liebe des jungen Paares, der <u>innamorati</u>, und zum anderen als realistische Farce über Ehe, Ehestreit oder Ehebruch. (7)

Die Sexualität als Thema der Komödie hat die Funktion, die <u>Geschlechtlichkeit im Werden</u> zu zeigen und über die ödipale Konstellation hinaus auf die heterosexuelle Ordnung zu weisen. Dem sich suchenden Liebespaar steht der Narr als Prototyp der komischen Figur konträr entgegen - er vereinigt Männliches und Weibliches in einem latenten Hermaphroditismus (8) und zeichnet sich zudem durch eine latente Homosexualität aus. (9) Charakteristisch für die Triebstruktur der komischen Figur ist die Verschiebung sexueller Inhalte auf nicht-sexuelle Formen, die mit einer Regression auf frühere Stufen der libidinösen Entwicklung einhergeht. Paradox bzw. 'charakterlos' ist nun die Tatsache, daß die komische Figur von einem Stand der Libidoentwicklung aus regrediert, den sie noch nie erreicht hatte, und den sie - um den Preis des 'Unkomischen' - auch nie erreichen darf. Die Regressionen der komischen Figur stehen nie "im Dienste" des komischen Ego, sondern immer nur des nicht-komischen Ichs der Anderen. (10) Die komische Figur kann vor allem deshalb keinen stabilen Charakter aufbauen, weil sie ständig in ödipale oder prä-ödipale Konstellationen regrediert. Die gelunge Ausbildung eines komischen Charakters mit genitaler Struktur wäre nicht mehr komisch. Im Aktionsmittel Theater hat der Harlekin damit die gleiche Funktion wie die Puppe als Kollektivkind im Kinderspiel (11), ebenso wie die Puppe wird er von der imaginären Realität des Wunsches belebt.

In der von der komischen Figur induzierten sexuellen Comunitas können die jungen Helden der Komödie ihre eigene heterosexuelle Polarität ausspielen. Die Hochzeit des Paares markiert somit den Punkt, auf den sich die amorphe Sexualität des komischen Raumes hinbewegt: auf die Ordnung der geschlechtlichen Polarität. Auch hier wird der teleonomische Charakter des regressiven Handelns der komischen Figur deutlich: die amorphe Sexualität der komischen Figur, die immer wieder Versagungen und Zurückweisungen produziert, steht in einem funktionellen Verhältnis zu einer aus dem Chaos der Comunitas aufgetauchten normhaften Sexualität.

Der Narr ist die Grenzfigur, die die Grenze von Ordnung und Chaos und von Ich und Nicht-Ich gleichermaßen markiert. Der Narr zeigt die Grenzlinie der Welt und zugleich die imaginäre Mitte des Ich. (12) In diesem Prozeß des Verwerfens bildet sich sowohl die soziale Ordnung als auch das Ich. Beide Ordnungen entstehen durch das Auslöschen einer Leerstelle - des 'bedeutungslosen' Signifikanten - im Spiel des Wunsches. (13) Die komische Figur negiert in radikaler Weise den Todestrieb - vom Ort des symbolischen Todes aus. Die vollkommene Regression des Narren vereinigt die beiden möglichen Formen der rituellen Regression (14): der regressus ad uterum symbolisiert die geschlechtliche Doppelgestalt der komischen Figur (15), der descensus ad inferos weist auf seine Herkunft aus der schamanistischen Teufelsgestalt hin. (16) In dieser Form kehrt die komische Figur als Harlekin, als Dämon des Todes, zurück und wird zum symbolischen Liebhaber sterbender Frauen (17): im "Harlekin-Komplex" (18) spiegelt sich die Einheit von Tod und Sexualität (19), von Werden und Vergehen. Der Narr sehnt sich in den Mutterleib zurück, zugleich erkennen ihn die Frauen als höllischen Boten der Sexualität - sein Körper ist zugleich ein imaginärer Phallus, der im Raum des 'Untersinns' alle Bedeutungen in sich birgt und anödipaler "organloser Körper" (20), der die Wunschströme recodiert. In diesem Doppelantlitz des Narren, das den regressiven Ursprung aller Wünsche zeigt, findet die transgressive Bewegung des Komischen ihren letzten und ernsten Grund.

IV.4. DIE KINEMATISCHE MASKE

"In dem Übergang von Ruhe und Bewegung, in diesem Sprung von Raum in die Zeit wurzelt die Persönlichkeit des Clowns. Aus diesem Sprung ist er geboren. Und dieser Sprung, dieser Riß haftet allen seinen Bewegungen an."

Rudolf Kassner: Zahl und Gesicht. (p. 88)

Das hervorstechendste Merkmal - und zugleich der dominanteste gelatologische Code - der komischen Praxis ist das extensive wie intensive "Gebaren und Gebärden" (1) der komischen Figur. Das Springen war schon Gangart der Knechte und komischen Teufel der geistlichen Spiele des Mittelalters (2), in abgeschwächter Form prägt diesselbe motorische Hyperagilität noch den Stil des heutigen Boulevardtheaters. An die Stelle der fehlenden 'Geistesgegenwart' - aufgrund des Dummstellens, der Informationsverhinderung etc. - setzt die komische Figur das Moment der "Körpergegenwart". (3)

Die Körperfiguren und Sprünge der komischen Figur können zunächst als mimetischer Nachvollzug des physiologischen Habitus eines Lachenden gedeutet werden (4), die auf diese Weise die archaische Bewegungslust dasjenigen induzieren sollen, der sich vor Lachen schüttelt. (5) Daneben hat der Körpertext der komischen Figur die weitere Funktion, im Rückgang auf die Signifikanten innerhalb der Comunitas jenen vorsprachlichen Raum bedeutend zu machen, der nur in der "anaphorischen Geste" der Deixis umrissen werden kann. (6) Der Zusammenhang von archaischer Körperlust und Logik der Deixis stellt sich über die Analität als Bedingung des Semiotischen überhaupt her. (7) Die funktionelle Lust der triebenergetischen Ladung der Sphinktere ist zugleich vom Verlust von Körperpartikeln begleitet. Dies Setzen einer ersten Andersheit, das die Abtrennung des Objekts vom Körper als Zeichen eines realen Objekts interpretiert (8), fällt mit der kognitiven Regression des Lachens zusammen. Der Körpertext der komischen Figur vereint die beiden Orte der Regression, indem er Sinn am Körper herstellt und auf diese Weise die Verwerfung der Triebe im Prozeß des Bedeutend-Werdens erneuert.

In der Bedeutungsleere des komischen Raumes entwirft das komische Gestikulieren jenes außerhalb seiner Reichweite liegende Signifikaten-System, das immer einer anderen Ordnung (O_2) angehört. Jedes einzelne harlekineske Kinem verweist auf das deiktische, sinnsetzende Moment der Praxis und ist zugleich Praxis dieser deiktischen (oder anaphorischen) Logik. Der Begriff der 'materialen Reflexion' umgreift sowohl den semiotischen als auch den metasemiotischen Aspekt des komischen Körpertextes. Aufgrund dieses Doppelsinns der materialen Reflexion ist auch die Rede vom 'metasemiotischen Text' der komischen Praxis zulässig. Bouissac (9) hatte anhand der Vorstellungen von Zirkusclowns deren Darbietungen als metasemiotischen Text analysiert, der sich auf die Gesamtheit der kulturellen Normen und Konventionen im Sinne eines sozio-semiotischen Textes bezieht. Auf diese Charakteristik der komischen Handlung, nur den metareflexiven Gestus des Handelns und nicht die Handlung selbst darzustellen, hatten wir schon hingewiesen. (10) Warnings Kritik an Bouissac, die komische Handlung sei lediglich ein semiotischer Text, der wie jede ästhetische Praxis lediglich nicht-semiotische Codes - Warning verwendet für diesen Zusammenhang recht ungeschickt den Begriff "Sitz im Leben" - transformiert (11), wird hinfällig, wenn man die Aufteilung der kulturellen Phänomene oder Codes in ästhetische und nicht-ästhetische aufgibt. Die reflexive - metasemiotische - Teleonomie (O_2) des komisch intendierten Gegensinns (C) ist immer Teil der komischen Praxis, auch wenn diese andere Ordnung außerhalb der Reichweite der komischen Figur liegt und von dieser selbst nicht dargestellt werden kann. Richtig ist Warnings Kritik allerdings bezüglich der Kennzeichnung der Analyse des Komischen als "meta-metasemiotisch" bei Bouissac: Grundsätzlich hat die reflexive Analyse des Komischen den gleichen Status wie dieses selbst - es gibt keine 'höhere' und andere Erkenntnis als das Wissen von der Einheit des Nichts und des Seins, von Signifikant und Signifikat, wie es im bisoziativen Zusammenprall von Ich und Welt denkbar ist. Der erkenntnisfördernde Zusammenstoß ist zwar nur ein komischer - aber dieses 'nur' bezeichnet den metasemiotischen Status des komischen Handelns, das die Realität immer mit umgreift, besonders in dem Augenblick, da es vorgibt, die Welt nicht zu begreifen.

Die poetologische Relevanz der materialen Reflexion der komischen Figur als einer traditionellen Codierungsebene der Komödie kann im Rahmen der Kinematik und der Proxemik (12) verdeutlicht werden. Die Kinematik (Kinesics) untersucht die körperlichen Bewegungsabläufe als ein Kommunikationssystem, das hauptsächlich auf der Ebene kleiner sozialer Organisationsformen des Alltagshandelns wie der Familie oder der kleinen Gruppe funktioniert, während das linguistisch-kognitive Sprachsystem die soziale Ordnung auf einem höheren - administrativen oder ritualistischen - Niveau reguliert. (13) Die Gebärden sind ein integrativer Teil des Interaktionsprozesses und werden, unbewußt, im Sinne eines hochgradig restringierten Ausdrucksfeldes eingesetzt. (14) Jede Kultur verfügt über einen bestimmten Vorrat an Körperbewegungen, sogenannte "Kine" (Sa) bzw. "Kineme" (Sé), die von den Individuen analog dem Spracherwerb erlernt werden. (15) Die Bedeutung dieser Kine ist variabel und überdies in keiner der bisher untersuchten Kulturen identisch. (16) Birdwhistell nimmt an, daß die Bewegungen erst innerhalb der makrokulturellen und der situationellen Kommunikation ihre jeweilige Bedeutung erhalten. Die kinesologische Analyse zeigt, daß eine "Geste" sich in mehrere kleinere Bewegungseinheiten zerteilen läßt, die ihrerseits erst im infrakommunikativen Kontext mit Sprache und anderen Bewegungen ihren Sinn erhalten. Analog der linguistischen Unterscheidung von Phonem, Morphem und Lexem unterscheidet Birdwhistell einzelne "Kine" bzw. "Kineme", die sich zu suprasegmentalen Einheiten, den "kinemorphen" Bewegungen addieren, wobei aber auch ein einzelnes Kin kinemorphe Bedeutung haben kann. (17) Kristeva hat im Rahmen einer Kritik des methodologischen Rahmens der Kinematik darauf verwiesen, daß die Konzeption einer kontextgebundenen Geste den behavioristischen Rahmen dieser Wissenschaft sprengt. (18) Gerade aufgrund der "kinesic markers" produzieren die Kineme in der aktuellen Interaktion den jeweiligen Sinn - sozusagen als einen extralinguistischen 'semantischen Überschuß', der in Verbindung mit den paralinguistischen Signalen die Verständigung sichert. (19) Die kinematisch betonte Geste (kinesic marker) ist das Bindeglied zwischen einer "supralinguistischen" und einer "suprakinesischen" Stellung innerhalb des semiotischen Systems. (20) Diese "kinesic markers" verweisen als Zeichen des vorsprachlichen Raumes auf den Zusammenhang von Arbeit und Zeigegebärde. (21) Die Geste ist Teil eines genuin semiotischen Codes, die aufgrund ihres materialen Charakters den Ursprung der Be-Deutung in der Praxis gleichsam in sich trägt. (22)

An diesen kinesic markers setzt die Praxis der komischen Figur ein und macht deren restringiertes Codesystem durch eine exaltierte Gestik sichtbar - sie setzt den Körper wie einen elaborierten Code ein. Die kinematische Tätigkeit der komischen Figur im Sinne einer materialen Reflexion ist damit metasemiotisch auf die Produktion von Bedeutung ausgerichtet. Die Kine der komischen Figur sind zwar in der Perspektive des nomologischen Stratums rechter Körperhaltung und -handlungen 'sinnlos', sie beziehen sich jedoch metasemiotisch auf die materielle Produktion von Bedeutung durch Arbeit/Gesten. Von hier fällt auch Licht auf den Zusammenhang von komischer Praxis - der Stimme des Komischen - und literarischer Komödie - ihrer anderweitigen Niederschrift. Sowohl das Diktum von der Niedrigkeit des Komischen als auch die Volkstümlichkeit der Komödie beruhen auf dem Zusammenhang von Arbeit, Körperlust und signifikanter Geste, wie er in der komischen Praxis thematisiert wird.

Den gleichen Zusammenhang von Arbeit und schauspielerischem Darstellungsvermögen hat Kriss-Rettenbeck anhand einer Stilanalyse des süddeutschen Volkstheaters herausgearbeitet. Dort erweisen sich die Männer als "unfähig", sowohl einen kontinuierlichen Bewegungsablauf als auch eine kontinuierliche Rollenfigur darzustellen. Die signifikanten Gesten "wirken wie in Bewegung ausgeführte Körperzeichen, die wie Bausteine hart auf hart gesetzt werden" (23). Weil die Männer im Alltag immer nur Bedeutendes produzieren, können sie auch im Spiel nur Signifikanten darstellen - eine veristische Imitation (sogar ihres eigenen Alltagshandelns!) wird damit unmöglich (24) (vgl. Fig. 14). Anders dagegen die Frauen, die aufgrund ihres häuslichen Wirkens gerade jene Distanz zu der materiellen Produktion aufbringen, die sie befähigt, ihre Rolle als eine Einheit von Signifikant und Signifikat zu spielen. Die Affinität von komischer Praxis und Volksschauspielstil wäre somit nur semiotisch bestimmbar als eine gemeinsame Abhängigkeit vom Gebrauchswert des praktischen Arbeitsprozesses, der dann unmittelbar als Signifikant des jeweiligen ästhetischen Prozesses erscheint.

Auch auf diese Gemeinsamkeit bezieht sich der schon eingeführte Begriff der 'materialen Reflexion', den ich nunmehr in Anlehnung an zur Lippes Begriff der "lebendigen Mitte" systematischer fassen möchte. z.Lippe hatte den Begriff der lebendigen Mitte anhand der "Posa" der Balletfiguren des Quattrocento gewonnen (25), er bezieht sich auf die dort zu findende Einheit von mimetischem Nachvollzug und Reflexion - eine solche 'Pose' ist gleichsam die Nachstellung des Gesellschaftlichen im Moment des einzelnen Tauschaktes. (26) Die lebendige Mitte verweist - im Gegensatz zur toten Mitte der Ware - sowohl auf "intersubjektive Beziehungen" als auch auf die Beziehungen zu Gegenständen hin. (27) Die materiale Reflexion der komischen Figur - so lautet unsere These - enthält diesen Verweis auf die Einheit von Subjektivität und den herzustellenden Objekten in gleichsam historisch unspezifischer Weise. Die materiale Reflexion stellt damit ein von der jeweiligen Gesellschaftsform zunächst unabhängiges Basismodell zur Vefügung, die Einheit von subjektiver Wunschproduktion und gesellschaftlicher Praxisform zu thematisieren. Das Grundmodell unterliegt freilich selbst den historischen Modifikationen verschiedener Produktionsweisen - auch der Körper der komischen Figur kann zur Ware werden, kann aus dem Bereich der reflexiven Körperpraxis herausgerissen und in den Bereich der toten Mitte gestellt werden. (28)

Der Zusammenhang zwischen signifikanter Darstellungsweise und dem Gebrauchswert des Arbeitsprozesses führte dazu, daß beide - Volksschauspiel und komische Praxis - aus bürgerlicher Sicht immer als ästhetisch 'minderwertig' eingestuft wurden. Im Zusammenhang mit dem Urteil der traditionellen Kunstauffassung ist auch noch Warnings Abqualifizierung der Commedia dell'arte als "Laienspielphänomen" zu sehen. (29) Dabei war es - sowohl in historischer als auch in zeichentheoretischer Hinsicht - gerade das Volksschauspiel und die dort dominierende komische Praxis, an deren Primat der Signifikantenpraxis der veristische Schauspielstil im 18. Jahrhundert anknüpfen konnte. Dazu mußte der bürgerliche Schauspieler lediglich den im körperlichen Ausdruckssystem der Commedia dell'arte elaborierten Signifikanten dem nunmehr herrschenden Prinzip der Verinnerlichung - der Einheit von Innen und Außen, von Gebrauchswert und Tauschwert - unterstellen, um die Einheit von Signifikant und Signifikat an seinem Körper darzustellen.— Wir werden im historischen Teil im einzelnen auf diese Entwicklung zurückkommen. (30)

In der nachfolgenden Fig. 14 sei zunächst das Verhältnis von A, R und S beim Volksschauspiel schematisch dargestellt. Beim Volksschauspielstil bildet der auktoriale Rollenträger eine nur ungenügend getrennte Einheit von realem Schauspieler (A_r) und fiktionalem Auktor (A_f) diesseits der Inlusion. Beide tragen gemeinsam den Signifikanten, dessen Signifikat nurmehr virtuell an der Rolle erscheint ($(\langle R\rangle^{Sé})$). Die Klammer $\langle\rangle$ zeigt die temporäre oder virtuelle Existenz der Rolle an, die gleichsam im Übertritt des A_r zum A_f über die Linie der Inlusion geschleudert wird und dort als ein semantischer Überschuß des Signifikanten kurz als Signifikat aufblitzt. Das hauptsächliche Geschehen findet aber auf auktorialer Seite noch diesseits der Inlusion statt, daher rührt auch

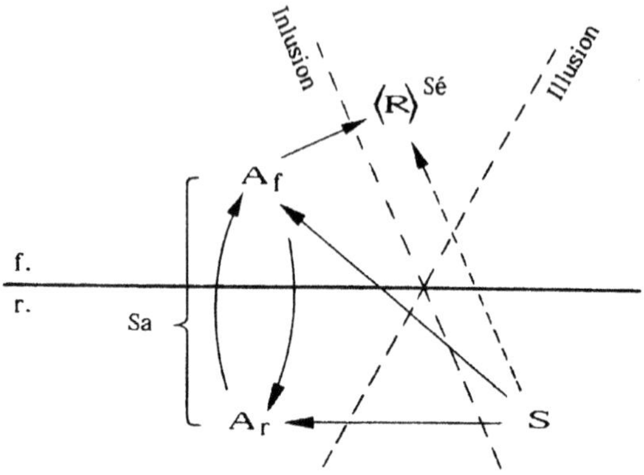

Fig. 14 (Volksschauspielstil)

der Eindruck der 'verfremdenden' Spielweise beim Volkstheater. (31) Es ist eine Signifikantenpraxis, die auf die Rolle (als signifikatives Endprodukt) lediglich indexikalisch verweist. Faßt man die Relation des auktorialen Signifikantenägers als A_r und A_f zu $A_{(r \rightarrow f)}^{Sa}$ zusammen, so erhält man die Formel des Volksschauspiels:

*(A.26) $$A_{(r \rightarrow f)}^{Sa} \xrightarrow{v} \langle R \rangle^{Sé}$$

Das mangelhafte Trennungsvermögen von realem Schauspieler-Ich und darzustellender Rolle kann durch den Gebrauch einer Maske aufgehoben werden. Die Maske stellt einen "Mehrwert" (32), einen "mimetischen Zuschuß" (33), des agierenden Individuums dar, sie ist Träger des Signifikanten und somit Hilfsmittel zur Aufrechterhaltung der Inlusion. Aber die Maske ist nicht nur Signifikant, darstellender Träger eines Anderen, sondern auch Signifikat, Dargestelltes ihres Trägers. Die Maske ist Gesicht und Anti-Gesicht zugleich (34), der Maskenträger ist derjenige, der sie von ihrer Rückseite, von innen, und zugleich von außen, in ihrer Präsenz für andere, präsentiert. Der Schauspieler ist Träger der Maske - und wird von ihr getragen. (35) Präsenz und Abwesenheit (36). Signifikant und Signifikat der Maske zeugen in ihrer Doppelfunktion von der historischen Spur einer ersten Trennung von Mensch und in sie einfahrenden Göttern, Schauspieler und Rolle, Schauspieler und Publikum. Die Filterwirkung der Maske schwächt die eindringenden dämonischen Kräfte im archaischen Ritual ab (37), die ursprünglich im enthousiasmos vollkommen vom Ich Besitz ergriffen hatten. Diese Funktion der kultischen Maske wird in einer Art phylogenetischem "Maskensprung" in die säkulare Darstellung des Mythos transponiert: Die Maske wird zu einem Medium der Distanz. das Maskentragen führt zu einer "Demokratisierung der Mimesis", da nicht jeder die Psychotechniken des "Einfahrens" erlernen konnte. (38) Zugleich spaltete sich die Kultgemeinde in Darsteller und Zuschauer auf. (39)

Die alte attische Komödie lebte noch im Geist eines in sich ruhenden Kosmos, in dem sich die vielfältigen Erscheinungen und Wesen begegnen können, während die neue Komödie die Getrenntheit der Sphären spiegelt und somit der Selbstdarstellung einer "bürgerlichen" Gesellschaft dient. (40) Die Doppelbedeutung der kultischen Masken führte zur Entwicklung der realistischen Komödienmasken der Nea zur Zeit des Hellenismus. (41) Dieser Vorgang - Trennung des numinosen Logos in Signifikant und Signifikat und ästhetische (Wieder-)Verwendung des Signifikanten - wiederholt sich auf historisch anderer Stufe bei der Entstehung der Commedia dell'arte und ihrer Auflösung im bürgerlichen Theater der Neuzeit. (42)

Diese Parallele wird aber erst vollends deutlich, wenn man den Körpertext der komischen Figuren der Commedia dell'arte als maskenhaften Code interpretiert. Der Maskenkörper des Harlekin (der Commedia dell'arte und des Théâtre Italien) als eine Signifikantenpraxis wäre somit Vorbedingung einer veristischen Darstellungsweise - einer ästhetischen Praxis, die den im Spiel der kinematischen Maske (43) der komischen Figur sichtbar und damit fungibel gewordenen Signifikanten wieder an das Signifikat anbindet. In diesem Prozeß der Abspaltung des Signifikanten vom auktorialen Rollenträger entsteht die Rolle als eigenständige Einheit - und damit zugleich die Illusion als neue, bürgerliche Wirklichkeit.

Ebenso wie die Maske ein Doppeltes bezeichnet, ist auch der Körper der komischen Figur als Träger der kinematischen Maske ein doppelter Ort. Die komische Praxis spielt mit der "exzentrischen Positionalität" des Menschen, der Gleichzeitigkeit von "Körper haben" und "Körper sein" (44) und thematisiert auf diese Weise den "Ort des Doppels" (45) des realen Körpers. Der Körper ist der Ort, an dem der Wunsch auf das Soma trifft und zugleich der Ort, an dem sich das Gesellschaftliche mit dem Ich kreuzt; er ist somit Ausdrucksfeld des Gesellschaftlichen und individuelles Körper-Ich. (46)

Die kinematische Maske der komischen Figur ist nun das Symbol der Differenz und zugleich sichtbare Grenze zwischen der thetischen positiven Welt und dem komischen Raum der Comunitas als dem Reich der Wünsche. Die Maske beraubt die Gegenstände ihrer ontologischen Qualitäten, bis sie nur noch ihre eigene Materialität verkörpern. Gegenstände und komische Figur haben so den gleichen erkenntnistheoretischen Status; diese subjektlose Welt der komischen Comunitas zielt auf das Hervorgehen von Subjektivität. Die Körperlichkeit der komischen Figur steht somit im Dienst der Deontologisierung des nomologisch vorgegebenen Raumes: das hyperagile, bühnenbeherrschende Gestikulieren, das Überschreiten der proxemischen Relationen kann als Ausdruck einer 'Angst' aufgefaßt werden, die momentan nicht in die komische Aktion einbezogenen Gegenstände seien noch mit dem Sinn der ersten nicht-komischen Welt behaftet. Der emanzipative Gestus der materialen Reflexion bleibt als Erkenntnisform an die ontische Positivität gebunden. (47) Die soteriologische Korrektur der Welt durch das anarchische Weltbild des Narren 'hängt' am Grund ihres nomologischen Stratums (48) - die Narrenfreiheit, die Welt in das Chaos zu stürzen, ist gleichzeitig die Unfreiheit des Narren, selbst Teil der positiven Welt zu werden. (49) Der Narr geht auf den Grenzen der Welt und bezeichnet so ex negativo deren Mitte. Dies ist aber eine Leistung, vor der die positiven Repräsentanzen der Ordnung versagen. Daß jene dennoch versuchen, die leere Mitte mit ihrem Körper zu besetzen, führt zur Tragödie.

IV.5. ANHANG
Fragment zur Tragödie

Im Gegensatz zum Glück des Komischen, das über den Fund des Dritten lacht, haust das Tragische im Zwischenraum einer nicht zusammengekommenen Zweiheit. Der allgemeinste Ausdruck dieser Kontingenz ist die grundlegende Differenz von Leben und Tod, letzterer ist hier zunächst paradigmatisch als Tod eines bestimmten Lebendigen zu verstehen. (1) Es ist diese Dissoziation, die die Angst und den tragischen Schmerz hervorbringt, angesichts der Aufgabe, "zwischen operativen und semantischen Feldern sehr schnell eine Synthese herzustellen, zu der ihr die Mittel fehlen". (2) Dies bedeutet, daß der Zusammenhang der Dinge/Geschehnisse/Terme sich über den Kopf und den Körper der Individuen hinweg herstellt, weil der logische Zusammenhang der Terme nicht gedacht werden konnte. Die Unfähigkeit zu denken resultiert aus dem Denkverbot des zensierten Wunsches, das die ödipale Ordnung dem Ich auferlegt. Der Ausbruch in das Handeln, das den dritten Term sozusagen blind schaffen soll, zerstört in seiner Blindheit jegliche Ordnung - logisch und gesellschaftlich - und schafft nur eine neue Zweiheit, deren Terme ebenso unvermittelt nebeneinander stehen wie jene ersten, von denen das Unheil seinen Ausgang nahm. Das tragische Handeln schafft Recht und Unrecht, Ordnung und Chaos zugleich, weil der Zusammenhang beider Terme nur durch die andere Praxis des Wunsches erarbeitet werden kann. In der Transgression der beiden Terme - deren schönstes Zeichen das Lachen ist - werden die Situationen des tragischen "Central Desire Triangle" (3) überschritten und damit negiert.

Das zentrale Wunschdreieck der Tragödie setzt sich aus dem vom Vater repräsentierten Nomos (N), dem von der Mutter repräsentierten anderen Ort des Wunsches (A) und dem Wunsch des Helden (W) zusammen. Diese trianguläre Formation wird in der Tragödie inszeniert: der tragische Held reduziert das Wunschdreieck, indem er sich selbst als dritten Term auslöscht und so die binäre Ordnung des Kosmos wiederherstellt. Tragisches Handeln ist die choreografisch arrangierte Verneinung des Wunsches. Unter Verwendung der Zeichen (o—►) für die Operation einer umgangssparachlichen Folgerung und (:) für die ausschließende Disjunktion kann der Zusammenhang des Wunschterms (W) mit der binären Ordnung (N/A) und damit das Prinzip des Tragischen und der Tragödie formal dargestellt werden. Die Klammern {} deuten dabei die Beliebigkeit der Anordnung der von ihnen umspannten Ausdrücke an.

*(A.27) N/A {&, //, o—►, v, ~} W o—► (N/A : W) ⟹ W

Bei dieser Formel der tragischen Logik ist zunächst die unregelmäßige Abfolge beliebiger logischer Junktoren (innerhalb der geschweiften Klammern{}) charakteristisch; das bedeutet, daß sich die Trauerarbeit im wesentlichen darauf beschränkt, einen Operator nach dem anderen zu setzen, die Terme selbst werden keiner Transformation unterzogen. Die Trauer arbeitet zunächst nur an den leeren Zeichen, die den Wunsch (W) mit der geordneten Welt (N/A) zusammenbringen sollen. 'Tragisches Handeln' ist demnach ein paradoxaler Ausdruck, da sich dieses Tun auf eine nicht-materiale Kategorie, die Zeichen, bezieht, die die beiden materialen Terme zusammenhalten sollen. Der negierte dritte Term existiert im System der Ordnung sozusagen nur als hilflose Anhäufung immaterieller Zeichen an seiner Stelle, die zugleich den Ort bezeichnen, an dem der tragische Held seinen Anspruch auf Leben hinterlegt hat.

Daß die Rede vom tragischen Handeln dennoch nicht sinnlos ist, liegt an der Konsequenz, die aus der ergebnislosen Zeichenhäufung gezogen wird: Die Unentscheidbarkeit der Beziehung zweier Terme wird entschieden, indem ein Term geopfert wird. Dahinter steht keine kognitive Leistung, sondern nur die willkürliche Anwendung eines in Bezug auf die Terme kontingenten beliebigen Handlungscodes im Agieren (angedeutet durch das Zeichen o—►). Die tatasächliche logische Kontingenz des Tragischen mit der Welt wird durch das tragische Handeln zur falschen Einheit umgedeutet, in der nur Eines gilt. (4) Aus der Unmöglichkeit einer polyvalenten Relation zweier Terme folgt nicht die Idee eines dritten, der beide erst erklären könnte, sondern der Widerspruch wird auf Kosten eines der widersprechenden Terme gelöst (~ W). Diese Unmöglichkeit, das trianguläre System des Wunsches zu denken, ist die Sünde der hamartia, die der aristotelischen Poetik nach tragische Schuld auf sich lädt. Die Idee der Versöhnung, die im dritten Term läge, taucht nicht auf. An ihre Stelle tritt die blutige Versöhnung, die der Logik des Opfers folgt. Aus dem ersten Dezisionismus - der Negation des Wunschterms - folgt weiteres Unglück: die Teile der Welt, die unter den verbotenen Term fallen, müssen nun eleminiert werden. Doch das Ausmerzen, sei es von logischen Termen, Worten, Gegenständen oder Menschen zählt nicht mehr zur Trauerarbeit. Denn es gewährt ein Glück über den Tod des Anderen, des Opfers, das nur solange währt, bis jener, das Opfer, den gleichen Erkenntnisprozeß durchlaufen hat und nunmehr mich, den Opfernden, töten will. Die Logik der tragischen Termkombination verebbt zu einer Frage der Macht und der Gewalt. Das Glück, das dem tragischen Handeln entspringt, ist also nicht dem

Leben zugeordnet, sondern dem Tod. Die Summe aller Tode führt nach G. Rosolato in ihrer syntagmatischen Verkettung - einer Art metonymischer Todesgenealogie - zur Konstruktion eines Absoluten: des Vaters TOD (5), der jenseits des Todes des Vaters steht und als Emblem der Vergänglichkeit auch nach dem Hinscheiden des eigenen Vaters das fort-gesetzte Leben des Sohnes beschattet.

Das semiotische System der Tragödie reproduziert das Wunschdreieck, indem es die Termkombination symbolisch verdoppelt. Die Sätze, die Bewegungen, die Requisiten deuten alle auf etwas Anderes, das außerhalb der Spielsphäre liegt - sie sind signifikante Träger eines in der Welt der Tragödie nicht auszudrückenden Signifikats: des ungedachten ödipalen Wunsches, der dieser binären Ordnung der Welt entgegenstünde. Diese Trennung sowohl der Dinge als auch der Praxis von ihrem möglichen Sinn, die Unfaßbarkeit des Möglichen definiert das wahrhaft Tragische der Tragödie. Das Unmögliche ist das Gesetz des Vaters, das als transzendenter Begriff eines Anderen begriffen wird: die Tragödie reproduziert den Wunsch als Mythos und transformiert so das Wunschdreieck Vater/Mutter/Ich in den ternären Satz Gesetz/Welt/Mensch. Der "Mangel an Sein" (6) wird als Erfahrung des Nicht-Seienden, des metaphysisch Bösen, des Dämonischen interpretiert. (7) Die Positivität des Gesetzes ist nur als metaphysische Negativität darstellbar. Die tragische Schaulust entzündet sich nur dort, wo die Wunschnegation und der individuelle Tod mit der transzendenten Errichtung des Gesetzes durch die Strafe des syntagmatischen TODES in eine oszillierende Verbindung gebracht werden. (8)

Der semiotische Raum der Tragödie entfaltet sich innerhalb eines dreifachen Dreisatzes von Vater/Mutter/Ich, Gesetz/Welt/Mensch und TOD/Tod/Nichtwunsch. Auf der Handlungsebene wird die Spur des Wunsches als hybrider Fall des Körpers des Helden im Dreiersystem Gesetz/Welt/Mensch nachgezeichnet. Die beiden anderen Termsysteme bleiben aber als Unter- und Hintergrund mit im Spiel - ihre Dreigliedrigkeit dient der Darstellung des Nicht-Gedachten, <u>die Tragödie ist die einer stillgestellten Dialektik</u>. Die nicht mögliche Synthesis der kontingenten Terme wird durch die Darstellung der Dialektik des Hier und des Jenseits sowie des Lebens und seines Grundes umspielt. Die ausgesparte Logik der Vermittlung wird durch den - tragischen - Sprung von einem Dreiersystem in ein anderes ersetzt. Der Er-satz ist der Gang des Helden in den Gegensatz.

Die ästhetische <u>Form</u> des Tragischen folgt der Spur der Vermittlungsversuche zwischen den drei Ebenen. Dazu durchquert der Held als Träger des Wunsches die Welt bis zu deren jenseitigem Fixpunkt. Der Übertritt bedeutet den Tod des Helden, der schließlich als toter Körper in diese Welt zurückfällt. Die Seele verbleibt beim "Übergang in das reine Sein" (9) im Jenseits - dies ist der utopische Trost, den das Tragische verspricht -, der seelenlose Körper ist aber ein Mahnmal der Erinnerung an die verlorene lebendige Einheit von Körper und Seele. So deutet die theatralische Geste des tragischen Agon in <u>negativer Weise</u> auf eine mögliche Einheit der tragischen Zweiheit, indem er das

Leben des Menschen - als das Eine, über das er verfügt - zerteilt und auf diese Weise vielleicht - in der Erinnerung an die gewesene Einheit - den Schatten der zusammengehörigen Zweiheit erahnt.

Im Kontrast zu diesem signifikanten Rückfall des Helden verläuft die ästhetische Konstruktion in umgekehrter Richtung von innen nach außen bzw. von unten nach oben, der Zielpunkt ist ein transzendentes Hier und Jetzt. Dieser Ort des Nomos (oder des Numinosen) soll als archimedischer Punkt den Rest der Welt garantieren. Mit der Möglichkeit, diesen Punkt zu benennen - ihn in der mystischen, komischen, erotischen Praxis zu erreichen, zu erkennen und zu durchqueren - versinkt das Tragische zur bedeutungslosen Ideologie einer falschen Praxis. Anstatt einer Praxis des Wunsches kennt es nur die Verneinung des Wunsches. Um dennoch auf Lebendes verweisen zu können, folgt der Gestus des Tragischen dem Herrschaftdiskurs der Theodizee; um an der Gewalt des Faktischen teilzuhaben, haust das Tragische im Zentrum der Macht. Weil Gott dort, wo seiner gedacht wird, nicht ist, weil aller Sinn hienieden entsteht, erweist sich auch der Ort der Tragödie als materialiter leer. Diese Nichtigkeit affiziert auch die irdischen Prunkschlösser der Macht, die - als Veduten - nach dem gleichen architektonischen Prinzip inszeniert werden. Weil aber die List der herrschenden Vernunft diese Luftschlösser dennoch behausen will, wird eine Herrscherfigur der Macht geopfert: das tragische Individuum muß diesen leeren Ort der Macht angesichts eines nicht faßbaren Anderen repräsentieren. Dieser Versuch einer Repräsentation des Unmöglichen fügt dem Körper des Helden Einschnitte, das Leiden zu, und zerteilt ihn schließlich in seine Urteile: den materiellen Körper und die immateriell gedachte psyché. Das tragische Individuum trägt die Bürde des binären Mythos in subjektiver Gestalt, obwohl oder weil dieser ein objektiver ist: diese Heldentat ist die wahre Sünde der hamartia, die unaufhörlich weitere Schuld gebärt.

DIDAKTIK DES AMUSEMENTS

"O was für nützlichere Sache als dem Theater mehr Illusion zu verschaffen. - Wer das tut, der arbeitet für die Menschheit."

Johann Gottfried Herder: Einzelne Blätter zum Journal der Reise.

V. Die Suche nach der Mitte des komischen Raumes

V.1. DAS THEATER DER RENAISSANCE: Schrift-Bild des Menschen

Wenn die Renaissance als der Urspungsort des neuzeitlichen Denkens bezeichnet wird, hat das zumindest für den Bereich komischer Theorie und Praxis seine Berechtigung. Im Italien des Cinquecento formten sich sowohl eine neue Poetik als auch eine literarische Komödie, die Commedia erudita (1) und ein Volkstheater, die Commedia dell'arte (2). Von hier aus breitete sich die neuzeitliche Theaterpraxis zugleich mit ihrer Theorie auf Europa aus und verschüttete in der Folge vollkommen die Reste der lokalen Tradition der englichen Moralität, der französichen Sottie und des deutschen Fastnachtspiels.

Eine wesentliche Rolle bei der Ausbildung einer neuzeitlichen theatralischen Praxis spielte die Umformung der dualistischen, heilsgeschichtlich ausgerichteten Ordnung des Mittelalters in ein anthropozentrische Perspektive. Dabei sind schon die ausgedehnten komischen Szenen der geistlichen Spiele ebenso wie die Narrenliteratur im Sinne von relativierenden Vermittlungsinstanzen zu sehen, die die Stellung des Menschen in einem Raum zwischen der Jenseitigkeit und der - unter dem Dogma des Heilsgeschehens negativen - Diesseitigkeit neu zu bestimmen versuchten.

In der Sicht der christlichen Theologie wurde das Theater als gesellschaftliche Institution nur unter dem Aspekt einer eschatologischen Transzendenz gesehen. (3) Als Folge wurde das Theater als Form materialer gesellschaftlicher Selbstreflexion nicht von der 'Wirklichkeit' getrennt, die es im Sinne eines ästhetischen Superikons repräsentierte. Weil die Grundlage des Denkens nicht die Wirklichkeit, sondern deren Negation im Heilsgeschehen sein sollte, war jede realitätsbezogene Praxis aus dem patristischen Dogma ausgeklammert. Da aber gerade die Ungeschichtlichkeit des Kerygmas in der Anschauung nicht faßbar ist, fällt die Darstellung des Heilsgeschehens in die Vorgeschichtlichkeit des Mythos zurück. (4) Das geistliche Spiel nimmt die oppositionellen Strukturen, die die dogmatische Theologie ausgrenzte, als funktionales Moment in das Geschehen hinein. (5) Das Komische innerhalb des geistlichen Spiels überlagert noch einmal diese ambivalente Gesamtstruktur, indem es seine comunitative Gegenstruktur sowohl auf die kerygmatische "Heilsgewißheit" als auch auf die dem Mythos entstammende "Weltverläßlichkeit" bezieht. (6) Diese "Zweiwertigkeit" der komischen Szenen (7) reproduziert sich auch innerhalb der theoretischen Diskussion um eine Poetik der Komödie im Rahmen der scholastischen Philosophie als doppelte Bestimmung der Komödie durch die Begriffe delectatio und utilitas. (8) Die Narrenidee des Humanismus um 1500 ist ebenfalls der Ausdruck eines dualistischen anthropologischen Konzepts, wobei die der Negation des

Narrentums entsprechende Position eines "Mittelmaßes" der zwischen Todesfurcht und Diesseitsfreude schwankenden Menschheit gesucht wurde. (9)

Diese Irritation des Menschen wurde in der Renaissance aufgehoben, indem die übergeschichtliche Perspektivität - die der irdischen Existenz nur transitorischen Status zuerkannte - in eine dreidimensionale Perspektive überführt wurde, innerhalb derer die Welt als Geschichte konstruierbar wurde. (10) Die Renaissance als ideologischer Ausdruck des Übergangs zu einer anderen Reproduktionsstufe (11) ist Wiedergeburt in dem Sinne, daß die kulturelle Entfaltung an die Funktion der antiken Schriften anknüpft; sie artikulieren eine von Feudalzusammenhängen sich befreiende Perspektive, die zu "Vorstellungen gattungsgeschichtlicher Selbstverwirklichung von Personen" hinführt. (12) Die Wiedergeburt der Kultur stellte sich als Bearbeitung einer ungeheuren Schicht von Zeichen dar, die die Gesamtheit der Welt repräsentierten: der Primat der Schrift in der Renaissance leitet sich von einem Erkenntnisbegriff ab, dem sich seine Methode - die Untersuchung des Gleichen als der Aufdeckung der Spur des Konkreten im Allgemeinen - zunächst nur in der Ähnlichkeit der Schrift dartut. (13) Aber das Prinzip der Schrift ist nicht nur als Metapher, sondern ebenso als Abstraktion einer gesamtgesellschaftlichen Formbestimmung zu verstehen. Für das italienische Quattrocento hat R. zur Lippe in einer Theorie des "Kaufmannskapitals" hervorgehoben, daß im Handel der Äquivalententausch nur als jeweils Besonderer stattfindet, weil das abstrakte, allgemeine Tauschprinzip noch nicht durchgesetzt war. "Es war die Situation des Naturaltausches auf dem Niveau einer partiell herrschenden Geldwirtschaft, so daß das Verhältnis der Gebrauchswerte der Waren zueinander sich immerhin in der Allgemeinheit von abstrakten Einzelheiten fassen ließ, dabei aber ihre Besonderheit nicht als bloß akzidentiell erscheinen konnte." (14) Diese Besonderheit des Äquivalententausches als ein erstes Allgemeines findet sich als semiotischer Ausdruck etwa in der Starre der tableaux vivants oder in der posa der Ballettfiguren wieder. Der Primat der Schrift bezieht aus dieser Erstarrung eines ersten Allgemeinen im jeweiligen besonderen Tauschakt seine Geltung als allgemeine Erkenntnisform.

Versteht man das Sammeln und Entziffern der Texte und die gleichzeitig stattfindende Neuentwicklung von Kunstformen als Teilmomente einer semiotischen Praxis, wird es legitim, auch das Theater der Renaissance zunächst als Schrift aufzufassen, die ein anthropozentrisches Bild der Welt zeichnet. Die Stimme des Komischen im Sinne einer kontinuierlichen krypto-komischen Praxis, eines quer zur Geschichte stehenden Einbruchs der komischen Comunitas taucht als Reflex im Denken der Renaissance erst spät auf, nachdem bereits aus den Trümmern der antiken Überlieferung die Schrift des Komischen geschrieben war. Sowohl die Theorie des Komischen, wie sie in den Poetiken korporiert wurde, als auch die Praxis der Commedia erudita sind Teile der Schrift des Komischen, vor deren Schriftbild erst relativ spät die Stimme des Komischen in Form der komischen Comunitas der Commedia dell'arte ertönte. Die komische Praxis der Commedia dell'arte füllt den gleichsam geschichtslosen Gestus des Volkstheaters mit Motiven der Commedia erudita zu einem Szenarium auf, aus dem in den folgenden Jahrhunderten die anderen Theater Europas schöpfen werden.

Die Metapher vom Schriftbild des Theaters der Renaissance legitimiert sich zudem durch dessen historische Genese: Neben der - aus den antiken Schriften zur Architektur entnommenen - Idee eines theatralischen Raumes, der von einem Theatergebäude umbaut wird und der Verräumlichung antiker Dramentexte in der Spielpraxis der humanistischen Lehrtradition ("Terenzbühne") waren es vor allem die Feste der urban-gentilen Herrschaftshäuser, wo sich die Aristokratie während der Festbanquette und den Trionfi an proto-theatralischen Einlagen delektierte. Dabei entwickelte sich die 'Schrift' des Theaters primär aus der Malerei, die tableaux vivants der Festlichkeiten waren Gestaltungsformen der bildenden Künste. (15) Über diese Tradition dringt die Perspektive ins Theater ein und begründet es so als modernen Ort der Illusion. (16)

Der Raum des mittelalterlichen Theaters war Teil der Wirklichkeit und nur durch künstliche Markierungen, die den ästhetischen Charakter der Aufführung nicht beeinflußten, von dieser abgesteckt. Dieser reale "Aggregatraum", der die Simultaneität von Orten und Zeiten darstellt (17), ist selber in ein als absolut vorgestelltes Raum-Zeit-Kontinuum eingelagert, jede "räumliche Praxis" muß sich auf diesen einzigen Raum beziehen. (18)

Demgegenüber setzt sich in der Renaissance die Vorstellung einer Relativität des Raumes durch. Diese neue Raumvorstellung hat die Gewinnung der Gesetze der Perspektive zur Voraussetzung, die den Raum des Theaters gleichsam verdoppeln und die Szene als den Ort der ästhetischen Praxis einer materiellen Verformung unterwerfen: der physikalische Raum der Bühne wird in Form von Aufbauten und gemaltem Prospekt (19) analog den Prinzipien der bildenden Kunst plastisch bearbeitet, wobei diese räumlichen Objekte der Gesetzmäßigkeit der geometrischen Perspektivierung unterworfen werden. (20) Die Gegenstände der Bühne werden durch die perspektivische Zentrierung auf den hinter der Bühne liegenden Fluchtpunkt verkleinert, dadurch erscheint der Raum zwischen den Gegenständen der Bühne vom Augenpunkt des Betrachters aus größer. Die Gegenstände der Bühne bezeichnen so einen größeren Raum als den metrisch meßbaren, den sie mit ihrem materialen Volumen ausfüllen. (21) Der Bühnenraum wird zu einem anderen Raum der szenischen Illusion.

In den frühen Traktaten über die Perspektive fiel die doppelte Funktion des Augenpunktes - zugleich mathematischer Punkt und Ort der Illusion zu sein - noch unbegriffen auseinander. (22) Die frühe Perspektive bildet sich als Sehweise eines werdenden Subjekts (23), der Augenpunkt ist der eines quasi noch bewußtlosen Subjekts. Dieses bildet zwar den Ausgangspunkt der Konstruktion, versteht ihn aber noch als einen Ort, dessen erkenntnistheoretischen und erkenntnispraktische Dimensionen identisch sind: Die Dinge sind ebenso von der Sehweise des Subjekts abhängig wie dieses als Anfangs- und Endpunkt der Konstruktion noch der Dinge bedarf, um sich seiner zentralen Stellung im perspektivischen System zu versichern. Demgegenüber konstruieren spätere Traktate (24) die Perspektive als die Hinsicht eines Subjekts mit cartesianischem Bewußtsein, wobei der hinter der Bühne liegende Fluchtpunkt die res extensa und der Augenpunkt die res cogitans darstellen. (25) Damit wird die geometrische Konstruktion unter Absehung von dem sie konstruierenden Subjekt möglich, es erscheint der zeichnerische Umriß als eine maßstabsgetreue Darstellung der Dinge - die Entwicklung der Technik als eine von den menschlichen Sinnen unabhängige Produktivkraft wird eingeleitet. (26)

V.2. ERKENNTNISTHEORETISCHE GRUNDLINIEN DER POETIKEN DES CINQUECENTO

Die Emanzipation der Kunst von der "parasitären Partizipation am Ritual" (1) in der Renaissance begründet ihren "Ausstellungswert", der seinerseits auf den Wert und die besondere Dignität des Menschen verweisen soll. (2) Es ist dieser neuplatonisch inspirierte "mathematische Idealismus" der Humanisten, der auch das Theater als Szene einer anthropozentrischen Selbstdarstellung prägt. (3) Die Wiederbelebung des Theaters schuf nicht in erster Linie ein Forum für dramatische Aufführungen, sondern einen idealen Ort der Diskussion und Feier des Menschen. (4)

Die theoretische Legitimation der Komödie innerhalb dieser anthropozentrischen Perspektive kollidierte schon bald mit dem auratischen Wert der Szene des Theaters. Die Hypoperspektive der komischen Comunitas, die diesen Raum zerstört, taucht infolgedessen in den klassischen Poetiken der Renaissance nicht als Problembereich auf. So erwähnt Robortello in seiner Diskussion der Inszenierung (apparatus) die zeitgenössische Aufführungspraxis mit keiner Zeile, er referiert lediglich die Überlieferung zum antiken Bühnenbild und Kostüm. (5) Maggi behandelt zwar das Komische im Rahmen der peripatetischen und durch Cicero überlieferten rhetorischen Tradition und fügt sie zu einer einheitlichen anthropologischen Theorie des Lachens auf physiologischer Basis, aber es lag außerhalb seines Interesses, die Tradition der Terenz-Aufführungen in seine Theorie mit einzubeziehen. (6) Es finden sich lediglich einzelne - eher verwunderte - Hinweise darauf, daß die zeitgenössische Komödienpraxis mit den antiken Begriffen nicht mehr zu fassen ist. Trissino stellt fest, daß während der - an die Stelle der Chöre getretenen - Intermezzi Clowns und Spieler die Bühne füllen, die eine "andere Commedia" aufführen. Dabei mißachten sie das Formprinzip der Komödie (dottrina della comedia) und machen infolgedessen die moraldidaktische Aufgabe der Komödie zunichte. (7)

Das Anliegen der Poetiken war aber nicht die literarische Kritik, sondern die Auflösung der mittelalterlichen dualistischen Ordnung von metaphysischer Wirklichkeit und deren irdischer Formation zugunsten einer Linienführung, in deren Fluchtpunkt der Mensch als Bild erscheint. In diesem Prozeß der theoretischen Legitimierung einer zweckfreien

Fiktionalität gegenüber der restriktiven Lehrmeinung des Mittelalters spielt die Lektüre und Übersetzung der aristotelischen Poetik eine entscheidende Rolle. (8) Die Neubestimmung der literarischen Gattungen war die Folge eines Prozesses, bei dem die aristotelische Katharsis-Theorie mit dem horazischen Doppelaspekt des 'Belehrens' und 'Erfreuens' (prodesse/delectare) verschmolzen wurde. (9) Die horazische Poetik wurde zugleich einer Uminterpretation durch die Applikation der rhetorischen Affekttrias docere/delectare/movere unterworfen, wobei mittels einer entsprechenden Klassifikation der Affekte die Zuordnung ethos/Komödie und pathos/Tragödie entstand. (10) Das ethische Telos der Theaterdichtung wird somit zweifach begründet und gegen frühere Angriffe verteidigt: zum einen durch die Beschränkung der dargestellten Affekte auf die 'guten' - wobei das Horaz'sche utile schon im 16. Jahrhundert den Nutzen des Gemeinwohls, der republicca meinte (11) - und zum anderen durch die Absicherung der Darstellung negativer Leidenschaften durch die Theorie der kathartischen Wirkung. (12)

Dieser kompilatorische Aspekt der wirkungsästhetischen Seite der Poetiken wird von einer im wesentlichen neuplatonisch inspirierten Produktionsästhetik überlagert; beide Teilkomponenten selber als auch ihr Verhältnis zueinander sind Ausdruck einer über die ästhetische Dimension hinausweisenden erkenntnistheoretischen Komplexion. Dabei interferieren die beiden Begriffe der mimesis und der imitatio: ersterer wird im Sinne eines erkenntnistheoretisch problematischen Verhältnisses von Wirklichkeit und Erscheinung bzw. Darstellung interpretiert, während die imitatio hingegen als autorative Referenz eines Textes in Bezug auf einen anderen verstanden wird. Dieser ambivalenten Begründung des erkenntnistheoretischen Status der Kunst als Schrift des Menschen steht ihre doppelte produktionsästhetische Bestimmung durch die Begriffe ars als verfügbarer Dispositionsbereich tradierter Formen und ingenium im Sinne der individuellen Schöpferkraft des Dichters gegenüber. (13)

Die Brüche und Lücken der poetologischen Rekonstruktion der Dichtung sind letztlich aber nicht nur vom Widerspruch zwischen einem platonischen Ideenbegriff und einer peripatetisch interpretierten rationalen Mimesis gezeichnet, sondern liegen ebenfalls in dem älteren Problem des Verhältnisses der platonischen Philosophie selbst zur pythagoreischen Zahlenlehre begründet. Weil die platonischen Ideen als Umwandlung der pythagoreischen Zahlen noch deren formale Eigenschaften beinhalten, muß eine auf dieser Grundlage errichtete Poetik die inhaltlichen Kategorien - wie Handlung, Charakter etc. - als äußere Beigaben empfinden: die Essenz des Werkes war dessen formale Konstruktion. (14) Dieser ältere, zum Teil auch über häretische Bewegungen tradierte Ideenstrang stößt in der Renaissance auf den rational konzipierten Mimesisbegriff, demzufolge Kunst die Reproduktion einer objektiven Wirklichkeit ist. Stand dem platonischen Dichter als schlechtem Schöpfer die peripatetische Auffassung des Dichters als Imitator gegenüber (15), so setzt der pythagoreisch re-interpretierte Dichter als poeta creator die Einwände Platons im letzten Buch des Staates außer Kraft und kehrt die Hierarchie sogar um: Der Künstler reproduziert nicht die unvollkommenen Objekte der physischen Natur, sondern hat über die Metapher-Konstruktion unmittelbar teil an den ersten göttlichen Ideen. (16) Weil er nach dem gleichen metaphorischen Prinzip, mit dessen Hilfe Gott die Welt erbaut, seinerseits das Kunstwerk schafft, ist die platonische Gradation durch ein identisches Konstruktionsprinzip aufgehoben. (17)

Die neuplatonische Auffassung einer besonderen Dignität der Kunst - ihrer Aura - wird somit tautologisch durch den Hinweis auf den idealistischen Schein begründet: Da die Schöpfung des Dichters durch keinerlei Materialität korrumpiert wird, kann das Kunstwerk die Welt vollkommener repräsentieren, als diese sich selbst in ihrer Materialität zu verwirklichen vermag. (18) Diese gleichsam archaische, auf vor-platonische Gedanken weisende Vorstellung wurde als anthropomorphes Grundmodell für die Erkenntnisform der Neuzeit bestimmend: die Erkenntnis wird in Begriffen des menschlichen Körpers organisiert, wobei aber zugleich dieser Körper nach dem so gewonnenen abstrakten System geformt werden soll. (19) In ähnlicher Weise erscheint der Körper in außer-europäischen Kulturen als letzter Ort des Mythos, indem sich das Individuum diesen einverleibt. (20) Die Vorstellung von der Welt als einer mikrokosmischen Realität des Makrokosmos - der als Gottes Körper aufgefaßt wird - tauchte am Anfang der bürgerlichen Staatstheorie und Geschichtsphilosophie im Begriff des "politischen Körpers" (21) wieder auf. Nicht zuletzt ist die Konstruktion von Theatergebäuden als Spielort eines imaginierten Größeren im Zuge der Wiederentdeckung Vitruvs durch Antonio Palladio vorangetrieben worden: bei der Re-Interpretation der antiken Bauweise durch die Renaissance werden die Relationen des menschlichen Körpers auf die Proportionen der Gebäude übertragen. (22)

Das Köpermodell prägte in der Folge nicht nur den Formalismus der Barock-Poetiken, sondern führt über dies auch zum Kunstbegriff der frühen Aufklärung hinüber, nach dem die Dichtung als besonderes Erkenntnisinstrument eines allgemeinen Wahren aufzufassen ist. Weil der Körper der komischen Figur aber Subjekt eines autonomen Praxismodells ist, tendiert die Theorie der Komödie dazu, aus diesem anthropomorphen Grundmodell herauszufallen; sie wird aus der poetologischen Theorie überhaupt ausgegrenzt, indem die komische Praxis positiviert wird. Die Theorie der Komödie bezeichnet so die Utopie einer anderen Praxis.

V.3. 'RIDICULUM':
Zur Theorie des Komischen in der Renaissance

Die erste Diskussion des Komischen findet sich bezeichnenderweise nicht in einer lateinisch abgefaßten Poetik, sondern in einer Schrift Machiavellis, die in der Tradition der Traktate von Dante: De vulgari eloquentia (ca. 1308-10) und von Pietro Bembo:

Prose della volgar lingua (1527) steht. Im sogenannten Discorso intorno alla lingua (ca.1516) diskutiert Machiavelli das Problem einer italienischen Hochsprache im Verhältnis zum Latein einerseits und zu den regionalen Dialekten Italiens anderserseits. Machiavelli bezieht dabei einen extrem florentinisch-nationalistischen Standpunkt: im zweiten Teil seines Traktats weist er in einem fiktiven Streitgespräch mit Dante dessen Ansicht zurück, er habe in der am päpstlichen Hof üblichen Kirchensprache (lingua curiale) geschrieben (1), und versucht nachzuweisen, daß alle großen italienischen Dichtungen bis dato in florentinischem Dialekt geschrieben wurden.

Ausgehend vom Problem des Sprachwandels diskutiert Machiavelli das Verhältnis von Dialekt- und Hochsprache und skizziert dabei in wenigen Sätzen eine genuine Theorie des Komischen. (2) Ausgangspunkt ist die Feststellung, daß die reinen Dialektformen der Volkssprache nicht "schön", sondern "häßlich" seien. (3) Dieses Idiom ist aber der Sprachstil der Komödie. Die ciceronische Definition der Komödie, "Spiegel des bürgerlichen Lebens (vita privata)" zu sein (4), wird durch einen doppelten Mechanismus begründet: zum einen durch die Art und Weise, in der der volkstümliche Sprachstil trotzdem eine gewisse urbanità - das heißt wörtlich "Höflichkeit" im Sinne einer städtischen Wohlanständigkeit - garantiert; es besteht eine Spannung zwischen dem sprachlich vermittelten Medium Komödie und deren poetologischem Telos im decorum der urbanità. Das decorum bezeichnet nicht nur die Stillage, sondern weist zugleich auf die Handlungsebene hin. Der andere Mechanismus der Komödie ist nach Machiavelli der des Wortwitzes, der die Ursache des unmittelbaren Vergnügens am Komischen ist. (5) Dieses Vergügen wird in einem sekundären Prozeß Gegenstand der Reflexion und realisiert so in der Urteilsbildung über das Vorgefallene das Moment des utile, des Nützlichen in der Komödie. Machiavelli trennt somit auf rein sprachlicher Ebene das komische Syntagma im Sinne eines allgemeinen decorum der Komödie von der Ebene eines paradigmatischen Wortwitzes; die Funktion sowohl der syntagmatischen als auch der paradigmatischen Ebene ist das Verweisen auf eine Ordnung, die sich erst durch die beiden Ebenen hindurch und jenseits dieser realisiert.

In der Konfrontation seiner Theorie des Wortwitzes als einer Quelle des Komischen mit dem Begriff der urbanità thematisiert Machiavelli das Verhältnis von komischer Theorie und Praxis, wie es sich in den Poetiken der nachfolgenden Jahrzehnte entwickelte. Dabei steht das rhetorisch vermittelte Bild des Menschen - der als Repräsentation, als zeichenhafte Bilderscheinung im Bilderrahmen des decorum erscheint - einem anderen Text des Komischen gegenüber, in dem die komische Körperpraxis in den Poetiken als aristotelische Physiologie des Lachens erscheint. (6) Die Verschmelzung der Horaz'schen mit der aristotelischen Poetik bedeutet für eine Komödientheorie, daß sie sich im Feld des Widerspruchs einer allgemeinen Theorie des Lachens bzw. des Komischen und der restriktiven Bestimmung der Ständeklausel entwickeln muß. (7) Die systematische Vermittlung der abstrakten Handlungsebene, wie sie durch die Theorie des decorum definiert ist, mit den individuellen Handlungscodes, die aufgrund ihrer Besonderheit eine bisoziative Differenz zur allgemeinen Norm bilden können, wird durch die Theorie des inganno geleistet. Diese Theorie stellt als eine "Poetik der Intrige" einen Katalog von möglichen Anlässen zum Lachen vor. Die verschiedenen Situationen sind Textstellen sowohl des gesellschaftlichen Korpus der kulturellen Schrift als auch des Körpertextes der komischen Praxis. Castelvetro (1570) klassifiziert vier Kategorien der komischen Intrige (8):

1. die von Maggi eingeführte Vorstufe der Kontrasttheorie, nach der eine überraschende Begegnung mit uns nahestehenden Personen oder Dingen zum Lachen reizt (9);
2. die Hervorrufung des Lachens aufgrund der Aufdeckung einer Intrige oder Täuschung durch
   a) Dummheit, Trunkenheit, Traumgebilde und Wahn,
   b) Mißachtung der Normen von Kunst und Wissenschaft, oder aber die falsche Selbsteinschätzung in körperlicher oder geistiger Hinsicht,
   c) witzige Erwiderung einer ernstgemeinten Rede,
   d) geplante oder nicht geplante Intrige, unter letztere faßt Castelvetro auch schicksalhafte Zufälle;
3. die Wahrnehmung von körperlichen oder seelischen Gebrechen eines anderen;
4. die Anspielung auf tabuisierte Bereiche der körperlichen Lust (diletto carnale).

Die Bedeutung der Theorie Castelvetros liegt nun nicht nur darin, die Komödie "inhaltlich" bestimmt zu haben (10), sondern ebenso in der Ablösung dieses Formenkatalogs von dem rhetorischen Nützlichkeitsdogma des prodesse: "(...) die Dichtkunst wurde zum Zweck des Vergnügens der unwissenden Masse und des einfachen Volkes erfunden und nicht zum Vergnügen der Gebildeten." (11) Dem gleichen populistischen Argument verdankt sich auch die bei Castelvetro erstmals eingeführte Einheit des Ortes (12), weil auf diese Weise die Rezeptionsschritte zwischen Realität und Illusion so klein wie möglich gehalten werden können. (13) Diese Beschränkung ist nach Castelvetro deshalb notwendig, weil die "rohe Mehrheit" (rozza multidutine) die elaborierten Feinheiten eines mit der Kultur spielenden Theaters nicht versteht, und sich in der Folge langweile und unwohl fühle (senta noia, & dispiacere). (14)

Nach Herrick (15) haben sich in der zweiten Hälfte des 16. Jahrhunderts folgende Regeln herauskristallisiert, die als poetologische Grundaxiome die Theorie des Dramas und des Theaters innerhalb der Poetiken des folgenden Jahrhunderts prägen sollten:

1. Die Handlung (mythos/fabula/plot) ist das Kernstück nicht nur des Dramas, sondern der Poesie überhaupt.
2. Die Einheitsregeln sind wenn auch noch nicht durchgesetzt, so doch formuliert.
3. Die aus der römischen Komödie stammenden standardisierten Charaktertypen sind theoretisch legitimiert.
4. Die fünfaktige Einteilung hat sich durchgesetzt.
5. Der Chor des antiken Dramas wird als eine, reale Figur behandelt.
6. Der deus ex machina ist bei sparsamem Gebrauch zugelassen.
7. Die Aufführungspraxis ist das künstlerisch wertloseste Element des Theaters.

Damit ist in diesen Punkten die Proto-Theorie der französischen doctrine classique formuliert. Der letzte der obigen Punkte, die Theorie des spectaculum - die Aufführung als Schrift - betreffend, wird bald mit einer anderen Aufführungspraxis konfrontiert, die zugleich an einem anderen gesellschaftlichen Ort spielte. Die Suche nach der Mitte des komischen Raumes beginnt mit dem Fund eines anderen Ortes des Komischen, das sich auf den öffentlichen Plätzen entfaltet. Die Schriftgelehrten treten am Ende des Cinquecento aus dem inneren Raum der Poetik heraus und versuchen den komischen Ort, dessen Szene im ökonomischen Zentrum des Marktplatzes liegt, ebenfalls in den Bereich der poetologischen Theorie einzubeziehen.

Castelvetros - einsame - Strategie läßt die Hälfte der Poetik, den Komplex des utile/docere fallen, um das Spektakel auf dem Platz wenigstens für eine revidierte Theorie des delectare, des Vergnügens an der Poesie zu retten. Historisch gesehen wird sich allerdings eine andere Strategie durchsetzen, die gegen diesen negativen öffentlichen Raum des Komischen eine gegenläufige Bewegung der Positivierung dieses negativen Raumes setzt. In diesem Prozeß bildet sich eine bürgerliche Theorie der Komödie, die in zunehmenden Maße den offenen Raum des Marktes in einen Privatraum im Innern des Hauses verlagert. Damit wird die Gesellschaft als konstitutiver Kontrast einer je einzelnen komischen Comunitas aus der Theorie der Komödie ausgegrenzt. Die Verlagerung in einen inneren Bereich führt schließlich auf das Individuum selber als letzten Ort der bürgerlichen Komödie hin. Die beiden Bewegungen der Positivierung der Theorie des Komischen und der Negation der komischen Praxis werden sich inmitten eines leeren Individuums treffen, das den Verlust seiner selbst in der comédie larmoyante beweint. Diesem sich bis ins 18. Jahrhundert hinziehenden Prozeß der theoretischen Positivierung der Komödie als Teil bürgerlicher Praxis soll im folgenden nachgegangen werden.

V.4. DIE BÜRGERLICHE KOMÖDIE ENTSTEIGT DEM "ARCHIV DER PHILOSOPHIE" (Pino da Cagli 1572)

Die in den Jahren 1565 - 1590 kanonisierte Praxis der Commedia dell'arte (1) stößt zu der selben Zeit zunehmend an die Grenzpfeiler der enzyklopädischen Ordnung der Poetiken und bedroht mit dem mühsam aufgebauten Wissenssystem zugleich auch das darin enthaltene Schriftbild des Menschen. Das Ausmaß dieser Irritation läßt sich an einem ersten 'Boom' von Traktaten zur Komödie ablesen, die von den Resultaten der Poetiken ausgehend den Einfluß der Commedia dell'arte in unterschiedlicher Weise zu verarbeiten suchen. (2)

In seiner Breve Considerazione intorno al componimento de la comedia de' nostri tempi (1572) versucht Bernardo Pino da Cagli eine Reinterpretation der entwickelten aristotelischen Komödientheorie zu leisten. Das geschieht aber nicht im Rückgriff auf horazische Positionen (3), sondern eher im Vorgriff auf eine erst zu schaffende bürgerliche Komödie, die Pino in der Komödie L'Erofilomachi des Sforza d'Oddo verwirklicht sieht, als deren Anhang Pinos Schrift auch zuerst 1578 im Druck erscheint.

Pinos Traktat ist das Zeugnis eines frühen Versuchs, die Commedia erudita in ein von positiven Normen geprägtes bürgerliches Sittenbild zu transformieren. Die theoretische Grundfigur dieses Prozesses entwickelt Pino aus dem aristotelischen Begriff der "Häßlichkeit, die nichts schadet", die er in einen ersten Begriff der "Schönheit" überführt. Pinos Apologie der Komödie ist auf diese utopische Möglichkeit einer Positivierung der komischen Comunitas gerichtet. Dies Progamm ist aber nur durchzuführen, wenn die archaische Gegenwelt der Commedia dell'arte ausgegrenzt ist, die den moralischen Standard der Commedia erudita unterminiert, indem sie die literarischen Vorlagen mit Obszönitäten, Betrügereien und Dummheiten füllt und auf diese Weise das Ansehen der Poeten verhöhnt. (4)

In jenen Darbietungen werde das Lachen nur durch Schurkereien (disonestade) und Widerwärtigkeiten (brutezza) hervorgerufen, wie sie weder von einem antiken noch von einem modernen, gebildeten und maßvollen Autor (savio e prudente moderno autore) geschätzt werden könnten. (5) Nur von dieser Praxis rühre die falsche Ansicht über die Komödie her, sie sei ein Abbild schlechter Sitten. (6) Weil sich die Sitten und die Lebensart der Menschen verändern, muß sich auch der Gegenstand und die Form der Dichtkunst ändern: Wenn die Komödie als Nachahmung des Lebens (imitazione della vita) definiert ist, ist es ausgeschlossen, dieses Ziel durch die Vorführung sämtlicher möglicher Laster erreichen zu können. (7) Als Vorbild der Aufhebung der gegenwärtigen komischen Praxis dient die Entwicklung der Neuen aus der alten attischen Komödie, die sich gebildet habe, weil sich eben die Gesellschaft verändert habe. (8) Um zu garantieren, daß die Komödie künftig die geänderten gesellschaftlichen Bedingungen korrekt wiedergebe, unternimmt es Pino - in einer für das bürgerliche Denken prototypischen Reflexionsfigur - einen eigenständigen ästhetischen Begriff der Komödie zu gewinnen, indem er sie letztlich von ihrer gesellschaftlichen Dimension abtrennt und diese Reduktion auf das ästhetische Moment selber aber gesellschaftlich begründet. Diesen aporetischen Denkzirkel eröffnet Pino mit der Trennung des aristotelischen Begriffs der "Häßlichkeit" (brutezza) vom horazisch-rhetorischen Begriff des Lasters (vizio), die im Korpus der Poetiken zur Bestimmung der Komödie zusammengeflossen waren. Das Häßliche (brutto) wird negativ definiert als das Fehlen von Schönheit; wenn das Schöne als die Ordnung der Relationen der Teile eines Gegenstandes definiert ist, entsteht das Häßliche dementsprechend durch die Unordnung dieser Teile. (9) Das schließt den konnotativen Nebensinn von "böse" im Sinne von Obszönitäten oder Unehrlichkeiten aus dem Wort brutto aus. (10) Dieser im wesentlichen kognitive Begriff des Häßlichen, der von einem ethisch intendierten Begriff des Lasters (vizio) gelöst ist (11), begründet nun auch eine neue Definition des Komischen in der Komödie: Das Lächerliche (ridiculo) erwächst aus der Wahrnehmung einer der Vernunft oder der Sprachlogik widersprechenden Häßlichkeit (brutto). (12)

Das didaktische Moment der Komödie bezieht sich also nicht auf ein Negativum, das konträr zur Tugend, sondern zur Schönheit steht. (14) Die bisoziative Bestimmung der Komödie scheint im Einklang mit der rhetorischen Theorie des ridiculum zu stehen, wenn das Lächerliche als die Häßlichkeit eines individuellen Defekts definiert wird. (15) Die Wiedergewinnung der ästhetischen Annehmlichkeit der Komödie resultiert aber aus der Ausgrenzung des öffentlichen Raumes, der in den ethischen Begriffen denotiert ist; die in horazischem Geist erfolgte Rhetorisierung der Lachtheorie bezeichnet demgegenüber bei Pino nur ein sekundäres Moment im primär intendierten Entwurf einer anderen Komödie.

Die Reinterpretation der Ständeklausel, die den gesellschaftlichen Ort der Komödie als soziale - und nicht als moralische - Differenz in Bezug auf eine klassenmäßig oder ethisch definierte Elite bestimmt, ist zugleich auch eine proto-bürgerliche Definition der Ständeklausel: es sind Edelleute und Bürger (gentiluomini e cittadini), die - wenn auch nicht von adligem Geblüt - sich dennoch bestens und standesgemäß aufführen können (uomini da bene et assai virtuosi). (16)

Die Vorherrschaft des kognitiven Prinzips hat auch Auswirkungen auf die formalen Konstruktionsprinzipien. Pino fordert mit der Handlung zusammenhängende Zwischenspiele (17), die zusammen mit den Einheitsregeln ein realistisches Darstellungsprinzip garantieren sollen. (18) Die Verkleidungskunststücke der volkstümlichen mattacini, der Spaßmacher, sind keine Schauspielkunst, demgegenüber erhofft sich Pino Schauspieler, die die "Anmut des Räsonierens" (vaghezza di ragionamenti) beherrschen (19): gegen die akrobatischen Augenweiden der artistischen Schauspieler setzt Pino das Reden mit Vernunft (ragione), das mit den Ohren und der Seele (!) aufgenommen wird. (20) Die vernünftige Rede der Schauspieler setzt die Wiedereinsetzung des Dichters als Instanz des Textes voraus. Die Rückkehr der Schrift soll die archaische Stimme des Komischen auslöschen. Pino sieht die Komödie nicht als Ort einer Signifikantenpraxis des Komischen, die ihre je eignenen Signifikate herstellt, sondern als Schaustellung eines Signifikanten, der an anderer Stelle produziert wird. Wie auch ein schöner Garten nicht natürlich erwächst, sondern der Arbeit und Pflege eines kundigen Gärtners bedarf, so vermag auch erst das Wissen eines gebildeten Dichters ein stimmiges Werk hervorzubringen. (21) Pino legitimiert diese Rückkehr zur Starre der Schrift mit einem geistigen Salto: auf der wirkungsästhetischen Seite seiner Komödiendefinition grenzt er die Gesellschaft als ein Allgemeines aus, nimmt sie aber in Form eines apriorischen Wissenssystems - des "Archivs der Philosophie" (l'archivio della filosofia) (22) - wieder in die produktionsästhetische Konstruktion der Komödie hinein. Die Darstellung der Gesellschaft in der Komödie erfordert nichts weniger als die wissenschafltiche Einübung in die Theorie derjenigen Gegenstände, die auf der Bühne erscheinen sollen. Die psychologisch genaue Schilderung eines Charakters sei ohne "Besuch der Schule der Moralphilosophie" nicht möglich (23), und: wie können die Typen der Volkskomödie einen Doktor der Rechte, einen Arzt, einen Soldaten, einen Hofmann oder einen Händler darstellen, wenn sie keine

Kenntnis "vom Handelswesen, dem Hofleben, der Kriegskunst, dem Studium der Medizin und dem Wert der Gesetze" haben? (24)

Diese Argumentation verwechselt das besondere positive Wissen - das so aufgefaßt gegenüber den Gesellschaftstrukturen ein kontingentes System darstellt - mit den allgemeinen interaktionslogischen Basiscodes, die die Gesellschaft erst herstellen. Weil die Arbeit des Schauspielers in der ikonischen Repräsentation allgemeiner Basiscodes besteht, muß Pino die signifikante Praxis des Schauspielers unterschlagen. Ebenso wie Oberflächenwissen und Basiscodes verwechselt sind, taucht auch Gesellschaft als Natur auf. Aus dem solcherart wissenschaftlich präparierten, auf den Text getrimmten Schauspieler spricht dann die Natur selber (la natura stessa), mittels der "guten Zeichnung" der Personen entstehe gleichsam ein "natürliches Portrait". (25) Der hier auftauchende Naturbegriff verweist nicht auf die äußere Natur, sondern auf den Signifikanten des Geschriebenen: die semiotische Praxis des Theaters zerfällt in zwei Systeme, deren sukzessives Ineinandergreifen einen unsichtbaren Signifikanten - den Text - und einen sichtbaren - die Aufführung - produziert. Am Schauspieler erscheint schließlich beider Signifikat. Die Komödie wird nicht als Medium einer signifikanten Praxis definiert, sondern einzig als ein System von Signifikaten aufgefaßt. Diese in Szene gesetzten Signifikate sollen dann ihrerseits die gesellschaftlichen Codes/Normen als Ort der Sinnproduktion (Sa) garantieren, das Signifikat soll sozusagen die Signifikanten festschreiben. Mit der Ersetzung der gesellschaftlichen Praxis durch eine autonom konstruierte ästhetische erscheint die ikonische Repräsentation der Gesellschaft in der Komödie als Zensur des Nichtgeschriebenen. (26) Ästhetischer Text und gesellschaftlicher (Kon)Text treffen sich zwar am Ort des Verdrängten, dieser Ort - der zugleich ein individueller und ein gesellschaftlicher ist - bleibt aber als Ort der Wunschproduktion aus der Signifikantenpraxis des Textes, die vor die komische Praxis geschoben wird, ausgegrenzt. Der Text der Komödie soll allein durch die Leistung des Dichterindividuums vermittelt die Welt zeigen. Von der genuin komischen Durchquerung des Ortes der Sinnproduktion bleibt nur die doppeldeutige Formel übrig, die Komödie solle "erfreuen durch Belehrung, und belehren durch Vergügen". (27) Eine solcherart stabilisierte Komödie, deren "natürliche" Darstellungsweise gleichsam im Umschweben des verdrängten Ortes besteht, mag dann auch den komischen Figuren (servi balordi e villani) einen Platz in der Komödie belassen, sofern sie den ruhig agierenden Bürger (cittadino) nicht an die Wand spielen.

V.5 VERSCHMELZUNG DER GATTUNGEN - TEILUNG DES KOMISCHEN

Am Ende des 16. Jahrhunderts wirft in dem Streit um den als tragicomedia bezeichneten Pastor fido der Autor Guarini (1) seinem ersten Kritiker Denores (2) ein Mißverständnis der aristotelischen Begriffe vor: Die von der Dichtkunst verursachte Erregung sei schon der Zweck und nicht erst das Mittel einer davon getrennten didaktischen Wirkung. Weil aber das Prinzip der antiken Katharsis durch das Feld christlicher Moralvorstellung ersetzt worden sei und die Komödie zudem auf ein niederstes, selbst in der Antike unbekanntes Niveau gesunken sei, könne die moderne Dichtung nicht länger mit aristotelischen Begriffen analysiert werden. (3) Das Versagen des aus der antiken Tradition übernommenen theoretischen Rüstzeugs ist zugleich auch ein Versagen der ebenfalls aus der Antike überkommenen poetischen Praxis - die neue Form der tragicomedia hebe dagegen das Niveau der Handlungsebenen der Komödie, entferne das Schreckliche (il terribile) aus der Tragödie und schaffe so ein "Drittes" (vn Terzo). (4) Ein Jahr später legitimiert Rossi (5) die Entwicklung neuer Kunstformen mit Hilfe des Begriffes der possibilità, der Wahrscheinlichkeit, die hier im Sinne eines volkstümlichen Alltagsbewußtseins (la opinione della volgar gente) definiert wird. (6) Damit war die von Castelvetro ausgehende hedonistische Theorie einer Apologie der Volkskomödie umgeschlagen in eine Legitimation der neuen poetischen Praxis der Tragikomödie.

Die Positionen des französischen Klassizismus bilden sich in einem Prozeß, in dem die Normen der "Modernen" der italienischen Spätrenaissance aufgrund der - wiederum - neuentdeckten antiken Theorie für veraltet und obsolet erklärt werden. Nach dem Sieg dieser neuen Modernes benennt Corneille 1640 seinen ursprünglich "Tragikomödie" betitelten Cid in "Tragödie" um. In der Gelehrtenrepublik des klassischen Geistes findet die komische Comunitas ein Asyl, aber kein Gedeihen.

In der Civitas Dei, im christlichen Staat, rettet Barbieri, genannt Beltrame (7), die Stimme des Komischen, indem er sie teilt. Obwohl das Lachen unteilbar sei, habe es doch zwei verschiedene Ursachen: die eine verdanke sich dem karnevalistischen Prinzip des Komischen (il comico), das die Normen gleichsam als Negativ herstellt, von dem dann weitere Positive abgezogen werden können. (8) Das Zeichen dieser Praxis ist die Maske, die den vernünftigen Mitbürger in seiner Eigenschaft als auktorialen Rollenträger von der komisch handelnden Rolle trennt. (9) Dieses Prinzip des Komischen dürfe nicht mit dem obszönen Niedrig-Komischen des buffone, des Grobians in der Rolle des Spaßmachers verwechselt werden, weil dieser seine Rolle nicht wechseln kann und jahraus, jahrein seinen Nächsten belästigt. (10) Beltrame greift hier das Bild der Komödie auf, wie es in den Angriffen der kirchlichen Ordnungsmächte entworfen wird und projiziert einen Teil dieses Bildes in einen Bereich unterhalb des Gesellschaftlichen - opfert ihn sozusagen -, den anderen Teil aber, den er als Schauspieler und Theaterleiter selber repräsentierte, rettet er, weil dieser gerettete Teil als Spiegelung identisch mit der

Gesellschaft sei.

V.6 DAS ALCHEMISCHE PRINZIP DER REPRÄSENTATION: Arbeit/Erkenntnis/Spiel

Das Prinzip der Repräsentation bezeichnet im 17. Jahrhundert ein Doppeltes: die Grenze des Erfahrbaren und die Darstellung dieser Grenze selbst. Hinter dem epistemischen Raum des Repräsentierbaren befindet sich ein Rest der Welt in Form des noch nicht beherrschten Teiles der Natur. Die Darstellung des Rests jenseits der Grenze wäre zugleich auch seine Unterwerfung, historisch wird damit die Idee der vollkommenen Naturbeherrschung zum erstenmal gedacht und in der Repräsentation einer abstrakten Mitte 'repräsentiert'. Dies Vexierspiel der wechselseitigen Spiegelung von Tat und Denken wird von zwei Prozessen in Bewegung gehalten: zum einen von der historisch bestimmbaren Bearbeitung von Natur aufgrund der Entwicklung der Produktivkräfte und Produktionsmittel und zum anderen von der Legitimation dieser Arbeit im Rahmen dessen, was als "Kultur" erscheint. Dieser zweite Prozeß kann als Sicherung des eroberten Naturbereichs durch signifikante Praktiken beschrieben werden. Das Prinzip der Repräsentation legitimiert auf diese Weise die gesellschaftliche Praxis auf allen Ebenen und stellt sie zugleich nach außen, gegen die als irrationale Macht erfahrene Natur, und nach innen, gegen die dezentralistischen Kräfte der ständischen Gesellschaft, dar.

Der Gestus der Repräsentation (1) ist ein semiotisches Prinzip, das einen frühen Stand der Naturbearbeitung einstweilen sichert und gegen jeden Rückfall in die unmittelbare Identität mit Natur schützen soll. Weil der Zusammenhang von gesellschaftlicher Praxis und individuellem Vermögen des Einzelnen aber unbegriffen ist, sind Individuum und Gesellschaft, Natur und Kultur noch nicht vollständig voneinander getrennt - sie befinden sich in einem heftigen Ablösungsprozeß, aus dessen Schäumen sich die "barocken" Formen sedimentieren. Das Muschelförmige, die Krustationen, die versteinerten Wucherungen, der materiale Clustereffekt der aus Gold, Stuck, Eisen, Holz und Tuch zusammengebackenen Artefakte, der in der Bewegung erstarrte Pomp dieser Formen stellen eine gleichsam alchemische (2) Einheit und Konfusion von Natur und Kultur dar. Das Wallende dieser Prozesse zeugt von der Trennung der Vernunft im Sinne einer quasi-instrumentellen Fähigkeit des Subjekts von der gleichsam transzendenten Vernunft der Natur. Das kosmische Gestaltungsprinzip der raison durchwaltet zwar sowohl Subjekt und Objekt als auch Gesellschaft und Natur, das jeweilige Erkenntnisvermögen bestimmt sich aber noch rein quantitativ nach einer historisch bestimmbaren Differenz zu dieser deistischen Vernunft. Das Schäumen der alchemischen Reaktion deutet auf diese quantitative Trennung des Subjekts von der Natur, qualitativ interpretiert ist es der Geburtsschaum der Ideologie eines autonomen Subjekts.

Die phänomenologische Beschreibung der barocken Formen mit Begriffen wie "Manierismus", "Künstlichkeit", "Pathos" etc. trifft nur die sichtbare Oberfläche dieser Erscheinungen. Gegenüber diesen sekundären Bestimmungen des Semiotisierungsprozesses der Repräsentation muß festgehalten werden, daß damit auch die begonnene Arbeit der Unterwerfung der Natur unter die Gesetze der neuen Physik (mit)repräsentiert wird. Die Gesellschaft wird dabei selber zu einem "Repräsentationsapparat" (3), mit dem die absolutistische Zentralgewalt die vielen privaten Repräsentationsvermögen noch einmal repräsentativ organisiert. Die Repräsentation ist also immer auch die Darstellung eines nicht repräsentierbaren Allgemeinen, das sich als Hiatus in den Versteinerungen zeigt.

Die Vorstellung eines Begriffes des Nicht-Repräsentierbaren kann am Beispiel der Funktion der Einheitsgebote im Theater entwickelt werden. Der paradoxe Begriff entsteht mit dem Eingang der ursprünglich deskriptiven Einheitsregel in eine normative Poetik: aus technischen Instrumenten zur Analyse der theatralischen Aufführungssituation wurden konstitutive Formprinzipien des Dramas. Der phytagoreisch-neuplatonische Formalismus der Poetiken wird im Moment ihrer Interpretation durch die emanatistische Vernunft zu einem Joch der Phantasie. Weil die "Vernunft" der Gesellschaft weder im Diskurs begriffen noch in der Repräsentation repräsentiert werden kann, tendiert die Theorie der semiotischen Praxis dazu, mit ihren Regeln eine Identität von Darstellung und Dargestelltem zu postulieren. Anstelle des unbegriffenen haptischen Charakters der Zeit wird ein fantasieloser, dichotomischer Zeitbegriff gesetzt, der einerseits die ästhetische Mikrozeit mit der gesellschaftlichen Makrozeit identifiziert und andererseits diese eine Zeit zur Zeit des ewigen Kunstwerks verabsolutiert, in dem die Zeit zum Stillstand kommt und damit Begriff und Sache zu sich selber. Die Vorstellung einer nicht repräsentierbaren Zeit entwickelt sich am Problem des temps réel der Makrozeit und des temps fictif der Mikrozeit. Die Differenz beider Zeiten, die gleichsam "verlorene Zeit", die die Einheit herstellen könnte, ist die nichtrepräsentierte Zeit zwischen den Akten. (4) An die Stelle des komischen Zwischenspiels tritt der Vorhang des Zwischenaktes (5), das heißt eine Leerstelle der Vorstellung, die aber die besondere Funktion hat, gerade das Fortdauern der nicht-sichtbaren Repräsentation auf der Szene hinter dem Vorhang glaubhaft - "wahrscheinlich" - zu machen.

V.7. POESIE ALS REPRÄSENTATION EINER UNIVERSALEN GRENZE (Boileau 1674)

Die Grenze des Repräsentierbaren und des Nicht-Repräsentierbaren verläuft quer durch den menschlichen Körper, wobei hier das Nicht-Repräsentierbare, das im Prinzip der Repräsentation zur Anschauung gebracht werden soll, der Mensch selber ist. Er wird von dem Teil des Körpers, der etwas zu repräsentieren vermag, dargestellt. Die Pose des "Sich-Brüstens" stellt gegen die unmittelbare Identität von Natur und Körper im bewußtlosen Subjekt das Bewußtwerden eines Allgemeinen, das sich am Körper des Einzelnen nachvollziehen läßt. Derjenige Körper, der seinen Schwerpunkt nach oben verlagert und ihn mit einer "Hülle gespannter Muskeln" umzieht (1), soll als ostentative Haltung, als konstruierte Grazie, den abstrakten Ort für ein abstraktes Vermögen angeben. (2) Dies abstrakte Vermögen, das sich so als privates am Körper des Einzelnen zeigte, bildete sich in der Periode des Übergangs von der regionalen und ständischen Produktionsweise zu einer "unqualifizierten abstrakten Arbeit", die die traditionellen Arbeitstechniken in einem Nebeneinander zur Manufaktur organisiert. (3) Der Zusammenhang von ökonomischer Produktionsweise und Erkenntnisform wird dabei durch das Prinzip der Repräsentation am Körper hergestellt. Das abstrakte Vermögen zum Kalkül wird in der Repräsentation auch als spielerisches Moment zwischen Erkenntnissystem und Natur dargestellt (4), dabei wird der Aspekt der individuellen und gesellschaftlichen Arbeit - der Herstellung des Spielfeldes der Repräsentation - als Leistung des subjektiven cogito kategorialisiert. Sowohl der Körper als auch die Gesellschaft fallen aus dem cartesianisch konstruierten Ich heraus. Der Zusammenhang beider muß sich folglich an einem dritten Ort herstellen, der als Grenze zwischen Individuum/Seele/coeur auf der einen und zwischen Gesellschaft/Körper/raison auf der anderen Seite erscheint. Die neuzeitliche Erkenntnistheorie umfährt diesen Grenzort. Diese Konstellation nennt zur Lippe die "doppelte Wende in der Anthropomorphie des modernen Weltbildes", die die begriffliche Aneignung der Welt "nach dem Bilde des körperlichen Menschen rekonstruiert", wobei dieser Körper des Menschen aber zugleich "in einem System abstrakter Formeln" seinerseits erst theoretisch konstruiert wurde. (5)

Die paradoxe Konstellation dieser wechselseitigen konstitutionslogischen Substitution von Subjekt und Objekt läßt sich exemplarisch auch an dem Poesiebegriff in Boileaus Art poétique (1674) entwickeln, wobei dort die Funktion des Dichters gerade darin besteht, diesen Zusammenhang zu repräsentieren.

Die Neubegründung der Poesie ist nach der "Zerstörung des ursprünglichen Adels des Parnaß" (6) deshalb notwendig, weil sie als oberste Ausdrucksform der Sprache die unmittelbare Schrift der Ordnung schaffenden Vernunft ist. Diese Ordnung ist aber zweifach strukturiert: Poesie ist die Niederschrift des kosmischen Logos, diese universale Vernunft wird aber vom dichtenden Individuum qua dessen privater Moralität vermittelt. Ihm kommt so eine hervorragende Stellung bei der Transformation von Natur in Kultur zu, die Vernünftigkeit der absolutistischen Ordnung wird durch die moralischen Tugenden des - diese Ordnung repräsentierenden - Individuums garantiert. Von dieser Schlüsselstellung der Poesie her ist auch die dominierende Rolle der literarischen Kritik zu verstehen. Der gute Autor ist zugleich auch eine erste vermittelnde Instanz, die zwischen sein Werk und die Gesellschaft tritt, indem er es in nuce schon ästhetisch und moralisch vorzensiert. (7) Diese Aufforderung zur Selbstzensur bezeichnet die Grenze (der Repräsentation), indem sie an deren Stelle einen Einschnitt macht und auf diese Weise den Widerspruch zeigt zwischen der abstrakten Vernunft der poetologischen Theorie, die "Poesie" als Metadiskurs der Gesellschaft auffaßt, einerseits und der normativen Produktionsästhetik, die konstitutiver Bestandteil der Gesellschaft selbst ist, andererseits. Der Dichter soll nur durch die Stimme der höchsten Vernunft invoziert die Niederschrift des Logos leisten. Der Logos ruft aber den Dichter und stürzt ihn - in den Abgrund seiner Seele: "Ihr müßt euch in den Schmerz hinabbegeben." (Meine Übers., G. L.) (8) Dies subjektive Leiden, die Leidenschaft des poeta creator soll den geometrischen Geist der universalen Vernunft repräsentieren. Der Widerspruch von génie und esprit géométrique ist zugleich auch der Widerspruch zwischen dem Werk als Produkt privater Arbeit und dem Werk als Ware des öffentlichen Marktes, das auf diese Weise einer Allgemeinheit zugänglich wird. Das Kauf-Motiv steht nochmals zwischen dem privaten Abgrund und dem allgemeinen Grund und determiniert die Grenze um eine weitere Bestimmung: "Bietet dem Leser nur das, was ihm gefallen könnte." (Meine Übers., G. L.) (9) Dennoch repräsentiert die individuell produzierte Poesie ein Allgemeines, das auch von der Tauschrationalität nicht tangiert wird. Boileau erklärt dieses subjektive Vermögen zur allgemein verständlichen dichterischen Produktion im Rückgriff auf den antiken Ursprungsmythos von Sprache und Dichtung, nach dem die Musen der alten kosmischen Ordnung ihre Stimme leihen. (10) Der Einleitungstopos traditioneller Poetiken, der die Präsenz des transzendenten Logos erklärt, steht bei Boileau formal im vierten Gesang seiner "Dichtkunst", inhaltlich an der leeren Stelle der Selbst-Präsenz des cartesianischen Subjekts. Die phylogenetische Idee der Genese der gesetzesstiftenden Funktion der Rede (logos) soll auch einen ontogenetischen Ort im Menschen erklären. Dieser Ort im Menschen ist die Grenze von Körper und Seele. (11) Die Poesie als signifikanter Ausdruck des transzendenten Signifikats (logos) repräsentiert gleichsam den Zusammenfall beider Ebenen in der Praxis. Der Signifikaten-Kette Gesellschaft/Körper/raison steht die signifikante Kette Individuum/Seele/coeur gegenüber. Am Körper erscheint der Sinn, der als allgemeiner aber nur im Durchgang durch das Innere des ausgezeichneten Individuums erwächst: "Liebt also die Tugend" - so rät Boileau den künftigen Dichtern - "und nährt damit eure Seele, denn den hehren Geist allein zu bemühen, ist vergeblich: Durch die Verse werden immer die Abgründe des Herzens sprechen." (Meine Übers., G. L.) (12)

V.8. INDEXIKALISCHE REPRÄSENTATION

Zum rhetorischen Schauspielstil des Barock

Das Prinzip der Repräsentation durchdringt das theatralische Fest, das ein Allgemeines, Gesellschaftliches als Signifikat in der Mitte einer signifikanten Anordnung von Allegorien - Körpern und Dingen - erscheinen läßt; ebenso prägte es den Körper des Einzelnen, der seine Bewegungen diesem abstrakten Signifikat unterwirft. Der Körper des "barocken

Menschen" war nur ein signifikanter Träger eines historischen Zusammenhangs, dessen Signifikat im Modus der Repräsentation überall gegenwärtig war. Der Mensch erscheint nicht mehr nur als 'Schriftbild', er taucht selber als Gestalt auf, aber noch nicht als er selbst, sondern nur als vorläufiges Zeichen eines Anderen. Dieses andere ist die Subjektivität, die durch Urbarmachung eines Teils der eigenen körperlichen Natur im Namen eines abstrakt-gesellschaftlichen Moments entsteht.

Am Schauspieler läßt sich das exemplarisch belegen; er ist das Signifikat eines Signifikanten, der für ein weiteres Signifikat steht. Im Rückgang auf den Körper wird das Nicht-Repräsentierbare darstellbar gemacht: der Doppelcharakter des Repräsentationssystems verweist auf die dargestellte Rollengestalt und zugleich auf das Prinzip der Repräsentation und damit auf den Darsteller selber. Diese Doppelung hatten wir als die semiotische Brechung von gesellschaftlicher Praxis einerseits und Erkenntnisform andererseits im Repräsentationssystem erklärt. Im Theater taucht nun der Zusammenhang beider Teilbestimmungen in der Einheit des semiotischen Darstellungsprinzips auf. Dieser theatralische Gestus, der in einer Bewegung ein Doppeltes zeigt, prägte auch die Menschendarstellung der bildenden Kunst der Epoche (1) und wirkte vor allem auf die Umgangsformen der höfischen Gesellschaft zurück. (2)

Franciscus Langs Dissertatio de actione scenica (1727) ist die einzige theoretische Schrift in Deutschland, die das Repräsentationsprinzip als körperliches Ausdruckssystem darstellt. (3) Lang dokumentiert zwar den schon durch frühbürgerliche Einflüsse gemäßigten Stil des Jesuitentheaters der ersten Jahre des 18. Jahrhunderts, versteht seine Schrift aber als Erinnerung an die barocke Gebärdenkunst, deren vollkommene Auflösung er verhindern will. (4) Die Beschreibungen Langs dürften demnach grosso modo auch auf die Aufführungspraxis der französischen Klassik und des zeitgenössischen kontinentalen Hoftheaters zu beziehen sein, auch wenn sich Lang kritisch vom Prunk (pompus) der Hoftheater absetzt. (5) Lang definiert die schauspielerische Geste zunächst als eine Einheit von Sprache und Körperbewegung, die den Zweck hat, "Empfindungen" mitzuteilen. (6) Diese Körperbewegungen muß der Schauspieler genauso zusammensetzen lernen wie der Autor den Text. (7) Ballhausen nennt den von Lang beschriebenen Schauspielstil rhetorisch, weil das Wort als alleiniger signifikanter Träger des Sinns galt, die Gebärde liefert nur einen zusätzlichen Signifikanten. (8) Die Grundstellung des barocken Schauspielers ist die crux scenica, ("Bühnenkreuz") die sich auch in allen anderen höfisch codierten Körperkünsten der Epoche (z.B. Ballett, Fechtkunst, militärischer Drill, "Kratzfuß" der Etiquette) findet: linkes Standbein, rechtes "Spielbein" schräg aufgesetzt. (9) In diese Grundstellung fällt der Schauspieler immer wieder zurück, wenn er nicht agiert und das bedeutet redet. (10) Der deklamierende Schauspieler tritt im passus scenicus - einer Art aristokratisches Schreiten: jeder Schritt ist angedeutetes Gleiten durch den Kreuzstand - einen Schritt vor und wendet beim Reden das Gesicht und die Körperfront dem Publikum zu. (11) Lediglich bei Dialogen kann der Körper dem anderen Schauspieler zugewandt werden, das Gesicht muß jedoch immer auf das Publikum gerichtet sein. (12) Wenn er nicht spricht, ist der Körper des Schauspielers in Ruhestellung; er macht nur kleine Gebärden, mit denen er das Gesprochene seines Gegenübers kommentiert. (13) Die Hände sind bei alledem die wesentlichsten Sinnträger; sie dürfen nicht unterhalb der Gürtellinie und nicht oberhalb der Augen geführt werden, weil im semiotischen System der Körperrepräsentation über Augenhöhe geführte Hände immer auf etwas "Höheres über uns" verweisen. (14) Dieser Verweisungszusammenhang ist ein indexikalischer, der die signifikante Geste an das Signifikat des tranzendenten Logos anbindet. Auf die schauspielerische Praxis bezogen heißt das, daß der Schauspieler den Rollenträger als 'Signifikantenträger' und die Rolle als Träger des Signifikats getrennt darzustellen hat. Dem entspricht die Unterscheidung von "Grundhaltung" und rhetorischen "Affektspiel" bei Lang. "In dieser bewußten Mittlerrolle und in der ständigen und immer neuen Trennung von Darsteller und Dargestelltem - wobei der Darsteller immer wieder aus der Rolle springt und fast als Privatperson vor die Zuschauer tritt - charakterisiert sich die rhetorische Schauspielkunst." (15) Die Formulierungsweise von Ballhausen, daß der Schauspieler "aus der Rolle springt", ist historisch und systematisch ungenau: es handelt sich um ein temporäres, sozusagen stoßweises Produzieren der Rollenfigur, also um ein 'Hineinspringen in die Rolle'.

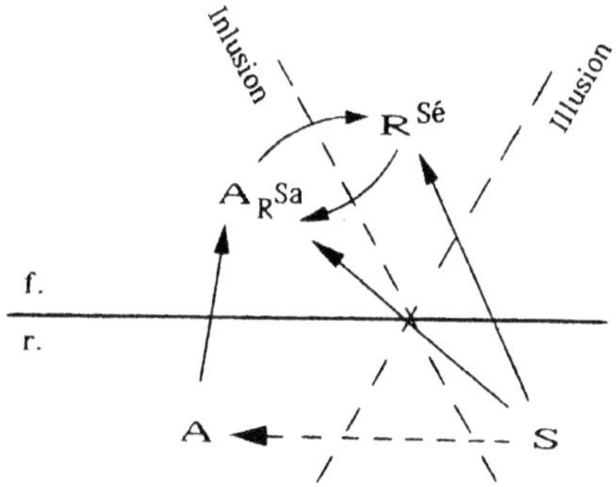

Fig. 15 (rhetorischer Schauspielstil)

Vergleicht man das obige Schaubild mit den beiden anderen des Volksschauspielstils (Fig. 14) und des ungefähr ab 1750 möglichen 'bürgerlichen' Schauspielstils (Fig. 22), so kommt dem rhetorischen Stil eine eigentümliche Mittelstellung zu. Mit dem Volksschauspielstil hat er die vermittelnde Zwischeninstanz des jenseits der Illusion, aber diesseits der Ebene der Inlusion angesiedelten auktorialen Rollenträgers A_R gemein, mit dem bürgerlichen Stil die selbständige Rollenfigur R jenseits von Illusion und Inlusion, die Träger des Signifikats ist ($R^{Sé}$). Die dyadische Interaktion von A und S findet nur begrenzt statt (angedeutet durch die gestrichelte Pfeillinie zwischen A und S), weil die Interaktion im wesentlichen von der kollektiven Zentrierung auf das gleichsam universal zu repräsentierende Signifikat bestimmt wird. Dies ist durch die beiden Pfeile von S hin zu $A_R{}^{Sa}$ bzw. $R^{Sé}$ angedeutet. Sowohl die Hinsicht des S als auch die des A (über die Zwischenstufe A_R) auf R ist für das theatralische Prinzip der Repräsentation wichtiger, bestimmender als die kollektive dyadische Interaktion von A und S. Das zu Repräsentierende wäre auch ohne Schauspieler, die es darstellen, und ohne Zuschauer, die das Dargestellte wahrnehmen, präsent: die Aufführung ist nurmehr ein Verweisen auf dieses universale Signifikat. Diesen indexikalischen Verweis leistet die Einheit $A_R{}^{Sa}$ im Hervortreten zum $R^{Sé}$. Der Schritt aus der Ruhestellung der crus scenica vor das Publikum läßt sich somit formal darstellen als

*(B.1) $(A_r)A_R{}^{Sa} \xrightarrow{\vee} R^{Sé}$

Weil das Signifikat nicht nur von der signifikanten Praxis des Hervortretens produziert wird, sondern auch aus einer anderen Quelle der Transzendenz gespeist wird, kann der auktoriale Rollenträger auch wieder aus der Rolle zurücktreten in die Ruhestellung A_R. In dieser Ruhestellung des Körpers lauert gleichsam ein doppelter Sinn, der von der Signifikanten Praxis des A und der 'indexikalischen Praxis' des A_R produziert wird. Die theatralische Körpersemiotik wird von einem universalen Code bestimmt, die der Schauspieler beide repräsentieren muß. Beide werden aufgrund der erläuterten Mechanismen am Körper des Schauspielers sichtbar.

V.9. EXKURS
Negative Repräsentation des Menschen: der Krüppel als komische Figur

Die an vielen Höfen jener Epoche noch anwesenden Zwerge und Krüppel dienten der negativen Repräsentation des Körpers, sie stellten gleichsam negative Signifikanten des Nicht-Repräsentierbaren dar. (1) Die Beziehung zu diesen "negativen" Körpern stellt sich über die Differenz einer blinden Naturherrschaft am Körper zu einer sekundären Bearbeitung der eigenen körperlichen Natur her. Der Stand der Naturbearbeitung wird am menschlichen Körper semiotisiert, positiv in der aristokratischen Haltung, die den Körperschwerpunkt unnatürlicherweise nach oben verlagert und negativ an den verwachsenen Menschen, deren Schwerpunkt sichtbar niedriger ist und vor allem in einer verschobenen Mitte lagert. Beide Körper, sowohl der aristokratische als auch der verwachsene, sind in den Umriß eines gedachten Körpers projiziert. Das Lachen des Aristokraten über den anderen Körper beruht auf dem Umstand, daß er seinen Körper freiwillig quält, von dieser Position einer ersten "Freiheit" erfolgt der bisoziative Sprung zum blinden Fehlschlag der Natur im Körper des Menschen am Beispiel des Krüppels.

Diese komische Bisoziation zwischen verschiedenen menschlichen Körperformen ist an die Utopie des gedachten Körpers geknüpft, sie wird überflüssig, wenn der Mensch nicht mehr nur über die äußere Körperdimension, sondern wesentlich über die innere Triebbeherrschung definiert wird. Im Zeitalter der Aufklärung wird die Körperform zu einem kontingenten Bestandteil einer im Innern sich entfaltenden Subjektivität. Georg Friedrich Meier schreibt 1744: "Wenn die lächerliche Gestalt eines Menschen ein blosser Naturfehler ist, so verdient er Mitleiden und Vergebung." (2) Das Bewußtsein der Zufälligkeit der Körperform wird in einer Sozialisation vermittelt, die den humanen Zensureffekt der "projektiven Empathie" hervorbringt. Der Krüppel und der Zwerg wirken nicht mehr komisch, weil wir qua projektiver Empathie wissen, daß er ein Mensch ist. (3) Wir sehen über die Gestalt hinweg oder durch sie hindurch. Lediglich bei Kindern fehlt dieser Zensureffekt: Erziehung ist somit zu einem guten Teil Erziehung zum Nicht-Lachen. (4)

V.10. KOMISCHE PRAXIS ALS LEERSTELLE DER REPRÄSENTATION (d'Aubignac 1657)

Die in den Jahren 1640 — 42 entstandene, aber erst 1657 veröffentlichte Pratique du Théâtre ist das repräsentative Werk der Dramentheorie und Theaterpraxis der doctrine classique. Es ist Pratique betitelt, weil das Hauptinteresse nicht den inhaltlichen Kategorien, sondern der in der zeitgenössischen Theorie vernachlässigten Aufführungspraxis gilt. (1) Die "Praxis" soll dabei aber gerade die theoretischen Regeln absichern, indem auf deren gesellschaftliche Notwendigkeit verwiesen wird. Die Regeln sind nach dem Selbstverständnis der Epoche keine abstrakten Normen, sondern entstammen der Mitte des "natürlichen Urteilvermögens" (jugement naturel). (2) Auf diese natürliche Mitte bezieht sich das poetologische Theorem der Wahrscheinlichkeit (vraisemlance). (3) In der Theatertheorie ist die Wahrscheinlichkeit der Angelpunkt der Strategie zur Eindämmung einer unkontrollierten Phantasietätigkeit; die mit ihrer Hilfe konstruierten Theaterregeln dienen der Durchsetzung einer als "angenehm" empfundenen Perspektivität. Dabei ist weder das "Wahre" (vrai) im Sinne des sich tatsächlich Ereignenden noch das nur "Mögliche" Gegenstand des Theaters, sondern einzig das "Wahrscheinliche". (4) Die Wahrscheinlichkeit gewinnt damit gegenüber dem logischen Status der Wirklichkeit eine ontologische Priorität. Weil die Dynamik des 'Faktischen' durchaus die Normen der Gesellschaft durchbrochen kann, ist das Wahrscheinliche dem Wirklichen vorgelagert. Es handelt sich also um einen politischen Wahrscheinlichkeitsbegriff (5), der aus der identischen Setzung von Natur, Vernunft und natürlichem Urteilsvermögen (bon sens) resultiert. (6)

Die Theorie der Wahrscheinlichkeit dient der Überbrückung der universalen Grenze, die die Wirklichkeit von ihrer Repräsentation trennt. Über die Konstruktion der poeta-creator-Theorie soll das Wahrscheinlichkeitsprinzip die Gestaltung der Welt nach vernünftigen Normen garantieren: Das Wahrscheinliche garantiert das Wirkliche, die Wahrscheinlichkeit entwirft gleichsam rechnerisch alle möglichen Welten. Das Theater soll ein vollkommenes Bild (image parfaite) der Wirklichkeit darstellen (7), soll also gerade die Welt ohne die Kerbe des Einschnitts am Ort des Zusammentreffens von transzendenter Norm und individueller Produktion repräsentieren.

Die komische Praxis zerstört dieses "sinnlich-bewegte Bild des menschlichen Lebens" (l'image sensible & mouvante de toute la vie humaine) (8), weil sie sich nicht von einem transzendenten Signifikat bestimmen läßt, sondern immer im Rückgang auf den Signifikanten Sinn produziert. Indem d'Aubignac das Prinzp der Wahrscheinlichkeit ausdrücklich auch für die Komödie postuliert (9), grenzt er die Komödie aus dem Repräsentationssystem aus - an die Stelle einer Theorie der Komödie tritt die Apologie ihrer Praxis. Die Komödie, die durch "Intrigen" und "Finessen", d.h. durch Handlungen und nicht durch die höhere Vernunft des Wunderbaren - wie der poetologische Terminus für den transzendenten Logos lautet - zusammengehalten wird, ist aus dem Diskurs ausgeschlossen. Bei der Propagierung der abstrakten Vernünftigkeit hat die Logik des Alltäglichen, wie sie nach der Ständeklausel von der Komödie repräsentiert wird (10), keinen Stellenwert.

Bezeichnen d'Aubignacs Bemerkungen zur Komödie theoretisch einen "blinden Fleck" (11) in seinem Entwurf des Theaters, so betont er an anderer Stelle gegenüber moraldidaktischen Konzeptionen der Komödie das Primat der komischen Praxis. Der "blinde Fleck" in der Theorie steht zugleich auch für eine Leerstelle im System der Repräsentation selber: komische Praxis bezeichnete darin die Leerstelle des Signifikanten und würde damit einen Verweisungstrang der doppelten Repräsentativität entlarven; die komische Comunitas könnte sich nur in der Zerstörung des transzendenten Signifikats herstellen. Die indexikalische Leerstelle wäre positiv gefüllt, das Prinzip der Repräsentation wäre unterlaufen, weil diese Anordnung nicht länger die Repräsentation einer Praxis, sondern Praxis selber wäre.

Wenn d'Aubignac gegen die Überlagerung der Komödie mit didaktischen Abhandlungen und Instruktionen votiert (12), so legitimiert sich diese Abwehr nicht nur durch einen aus der Theaterpraxis entwickelten Begriff der Komödie, sondern auch durch eine historisch bedingte Form des Lachens, das sich als Konzessionslachen auf die verschiedensten negativen Signifikanten bezieht.

Zunächst urteilt d'Aubignac unmittelbar pragmatisch, wenn er die didaktische Überfrachtung des Komischen ablehnt, weil auf diese Weise der Spannungsbogen der Handlung und der paradigmatische Witz zerstört wird. (13) Das belehrende Moralisieren hemmt die Handlung, tatsächlich unterrichtet das Theater "nur indirekt" im Spiel der szenischen

Aktion. Weil komische Praxis auf den Sinn der menschlichen Handlungen überhaupt verweist, können besondere Maximen oder abstrakte Moralvorstellungen durch mimetische Praxis nicht dargestellt werden; die nur durch die äußere Form vermittelte Moralität läuft dem Darstellungsprinzip des Theaters zuwider. (14) Das Mittel zur Darstellung didaktischer Impulse ist demgegenüber die ironische Brechung, die in der Komödie "allgemeine Wahrheiten" durch deren Negation darzustellen vermag. (15) Der ernste Gehalt gewinnt durch die burleske Verkehrung eine "neue Erscheinung", die zugleich auch unterhaltsam ist. Die rhetorische Figur der Ironie (16) bewahrt die theaterwirksame Form dieser Verkehrung, die mit dem Verkehrten zugleich auch die Position angibt. Das Komische erscheint so als ein Anzeiger des historischen Standes von Subjektivität, die negativ an der komischen Figur und ihren Handlungen sichtbar wird.

Das Komische der Epoche leistet die semiotische Codierung des historischen Prozesses der Repräsentation: Die Bauern, Handwerker, Diener, Parvenüs etc. repräsentieren als komische Figuren ein archaisierendes Moment von Konventionen, die die Handlungscodes eines noch in die Natur eingebetteten subjektlosen Ichs darstellen. Dieser archaischen komischen Figur wird ein Subjekt gegenübergestellt, das sich in der Beherrschung der eigenen Natur konstituierte. Das Komische entsteht im System der Repräsentation aufgrund der Bisoziation zwischen dem geltenden Code und dem vergangenen, der jenseits der Grenze der Repräsentation angesiedelt ist: Lachen wäre damit der reflexive Nachvollzug eines historischen Prozesses.

V.11. "NEGATIVE POETIK" DER KOMÖDIE

> "Die Fixsterne bedeuten den Engel im Menschen. (...) darum besitzen die Frauen keinen Sinn für den gestirnten Himmel; weil ihnen der Sinn für den Engel im Mann abgeht."
>
> Otto Weininger: Über die letzten Dinge, S. 64

Der christliche Kampf gegen das Theater im allgemeinen und die Komödie im besonderen wogt seit der ersten Machtentfaltung der nordafrikanischen Bischöfe der Spätantike und trifft im 17. Jahrhundert nochmals das Theater der Neuzeit. In dieser Zeitspanne bildeten sich gleichsam a-historische Argumentationstopoi heraus, deren Gewicht im Zuge der Gegenreformation zunahm und die in der zweiten Hälfte des 17. Jahrhunderts im nachrevolutionären England und im Frankreich des alternden Sonnenkönigs nicht nur die theoretische Diskussion beherrschten, sondern auch zu massiven Eingriffen in das Theaterwesen führten.

Die in diesem Kampf angewandten Theoreme wurden zunächst in Predigten des 16. Jahrhunderts neu formuliert und gingen von dort in die Poetiken der Gegenreformation ein. Diese waren von ihrer Struktur und Intention her sozusagen "negative Poetiken". (1) Das Theater und insbesondere die Commedia dell'arte ist in der Einschätzung des gegenreformatorischen Barock keine Kunst, sondern bloßes Spiel - damit verlieren sie ihre Rechtfertigung und sind entweder als reiner Zeitvertreib oder als unverschämte Geldmacherei anzusehen. (2) Die sinnlichen und obszönen Darbietungen werden in der Folge nicht als Ausdruck menschlicher Handlungen wahrgenommen, sondern als Repräsentation einer fremden und falschen Welt, die im Traum und im Schlaf erfunden wurde, um das Tagwerk zu vergeuden. (3) Die Beurteilung der Inszenierung von Vorstellungen und Ideen konnte gemäß dem radikal dichotomischen christlichen Weltbild nur durch zwei entgegengesetzte Möglichkeiten erklärt werden: wenn die Phantasie nicht den theologisch definierten Rahmen um die Christusfigur ausschmückte, war sie ein antipodisches Nichts. Als eine Phantasie des Nichts war das Theater aber ein diabolisches Werk, eine Ausgeburt der visione demoniaca. (4) Die teuflische Achse der vanitas, des Nichts, wird innerhalb des Kerygmas positiv im Bild der Himmelfahrt gespiegelt. Beide Linien sind phallisch konstruiert und treffen sich im Menschen: sie binden ihn einmal an den phallischen Logos des himmlischen Vaters (5) und zum anderen an die mütterliche Erde, die im Begriffssystem der patriarchalisch-transzendentalen Rationalität aber nur als negativer Phallus, als Durchbohrung der Erde in der teuflischen Höllenfahrt vorkommt. (6) Beide Sphären - Himmelreich und Hölle - bilden ihre je eigenen Utopien aus: die Gemeinschaft der Erlösten und den Höllenkreis der Verdammten. Menschliches Handeln ist so immer in diese doppelte Szenerie eingebunden, die als materieller Bedeutungsniederschlag eines positiven und eines negativen Signifikats vorzustellen ist - als Gestaltung guter und böser Mächte. Die doppelte Szenerie des Theaters, die den menschlichen Handlungsraum anders strukturiert, indem sie ihn als Spielraum diaphan macht, muß dem christlichen Weltbild als Konkurrenzsystem erscheinen. Zwischen den beiden metaphysischen Orten der Hölle und des Himmels breitet sich ein irdischer Raum aus, in dem eigene Gesetze und Normen gelten - wie Mathematik, Geld, Handel. Das Theater transformiert diesen Raum des Irdischen in ein ikonisches Bild, das in Bezug auf die Gesellschaft den gleichen logischen Status hat wie andere - von einer bestimmten ideologischen Praxis hervorgebrachte nicht-ästhetische - Phantasmagorien. Dies Bild der Gesellschaft als gesellschaftlich relevantes Konstrukt des Theaters stellt sich aber über die Logik der signifikanten Praxis her und ist somit unabhängig von der Ideologie eines von außen her gesetzten Moralsystems, das einen transzendenten Sinnhorizont repräsentieren soll. Dies äußere System wird später vom inneren System des Warenfetischismus der bürgerlichen Gesellschaft abgelöst, dem es schließlich auch gelingen wird, das Theater nach seinen Gesetzen zu formen.

Vor dem Hintergrund des doppelten Produktionskreises des Theaters wird die Interpretation der Vertreter des äußeren Moralsystems verständlich, die es als säkulares Modell der beiden metaphysischen Orte Himmel und Hölle auffassen. Die christlichen Prediger, die überzeugt sind, daß die himmlischen Mächte die in der Erde hausenden Teufel bezwingen werden, können sich das Theater - wie alles Leben - nur als Funktion der metaphysischen Kraft Gottes vorstellen. Die Regeln werden als Ausfluß (heiliger Geist) des phallischen Signifikanten des Vaters verstanden, sind also keine signifikanten Funktionen der Gesellschaft, sondern Splitter eines metaphysischen Signifikats. Der moralische Utilitarismus der Kirche funktioniert demnach ähnlich der Produktionslogik des Theater, nur in umgekehrter Richtung:

*(B.2)	Theater:	C-Handlung (oder —Regel	=>	R-Regel
	Kirche:	R-Regel	=>	C-Handlungen (oder —Regeln)

Die christliche Weltanschauung entwirft eine Handlungslogik, in der alle Tätigkeiten im Sinne von C-Handlungen aus einer metaphysischen R-Regel abgeleitet werden. Von daher stellen sich ihr die Handlungskonventionen (C-Regeln) lediglich als instrumentale Kategorien dar. Das Theater erscheint deshalb als widersinniges Konkurrenzsystem, weil es umgekehrt die konventionalisierten Handlungscodes (C-Regeln) in moralische R-Regeln transformiert. Das Theater leistet somit - in der Sicht des christlichen ordo - eine kontrafaktische Destabilisierung der christlichen Weltanschauung, weil es der Unterwerfung der C-Regeln unter das transzendente Signifikat entgegenarbeitet. Im Theater entwirft die Hölle sozusagen den Himmel - eine wahrhaft dämonische Vision. Als Ort der Konfrontation von Kirche und Theater erweist sich somit nicht das Feld der abstrakten Moralität, sondern der vorgelagerte Produktionsmechanismus von Normen überhaupt.

V.11.1. Denunziation der Komödie als weibliche Wunschproduktion (Nicole 1667)

Die moralischen Angriffe auf das Theater haken zunächst aber am Gehalt des Dargestellten ein und konstruieren von der Interpretation des Gesehenen her Theorien über die Funktionsweise des Theaters. In der Folge kommt es zu einer irrerversiblen Verkehrung von Ursache und Wirkung, Signifikant und Signifikat, von der aus die verschiedensten Modelle zum Begreifen des Verhältnisses der theatralischen Repräsentation zur Alltagwelt gebaut werden, die aber keinen Dialog zwischen der Partei der klerikalen Entrüstung und den theatins möglich machten.

Nicoles Traité sur la comédie (1667) ist das jansenistische Gegen-Traktat zu Scuderys Apologie du Théâtre (1639) und d'Aubignacs Pratique du Théâtre (1657). (1) Nicole weist zunächst die poetologische Katharsis-Theorie zurück, deren Apologeten darauf insistierten, daß die Komödie die Repräsentation gewöhnlicher Handlungen sei. (2) Demgegenüber sei zu analysieren, "welche Folgen" und "welche Eindrücke" diese scheinbaren Alltagsimpressionen in den Köpfen der Zuschauer anrichten. (3) Die Signifikanten-Produktion des Theaters wird vor dem Hintergrund des Universalanspruchs der christlichen Moraltheologie interpretiert, die schon seit Tertullian einen gradlinigen Wirkungsmechanismus der Darstellung auf die Rezeptionsweise unterstellte. (4) Thomas von Aquin schreibt ebenfalls:

> "Der Anblick der Schauspieler wird dadurch unsittlich, daß der Mensch durch das, was daselbst dargestellt wird, zu den Lastern der Ausschweifung oder Grausamkeit geneigt wird." (5)

Diese Hypothese postuliert somit im Kontrast zur Katharsis-Theorie das Modell eines Ansteckungstheorems:

> "Die Lüsternheit ist nichts anderes als der beschämende Effekt der Sünde, der in der Lage ist, uns in jedem Augenblick wie ein Gift zu verseuchen (infecter) - wenn Gott dem Übel nicht Einhalt gebietet. (Meine Übersetzung, G. L.) (6)

Hinter dieser Ansteckungsfurcht verbirgt sich die Angst vor dem Verlust des väterlichen Signifikanten, der zugleich Signifikat ist, letztlich die Angst vor der Demaskierung der phallischen Einheit von Signifikant und Signifikat als Wahn. (7) Dabei bezeichnet der Signifikant die reale, vertikale Machtstruktur, während das Signifikat gleichsam als ideologische Verdoppelung dieser Realität fungiert. Der Phallus ist ein Schreibender und ein Beschriebenes zugleich. Die Angst vor der Verschiebung dieser symbolischen Einheit setzt psychische Energien zu einem umfassenden paranoischen Wahnsystem zusammen, das mit der Fiktionalität der theatralischen Repräsentation um den Status des Wirklichen kämpft. Der Kritiker des Theaters tritt in unmittelbare Konkurrenz zum Schauspieler: was bei letzterem soziale Praxis ist, wird bei jenem zum Versuch der Legitimation einer pathologischen Triebdynamik. Bei dieser 'inneren Praxis' handelt es sich um eine Externalisierung der eigenen unterdrückten Wünsche und eine Projektion dieser geheimen Triebregungen auf die Schauspieler, die frei sind, den schwierigen Weg der Übereinstimmung von individueller Wunschphantasie und Realität darzustellen. Dabei werden die eigenen Wunschströme ohne unmittelbaren Lustgewinn auf den Anderen - in diesem Falle den Schauspieler - geleitet, von dort kehren sie aber wieder zurück. Ein sekundärer verkümmerter Lustgewinn resultiert allein aus der Abwehr der projizierten Ströme, die nun als fremde "Schmutzfluten" zurückkehren. Die ästhetische Qualität besonders gelungener theatralischer Darstellungen eines freien, nicht-zerstörerischen Fließens dieser Ströme im Sinne einer individuellen und kollektiven Kulturleistung stellt sich für Nicole als eine besonders raffinierte Art der Verschleierung der lasterhaften Grundübel dar:

> "Je grandioser und großzügiger ein Stück die Laster ausmalt, um so gefährlicher ist es, weil es dadurch die besten Seelen verderben kann: die Nachahmung der angenehmen Empfindungen läßt tief im Inneren unserer sündigen Anlagen ein ähnliches Gefühl aufkeimen, das uns dann als eigene Kraft verändert und uns somit auf den Weg derjenigen Leidenschaft schickt, die uns vorgespielt wurde." (Meine Übersetzung, G. L.) (8)

Der Liebe des himmlischen Vaters, der mit seinem Wort (Sé) die Welt (Sa) kreiert, steht die sexuelle Liebe der Menschen als ein konkurrierendes Produktionsprinzip entgegen. Weil die irdische Produktivität nicht unmittelbar mit dem transzendenten Griffel/Phallus geschrieben ist, kann diese andere Produktivität der Liebe, auch der Komödie, nur als Magie, als Abfall vom Licht der göttlichen Fackel/Phallus aufgefaßt werden. Das Theater ist deshalb teuflisch, weil es die Einheit des väterlichen 'Signifikanten-Signifikats' aufhebt und folglich nur der Vereinigung der mütterlichen Erde mit dem negativen Phallus des Teufels entsprungen sein kann. Die menschliche Liebe, die diesem Prinzip folgen muß, steht somit außerhalb des reinen patriarchalischen Signifikats - von daher besitzt "Liebe" in den Augen der Kleriker immer einen unfaßbaren mimetisch-magischen Aspekt. Um Liebe darzustellen, muß wahrhaft geliebt werden (9) - anders sind die Zeichen der semiotischen Körperpraxis nicht zu interpretieren. Daraus schließt Nicole kurzerhand, daß es in der Natur (!) der Komödie liege, eine "Schule des Lasters" zu sein. (10)

Ein weiterer Baustein der klerikalen Abwehr wird durch den wiederholten Vorwurf markiert, es sei die Intention der Dichter und Schauspieler, die Zuschauer mit dem Laster zu infizieren. Die besondere Bedeutung dieses Verschwörungstheorems liegt in dessen strategischer Stellung innerhalb des ganzen Argumentationssystems, da von hier aus zur praktisch-politischen Offensive übergegangen wird.

> "Was das in den Komödien dargestellte Bild der Leidenschaften noch gefährlicher macht, ist die Tatsache, daß die Poeten den Stücken aufgrund ihrer Gewitztheit eine Tünche überziehen, wodurch sie angenehm wirken, sodaß sie, anstatt den Haß und den Abscheu der Zuschauer auf sich zu ziehen, nur deren wohlwollende Aufmerksamkeit hervorrufen." (Meine Übersetzung, G. L.) (11)

Die politische Dimension des Angriffes auf die Komödie zeigt sich bei einigen abschließenden Argumenten Nicoles, die unmittelbar in eine konservative Kulturkritik überleiten. In einem Versuch der publikums-soziologischen Bestimmung der Komödie entdeckt er unter ihren Zuschauern vor allem die Müßiggänger und die femmes du monde. (12) Doch die größere Gefahr geht von der Wirkung aus, die die Komödie auf die sporadischen Theatergänger, deren Leben ansonsten mit Arbeit gefüllt ist, ausübt. Unter diesen hält Nicole besonders die Haus-Frauen - die femmes d'intérieur oder femmes du ménage - für gefährdet, der magischen Mimesis der Liebe zu unterliegen und als Folge des Theaterbesuchs eine Abneigung gegen alle "ernsthafte und gemeine Tätigkeit" zu empfinden. (13) Wenn die Frauen in den Komödien nur als "Nymphen", "Göttinnen" oder "Heldinnen" auftreten - und zudem immer nur außergewöhnliche Situationen zu meistern haben -, so werden die Frauen diese Phantasien weiterspinnen und sich selber als "Göttin" des Hausstandes fühlen. Damit besteht die Gefahr, so Nicole, daß das Geschäft der Haushaltung nach dem Komödienbesuch vernachlässigt wird.

> "Und wenn sie (die Frauen, G. L.) mit ihrem ausgesaugten Geist in ihre Häuser zurückkehren, empfinden sie hier alles als unangenehm, und ihre Gatten - die

> eigentlich mit ihren Geschäften zu tun haben - haben nicht zu jeder Stunde die Laune, die lächerlichen Artigkeiten ihren Frauen zurückzugeben, die man ihnen in der Komödie und in den Romanen eingibt." (14)

Die Last der Verantwortung liegt somit doppelt auf dem Mann, dem Hausherrn: zum einen hat er die weibliche Phantasie - die nach einem Komödienbesuch einen verhängnisvollen Auftrieb bekommt - zu unterdrücken, zum andern hat er als arbeitender Exponent der Familie für den gesellschaftlichen Austausch auf dem Markt zu sorgen. Diese doppelte Ordnung fordert den ganzen Mann; die unproduktive Phantasietätigkeit - der Komödie, der Frau - bindet Kräfte, die er im gesellschaftlichen Kampf für die Erhaltung der Familie dringend benötigt.

Daß dieser gesellschaftlich relevante Aspekt der klerikalen Komödienkritik nicht ungehört verhallte, zeigt das Schicksal der Komödie in den Jahren nach der Veröffentlichung von Nicoles Schrift. Moliéres Dom Juan wurde trotz des großen Erfolges 1666 wieder abgesetzt, ebenso wagte er es nicht, das Stück drucken zu lassen, obwohl er die königliche Druckerlaubnis besaß. (15) 1677 sagte sich Racine von seinen Theaterstücken los, 1686 leistet Louis XIV. vor seinen jesuitischen Beichtvätern Abbitte. (16) In dieses gesellschaftliche Klima platzt 1694 eine Verteidigungsschrift der Komödie, geschrieben von einem einfachen Priester, die zudem noch leicht als versteckter Angriff auf das Gesellschaftsleben des höheren Klerus interpretiert werden konnte. Caffaro schreibt in seiner Lettre d'un théologien:

> "Sogar päpstliche Gesandte haben keine Schwierigkeiten, daran teilzunehmen, und es wäre nichts weniger als eine Unverschämtheit und Dummheit, daraus zu schließen, diese kirchlichen Würdenträger seien alle gottlose Libertins, weil sie das Verbrechen (!) mit ihrer Anwesenheit gutheißen. Das sollte vielmehr ein Anzeichen dafür sein, daß die Komödie so rein und regelhaft ist, daß man weder Scham noch Skrupel haben muß, sich dort einzufinden." (17)

Caffaro weist sowohl das Ansteckungs- als auch das Verschwörungstheorem zurück: die Komödien erregen nur zufällig, nicht aber per definitionem, die sündigen Leidenschaften. (18) Die Komödie dient vielmehr - wie andere unterhaltende Tätigkeiten auch - der Entspannung des Geistes nach ernster Arbeit. (19) Das Traktat Caffaros über die Ungefährlichkeit der Komödien aus christlicher Sicht ist allerdings ein Musterbeispiel für eine Theorie ohne Kenntnis der Theaterpraxis - mehr noch, in seiner Abbitte an den großen Bossuet beteuert er brieflich, noch nicht einmal eine einzige Komödie von Racine oder Molière gelesen zu haben. Er habe sich lediglich "eine metaphysische Idee einer guten Komödie" gemacht. (20) Der Praktiker des Komödienbesuchs - Bossuet nahm noch im Jahre 1698 an einer von der Duchesse du Maine veranstalteten Privataufführung des Misanthrope teil (21) - übernimmt mit seiner Komödientheorie, den Maximes et réflexions sur la Comédie (1694) die Diskussion: Liebe ist Sünde, Lachen ist Sünde. Der arme Père Caffaro distanziert sich mit einem Schreiben an den Erzbischof von Paris von seinem Komödientraktat (22); es ist umsonst, er verliert sowohl seine Lehrtätigkeit als auch die Berechtigung, die Beichte abzunehmen. Im Jahr nach Bossuets Angriff wird das Théâtre Italien geschlossen - für nahezu zwanzig Jahre wird es nur noch adlige Privataufführungen geben. Erst 1716 öffnet das Nouveau Théâtre Italien wieder seine Pforten. Die Aufhebung des inoffiziellen Kirchenbanns gegen die Komödie erfolgt erst 1742, als der Beichtvater des Papstes Ceruti erklärt, daß die Kirche immer nur die Obszönitäten und Auswüchse verdammt habe, gesittete Komödien unterlägen hingegen keinem Verbot. (23) Die "gesittete Komödie" in der Mitte des 18. Jahrhunderts war aber schon eine andere Komödie, die nicht von der Kirche, sondern von den Bürgern selbst domestiziert worden war.

V.11.2. Priester, Narren und Bürger
(Collier 1698)

Kolakowski hat in dem Essay "Der Priester und der Narr" (1) beide Figuren als symbolische Repräsentanten des Herrschaftsdiskurses unserer Gesellschaft interpretiert. Gegen die monolithische bloße Repräsentation der Ordnung durch den Priester stellt der Narr die Welt als ein Folge von Strukturen dar, die erst von ihrer Funktion her ihren jeweiligen Namen (Ordnung/Chaos) erhalten. Die Funktion der Priester ist neben der Sicherung einer schon nicht mehr existierenden Wirklichkeit (2) die Unterdrückung des Möglichen, das als Alternative von der komischen Praxis des Narren produziert wird.

In England fand noch während der Renaissance die erste Kontroverse zwischen Priester und Narr statt (Gossson (3) und Lodge (4) 1579). Nach der Revolution von 1688 folgte Colliers Priester-Traktat A Short View of the Immorality and Profaneness of the English Stage (1698). Collier attackiert darin vehement die englische Komödie, weil sich deren spezifische Ausdrucksformen aber der Restaurationsepoche verdanken, ist seine Abhandlung auch als politische Abrechnung des Puritanismus mit dem Geist der restoration unter dem katholischen König Charles II. (Regierungszeit 1660 - 1685) zu sehen, mit dem seit Cromwells Tod (1658) 'römische' Sitten und Ausschweifungen in London heimisch geworden waren. Colliers Pamphlet argumentiert zwar mit theologischen Ordnungsvorstellungen, ist aber als negative Poetik einer nachrevolutionären Bewegung zugleich der in Priesterterminologie abgefaßte Entwurf einer bürgerlichen Gesellschaft, in negativen Wendungen taucht die politische Dimension des englischen humour-Begriffes auf, wie er um die Jahrhundertwende zum Allgemeinplatz der englischen Kulturkritik wurde.

Collier erweitert den von der protestantischen Gnadenlehre markierten Hintergrund seiner Theorie um die philosophische Basis einer neuplatonisch inspirierten Naturphilosophie. Der Heilsplan der Welt besteht in der Identität von geistiger Idee und Form der Materie, dieses System der "good Nature" kann unter keinem anderen Gesichtspunkt als dem vom Schöpfer intendierten betrachtet werden. Jede eigenwillige Interpretation, jede materielle Abweichung greift in den Plan ein und ist daher blasphemisch, folglich unzulässig. Wenn diese prästabilisierte Weltharmonie nicht gewährleistet wäre - wie es das Weltbild der zeitgenössischen Bühne offensichtlich unterstellt -, zerfällt auch das Individuum, Seele und Mensch, Geist und Materie, Gestalt und Sein (Figure and Impuls) treten auseinander. (5)

Weil die Priester als Repräsentanten der Religion menschliche Stellvertreter dieser universalen Ordnung sind, fungiert in diesem System die Priesterschaft auch als Garant der gesellschaftlichen Ordnung. (6) Ein Mensch, der diese Ordnung verlassen hat, ist verlassen und hat die Hoffnung auf ein Jenseits verloren - wie der Atheist - und kann infolgedessen nur noch Trost in irdischen Vergügungen finden. (7) Grundlage des großen Abwehr- und Denunziationsmanövers ist auch bei Collier die Angst, Lust an der komischen Comunitas zu empfinden, somit als Priester zu versagen und den festen Grund des ordo unter den Füßen zu verlieren. Einzig die weit entfernte komische Praxis der antiken mimoi kann geduldet werden, denn "Sklaven und Clowns sind zu unbedeutend um ansteckend zu wirken." (Meine Übers. und Hervorh., G. L.) (8) Gegen die zeitgenössische komische Praxis setzt Collier die explizit politisch verstandene (9) negative Poetik, die das Theater an einen moralischen Endzweck, die instruction, bindet. (10) Die Tragödie errichtet diese Moral mittels Schrecken, die Komödie durch Denunziation: "The one works by Terror, the other by Infamy." (11) Beide steuern so auf getrennten Wegen dem einen vom phallischen 'Signifikanten-Signifikat' bezeichneten Punkt zu. Verläßt die Komödie diesen vorgeschriebenen Weg, errichtet sie ein komisches Gegenreich, das ein "verbotenes Vergnügen" gewährt. Diese Lust entsteht an mehreren Orten, die von dem - an die imaginäre Mitte gefesselten - Signifikat nicht mehr kontrolliert werden kann: "Doppeldeutiges Vergnügen ist weitaus gefährlicher als die Ambivalenz der Macht." (Meine Übers., G. L.) (12)

Lust, Sich-Gehenlassen und Vergnügung heißen die Götter desjenigen, der sich bei Congreves Komödien amüsiert. Um sich der ordnenden Aufsicht der Priester zu entziehen, müssen diese in ihrer Funktion und Eigenschaft lächerlich gemacht werden, nur so kann ihr natürlicher gottgegebener Ordnungsauftrag zerbrochen werden. Dazu hat die Komödie - nach Collier - zwei Techniken entwickelt: 1. der Priester wird in seiner besonderen Würde mißachtet, indem er als säkulare Rolle neben anderen auf der Bühne erscheint, 2. der Priester wird auf der Bühne als Narr dargestellt. (13) Zum Beweis für die Verschwörung sowohl der "stage poets" als auch der "fools" gegen die Ordnung (14) führt Collier das Happy-End an, das der Lohn der Untugend sei. (15) All dies könne nur zum Zweck der Proselytenmacherei inszeniert sein. (16)

Das Ansteckungstheorem verknüpft Collier eng mit dem Problem des Komischen. An die Stelle der Bisoziation tritt das Leiden am komischen Gegensinn, mit dem der Narr den Priester infizieren will. (17) Die Ansteckungsphobie Colliers ist ein unmittelbares Resultat seiner paranoischen Wahrnehmung - er hört gleichsam zwanghaft immer nur die in der Tiefe des Wortklangs verborgenen Konnotationen. (18) Ordnung und Anti-Ordnung durchziehen auch die Sprache, weil die Einheit beider für Collier denkunmöglich ist, mangelt es ihm vollkommen an Verständnis für den Sprachwitz. (19)

Welche unmittelbare Wirkung der Angriff von Collier (und seiner teilweise anonymen Nachfolger) auf die Komödiendichter der Zeit gehabt hat, zeigt - neben der Tatsache, daß sich der offen angegriffene Congreve noch im gleichen Jahr verteidigt hat (20) - der Aufschwung der 1691 gegründeten "Society for the Reformation of Manners". Diese halb-offizielle Gesellschaft begann aufgrund eines Gesetzes aus dem Jahre 1606 (An Act to restrain the Abuse of Players) eine Zensurtätigkeit, in deren Folge Schauspieler zunehmend mit Geldstrafen belegt wurden. (21)

In der Vorrede zum Double-Dealer sieht sich Congreve einem doppelten System der Kritik gegenüber, in dem sich poetologische Arguente mit moralischen Interessen, moralische Vorwürfe und rein poetologische Vorhaltungen gegenseitig durchdringen.

Er versucht zunächst, die Verwechslung des komischen Sturzes mit dem Rückfall aus der phallischen Ordnung in die 'hetärische Sumpfwelt' als eine misogyne Ideologie zu entlarven. Collier hatte die Frauen symbolisch kastriert, indem er ihre Stimme leugnete. Die angesehene Frau hat stumm zu bleiben, damit kein Laut (der Lust) in die von Gottes Wort geschaffene Ordnung dringe. Die Stummheit der Frau wird so zu einem Merkmal dieser Ordnung und zugleich zu einem physiologischen Mal ihres Körpers. (22) Die Komödie nun - so der Vorwurf - bringt diesen Körper zum Sprechen: "The Poets make Women speak Smuttily." (23) Congreve - der vor Frauen keine Angst hatte - versucht, diese Argumentation zu entkräften, indem er das kastrierte Halbwesen, als das die Frau in den Ordnungsfantasien der Moralisten spukt, wieder zu den Menschen schlägt, die sich zwar in Mann und Frau aufteilen, nichtsdestoweniger aber erst in ihrer ungeteilten Gesamtheit die Menschheit ausmachen. (24) Zum Vorwurf des mißbräuchlichen Gebrauchs kirchlicher Würdenträger als komischer Figuren (abuse of the clergy) erklärt Congreve, daß Priester als Zuschauer in der Komödie nicht zu suchen haben. (25) Alle Kritiker vom Schlage Colliers unterlägen einer eitlen Selbsttäuschung, wenn sie sich von der Komödie getroffen fühlten, da er nicht für sie, sondern über sie schreibe. (26) Congreve läßt in seinen Amendments keinen Zweifel daran, daß er nicht geneigt gewesen wäre, die Angriffe in Colliers Short View ernstzunehmen (27), hätte dieser nicht eine gewaltige Wirkung gehabt - verdarb er doch London zeitweilig den Spaß am Theater. (28)

Nach einleitenden Bemerkungen zur Methode Colliers - Congreve weist auf dessen grundsätzlich unkorrektes Zitieren hin (29) - und einer gerafften Erinnerung des poetologisch-aristotelischen 'Tatbestandes' geht er auf die einzelnen Unterstellungen ein. Er betont dabei immer wieder, daß Collier derjenige ist, aus dessen Geist die Obszönität und der Schmutz wachsen; die inkriminierten Stellen - vom "Dunghügel" Collierschen Zeterns genommen und wieder in ihre gleichsam "natürliche" Umgebung in der Komödie und der Gesellschaft versetzt - sind unschuldig in dem Sinn, daß sich im größeren Kontext die ordinären Allusionen der beschränkten puritanischen Sicht auflösen. (30) Congreve stellt klar, daß die 'Niedrigkeit', die 'nicht verletzende Häßlichkeit' der aristotelischen Komödiendefinition nicht zwischen grundsätzlich unmoralischen und moralischen Charakteren trennt, sondern daß die Trennungslinie in jeder Person selbst, zwischen den gesellschaftlich akzeptierten und den devianten Charakterzügen derselben Person verläuft. Nur vor dem Hintergrund dieser Konstruktion könne der poetische Auftrag der Komödie, Vergnügen und Belehrung in einem darzubieten, plausibel erklärt werden. (31) Weil kein Individuum sich außerhalb der doppelten Szene stellen kann - die Grenze von Himmel und Hölle, Bühne und Gesellschaft verläuft im Menschen - entbehrt auch das Ansteckungstheorem jeder Grundlage. Beim Komödienschreiben wie auch in der Rezeptionshaltung sind die Gefühle der jeweils persönlichen Betroffenheit klar von der Ebene der allgemeinen Darstellung der R-Regeln zu trennen. (32)

Daß Colliers Moral eine Selbsttäuschung im Sinne einer Rationalisierung und Kanalisierung seiner verdrängten libidinösen Energie ist, daß er also eine geheime Lust aus seinem Formulierungsdrang zieht, formuliert Congreve als tiefenpsychologische Einsicht in einem - vielleicht unübersetzbaren - satirischen Passus, der die beiden Ebenen der puritanischen Kritik - verdrängte Sexualität und öffentliche Tugend - spielerisch wieder zusammenbringt. Die christliche Naturphilosophie Colliers reduziert sich dabei auf die sexuelle Physiologie - das Angegriffene findet sich plötzlich als Quelle (Fountain-Head of ... Passions) des Angriffs wieder. (33) Colliers Pamphlet lebt noch nach dem Abklingen der Debatte als literarisches Stück weiter, diese Hochschätzung von dritter Seite wurde oft mit der Brillanz von Colliers Sprachstil begründet. (34) Die Lust beim Lesen als Legitimation des Buches zeugt von den Wunschströmen, die die Metaphern der Ordnung als Buchstaben aufrecht halten. Congreves Satire dagegen enthüllt des obszönen Doppelsinn der puritanischen Entrüstung.

Im letzten Absatz der Amendments führt Congreves Argumentation über den unmittelbaren Gegenstand hinaus und verweist Colliers Lamento in einen Winkel der Kulturgeschichte, indem er seinerseits nach der Herkunft der Narren fragt. Denn nicht das Theater hat die kranken Träumer, die "melancholick Lunaticks" erfunden, sondern die englische Gesellschaft selber; das Theater brachte sie lediglich von dort auf seine Bühne. (35) Wo sind die Autoren und Urheber dieser Erscheinungen, dieser zerrütteten Charaktere, fragt Congreve weiter: sie sind nicht im Theater, sondern an einem "anderen Ort" zu suchen - soll Collier doch dort seine Lügengeschichten und Unterstellungen anbringen. Die Komödie als Reflexionsmedium - gar als Korekktiv - dieser sich anbahnenden Ungeheuerlichkeiten verweist immer auf die Gesellschaft, deren Theater sie ist. Sie ist darum auch jedem Kritiker, der das gesellschaftlich Deviante auf die Komödie reduzieren will, um die Erkenntnisstufe einer ganzen Wahrheit voraus. (36)

V.12. DIE POLITISCHEN KONNOTATIONEN DES BÜRGERLICHEN 'HUMOUR'–BEGRIFFES (Congreve 1695)

Der offene Briefaustausch über die Komödie zwischen John Dennis und William Congreve im Jahre 1695 markiert den Beginn einer neuen komischen Praxis, die zunächst noch mit Hilfe der tradierten Begriffe reflektiert wird. Im Prozeß dieser Neubestimmung werden auch die Begriffe sich neuen Bedeutungen öffnen.

In seinem Brief an Congreve geht Dennis von einem ihm wesentlich erscheinenden Gegensatz zwischen "Farce" und "Comedy" aus. (1) Die Narrheiten (Follies) der Komödie können zwar nicht verallgemeinert werden, da sie immer nur bestimmte Personen kennzeichnen, sie halten sich aber insgesamt im Rahmen des Wahrscheinlichen. Anders hingegen die Farce der vergangenen katholischen Restaurations-Ära; die in ihr handelnden Charaktere seien von einer solchen "monströsen Extravaganz", daß niemand im Publikum sich in seinen eigenen Fehlern ertappt fühlen könne, als weitere Folge bleibe die belehrende Wirkung des komischen Theaters aus. (2) Die Meisterstücke humorvoller Charaktere seien dagegen einerseits geistvoll gestaltet (spirit), andererseits zeichneten sie sich durch eine gewisse Leidenschaftlichkeit aus (passion). Dieser kunstvoll komponierte Charakter erst garantiere die Rührung (agitation), die ihren Zweck in der Besinnung der Zuschauer habe, die über das unmittelbare Vergnügen hinausweise.

Diesen frühesten Grundriß einer Theorie der <u>sentimental comedy</u> greift Congreve nicht auf, er geht eine historische Reflexionstufe zurück und entwirft eine Theorie der Bedingungen einer bürgerlichen Charakterkomödie. Dazu zieht er die Linien des Lächerlichen in ihrem Verhältnis zu den Charakterkomponenten <u>wit</u>, <u>humour</u>, <u>folly</u> und <u>spleen</u> nach und stellt sich somit an den Anfang einer von aristotelischen Kategorien unabhängigen Theorie des Komischen. Er greift wohl auf das didaktische Grundtheorem zurück, stellt es aber bewußt in einen neuen Begründungszusammenhang. (3)

In seinem "private Essay" geht Congreve zunächst von der Bestimmung der Begriffe <u>wit</u> und <u>humour</u> aus. (4) <u>Wit</u> ist die abstrakte Kategorie, die die kognitive Fähigkeit zur Bisoziation bezeichnet. Als Verstandesprinzip kennzeichnet <u>wit</u> nicht nur die Leistung eines besonderen Individuums, sondern auch ein allgemeines Prinzip. Dieses Allgemeine bedeutet in der idiomatischen Wendung "witty and ill-natured" den Geist der Restaurations-Epoche (restoration wit). (5) Damit hat <u>wit</u> bei Congreve die dritte von insgesamt drei etymologischen Bedeutungsschichten erreicht: die Ursprungsbedeutung ist allgemein 'Kognition', sie wird durch die Reihe <u>witan</u> (verstehen) — <u>videre</u> (lat.) — <u>idein</u> (gr.) — <u>veda</u> (Wissen, sanskr.) repräsentiert. (6) Als zweite Bedeutung bezeichnet <u>wit</u> im Sinne von <u>ingenium</u> den gleichsam 'handwerklichen' Charakter der Verstandestätigkeit; erst als dritte (moderne Sonder-) Bedeutung denotiert das Wort im Sinne der Bisoziation Komisches. Die beiden letzten Bedeutungen lassen sich nochmals in drei Bedeutungsepochen des Wortes <u>wit</u> untergliedern: 1. die rhetorische Bedeutung während der Renaissance im Sinne von ingenium; 2. die poetologische Bedeutung des Barock und der Aufklärung, die wit als ein der Fantasie antithetisch konstruiertes Prinzip (ingenium) versteht; schließlich wird 3. seit der Wende zum 18. Jahrhundert der Begriff im Sinne von 'witzig' zur Bezeichnung des Komischen verwendet. (7)

Demgegenüber steht der Begriff humour für die innere Charakterform, die sich in einer spezifisch individuellen Neigung äußert. Das lateinische Wort humor bedeutet lediglich "Flüssigkeit", als humores ging der Begriff in die mittelalterliche Medizin ein, dort bezeichnete er in der Humoral-Pathologie die Körpersäfte des Menschen. Über das französische geht das Wort ins mittelenglische ein und wird seit 1565 im Sinne von "Stimmung" oder "Laune" verwendet, allerdings noch ohne jede Konnotation des Komischen. (8) Im 17. Jahrhundert bezeichnet der Begriff jedes deviante Verhalten, das der Lächerlichkeit preisgegeben und dadurch korrigiert werden kann (Ben Johnson). (9) Temple begründet dann 1692 in seiner Poetik (10) einen spezifisch literarisch interpretierten Begriff des "english humour" (11), der seither zu einem Gemeinplatz der englischen Kulturkritik wurde. (12) Congreve folgt dieser Definition Temples; der humour ist bei ihm noch nicht lächerlich, dazu bedarf es erst der Übertreibung des spleen. (13)

Bei Congreve können sowohl humour als auch wit als Konstruktionsprinzipien der Komödie fungieren, da das Komische der Komödie sich einerseits aus einer Addition verschiedener Charaktere mit je eigenem humour zusammmensetzen kann oder aber andererseits durch eine generelle Attitüde des wit, die über dem Spiel liegt, komponiert ist. Paradigmatisch konstruierte Charakterkomödie und syntagmatisch angelegte Stilkomödie, beide werden in der zeitgenössischen Kritik - so Congreve - verwechselt. (14) Das Verhältnis der Begriffe zueinander kompliziert sich aber noch, da die folly, die Narrheit oder der Unverstand, als Oppositionsbegriff zu wit konstruiert ist, (dies ist in Fig. 16 durch das den Doppelpfeil zwischen folly und wit unterbrechende Zeichen der exkludierenden Disjunktion (:) angezeigt). Der praktischen Vernunft steht sozusagen der närrische Unverstand gegenüber, während der individuelle humour dagegen auch die folly umgreift, (dies ist in Fig. 16 durch das Inklusionszeichen ($\in$) zwischen folly und humour angedeutet). (15) Aus dieser inneren Charakterform des humour fallen lediglich - und damit setzt sich Congreve vom humour-Begriff der Restauration ab (16) - die persönlichen Gebrechen (defects), das Äußere (habit) und das Auftreten (affectation) eines Charakters heraus, (in Fig. 16 durch die Negationstilde ($\sim$) zwischen humour und den drei Begriffen angezeigt). Dennoch können auch diese Elemente äußerlicher Charakterkomponenten die Ursache der Lächerlichkeit einer Person sein - nur haben sie keinen Anteil an deren innerer Charakterlogik, sie entstehen unabhängig von ihrem humour. (17) "Humour is from Nature, Habit from Custom; and Affectation from Industry." (18) Der humour zeigt, wie wir sind, der habit zeigt uns, wie wir erscheinen, und die affectation stellt uns so dar, wie wir erscheinen wollen. (19)

Die Darstellung des humour kann immer nur in genetischer Sicht erfolgen, indem die innere Charakterentwicklung als Grundkomponente in die Charakterkonstruktion mit eingeht. (20) Lächerlich wird der durch humour konstruierte Charakter in der Komödie durch den gleichen Mechanismus der Übertreibung, der im Alltagleben den spleen hervorruft. (21) Die Komödie verwendet diesen im Grunde alltäglichen Vorgang als artifizielles Konstruktionsprinzip, damit trifft Congreve im wesentlichen Punkt seiner Theorie - und das macht ihre Bedeutung aus - auch ein gesellschaftliches Moment; die Linien seiner Komödientheorie fallen mit den Linien einer Gesellschaftskritik zusammen. (22) Aufgrund dieser übereinstimmenden Konstruktionslinien der Handlungslogik der gesellschaftlichen Basiscodes einerseits und des ästhetischen Codes der Komödie andererseits ist das Verhältnis von Fiktionalität und Natürlichkeit in der Repräsentation eines Charakters auf der Bühne für Congreve kein Problem mehr - die traditionelle poetologische Diskussion um die Wahrscheinlichkeit des Dargestellten löst sich in einen funktionalen Zusammenhang auf. Die Bühne verzerrt zwar die Perspektive einer vollkommen naturgetreuen Darstellung, jedoch nur nach dem nämlichen Prinzip der Vergrößerung, nach dem auch die komischen Charaktere gebaut sind. In der komischen Übertreibung gelangt also ein mögliches Darstellungsprinzip der Wirklichkeit selbst zur Anwendung. (23)

Zur besseren Übersicht seien die Begriffe in ihrem Zusammenhang noch einmal schematisch dargestellt:

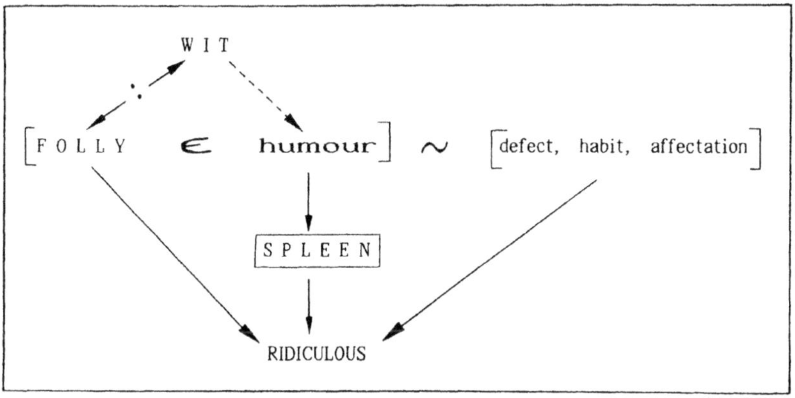

Fig. 16 (Congreve 1695)

Die Neuauffüllung der traditionellen Begriffsschematik ist in der obigen Zeichnung durch den gebrochenen Pfeil zwischen wit und humour angedeutet. Der humour allein ist noch nicht lächerlich, zugleich ist seine Ausgestaltung vom abstrakt-kognitiven Prinzip des wit abhängig, der aber seinerseits - weil er als dominantes Prinzip der Restaurations-Komik fungierte - aus dem Bedeutungsfeld der nach-revolutionären bürgerlichen

Charakterlogik ausgegrenzt wurde.

Insgesamt bestehen so drei Formen des Lächerlichen nebeneinander: 1. die Narrheit (folly); 2. Lächerlichkeit durch spleen; und 3. Lächerlichkeit durch die äußere Gestalt oder durch das affektierte Auftreten (habit/defect/affectation). Die Negationstilde (~) zeigt zugleich eine historische Differenz zu einem vorbürgerlichen Begriff des Lächerlichen an, bei dem innere und äußere Form unterschiedslos innerhalb eines Klassifikationsschemas auftauchten. Die bürgerliche Subjektivität konstituiert sich in der Abtrennung der äußeren Naturform und im gleichzeitigen Anbinden an innere Prinzipien. Die Definition der inneren humour-Form bei Congreve belichtet gleichsam einen historischen Augenblick in diesem Geburtsprozeß des bürgerlichen Individuums. So ist auch das weitaus wichtigste Prinzip des Lächerlichen in Bezug auf die Komödie dasjenige, das via spleen dem humour entspringt. Ein humour ist - so die zusammenfassende Definition von Congreve - "(...) die ganz charakteristische Art und Weise im Umgang mit den Gesprächspartnern, wobei die Eigenheit der so bestimmten Rede und Handlungsart sich von denen anderer Menschen in einzigartiger Weise abhebt." (Meine Übers., G. L.) (24) Der humour ist also die besondere Eigenschaft einer bürgerlichen Persönlichkeit und damit untrennbar von der Gesellschaftsform, die eine solche Individuierung überhaupt erst möglich machte. Der humour repräsentiert das bürgerliche Individuum in der gleichen Weise, wie dieses die Allgemeinheit politisch im Parlament zu repräsentieren vermag. Die bürgerliche Charakterkomödie kann sich nur vor dem Hintergrund einer freien Gesellschaft bilden, die die Emanzipation des Einzelnen garantiert. (25) Diesen Verbürgerlichungsprozeß reflektiert und kommentiert die Komödie, indem die durch die übertriebene Ausbildung des humour zugleich an dessen Urspung im Gesellschaftlichen erinnert.

V.13. DIE IDEE EINER 'INNEREN FORM' DER KOMÖDIE
(Farquhar 1702)

Wenige Jahre nach Congreves Legitimation der Charakterkomödie durch den Begriff des humour richtet Farquhar in seinem Discourse upon Comedy (1702) einen vehementen und zugleich satirischen Angriff auf den dichtungstheoretischen Kanon. Sein Ausgangspunkt ist das Verhältnis zwischen poetischer Praxis und poetologischer Kritik; dabei trifft Farquhar die Institution des Kritikers mit einer doppelten Taktik: einmal durch die satirische Kritik ihrer Gepflogenheiten aus der Sicht der komischen Praxis, und zum anderen durch eine scharfsinnige 'Entmythologisierung' des Aristoteles und die damit verbundene Zurückweisung seiner Autorität.

Farquhar zielt zunächst auf die wörtliche Bedeutung der umlaufenden Kategorien und Begriffe der literarischen Kritik. Er fordert auf, sich vorzustellen, ein gelehrter Kritiker schriebe im Rahmen dieser tradierten und von ihm propagierten Regeln eine Komödie, indem dieser wahllos folgende Ingredienzen aneinanderreiht:

> "(...) die Einheit der Handlung, der Handlungsfortgang, die Zeitdauer, die Vorbereitung der Gags, die Nebenhandlungen, die eingeschobenen erzählten Teile, die entspannenden Szenen, Lehrhaftes, Pathetisches, Monologe, Figuren, Zwischenhandlungen, Höhepunkte und Katastrophen, Chöre, Szenen, Maschinen, die Ausstattung und so fort (...)." (Meine Übers., G. L.) (1)

Durch diese unmittelbare Realisierung der reinen Dichtungslehre werden ihre Bestandteile und Regeln bedeutungslos, weil sie allein noch keine Poesie garantieren. Die fiktive Kunstkomödie unseres gelehrten Kritikers hätte überdies eine größere Unmoral im Theater zur Folge als jede noch so anzügliche Komödie der Restauration habe auf die Bühne bringen können: Die Folge einer nur nach äußeren Prinzipien geformten Komödie sei die Langeweile des Publikums, die die Leute zur unmoralischen Beschäftigung mit ihren Nachbarn nach der Vorstellung treibe. (2) Das unterhaltsame Moment (entertainment) ist also notwendige Bedingung einer moralischen Komödie. Die richtige Form der Komödie stellt sich über die Aufmerksamkeit des Publikums dar, die durch das Interesse an und die Identifikation mit einzelnen Charakteren hervorgerufen wird (p. 338). Die Komödie läßt sich nicht über die letztlich äußerlichen Regeln, sondern nur durch eine inhaltliche Bestimmung ihrer Faszination konstruieren. Um diese gleichsam innere Form der Komödie begründen zu können, muß Farquhar zunächst die tradierte, weitgehend aristotelisch geprägte Theorie - "all the Rubbish of old Philosophy" (p. 330) - entkräften.

Der Aristotelismus der herrschenden Kritik entbehrt nach Farquhar aus zwei Gründen jeder Grundlage. Der erste betrifft das Verhältnis von wissenschaftlicher Theorie und poetischer Praxis unter methodologischen Aspekt: die Überbrückung der Kluft zwischen einer Theorie der Dichtung und dem Dichten selbst kann kein Anliegen des Aristoteles gewesen sein, da er seinem Selbstverständnis nach philosophischer Theoretiker war und keine Übung im Dichten hatte, dieses auch gar nicht angestrebt habe (p. 332). Die Grenze zwischen Theorie und Praxis der Dichtung verläuft zwischen einer Wirkungsästhetik, die methodologisch dem Bereich der Wissenschaft angehört, und einer Produktionsästhetik, die innerhalb der dichterischen Tätigkeit selbst ihren Platz hat. Den zweiten Grund der Zurückweisung sieht Farquhar in einem historischen Argument: Die aristotelische Poetik könne nicht der Inbegriff "ewiger Wahrheiten" der Poesie sein, da Aristoteles seine Theorie aus der poetischen Praxis Homers deduziere, Homer selber aber - Inbegriff höchster Vollkommenheit der Poesie - keinerlei kritisches Maß besaß, nach dem er seine Werke verfaßt haben könnte.

Durch diese Argumentationsbewegung wird die ganze Tradition seit der Antike ausgegrenzt und in einem großen Bogen auf einen hypothetischen vortheoretischen Status der poetischen Unschuld verwiesen; nur die Praxis der vor-aristophanischen Komödie könne die legitime Kontinuität der Komödie erweisen (p. 336). Die Poesie und damit auch das Drama, so erklärt Farquhar, "(...) gehört zu den ältesten Ergießungen der Natur, (...) in zeitloser Unschuld geboren (...): nackend kam sie auf diese Welt und es ist zu befürchten, daß sie nackt und bloß - wie ihre 'Väter' - von uns gehen wird" (p. 327) (Meine Übers., G. L.). Dieser Unschuldszustand ist nun - nach Abschluß der Kritik der Tradition und der Demonstration ihrer Irrelevanz - wieder erreicht: es stellt sich die Frage nach dem Zweck der Komödie auf einer neuen Stufe. Diese neue Ebene der Reflexion wird durch eine neue komische Praxis legitimiert. Der wiedergewonnenen Unschuld der Komödie als literarischer Gattung stellt er die an sie herangetragenen Ansprüche der Repräsentanten der verschiedenen Gesellschaftsschichten gegenüber:

> "Der Gelehrte fordert von uns das rechte 'decorum' und den richtigen Bau des Stücks, der Hofmann schreit nach Witz und Stilreinheit, der Städter nach Humor und noch mehr Komischem, die Gottesvertreter bedrohen uns wegen Gottlosigkeit und die Damen wollen vor allem eine schöne Intrige sehen." (p. 327) (Meine Übers., G. L.)

Es kann nicht die Aufgabe der Komödie sein, allen diesen Forderungen gerecht zu werden, lediglich die Ansprüche des "Bürgers" treffen mit der von Farquhar postulierten Intention der Komödie zusammen. Der Rückgriff auf vor-antike Zustände erweist sich zugleich als ein Vorgriff auf ein neues Menschenbild, auf das sich die neue komische Praxis zurückführen läßt; der argumentative Kreis ist geschlossen. In diese Argumentationskette versucht Farquhar nun von der neu errichteten Perspektive aus das ehrwürdige Theorem des doppelten Wirkungsaspektes - "utile/dulce - einzubetten. Allerdings ist der Begründungszusammenhang gegenüber älteren, gleichlautenden Definitionen der Komödie verschoben: die Überzeichnungen der komischen Charaktere versucht er durch einen Vergleich mit den Aesopischen Tiercharakteren zu erhellen, die ebenso wie jene - trotz ihrer Monströsität - der Belehrung dienten. Die komischen Charaktere konstituieren sich aber - wie schon bei Congreve - durch ihre verschiedenen "Humours". Diese neuen Charaktere verlangen einen neuen Wirkungsmechanismus der Bühne, ebenso wie die neuen Narrheiten neue Heilmittel erfordern (p. 337). Dieses andersartige Funktionieren der Komödie versucht Farquhar durch ein triadisches Wirkungsmodell zu begründen, indem er die Kategorie des utile dem humour und die des dulce dem plot zuordnet. Jedem einzelnen humour entspricht dabei ein je unterschiedlicher plot im Sinne eines Handlungsansatzes. Um jedoch die mit unterschiedlichen humours ausgestatteten Individuen im Publikum alle zu interessieren und zu affizieren, bedarf es einer Vielfalt dargestellter humours und damit auch plots auf der Bühne:

> "Was für ein Dulce (damit bezeichne ich die Annehmlichkeit der Handlung oder den Plot des Stückes) muß man überhaupt verwenden, um die Aufmerksamkeit so vieler verschiedener Charaktere (Humours) und ihrer Vorlieben zu befriedigen: Reicht denn ein einziger Plot, um jedermann zu interessieren?" (S. 338) (Meine Übers., G. L.)

Zwischen der paradigmatischen Ebene des humour und der syntagmatischen des plot und letztendlich dem Publikum besteht eine komplexe Relation, die das Ineinandergreifen der beiden Wirkungsaspekte - utile/dulce - erst ermöglicht. Mit der folgenden Figur sei das verdeutlicht:

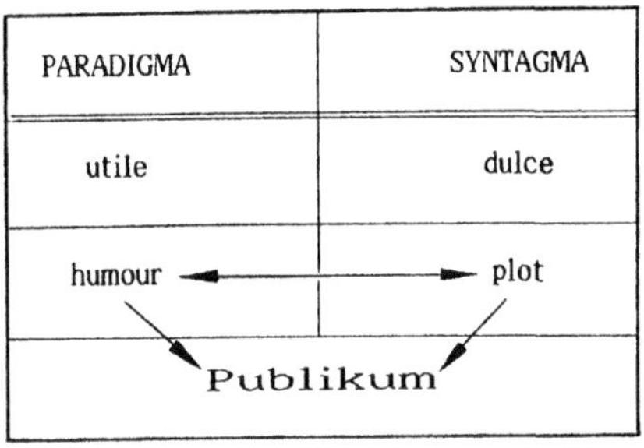

Fig. 17 (Farquhar 1702)

Der einfache Pfeil, der vom plot zum Publikum weist, deutet an, daß sich das Interesse der Zuschauer an der Handlung nur über den humour, der direkt einem jeweiligen plot korreliert, konstituieren kann. In diesem Schema ist jede einseitige Rezeptivität einer komischen Handlung aufgebrochen, da sich die Begründung der Handlung nur über die paradigmatische Seite der moralischen Nützlichkeit führen läßt. Daraus folgert Farquhar zweierlei: Wenn der plot, die Handlung immer von einem bestimmten humour, einem individuellen Charakter bestimmt wird, so folgt daraus eine selbst induzierende Thematik der Komödie, oder anders: wenn die Komödie über den humour definiert wird, so kann jeder beliebige humour der Alltagwelt den Keim einer Komödie bilden. Die Regeln - zumindest der englischen - Komödie findet man auf dem gesellschaftlichen Parkett: "Die Regeln der englischen Komödie können nicht mit der neo-aristotelischen Meßlatte aufgerissen werden, sie sind vielmehr im Parkett, in den Logen und auf den Stehplätzen zu finden." (S. 338) (Meine Übers., G. L.) Der Garant eines geregelten decorum der Komödie sind die Unregelmäßigkeiten, die Maßlosigkeit der Gesellschaft selber. Die Regeln eines decorum ergeben sich aus der Genauigkeit der dargestellten Charaktere (p. 340); die konsistente Rekonstruktion des humour der Figuren bestimmt eine innere Form der Komödie. Aus der Priorität dieser inneren Form resultiert - und dies ist die zweite Folgerung Farquhars - die relative Gleichgültigkeit der äußeren Form der Komödie. Die Mißachtung des inneren Formprinzips - ein Fehler, dessen sich auch der Komödien schreibende Kritiker zu Beginn der Abhandlung schuldig gemacht hatte - führt nur zu Inkonsistenzen in der Charakterbildung. Diese Unstimmigkeiten haben wiederum die "materialen Unregelmäßigkeiten" (p. 340) eines Lustspiels zur Folge. Gegenüber diesen materialen Formfehlern, der Mißachtung des inneren Formprinzips entsprungen, sind die formalen Regeln der überlieferten Poetiken bedeutungslos; Farquhar plädiert für die Aufhebung der drei Einheiten (p. 341f.). Eine zu starke Fixierung auf die poetischen Regeln bzw.

die Nichtbeachtung einer inneren Form - dies ist der abschließende Gedanke in Farquhars Abhandlung - führt schließlich dazu, daß der letzte Zweck der Komödie, das utile, die sanfte moralische Korrektur, nicht erreicht wird. Die traditionellen Regeln der Dichtungstheorie garantieren weder den Spaß noch den Nutzen, den sie doch zuvorderst propagieren.

Farquhars Entwurf - die erste Komödientheorie des 18. Jahrhunderts - ist in mehrfacher Hinsicht die erste moderne Komödientheorie. Sie thematisiert sowohl die Verlagerung des Interesses von der produktionsästhetischen Seite der Poetik zu ihrer rezeptionsästhetischen Begründung als auch den tatsächlichen Anfang einer anderen, bürgerlich geprägten komischen Praxis. Diese neue Praxis verdankt sich einem Abzug des Interesses von der materiellen Realität und einer Hinwendung zur problematisch gewordenen eigenen Innenwelt, dementsprechend läßt der neue theoretische Ansatz die bisoziativen Erkenntnisakte nur mehr im Bewußtsein der Rezipienten stattfinden. Die damit vollzogene Aufhebung der materialen Reflexion als einer umfassenderen Praxisform der Komödie grenzt eine der wesentlichen Bestimmungen des Komischen aus und inauguriert so eine der Komödie widerstehende Bewegung des Komischen. Die Erforschung der Geschehnisse im Innern mit dem Ziel, den Wegen und Irrwegen des individuellen humour nachzuspüren, erhellt zugleich auch den gesellschaftlichen Hintergrund dieses Neuanfangs in "Unschuld": Wenn die These Farquhars richtig ist, daß das Thema der Komödie von der Gesellschaft vorgegeben ist, so deutet diese Wendung der Aufmerksamkeit nach Innen auf eine Abblendung bestimmter Felder der gesellschaftlichen Wirklichkeit in dieser Wirklichkeit selber. Farquhar reflektiert so den Gang in eine aporetische komische Praxis, an dessen Ende - wenige Jahrzehnte später - tatsächlich das zeitweilige Verstummen des bürgerlichen Lachens stehen sollte.

V.14. 'MITTE' ALS METAPHER UND PRAXIS
Zum Erkenntnisbegriff der Frühaufklärung

Die beiden im Denken der Aufklärung erscheinenden Praxisformen der Natur- und der Selbstbeherrschung kontaminieren in einer Denkfigur, die als doppelte Linienführung beschrieben werden kann: Universalisierung der Vernunft bei gleichzeitiger Eingrenzung des Vernünftigen. Diese zweifache Bewegung findet sich als doppelte Codierung von Inhalt und Didaktik in den Ausdrucksformen der Zeit wieder. Kunst ist eine zweifache Form des Produzierens, dies Verhältnis taucht in den traditionellen, rhetorisch beeinflußten Poetiken in Form der beiden Begriffe ingenium und iudicium auf. Der Inhalt bezieht sich dabei auf die technische Realisierung des Kunstwerks und die Didaktik auf dessen moralisch-ethischen Gehalt. Der didaktische Optimismus der Aufklärung bezieht aus diesem Doppelcode seine Legitimation, auch die Unvernunft in Begriffen der Vernunft fassen zu wollen. Alles Nicht-Rationale - das als frei driftende Unvernunft angesehen wurde - soll durch eine allmähliche Amplitudenvergrößerung der einen Vernünftigkeit von dieser mit erfaßt werden.

Vor diesem Hintergrund des universalen Anspruchs des Vernunftbegriffes überwindet die Poetik der Aufklärung die Vorstellung einer negativen Repräsentation des Theaters, indem sie die irrationalen Elemente als abweichende Gegenbilder einer Vernunft interpretiert, die ihrem Anspruch nach die gesamte Realität logisch zu durchmessen vermag. (1) Das Theater erweist sich in diesem Prozeß der semiotischen Verarbeitung der Vernunft als ein experimenteller Ort, an dem die - gemessen an dem gedachten Vernunftbegriff - noch anomisch lebenden bürgerlichen Individuen in die neuen gesellschaflichen Strukturen eingefügt werden. (2)

Fontenelle schreibt als 96jähriger im Vorwort zur Ausgabe seiner Dramen im Jahre 1753 einen rechtfertigenden Rückblick auf das neuentstandene Genre einer bürgerlichen Komödie, der comédie mixte, wie er sie nennt:

> "(...) die Tragödie nimmt das Schreckliche und das Erhabene für sich in Anspruch, die Komödie das Heitere und das Lächerliche - zwischen den beiden bleibt aber ein Raum, der noch ausgefüllt werden kann." (Meine Übers., G. L.) (3)

Das Plädoyer Fontenelles für ein dramatisches Genre der Mitte, das weder Komödie noch Tragödie im herkömmlichen Sinne sei, gibt den Blick auf die methodische Bewegung frei, die zur Entstehung der Praxis der bürgerlichen Komödie geführt hatte - zugleich reflektiert Fontenelle damit seine Funktion als Wegbereiter der Aufklärung. Das überkommene System der dramatischen Gattungen lieferte nur die prototypischen Endpunkte einer stufenlosen "Leiter", zwischen den Extremen der Komödie und der Tragödie lag ein leerer Raum, der duch die comédie larmoyante fruchtbar gemacht wurde. Damit überträgt Fontenelle die allgemeine Gestalt bürgerlicher Praxis - Aneignung der Welt durch Urbarmachung vorher nicht besetzter Nischen und die Bearbeitung dieses Nischenfeldes nach einem rationalen Maß - in eine Denkbewegung, die ein zweifaches leistet: zum einen legitimiert sie den Vorstoß in eine Leerstelle der ästhetischen Praxis, zum anderen setzt sie diese positivierte Praxis als Maß einer Mitte, an deren Norm nunmehr die überkommenen Genera gemessen werden. Dies Maß der Mitte ist die abstrakte Vernunft, die aber bei ihrer ästhetischen Umsetzung sowohl von der komischen Comunitas der Commedia dell'arte als auch von den einzelnen Individuen gleich weit entfernt ist.

Das aus der mathematischen Naturerkenntnis stammende Maß der Geometrie vermag zwar die Distanz zwischen den Gegenständen zu messen, die auf diese Weise objektivierte Erkenntnis der Distanz kann die Gesamtheit der Welt aber nicht mehr rekonstruieren. Aus der geschlossenen Naturkausalität der geometrisch meßbaren Körper fällt nur das cartesianische, messende Ich heraus. Die Vermittlung dieser beiden dichotomischen Welten - Natur und Ich - übernimmt eine psychologisierende Epistemologie. (4) Dabei wird das

Prinzip der einheitlichen Vernunft sensualistisch aufgespalten, die Grenze des mathematischen Erkenntnisbegriffes fällt nicht mehr nur erkenntnistheoretisch zwischen Subjekt und Objekt, sondern auch erkenntnispraktisch in den Menschen selbst hinein. Die galileisch-newtonsche Idee einer Natur als geschlossener Körperwelt bringt als Konsequenz den von seinem eigenen Körper abgetrennten Menschen hervor. Dieser fremde Körper ist aber nicht ein natürlicher Körper inmitten der Vielfalt der naturalen Erscheinungsformen, sondern der Körper einer anderen, zweiten Natur, in der die unmittelbare Herrschaft der unerbittlichen Naturgesetze jener ersten gebrochen ist. Dabei wird diese zweite Natur des Menschen wechselweise als einer naturhaften oder gesellschaftlichen Sphäre zugehörig angesehen.

Wurde der esprit géometrique im 17. Jahrhundert überwiegend im Sinne des sensus communis feudalapologetisch als gesellschaftlicher ordo-Begriff interpretiert, so markiert er im Übergang zur Frühaufklärung als weitere Dimension den Geburtsort der neuzeitlichen Psychologie - der Einschnitt der abstrakten Vernunft im Körper führt zu einer "Abscheidung des Psychischen" aus eben diesem quantitativen Erkenntnisbegriff. (5) Nun wurde aber gerade in der zeitgenössischen Psychologie - als einem 'frischen' Untergebiet der Philosophie - der Begriff der Vernunft zu einem ideologischen Signum, das an der Einheit von erster und zweiter Natur festhalten will. Das von einem naturwissenschaftlichen Erkenntnisbegriff im Menschen Abgespaltene wird in einem zweiten Zugriff eben dieser Vernünftigkeit unterworfen. (6) Die Vernunft reflektiert somit nochmals die Praxis des Einschneidens, des Abtrennens der naturhaften Triebe. Der Schnitt der Vernunft im Körper des Menschen bringt gleichsam als Wundpflege ein allgemeines Interesse am Begriff der Vernunft hervor, der von der Philosophie der Frühaufklärung buchstäblich bearbeitet wurde. (7) Zum unlösbaren Problem wurde die paradoxale Gestalt dieses Vernunftbegriffes aufgrund der Abtrennung von einem Praxisbegriff, der den Sinn des Messens noch mitgeteilt hatte. Im Moment der Geburt des reinen mathematischen Erkenntnisbegriffes teilt sich Materie und Geist, jede Tätigkeit wird zur begriffslosen Praxis einer bloß instrumentellen Vernunft.

Die geometrischen Formen der geschnittenen Hecken der französischen Gärten sind Zeichen dieses äußeren Gewaltverhältnisses des esprit géometrique zum Lebendigen. Das gleiche Abzirkeln bestimmt auch das Verhältnis des Cogito-Ichs zu seinem Körper, das äußere Gewaltverhältnis der Naturbeherrschung bearbeitet in gleicher Weise auch das Innere des Menschen. (8) Im Angleichen an des fremde Maß - dem Abzirkeln der inneren Lage der Organe 'Herz' und 'Verstand' - entsteht mit dem im Körperinneren angesiedelten 'Bewußtsein' auch der gesellschaftliche Innenraum der zweiten Natur, in dem zwar die gewalttätigen Gesetze der unmittelbaren Naturbeherrschung gebrochen sind - aber nur um den Preis einer Fremdheit des Subjekts sich selbst gegenüber. Diese Fremdheit des Ichs erscheint als die Reflexion der Natur des Menschen in Form einer sensualistischen Theorie der Gefühle. Mit dem Eintreten in diesen neuen Raum entdecken die Menschen, daß sie denken und fühlen, sie bewegen sich in einer sowohl ökonomisch als auch psychisch determinierten Topografie. Die bürgerliche Anthropologie als eine Theorie der Vernünftigkeit und der Sinnlichkeit errichtet so ein drittes Diskurssystem, das zwischen der "Warensprache" und der "Denksprache" (9) nach einer Sprache der Seele sucht.

Die Mehrfachbedeutung antithetischer Begriffspaare wie Sparen/Reichtum, Beherrschung/Freiheit, Ruhe/Glück etc. weisen auf das Doppelsystem von Ökonomie und Moral hin, in das die Individuen eingspannt sind; Tätigkeiten in der einen Topografie rufen Konsequenzen in der anderen hervor. In diesem Raum muß das Individuum über den Doppelaspekt seiner Tätigkeiten - rationales Planen auf dem Markt und Beherrschung der eigenen Affekte - den Bezug sowohl zum Anderen als auch zum Ganzen immer erst herstellen. Dieser Raum wird zunächst mittels der ästhetischen Praxis entworfen. Zwischen die materielle Praxis und die Kunst tritt als vermittelnde Instanz die Idee einer totalisierenden Praxis, die das "Schöne" zum Garanten gesellschaftlicher Tätigkeit überhaupt erhebt.

V.15. MESSUNG DES "SCHÖNEN"

Konstruktion der Ästhetik im Winkel von Rationalität und Sinnlichkeit (Crousaz 1715)

Der Prozeß der sensualistischen Auflösung der Vernunft wird durch die systematische Einführung der Kategorie des Schönen verhindert, die die Einheit der auseinanderfallenden Begriffe harmonisieren soll. Dabei wird der politische Nachahmungsbegriff der klassischen Doktrin, wie er im neo-aristotelischen Konzept der verisimilitudo zum Ausdruck kam, durch einen anderen - nicht minder gesellschaftlich bestimmten - Erkenntnismodus erweitert. Die sensualistisch aufgespaltene Vernunft wird als ein dichotomischer Vernunftbegriff in das Vermögen des Subjekts zurückverlagert: Der Vernunft des Verstandes gesellt sich die Vernunft des Herzens hinzu. So kann Saint-Evremond die "Kenntnis des eigenen Herzens" als die wahre "Gebrauchs-Philosophie" (philosophie d'usage) bezeichnen. (1)

Der geometrischen Vernunft, die als adäquates Erkenntnisinstrument sowohl der physischen als auch der metaphysischen Qualitäten der Natur im Sinne eines quantitativen Maßes gedacht war, tritt ein neuer Erkenntnisbegriff entgegen, der die Erkenntnis der Natur durch eine qualitative Homologie garantieren soll. Dieser neue Erkenntnisbegriff wird theoretisch durch die Trennung von Gedanken und Empfindungen begründet, die als doppelte Modi der Perzeption verstanden werden. "Die Ideen beschäftigen den Verstand, die Gefühle werden vom Herzen wahrgenommen (...)", schreibt Crousaz 1715 in seinem Traité du Beau. (2) Diese Dichotomie läßt sich aber weder allein als eklektisches Eindringen einer Gefühlsästhetik in die cartesianische Metaphysik (3) noch als ein Abrutschen des cartesianischen Cogito in die Psychologie (4) erklären. Dahinter steht vielmehr die Durchführung der Vorder- und Rückseite des Programms der Aufklärung: Neben der Errichtung eines Systems der Natur auch die Analyse der Imagination voranzutreiben, um dem Natursystem ein System der Erkenntnis auf der Subjektseite entgegenstellen zu können. (5)

Obwohl das Wort "Ästhetik" in seiner heutigen Bedeutung erst von Baumgarten im berühmten ersten Satz seiner Aesthetica von 1750 geprägt wurde (6), geht dessen Idee der Klassifizierung der poetischen Fantasietätigkeit als einer "lichtvollen Methode" (methodus lucida, nach Horaz) schon auf seine Dissertation Meditationes philosophicae de nonnullis ad poema pertinentibus (1735) zurück. (7) In Baumgartens Ästhetik treffen ein rhetorischer "Untergrund" (8) und die pythagoreische Dichtungsauffassung in der heterodoxen Gestalt einer Theorie zusammen, die die rationale Methode der Naturerkenntnis auf die "sensitive Erkenntnis" überträgt. Dies Verfahren, das den esprit géometrique aus der Erkenntnistheorie in das Gebiet der Ästhetik überträgt, war schon der Anlaß der seit dem Ende des 17. Jahrhunderts stattfindenden Querelle des Anciens et des Modernes, wobei die Modernen - wie Fontenelle und Terrasson - ihren neuen Kunstbegriff gerade durch dieses Übertragungsprinzip rechtfertigten. (9) In ähnlicher Weise legitimiert Baumgarten die poetische Imagination, indem er im Gegensatz zur platonisch-peripatetischen Kunstauffassung diese nicht als Nachahmung der Natur, sondern des Schöpfungsprozesses selber ansieht. Der Dichter als poeta creator reproduziert zwar die Welt im Sinne einer natura naturata in seiner Einbildungskraft, er schafft diese poetische Welt aber nach dem gleichen Gesetz der göttlichen Hervorbringung von Natur als natura naturans. (10) Die Idee einer "Wissenschaft der sinnlichen Erkenntnis", die den ästhetischen Bereich im Sinne einer unteren, nach innen gewandten Erkenntnistheorie (gnoseologia inferior) entdeckt, ist weder als methodische Prinzip noch als inhaltliche Vorstellung eine genuine Leistung Baumgartens. Der Begriff des Schönen wurde als ein erkenntnistheoretischer schon Jahrzehnte vorher in den Theorien von Muratori (1706), Gravina (1708) und Crousaz (1715) an zentraler Stelle entfaltet.

Crousaz entwickelt einen Begriff des "Schönen", der zwischen den - im Anschluß an Leibniz als 'eingeboren' vorgestellten - Ideen, den von den äußeren Objekten abhängigen Sinnestätigkeiten sowie einer der calvinistisch-protestantischen Ethik verpflichteten Tugend vermitteln soll. Dabei entsteht im Umriß gewissermaßen ein anthropologisches 'Feld der Mitte' - die Gefühle des Menschen sind der Ort, an dem sich das monadische Subjekt und das Objekt als Welt treffen. Problematisch wird dieser 'Treffpunkt', weil die Kontrolle über die Inhalte der dualen Perzeptionsmodi "nicht in unserer Kraft liegt." (11) So bleibt dieses mittlere Feld eines Ich-Bewußtseins abhängig vom Mechanismus der Erkenntnistätigkeit, die hier immer in doppelter Gestalt auftauchen kann; entsprechend existiert eine zweifache Art der "Schönheit" und eine doppelte Lust am Vergnügen. (12) Der hier zunächst unvermittelt auftauchende Begriff der "Schönheit" wird im nachfolgenden Gang der Argumentation als ein objektives Ordnungprinzip der Natur konstruiert, dem auf der Subjektseite die Grundannahme eines universalen Verlangens des menschlichen Geistes nach Abwechslung (varieté) entspricht. Dem gesellt sich ein ebenso universales logisches Kontrastprinzip hinzu, das die Verschiedenheiten ordnet. Diese Ordnungsmöglichkeit besteht aufgrund der Einheit aller Dinge (uniformité), die letztlich Emanationen einer göttlichen Vollkommenheit sind. (13) Das Verlangen nach Abwechselung erweitert die Kenntnisse, das Prinzip der Einheitlichkeit ordnet sie und "hält sie im Gedächtnis fest". (14)

Crousaz' Begriff des Schönen - das Wechselspiel von Einheit und Verschiedenheit - ist weder eine rein psychische, noch eine mathematisch-geometrische oder eine rein ästhetische, sondern letztlich eine metaphysische Kategorie. Sein Traktat handelt von der 'Schönheit' der Welt, die sich auf der Suche nach dem göttlichen Urprinzip offenbart, einem Prinzip, das die geometrischen Gesetze ebenso wie die sentimentale Naturempfindung aus einer gemeinsamen Ordnungsstruktur begreifbar macht. Das Schöne ist das Organisationsprinzip einer "natürlichen Theologie", das ähnlich der pythagoreischen Sphärenharmonie (15) alle Bereiche von der Musik, Staats- und Baukunst bis hin zu den Gefühlen des Einzelnen durchwirkt. (16) Lediglich die dem Menschen anhaftenden Untugenden - die Crousaz im Sinne eines reformierten und ent-metaphorisierten Todsünden-Kataloges aufführt - korrumpieren das System: die erkenntnispraktische Zerrissenheit des Menschen, dessen "Sinne" mit der "Vernunft" kollidieren, soll nun durch die Tugend überbrückt werden, die als "Schönheit" der moralischen Ordnung fungiert.

> "Diese Widersprüche machen den Menschen unglücklich und man muß feststellen, daß es einem Subjekt, dessen Teile sich so sehr entgegenstehen, an Schönheit mangelt. Aber die Tugend vermag ihm diese wieder zu verleihen, indem sie Ruhe und Eintracht in es hineinpflanzt." (17)

Das Schöne verkommt somit im Verlaufe der Argumentation zur Apologie einer calvinistischen Gesellschaftsordnung - gerade weil dies Schöne dem Willen eines göttlichen Schöpfers Ausdruck verleihen soll. Dabei ist dieser Gesellschaftsbegriff schon selber widersprüchlich, weil er zum einen metaphysisch - vom Göttlichen über das Schöne absteigend - und zum anderen politisch - durch die bürgerlichen Begriffe "Freiheit" und Gleichheit" (l'égalité & la liberté) - konstruiert wird. (18) Das Schöne ist damit die praktisch gewordene Implikation eines metaphysischen Ordnungsprinzips; "Schönheit" ist bei Crousaz in letzter Konsequenz keine ästhetische, sondern eine ethische Kategorie. In dieser "schönen Ordnung" wird auch das Verhältnis zum Körper problematisch, "Schönheit" wird hier zum Synonym für Triebunterdrückung und Körperkontrolle. (19) Die Affekte und die spontanen Gefühlsausbrüche stehen der Harmonie einer durch das Prinzip des Schönen definierten Natur entgegen. (20)

Damit ist die harmonistische Rückführung der sensualistisch aufgespaltenen Vernunft in einen einheitlichen Erkenntnisbegriff gescheitert. Die Kategorie des Schönen fungiert zwar als gesellschaftliches Ordnungsprinzip, sie stößt dabei aber immer nur an die Unordnung des eigenen Körpers. Schönheit in diesem Sinne wird zur unendlichen Aufgabe einer Arbeit am Ich und schließlich zur ideologischen Chiffre des "Wahren, Guten, Schönen". Das Schöne ist zugleich Narbe und Ziffer, die als Spur der gesellschaftlichen Arbeit am Subjekt zu lesen ist.

V.16. WELT ALS SCHRIFT UND POESIE ALS LEKTÜRE

— aber die Lazzi sind keine Dichtung!

(Muratori 1706)

Unter dem monumentalen Werk des italienischen Polyhistors Lodovico Antonio Muratori (1672 - 1750) ragen die vier Bände der Schrift Della Perfetta Poesia Italiana (1706) besonders hervor, weil in ihr der politische und der kulturell-ästhetische Aspekt seiner Ausstrahlungskraft zusammenfallen. Muratori war der bedeutendste Vertreter des italienischen Reformkatholizismus, der die Themen der nördlichen Philosophie - insbesondere Leibnizsches Gedankengut - gegen den Widerstand vor allem der Dominikaner und Jesuiten verbreitete. (1) Seine größte Leistung besteht jedoch im synthetisierenden Entwurf einer Ästhetik, die bis hin zu Kant die Stichworte einzelner Theoreme oder gar ganzer Konstruktionsgruppen der Ästhetik lieferte; kurz, die man als Gedanken-Steinbruch der ästhetischen Reflexion der Frühaufklärung bezeichnen muß. Unter denjenigen, die von Muratoris Entwurf profitierten, befinden sich illustre Namen wie Du Bos und Gottsched - und vor allem natürlich Bodmer und Breitinger, die die bei Muratori zuerst systematisch eingeführte Metapher vom Dichter als Maler zum dominanten Prinzip einer anti-rationalistischen Ästhetik erhoben.

Nach Muratori gibt es zwei fehlerhafte Anschauungen über die Poesie: die eine betrachtet sie als Selbstzweck, die andere als Untergebiet der Moral und der Staatsphilosophie. (2) Die "wahre und vollkommene Poesie" begründet sich in der Einheit beider Halbsätze. Ebenso wie die Dichtkunst Ausdruck des menschlichen Glücksstrebens - oder gar eines christlichen Blicks auf die jenseitige Welt - sein kann, vermag sie auch das öffentliche Handeln im politischen Raum positiv zu beeinflussen. Ästhetisches Vergnügen kann sich aber nur einstellen, wenn die poetische Intention auf ein "höheres Ziel" gerichtet ist; gleichermaßen ist die Nützlichkeit der Dichtkunst ohne deren unterhaltsames Moment fruchtlos. (3) Diese Mitte der Poesie wird durch die Kategorie des buon gusto (4) rekonstruierbar. Der "gute Geschmack" wird als Resultat einer Wechselwirkung von individueller Verstandestätigkeit und den allgemein geltenden Normen definiert. (5) Die erstere Komponente teilt sich nochmals in ein ingeniöses Fantasieprinzip (potenza feconda) und in eine regulative Instanz des Intellekts (potenza sterile) auf, die sich gegenseitig kontrollieren. Aus der Interferenz des fruchtbaren und des sterilen Verstandesprinzips resultiert die für alle verbindliche Mitte des buon gusto. (6) (Vgl. dazu und zum folgenden auch das Schaubild Fig. 18). Die zweite Komponente des buon gusto ist die Anhäufung von Wissen im Sinne einer Kenntnis der außerhalb der Verstandesregeln liegenden Normen: der buon gusto leitet sich zu einem anderen Teil vom buon sapere, dem rechten Wissen, ab. Beide Komponenten, das normative Wissen und der Dualismus der sich regulierenden Verstandestätigkeiten, garantieren den allgemeingültigen Geschmack (buon gusto universale). (7) Das Wesen des guon gusto ist es, das Schöne (il bello) oder die Schönheit (beltà) zu erkennen. (8) Das Schöne ist aber nur eines von zwei irreduziblen epistemischen Rastern, das andere ist das Wahre (il vero). (9) Die Natur des Menschlichen Verstandes bewegt sich nun immer suchend auf das Wahre hin (10), d.h. das "System der menschlichen Natur" ist so angelegt, daß nur die Erkenntnis des Wahren den Verstand befriedigen und erfreuen kann. (11) Wenn die Dichtung nun mittels Schönheit erfreut, so deshalb, weil sie eine innere Schönheit (la beltà interna) darzustellen vermag, die einer ornamentalen, äußeren Schönheit entgegengesetzt ist. (12) Diese innere Schönheit begründet Muratori mit Hilfe einer trichotomisch konstruierten Weltenhierarchie, in der der cartesianische Dualismus von Cogito und Welt, die Leibnizsche Monadenlehre und ein christlich interpretierter Platonismus mit einem letztlich scholastisch geprägten Substanzbegriff eine synkretistische Mischung eingehen. (13)

Das Vergnügen bei der Betrachtung des Schönen rührt daher, daß dies Schöne ein lumen des Wahren in unseren Verstand sendet. (14) Der materialen Welt, dem mondo inferiore, steht die himmlische Welt, der mondo superiore, entgegen. Die mittlere Welt des Menschen, mondo di mezzo, erstreckt sich auf Teile beider Welten, gemäß dem körperlichen und seelischen Anteil der menschlichen Natur:

> "Die drei Welten oder Reiche der Natur enthalten eine unendliche Zahl verschiedener Wahrheiten und eben alle diese Wahrheiten sind oder können Gegenstand oder Vorbild der Poesie werden." (15) (Vgl. Fig. 18)

Das bedeutet, daß der Dichtung ein multipler Wahrheitsbegriff zur Verfügung steht, je nachdem, welchen Aspekt der Wirklichkeit sie jeweils thematisiert. Daher resultiert auch die Vielfalt der poetischen Themen und Gegenstände; die Dichtung erfaßt die Wahrheit der gesamten Natur - auch die verborgenen inneren Aspekte - indem sie sie imitiert oder malt. (16) "Die Wissenschaften betrachten das Wahre um es zu erkennen und zu verstehen, und die Dichtung betrachtet die Wahrheit um sie nachzuahmen und zu malen." (17) Die rezeptionsästhetische Analyse des Vergnügens, das die Dichtkunst vermittelt, ist mit einer produktionsästhetischen Bestimmung verbunden: Der Ursprung des Vergnügens in der gemalten Wahrheit der Poesie wird durch das Konstruktionsprinzip einer Handlung oder Geschichte (azione/favola) vermittelt. (18) Der Begriff der Wahrscheinlichkeit (verisimile) der Handlung deckt bei Muratori zum einen den Bereich der paradigmatischen Wahrheitsebenen der drei Welten und zum anderen einen historisch bestimmbaren, kulturspezifischen Begriff des Wahren ab. Innerhalb dieses Raumes läßt sich - gemessen an der jeweils geltenden Wirklichkeitsauffassung - jede noch so unwahrscheinliche Handlung als "wahrscheinlich" begreifen. (19) Die Wahrscheinlichkeitsforderung ist somit nicht mehr eine ontologische Prämisse der Kunst, sondern nur noch ein gleichsam handwerklicher Merksatz: Die Logik eines einmal festgelegten Konzeptes darf nicht mehr durchbrochen werden. (20)

Nach der Logik der Wahrscheinlichkeit ist auch die Komödie konstruiert: keine ihrer Handlungen, keiner ihrer Vorfälle sind Nachbildungen realer Vorkommnisse - dazu sind sie zu nichtig, zu alltäglich -, dennoch könnten sämtliche in der Komödie präsentierten Handlungen irgendwann einmal geschehen. (21) Die Wahrscheinlichkeit der komischen Handlung resultiert letztlich aus der Anwendung der Ständeklausel, mit der eine feste Welt samt eigener Handlungslogik umschrieben ist:

> "Die Handlung der Komödie - die stets niedere Personen und volkstümliche Begebenheiten darstellt - erscheint immer als eine mögliche und wahrscheinliche, obschon sie ganz und gar erfunden sein mag; es gibt kein Gerücht und keine Geschichte, die sich ihrer Wahrscheinlichkeit und ihrer Möglichkeit entgegenstellen könnte." (2)

Das anhand der Komödie erläuterte Beispiel eines logisch-wahrscheinlichen Raumes des einzelnen Werkes und der jeweiligen Gattungen gilt auch für die Kategorien des Wunderbaren (maraviglioso), der Lüge (mensogna) und des Falschen (falso). (23) Das, was zunächst als "falsch" erscheint und somit dem Anspruch der Wahrheit nicht gerecht wird, dieses "erste Falsche" vermag vielleicht der Darstellung eines "letzen Wahren" dienen (24), das anderen Erkenntnismitteln nicht zugänglich ist. So gesehen ist auch die Lüge ein didaktisches Mittel zur Darstellung der letzten Wahrheit, aus deren Erkenntnis wiederum eine höchste Befriedigung geschöpft werden kann. Die "universelle Wahrheit" (vero universale), die alle drei Weltebenen umgreift, wird von der Dichtung in einer partikularen Form (vero particolare) rekonstruiert. Der Begriff des "Malens" bei Muratori meint diese Rekonstruktion einer universal gültigen Idee oder Gesetzmäßigkeit durch die logische Repräsentation eines partikularen Bereichs der Welt. (25)

Dem essentialistischen Wahrheitsbegriff entspricht eine repräsentative Praxis, die durch ihren besonderen Gegenstand auf das Allgmeine verweist: die Kunst vermag die Struktur der Natur nachzuzeichnen. Dieser Rekonstruktionsbegriff der Poesie deckt auch die beiden Bereiche des Vergnügens und des Wunderbaren ab, die folglich nicht mehr nachträglich mittels moralischer Hinweise abzusichern sind. (26) Muratoris Naturbegriff verweist auf eine doppelte Bewegung, die als passive Wahrnehmung des lumen naturale und als aktive Tätigkeit im Sinne einer individuellen und gesellschaftlichen 'Handlungsadäquanz' zu deuten ist. Der erste Teil des Naturbegriffes bezieht sich auf die Natur als Erscheinung (natura naturata), der zweite auf die Natur als Erscheinende (natura naturans), die aber als zweite Natur nur im Gesellschaftlichen auftauchen kann. Beide Teile der Natur treffen im Menschen zusammen und rufen in ihm ein "mentales Delirium" (27) hervor, aus dem sich der Schein (finto) der vorgestellten Welt abspaltet.

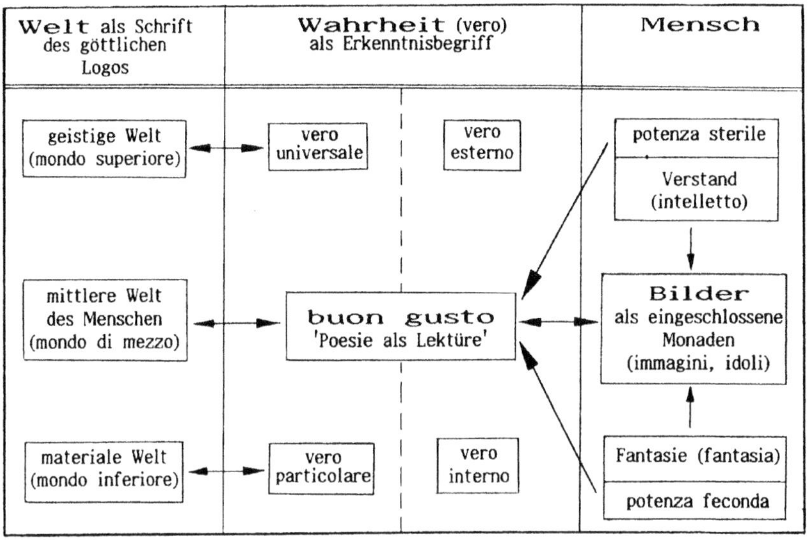

Fig. 18 (Muratori 1706)

In Gravinas Della Ragion Poetica (1708) sind es gerade die vorgestellten Fantasiebilder, die eine philosophische Idee in "sinnlichen Figuren" aufbereiten (28), die letztlich das Subjekt vor dem vollkommenen Fall in den Wahn retten. Wahnhaft ist diese Konstellation deshalb, weil die abstrakte Rationalität des gesellschaftlichen Anteils der zweiten Natur die erste als Schein denunziert. Die im Bewußtsein ablaufenden Vergleiche zwischen Realität und den poetisch-fantastischen Sensationen ergeben die Folie für ein vernünftiges Alltagshandeln. (29) In der Idee eines vollkommenen Scheins scheint auch die Omnipotenz des fantasierenden Subjekts durch. Die Produktion des Scheins wird zum Zeichen der Herrschaft über das Reale. Nach Muratori erfreuen die Dichter mit einer im Verstand vorgestellten "vollkommenen Idee der Natur", die auf diese Weise eine in der Wirklichkeit nicht erreichbare höchste Vollkommenheitsstufe abstrakt darzustellen vermag. (39)

Um diese komplexe Relation von Realität — Subjekt — Bildern zu fassen, entwickelt Muratori ansatzweise einen semiotischen Erkenntnisbegriff. Gleich der Dreiteilung der materialen Welt teilt sich das Wahrnehmungs- und Denkvermögen des Menschen in ein niederes Vorstellungsvermögen (apprensiva inferiore) und in ein höheres Denkvermögen des Verstandes. (31) Aufgabe der Fantasie ist es nun, mittels von inneren Bildern oder Idolen (imagini/idoli) diese geteilte Welt als Ganze in Einzelaspekten vorzustellen. (32) Es ist dann die Aufgabe des Intellekts, über deren Wahrheit oder Falschheit zu befinden. (33)

Die Fantasiebilder (immagini della fantasia) bedeuten das Wahre (34), indem sie die abstrakten Wahrheiten (verità astratte) auf eine sinnlich wahrnehmbare Weise (sensibilmente) darstellen. Die logische Ergründung der abstrakten Wahrheit ist eine mühevolle Angelegenheit, der originäre Nutzen der Dichtkunst ist es nun, daß sie uns dieser Mühen zu entheben vermag, indem sie in den poetischen Bildern die Spiritualität der höchsten Wahrheit ausdrückt. (35) Die Poesie als Zeichen einer universalen Wahrheit impliziert einen poetischen Zeichenbegriff, der wechselseitig die Bedeutung oder das auf die Bedeutung verweisende, Signifikat oder Signifikant sein kann. In Muratoris Theorie kündigt sich die Herrschaft des symbolischen Zeichenbegriffs an, er ist aber noch nicht vollkommen von dem indexikalischen Verweis auf die Präsenz des transzendenten Sinns geschieden. Der göttliche Sinn der Natur wird durch die poetische Nachdichtung entziffert. Die Zwischenstellung dieses Zeichenbegriffs zwischen der indexikalischen Repräsentation und dem vollkommenen Schein ist aus dem Doppelcharakter der Poesie als aktive Imagination und als passive Lektüre zu erkennen. Die Welt ist die Schrift Gottes und die Poesie deren Lektüre.

Die Bilder mögen weit hergeholt oder gar falsch sein, sie verweisen jedoch immer auf eine metaphysische Wahrheit. Diese theistische Grundlage von Muratoris Gedankengebäude mag der Grund dafür sein, daß er als Quelle seiner deistischen und atheistischen Nachfolger so oft verschwiegen wurde. Zumindest weist dies theologische Relikt auf die Differenz zu einem voll entwickelten symbolischen Zeichenbegriff hin, der nicht mehr die Emanation einer universalen Wahrheit, sondern das Anzeichen der gesellschaftlichen Vernunft sein wird. Die Distanz dieser Theorie zur klassischen Doktrin wird in der Pointe von Muratoris poetischem Zeichenbegriff offenbar, der die Didaktizität der Poesie begründet, gerade weil er zwischen den Extremen des inneren Abgrundes der Imagination und der Höhe der universalen Vernunft vermitteln soll. Mit Hilfe der anschaulichen Bilder der Poesie kann auch das "grobe Volk" (il rozzo popolo) jene schwierigen Wahrheiten verstehen und sich gar daran erbauen. (36) Das didaktische Moment der Dichtung realisiert sich im Gebrauch - während der Rezeption trinken die Leute "den Saft der besten Philosophie." (37)

In diesem Zusammenhang wendet Muratori die Ständeklausel wirkungsästhetisch und interpretiert sie als Grundzug einer Publikumssoziologie: "Das gemeine Volk lernt auch in der Komödie seine Sitten zu verbessern und sich mit seinem Zustand abzufinden (...)." (38) Auch die Komödie wird zu einer "geheimen Schule des guten Betragens", die auf diese Weise dem Staatswesen dient. (39) Diese Bemerkung findet sich allerdings in der Abhandlung Della pubblica felicità (1749), einer späten Schrift Muratoris, in der er schon die Erfahrung des bürgerlichen Theaters der ersten Hälfte des 18. Jahrhunderts mit aufgenommen hatte. In der Schrift von 1706 ist die Didaktizität der Komödie lediglich eine noch nicht realisierte Möglichkeit. Damit bewegen sich Muratoris Betrachtungen über das Theater allgemein und über die Komödie im besonderen nicht wesentlich über den Rahmen herkömmlicher Gedankengänge hinaus - er verweist selbst auf d'Aubignac, Nicole, Bossuet und andere. (40) Deren Angriffen gegen die Commedia dell'arte schließt er sich an und greift das Motiv einer notwendigen Theaterreform auf. (41) "In einem Wort, man will (in der Volkskomödie, G. L.) allem ausweichen, was auf die guten Sitten hinweisen kann." (42) Ein reformiertes Theater dagegen könne eine "vergnügsame Schule der guten Sitten werden." (43) Die Darstellung einer solchen qualitativ verbesserten Komödie erschöpfe sich in der "lebhaften Malerei der Fehler, Neigungen und Laster der Bürger" (private persone). (44)

Damit fällt die Commedia dell'arte aus Muratoris Systematik der Poesie heraus; die Gattung taucht lediglich als negativer Nachweis der Bedingungen einer bürgerlichen Komödie auf, die sich nach unten durch ein satirisches Verlachen abgrenzen kann. Dies ist in Italien zu Beginn des 18. Jahrhunderts noch ein Wunschtraum.

Für das Niveau der poetologischen Theorie Muratoris insgesamt ist die zweifache Begründung dieses Herausfallens der komischen Volksdichtung aus der Poesie charakteristisch. Das eine Argument wiederholt das traditionelle moralische Ansteckungstheorem (45), das andere ist ein immanent poetologisches, das in der Commedia dell'arte den syntagmatischen Handlungsbogen vermißt, der das Prinzip des Wahrscheinlichen im Umwahrscheinlichsten konkretisieren könnte. Mit dem Fehlen jeder Ähnlichkeit mit den Begebenheiten des Alltags in den niederen Buffonerien ergibt sich keine Möglichkeit, das abstrakt Wahre in einem Handlungsbild darzustellen. Von den lazzi führt nach Muratori kein Weg zu jener höchsten Erkenntnis, die doch jede andere Kunst auf ihre Weise auszudrücken vermag. Das reine Paradigma des Komischen, das nicht in einen syntagmatischen Handlungsbogen eingelagert ist, hat keine poetische Erkenntnisfunktion. (46) Das Insistieren auf der Handlung als dem einzigen Transportmittel des Komischen ist eine Folge des oben skizzierten instrumentalen Erkenntnisbegriffes der Epoche, der mit der Setzung des Vernünftigen zugleich auch ein Unvernünftiges denunziert. Das Denken war ein politischer Akt, ebenso das Lachen: der bisoziative Sprung von der Norm zur Nicht-Norm und wieder zurück ist dort nicht nachvollziehbar, wo es gerade um die Erarbeitung der Norm des buon gusto und damit um die Ausgrenzung der Unvernunft geht.

Das System der Poesie bei Muratori hält aber schon Momente einer tiefergreifenden Ausgrenzung des Komischen bereit. Sollte dessen Begriff des buon gusto die Balance zwischen gesellschaftlich vermittelter Tugend und der Natur der Empfindungen halten und so die Einheit von Verstand und und Sinnlichkeit stiften, so zerfiel den Nachfolgern Muratoris in der weiteren Analytik der Vernunft und der Seelenkräfte diese zu partikularen Entitäten, die die Einheit nicht mehr totalisieren können. In diesem historischen Zusammenhang wird die Bisoziation nicht einmal mehr zwischen der Norm des buon gusto und dessen komischer Antithese oder zwischen den kognitiven Inhalten des Verstandes und den "fruchtbaren" Seelenbildern stattfinden können, weil jene potenza feconda, die Empfindungsfähigkeit, ihre Stellung als oberste poetologische Kategorie antritt, während die Rationalität der potenza sterile in die reine Didaktizität der Poesie mündet.

V.17. DIE KOMÖDIE ALS PRAXIS DER VERNUNFT
(Terrasson 1715)

Die Komödie der Frühaufklärung wirkte in zweifacher Hinsicht auf die Gesellschaft ihrer Zeit zurück: zum einen diente sie als Instrument zur Propagierung eines positiven Ideals im Sinne des bürgerlichen anthropologischen Selbstverständnisses und zum anderen als Medium einer negativen Kritik an allen Zuständen, die von diesem "Ideal vernünftiger und tugendhafter Lebensführung" abwichen. (1) Die doppelte Wirkungsweise der Komödie begründet sich durch die doppelte Bedeutung der Literaturkritik allgemein im Rahmen des Emanzipationsprozeßes des Bürgertums, die sowohl Spiegel des bürgerlichen Selbstverständnisses als auch Instrument im Kampf gegen den Feudalismus war. (2) Dichter und Kritiker sind nur aufgrund der Didaktizität ihrer Dichtungen bzw. Kritiken Mitglieder des bürgerlichen Gemeinwesens; ihre 'Nützlichkeit' besteht darin, daß sie vernünftige Maßstäbe für den Alltagsgebrauch liefern. (3) Durch die am poetischen Stoff geübte Unterscheidung von Gutem und Schlechtem wird der Leser auch im Alltag in die Lage versetzt, "moralisch Wertvolles und Minderwertiges" unterscheiden zu können. (4) Diese praktische Bildungsemphase ersetzt das traditionelle Kenner/Pöbel-Schema der Poetiken durch die Konstruktion einer "gebildeten Nation" (5), deren harmonistische Ideologie nun auf die Konstitution der bürgerlichen Gesellschaft durch vernünftige Selbsterziehung zurückwirkt. Die didaktische Emphase allen bürgerlichen Theaters seit dem späten 17. Jahrhundert und ganz allgemein seit dem frühen 18. Jahrhundert beruht letztlich auf einem historischen Selbstmißverständnis, das seinerseits ein Resultat des ideologischen Kampfes um die Ausformung einer bürgerlichen Gesellschaft war. (6) Der Anstrengung einer restlosen Verbürgerlichung unterlag auch die Darstellungsform des barocken Theaters, dessen Thema die Repräsentation des Herrschers, des 'königlichen' Menschen - im realen wie übertragenen Sinne - war, der seinen Raum geometrisiert und damit beherrschbar macht. Dieses Modell wird nun unmittelbar auf die allgemeine Erziehung des Bürgers übertragen: Das bürgerliche Publikum "lernt durch die imaginären Figuren auf der Bühne zu denken und zu leben." (7) Damit steht hinter der bürgerlichen Didaktik des Theaters nicht eine autonome Selbstreflexion, sondern eine Fremdbestimmung durch jene, die das Individuum als ikonisches Zeichen, als Bild darstellen sollen. Diesem fiktiven Selbst gleichen sich die realen Individuen an (8), an die Stelle einer identitätsfindung in der Praxis tritt die Suche nach Identität im ästhetischen Bereich. Zwischen das Ich und das Ich-Ideal tritt nicht die Arbeit (am Ich/an der Welt), sondern die Anschauung seiner selbst. Das bürgerliche Ich bedarf dieser Hilfskonstruktion des Scheins;

dieses Verlangen nach Identität erklärt das subjektive Moment der Dominanz der ästhetischen Praxis innerhalb der bürgerlichen Gesellschaft, das objektive Moment dieser Dominanz erklärt sich durch die reale Distanz, die die Tauschrationalität zwischen den Individuen schafft, die von der scheinhaften Praxis überbrückt werden soll. Bürgerliches Theater ist - etwa im Gegensatz zur Theaterpraxis der Antike - ein didaktisches Schauspiel ohne Praxisbegriff und gerinnt deshalb selber zu einer defizienten Praxisform. In ihrer vollkommenen Ausbildung wird uns diese Konstellation als Ideal eines Kontinuums der Fiktion in den Schriften zur Theaterreform der dreißiger und vierziger Jahre des 18. Jahrhunderts wiederbegegnen.

Den Übergang von dem Repräsentationsbegriff des barocken Theaters zu einem Konzept der Didaktik der Vernunft wird von Terrassons Dissertation critique sur l'Iliade d'Homère (1715) dokumentiert. Theater ist zwar noch an die Idee der Repräsentation geknüpft, aber die theatralischen Handlungen verweisen immer nur auf die Idee der Vernunft, die als esprit géométrique die Gesellschaft und die von ihr hervorgebrachten ästhetischen Formen gleichermaßen durchdringt. Die Themen der Schrift Terrassons entstammen der klassischen Doktrin - wie ja auch der aktuelle Anlaß zu ihrer Entstehung ein Disput mit den beiden "Anciens" M. und Mme. Dacier war (9) -, er stellt aber als "Moderner" neue Kategorien und Begriffe bereit.

Im Rückblick auf die antithetischen Gestaltungsprinzipien der klassischen Doktrin, die mit den Begriffen "geometrischer Geist" und "Imagination" umrissen werden können, leistet Terrasson eine Synthese der auseinandergefallenen Begriffe im Rahmen der Kritik des Poesiebegriffes am Beispiel der homerischen Epen. (10) Dazu entwickelt Terrasson in einem theoretischen Vorwort eine philosophische Interpretation der geometrischen Vernunft. (11) Unter das systematisch bestimmte Reflexionsvermögen fällt sowohl die Natur (als Erscheinungsform) als auch deren Gesetze; unter der Ägide eines obersten Verstandesprinzips vermag diese Reflexion auch die - gerade erst auseinandertretenden - Natur- und Geisteswissenschaften zusammenführen. Die dissertation ist der Versuch, dieses Reflexionsprinzip für die literarische Kritik fruchtbar zu machen. (12) Terrasson verfügt über keinen anderen Vernunftbegriff als den geometrischen, kritisiert ihn aber in seiner barocken Form als inhaltsleere Spielerei. Die geometrische Formspielerei (goût de la géométrie) fördere zwar "das Eindringen in den Grund der Dinge" (13), die Dominanz des spielerischen Elements führte jedoch weg von der Geometrie als einer einheitlichen Erkenntnisform von Gesellschaft und Natur. Die philosophische Kritik Terrassons erneuert den geometrischen Erkenntnisbegriff, indem er den Geist der Geometrie gegen die bloß äußerlich geometrische Form setzt. (14) Die so verstandene Geometrie steht für das Vernunftprinzip selber, sie wendet "das natürliche Urteil des Geistes" auf alle die Gebiete, die sie durchdringen will. (15) Solchermaßen gibt es keine außerhalb der Vernunftprinzipien liegenden Gegenstände mehr, die Philosophie überträgt gleichsam mit ihrer Reflexion das geordnete Denken in den Gegenstand und entdeckt so dessen

- womöglich verborgene - geometrische Konstruktionslinien. (16)

Den Begriff des esprit géométrique greift Terrasson bei der Diskussion der jeweiligen poetologischen Tatbestände nicht mehr wörtlich auf. Die in der Einleitung explizierte theoretische Kritik steht somit scheinbar beziehungslos neben der literarischen Kritik an Ort und Stelle. Es wird aber zu zeigen sein, daß Terrasson gerade bei seiner Apologie der Schauspiele - und hier wiederum besonders der Komödie und der Oper - auf eine natürliche Geometrie der Gesellschaft zurückgreift, die in der Konstruktion eines normativen Vernunftbegriffes enthalten ist.

Von der Position dieses revidierten Vernunftbegriffes aus, der den Geist der Geometrie gleichsam in die Welt zurückversetzt, kann Terrasson auch gelassen auf die am Ende des 17. Jahrhunderts geführte Diskussion um die Moralität des Theaters zurückblicken. Terrasson wendet sich aus zwei Gründen gegen die in jenen Disputen durchgeführte Trennung von ästhetischer Form und moralischem Inhalt der Poesie (17): 1. Die Darstellung nur des angenehm Schönen führt in die Mittelmäßigkeit und schafft keine vollkommene Poesie; das zweite Argument ist ein anthropologisches: 2. Weil die Empfindungen eines jeden Menschen sich aus guten und schlechten zusammensetzen, rührt der mögliche negative Einfluß schlechter Beispiele auf verwerfliche Charaktere daher, daß diese die Darstellung nur auf dem Wege des sinnlichen Vergnügens (plaisirs sensuels) und der Mißachtung des obersten Vernunftprinzips aufnehmen. (18) Dennoch ist die Moral ein wesentlicher Bestandteil der Schönheit der Poesie. In diesem Zusammenhang wendet sich der Abbé Terrasson gegen die Vermengung der Begriffe "Sitte" und "Moral" in der Kritik seiner Vor-Brüder. "Sitte" bezeichnet bei Terrasson die allgemeinen gesellschaftlichen Handlungscodes, während "Moral" die abstrakte ethische Norm benennt; er trifft also die gleiche analytische Unterscheidung von C-Handlungen und R-Regeln, die wir oben bei der Diskussion der klerikalen Komödienkritik verwendet haben (s. o. Kap. V.11.). So könne die Komödie nur die Sitten darstellen, der entlarvende Zug einer solchen Repräsentation genüge schon, um die Moral zu garantieren; die unmittelbare Darstellung der Moral dagegen könne die Komödie nicht leisten. (19) Die Sittenmalerei der Komödie ist dabei nicht auf die Nachahmung einer Handlung zu reduzieren, sie umfaßt mehr als ihre partikularen Handlungselemente, indem sie zusätzlich noch den Zusammenhang, in dem die (lasterhaften oder tugendhaften) Handlungen stehen, anzugeben vermag. (20) Dieser größere Zusammenhang, auf den die Komödie verweist, ist die bürgerliche Gesellschaft, die aus vernünftig handelnden Individuen besteht. Damit setzt sich Terrasson in Gegensatz zu den klerikalen Eiferern vor ihm, die das sittliche Handeln des Individuums nur im Rahmen des christlichen Tugendsystems interpretieren konnten. Terrasson unterscheidet die göttliche/kirchliche Moral von der menschlichen/gesellschaftlichen Moral. (21) Vor dem Hintergrund dieser bürgerlichen, allgemein menschlichen Moral wenden sich auch die angeblichen Verfehlungen der Komödie ins Positive: eine Analyse z. B. des in den Komödien dargestellten Ungehorsams von Kindern ihren Eltern gegenüber betrifft nach Terrasson nur Rabeneltern (des parens injustes & ridicules); die gegen das Autoritätsgebot handelnden Kinder korrigieren sozusagen den Erziehungsfehler ihrer Eltern und restituieren damit die gesellschaftliche Vernunft, indem sie sich gegen die familiäre Verschiebung der Norm wehren. (22) Die moralische Didaktizität des Theaters ist durch dessen Möglichkeit begründet, das bürgerliche Handlungssystem als Sittenbild vorzustellen und somit bewußt zu machen. Gerade das Fehlen jeder vordergründigen Instruktion legitimiert eine Apologie Molières: die Charaktere des Misanthrope z. B. repräsentierten eher ein "Gemälde" denn eine Instruktion. (23) Die Komödie komme auch ohne Moral an ihr Ziel, die allgemeine Vernunft der Gesellschaft zu repräsentieren. Das poetische Mittel dieser Darstellung eines Allgemeinen sind die Charaktere, die der Dichter jeweils auf drei repräsentative Typen reduziert: den "tugendhaften", den "lasterhaften" und den "gemischten" Charakter. (24)

Diese Charaktertypologie der Guten, Bösen und Gemischten weist ebenso wie das nachfolgende Postulat der Ungefährlichkeit des Theaters auf eine veränderte Sicht der Interdependenz von Individuum und Allgemeinheit hin. Beide werden aufgewertet, durch die Autonomie des Einzelnen kann sich die Gesellschaft als ein Ganzes erst bilden. Diese neue Stufe von Individualität ist mit dem "gemischten Charakter" bezeichnet, dessen besonderes Merkmal die Verlagerung des äußeren Gleichgewichts ins Innere der Person ist. Die Vernunft des Bürgers soll die positiven und negativen Regungen zur Mitte hin einregulieren. Demgegenüber sind die rein negativen oder rein positiven Figuren des alten, vorbürgerlichen Moralsystems darauf angewiesen, ihre 'Gutheit' oder 'Bosheit' nur vor dem Hintergrund eines außerhalb ihrer selbst liegenden moralischen Kontrastes entfalten zu können. Die Möglichkeit einer Verwirrung der Zuschauerköpfe, weil diese gut und bös' nicht auseinanderhalten können - wie es Bossuet noch 17 Jahre vorher befürchtet hatte - zieht Terrasson nicht mehr in Betracht. Das vernünftige Urteil der Zuschauer gilt ihm als gesichert:

> "(...) wenn die Sitten einer lasterhaften oder lächerlichen Figur entweder in der Tragödie oder in der Komödie deutlich dargestellt werden, werden deren Äußerungen selbst im Augenblick ihrer Hervorbringung keinerlei gefährliche Wirkung haben, weil sich der Zuschauer nicht am Betragen und den Gefühlen einer Figur orientieren wird, die seit Beginn der Aufführung als ein fehlerhaftes Beispiel voller Ungeschick vorgestellt wurde." (25)

Das Ansteckungstheorem ist damit außer Kraft gesetzt. Daß Terrasson diese - im Vergleich zu seinen kirchlichen Vorgängern - liberale Interpretation einer Sichtweise verdankt, die das einzelne Subjekt nicht mehr am Anspruch einer ihm von außen auferlegten religiösen Ethik mißt, wird bei seiner kurzen Erörterung des Themas "Liebe" deutlich. Terrasson vertritt nicht mehr den Standpunkt der Theologie, sondern ein bestimmtes Staatsinteresse. Es liege im Interesse eines florierenden Staatswesens, wenn sich die Menschen vermehren, das Mittel hierzu sei nun einmal die Liebe; jene Eiferer, die gegen sie wetterten, seien die "Schwarzbeseelten", die "Pest der Republik" (26), da sie letztlich nichts anderes im Sinn haben könnten, als die Zahl der Menschen zu dezimieren. So kann ein funktionierendes Theaterwesen nur von Nutzen für den Staat sein; als Argument führt Terrasson gar die Verminderung der Kriminalität an, die sich einstelle, wenn die Jugend allabendlich die Attraktion der Schauspiele aufsuche. (27) Damit rückt Terrasson an die Seite der traditionellen Katharsis-Theorie eine Theorie des gleichsam äußeren Nutzens des Theaters. Diese Didaktizität des Theaterwesens sieht Terrasson am Besten in der neuen dramatischen Form der Oper repräsentiert. (28) Terrasson weist darauf hin, daß die Entwicklung neuer dramatischer Formen im wesentlichen vom Geschmack des Publikums bestimmt wird. (29) Die Wichtigkeit des Publikums bei Terrasson kann letztlich nur aus dem philosophisch reinterpretierten Geometriebegriff erklärt werden. Der Geist der Geometrie eröffnet sich nicht mehr in der Ausschüttung eines transzendentalen lumen, sondern liegt in der Gesellschaft offen, die Vernunft ist keine aus dem Jenseits herabsteigende, sondern eine gesellschaftlich produzierte. Wenn der esprit géométrique als gesellschaftlicher Ordnungsbegriff nicht mehr - wie noch bei Bossuet und Muratori - auf die Metaphysik der christlichen Moraltheologie zurückgreifen muß, so ist die ordnende Vernunft, die die Gesellschaft als Ganzes durchwaltet, bei den institutionellen und individuellen Repräsentanten dieser Gesellschaft ebenfalls vorauszusetzen. Sowohl Schauspieler als auch Publikum sind Teile der geometrischen Vernunft; die Komödie wird somit - via Ständeklausel - zu einem Modell der Praxis dieser Vernunft.

V.18. DIE NEUINTERPRETATION EINER KOMISCHEN KATHARSIS: Konstruktion des Gesellschaftlichen durch affektive Progression (Du Bos 1719)

Die 1719 in Paris erschienenen Refléxions critiques sur la poësie et sur la peinture von Jean Baptiste Du Bos gelten als der "Katechismus der sensualistischen Ästhetik" (1), der die in England, Frankreich und Italien umlaufenden Diskussionen über das Verhältnis der Kunst zur Empfindungskraft und zur Vernunft in ein kohärentes System überführte. (2) Du Bos systematisierte eine Problemstellung, die während der Herrschaft der klassischen Doktrin schon Bouhours (1687) thematisiert hatte: Die Darstellungsmittel der Kunst seien in logischem Sinne inadäquat, die Differenz der ästhetischen Nachahmung zur Wirklichkeit deutet deshalb nicht auf diese Realität, sondern auf eine eigene Wahrheit der Kunst. (3) Diese semiotische Problematisierung des erkenntnistheoretischen Status von Kunst nimmt Du Bos in einer historisch fortgeschrittenen Situation wieder auf. Sein Vorhaben ist, den 'Wahn' des leeren Vernunftbegriffes mittels einer - in der ästhetischen Praxis aufzuspürenden - Sinnlichkeit aufzufüllen. Dabei fungiert die ästhetische Praxis als notwendiges Bindeglied, das die ökonomische Rationalität in einen politisch funktionierenden Gesellschaftsbegriff überführen soll. Die Du Bos'sche Ästhetik setzt somit die - in Begriffen der Kulturkritik geleistete - Analyse der Ökonomie voraus, in diesem Sinne ist sie eine progressive Ideologie. (4) Progressiv, weil sie ihren Gegenstand, den Abstand der Individuen zu sich selber und zur Gesellschaft, benennt, ideologisch ist sie, weil der aus der Kluft hervortretende Wahn durch ein therapeutisches Beschäftigungsprogramm nutzbar gemacht werden soll: Mit der Tauschrationalität wird jede Vernunft denunziert und die gesellschaftliche Totalität als eine affektive über den Begriff des sentiment général konstruiert.

Du Bos errichtet seine sensualistische Ästhetik, die als Kitt des Gesellschaftlichen fungieren soll, mit Hilfe traditioneller Begriffe und Vorstellungen der Rhetorik und der Poetik. So sind die zentralen Begriffe des goût und des sens commun stoischen Ursprungs (5), zugleich überträgt er die rhetorische pathos-Strategie auf die gesamte Kunst (6), der erkenntnistheoretische doppelte Modus der Wahrnehmung fand sich schon bei Muratori und Crousaz, der Begriff des ennui ist die Übersetzung des englischen spleens, den er zumindest durch die persönliche Bekanntschaft mit Locke und in den Schriften von Dennis kennengelernt hatte. (7)

Das anthropologische Grunddatum ist die Angst (der Seele) vor der Untätigkeit, deren Anzeichen der ennui ist. (8) Nach Du Bos gibt es zwei Arten praktischer Tätigkeit, die dem ennui der inaction entgegenwirken: die Arbeit und das Vergnügen, die erstere wird als "Bewegung in den Geschäften", die zweite als "Trunkenheit von Leidenschaften" definiert. (9) Nun befinden sich die Menschen in einer Beziehungsfalle zwischen Tun und Empfinden: sind sie untätig, werden sie von ihrem "Instinkt" dazu getrieben, "Objekte" zu suchen, die ihre Leidenschaften anregen könnten und haben sie ein solches leidenschaftliches Objekt gefunden, so leiden sie an der schmerzlichen Intensität ihrer Empfindungen. Dem vom Tun und Nichts-Tun gleichermaßen hervorgerufenen double-bind der Gefühle ist nur durch eine bewußte 'Empfindungspraxis' therapeutisch zu begegnen. Das Ideal dieser Therapie ist die Kunstbetrachtung. Die Künste rufen "künstliche Leidenschaften" (passions artificielles) in uns hervor, die denjenigen, die das nachgeahmte Objekt im Naturzustand hervorrufen würde, ähneln. (10) Diese künstlichen Eindrücke haben aber nicht die gleiche Intensität wie die Eindrücke der Realität, sie sind nur "oberflächlich" und werden leicht wieder vergessen. (11) Die besondere Qualität der ästhetisch induzierten Emotion rührt also daher, daß sie als "reines Vergnügen" unberührt von dem Ernst einer Sache ist, den das Imitierte in der Realität verkörpern könnte. Ästhetisches Mitleiden - auch z.B. in Form des Vergügens am Tode des Helden - ist somit durch den fiktionalen Status aller Kunst bedingt:

> "(...) die Rührung befindet sich sozusagen nur auf der Oberfläche unseres Herzens und wir wissen genau, daß unsere Tränen mit dem Ende der kunstvollen Fiktion, die sie hat fließen lassen, auch wieder versiegen werden." (12)

Die gesellschaftliche Rationalität, die den Menschen in den Wahn stürzt, weil sie selber irrational ist, kann nur in einer Praxis des Scheins durchleuchtet werden. Um die Kraft dieser 'irrationalen' ratio zu brechen, unterwirft Du Bos das Reflexionsvermögen dem sentiment (13), "nicht mehr die Reflexion auf die eigenen Ziele bestimmt das Handeln, sondern die Spontaneität des Mitgefühls", wie es Bürger formuliert. (14) Die Einbildungsfähigkeit des Herzens ist das Du Bos'sche Apriori seiner Anthropologie der Leidenschaften, die emotive Qualität dieses Organs avanciert gar zum "ersten Fundament der Gesellschaft." (15) Damit ist bei Du Bos ein erster philosophischer Gang um den Pol der abstrakten Vernunft, dem sich die Menschen vergebens in einem Prozeß der absoluten Mimikry nähern wollten, abgeschlossen: die Rationalität des ésprit géométrique hat sich vollends aufgelöst und ist in einer psychologischen Theorie des Scheins aufgegangen. Von diesem Nullpunkt nur noch bebend fühlender Individuen aus rekonstruiert Du Bos die Gesellschaft als Kunstgemeinde. Die Methode dieser Rekonstruktion ist nicht mehr die intermittierende Regression der ratio auf die potenza feconda wie bei Muratori oder die Digression des Schönen wie bei Crousaz, sondern die Progression der Affekte.

Wenn der Wirkungsbegriff der Kunst analog der rhetorischen Überredungstechnik konstruiert ist (16), muß auf der Seite des Betrachters eine emotive Aufnahmefähigkeit vorausgesetzt werden. Organ des Kunstverstandes ist das Herz, dessen Empfindungen mit dem ästhetischen Gegenstand schwingen. (17) Diesen gleichsam eingeborenen Kunstinstinkt begreift Du Bos im Sinne eines ästhetischen sensus communis und prägt dafür den Begriff des sentiment général. (18) Wölfel interpretiert die in diesem Begriff enthaltene Allgemeinheit als die eines "ästhetischen Egalitarismus" (19), der seinerseits auf einen gesellschaftlichen Begriff von Gleichheit verweist: potentiell besitzt jedes Individuum die ästhetische Urteilskompetenz des sentiment général - gleich jedem, "der über Kapital verfügt", der Zugang zum Markt zuerkannt wird. (20) Das 'Kapital' der ästhetischen Kennerschaft, das Urteilsvermögen, wird mit der bürgerlichen Bildung erworben. Der qualitative Maßstab für die Beurteilung der Kunstwerke bildet sich demnach innerhalb des gebildeten Publikums. (21) Das sentiment général macht jegliche Diskussion über die Kunstanschauung obsolet, mit fortschreitender Perfektionierung des öffentlichen Urteilsvermögens (22) visiert Du Bos die Utopie einer diskurslosen gleichen Stimmung an: "Un peu de tems(!) les (hommes, G. L.) met d'accord avec eux-mêmes comme avec les autres." (23) Bei Du Bos ist das Publikum erstmals als Masse gedacht: es erscheint nicht mehr als die Summe vieler Einzelner, sondern ist ein gesellschaftlicher Faktor, der von dem je eigenen Individuum, das Teil der Masse ist, unabhängig ist. Die bürgerliche Idee einer Gleichheit aller Menschen taucht somit zuerst als uniformierter Gleichklang der Gefühle auf, der die Einheit der Gesellschaft gegen den zerbrochenen Begriff der Vernunft und damit des Denkens retten soll.

Wenn man die Künste - wie Du Bos - als rhetorisches Medium einer allgemeinen Leidenschaft betrachtet, ergibt sich eine Werthierarchie unter den Künsten, je nach der logischen Qualität der Zeichen, mit denen sie vorrangig operieren. Den unmittelbarsten und heftigsten Eindruck vermag die Malerei zu vermitteln, da sie ikonische, gleichsam "natürliche Zeichen" verwendet, die ohne kognitive Zwischenprozesse unmittelbar auf die Empfindung wirken. (24) Die Poesie bedarf hingegen einer weiteren Vermittlungsstufe durch indexikalische bzw. symbolische, "künstliche" Zeichen - die Worte und Buchstaben. (25) Der materiale Gestus der Malerei, der das Bild gleichsam bis an den Rand füllt, repräsentiert die Wirklichkeit viel reichhaltiger als das dürre verbale Gerüst der Dichtung, deren phonematische Wortzeichen immer nur sukzessiv Teilaspekte der Wirklichkeit anzeigen können. (26)

Am Beispiel des Primats eines ikonischen Zeichenbegriffs, der die Totalität des Scheins emphatisch repräsentieren soll, läßt sich das Scheitern der irrationalistischen Wendung gegen die Vernunft aufzeigen: Die anti-rationale Theorie des Emotionalismus ist selber nach den Gesetzmäßigkeiten derjenigen Vernunft, der sie ausweichen will, konstruiert. (27) Aus dem Primat des ikonischen Zeichenbegriffes, der die Fülle des Tafelbildes schätzt, folgt auch ein Primat des Visuellen über die anderen Sinne. (28) Damit übernimmt Du Bos unbesehen die neuzeitliche Tendenz der Reduktion der synästhetischen Wahrnehmungsfähigkeiten auf den Sehsinn als konstruktives Element seiner Theorie. Die Herrschaft des Sehsinns ist ebenso wie die Betonung des emotionalen Affektes die Reaktion auf die reale Distanz zu den Objekten. Definiert man Voyeurismus als verschobene Wunschbefriedigung in Form einer visuellen Kommunikation über eine reale oder imaginierte Distanz zum Objekt, so steht der latente Voyeurismus der Du Bos'schen Theorie für ein verschobenes Verlangen nach Praxis, nach Lust. Den Mechanismus einer solchermaßen verschobenen Lust versteht Du Bos im Sinne einer reinterpretierten Katharsis. Der Wunsch nach Praxis kann nur noch an einem fiktiven Ort, im ikonischen Ersatz, befriedigt werden. Katharsis meint diese Verschiebung des Ortes der Lustbefriedigung in den imaginären Ort desjenigen Zeichens, das als Bild der Natur auch Bild der Praxis ist. Diese Bildschichten, die Du Bos im Ikon sieht, stehen aber als Symbol der noch nicht bearbeiteten ersten Natur. Die psychische Abarbeitung an der ikonisch repräsentierten Natur verdeckt somit die gesellschaftliche Arbeit an der realen Natur und damit den Ort der Praxis selber; dies ist das wahre ideologische Moment in der Ästhetik Du Bos'.

Aufgrund dieses Katharsisbegriffes ist das Theater - und hier wiederum aufgrund der Ständeklausel die Komödie - das hervorragende Medium zur Durchbrechung der Affektdistanz. Die theatralische Aufführung im Sinne eines ikonischen Superzeichens gewährt den Menschen einen Einblick "in den Zustand der Herzen und des Gefühls" der Mitmenschen, der uns im alltäglichen Leben verborgen bleibt. (29) Die Individuen erkennen sich in den Anderen, den Schauspielern auf der Bühne, und weil jeder einzelne im Publikum dasselbe sieht, erkennt jeder somit seinen Nachbarn, den Anderen, als Gleichen. In diesem Modell der Katharsis wird der Fremde zum Nachbarn: die im alltäglichen Umgang verborgenen Affekte der isolierten Individuen werden über ein Drittes, die dramatische Figur, als allen gemeinsame Eigenheiten entdeckt. Katharsis ist damit als psychische Erkenntnis eines gesellschaftlichen Vorgangs definiert.

Durch eine Art spezifischer komischer Katharsis werden "wir besser für die Gesellschaft" (30), weil das Publikum das Lächerliche in sich selbst entdeckt. Damit wertet Du Bos auch die Ständeklausel auf: Die Komödie, die uns Bilder dessen vorführt, was wir tagtäglich sehen, wird zu einem bürgerlichen Reflexionsmedium, das "die Abenteuer uns gleicher" bereithält. (31) Der Komödiendichter "läßt das Parterre auf die Bühne klettern." (32) Die "theatergerechte Form" (rondeur théâtrale) eines Charakters bildet sich durch das Auswahlprinzip der Karikierung, für das der Komödiendichter verantwortlich zeichnet. (33)

Du Bos vermag aber den Unterschied zwischen dem Prinzip der affektiven Progression, der spezifisch bürgerlichen Katharsis, und dem Rückfall im komischen Sturz als Resultat der komischen Praxis nicht zu fassen. Obwohl die komische Praxis nurmehr als Repäsentation bürgerlichen Alltagshandelns konzipiert ist, beklagt Du Bos, daß die antike Kunst der saltatio verloren sei und daß eine "Kunst der Gebärde" neu geschrieben werden müsse. (34) Die Bedingungen seien durch die zeitgenössische Theaterpraxis gegeben, da ein Schauspieler in der Komödie anders agiere als in der Tragödie. (35) Der ethische Didaktizismus von Du Bos' Komödientheorie basiert aber nicht auf diesem materialen Praxismodell der komischen Sprünge, sondern in der kathartischen Erkenntnis tabuisierter Gemütsbewegungen. (36) Die theatralische Repräsentation ist eine fiktive Darstellung - der Schein des Realen -, gleichwohl sind die davon ausgelösten Prozesse der Empfindungstätigkeit realer als die auf reale Objekte bezogenen Eindrücke. (37) Dieser Prozeß der Erkenntnis im imaginären Ort reinigt uns zugleich wieder von den im Theater hervorgerufenen Leidenschaften: leidenschaftslos fallen wir wieder ins Leben, wo wir uns - solcherart therapeutisch behandelt - wieder in die Praxis der herrschenden Vernunft begeben können.

VI. Errichtung eines Kontinuums der Fiktion

VI.1. THEATER ALS ORT EINER DIDAKTISCHEN KÖRPERSEMIOTIK (Wolff 1720; 1721)

Neben Werken, die den protestantischen ethischen Rigorismus in eine asketische Sozialethik transformierten (1), waren es vor allem die deutschsprachigen Schriften Christian Wolffs, in denen der Begriff der Vernunft utilitaristisch aufbereitet wurde. In den 1720 erschienenen Vernünfftige(n) Gedancken von der Menschen Thun und Lassen / zur Beförderung ihrer Glückseligkeit erscheint die Welt als ein rationaler Entwurf, innerhalb dessen das Individuum zu einem Ort des Irrationalen wird, zu einem Ort des möglichen Scheiterns der Vernunft. Wolff versucht in seiner deutschen Moral - wie die Schrift auch abkürzend betitelt wird - diesen bedrohlichen Verfall des Individuums durch eine praktische Ehtik zu korrigieren. Dazu umfährt er enzyklopädisch sämtliche bürgerlichen Lebensbereiche und gibt Anweisungen zu verschiedenen "Leibes=Ubungen" und 'Gemüths=Ubungen". (2)

Die Ausweitung rationaler Kriterien auf das ungeordnete Wesen Mensch führt zu apriorischen Setzungen, die sich in der Konstruktion der "freyen" und der "unfreyen" Handlungen niederschlägt, wobei nur die "freyen" Handlungen dem Willen unterworfen werden können. (3) "Frei" werden sie erst durch die 'freie' Entscheidung über das Ausmaß der jeweiligen Leibesfunktion, die in eine Handlung umgesetzt werden soll. Die Kontrolle der Körperreize bringt - wird sie von allen geübt - die vernünftige Gesellschaft hervor. Das Ideal der quantitativen Häufung der Vernunft im Sinne einer rationalen Progression läßt sich auch an der wiederholt auftauchenden ethischen Maxime Wolffs ablesen: "Thue was dich und deinen oder anderer Zustand vollkommen machet; unterlaß / was ihn unvollkommener machet." (4) Der hier auftauchende Begriff der Vollkommenheit - der in der Leibnizschen Theodizee die qualitative Vollendung eines Dinges bezeichnet (5) - wird durch die Übertragung in den ethischen Bereich zu einem eudämonistischen Ideal, dessen Emphase auch die Definition von Tugend und Laster bestimmt:

> "Die Fertigkeit seine Handlungen nach dem Gesetze der Natur einzurichten ist es / was wir die Tugend zu nennen pflegen. Hingegen das Laster ist eine Fertigkeit dem Gesetze der Natur zu wieder(!) zu handeln." (6)

Im Rahmen des auf diese Weise konstruierten Vollkommenheitsideals werden die Sinne und der Körper nochmals zu einem Problem, diesmal auf theoretischer Ebene. Das im Menschen von vornherein der teleologischen Vernunftprogression Entgegenstehende schlägt sich als erkenntnispraktische Antithese von Erkenntnisvermögen und Empfindungsfähigkeit nieder. (7) Um diese Schwierigkeit zu umgehen, werden neben den "unfreyen Handlungen"

- den unbeeinflußbaren physiologischen Körperfunktionen - auch sämtliche anderen nicht-kognitiven Funktionen des Körpers aus dem Erkenntnisbegriff ausgegrenzt. Damit wird auf dem Niveau einer praktischen Ehtik das Verhältnis der ausegrenzten beziehungsweise unterdrückten Teile und Funktionen zueinander zum Problem. Wolff löst das Problem der "Einbildungs=Krafft" und der "Affecte", indem er eine rationale Ordnung des Körpers entwirft, in der die Vernunft die Funktionen und Abläufe innerhalb des Körper-Ichs ebenso wie dessen Beziehung nach außen regeln soll. (8)

Diese rationale Herrschaft über den Körper bedarf einer immerwährenden Anstrengung und Übung (9); diejenigen Bürger, die auf diese Weise die Herrschaft über sich gewonnen haben, werden in mehrfacher Hinsicht zu Fremden. Gleich dem eigenen beherrschten Körper-Ich, das dem Ich der Vernunft als fremdes gegenübertritt, stehen sich die beherrschten Menschen in der gesellschaftlichen Sphäre als Fremde gegenüber. (10) Die Menschen wiederholen so an sich selber in der psychischen Dimension ihre - auf dem ökonomischen Sektor notwendige - Zerteilung in antagonistische Marktindividuen. Der beherrschte Mensch als Produkt der teleologischen Vernunft hat die Funktion, das irrationale Moment seiner gesellschaftlichen Produktionsweise in der Praxis zu legitimieren und zugleich in der Theorie zu verschleiern, indem das Menschenbild dieser Praxis angepaßt wird. Die praktische Ethik Wolffs affirmiert so die bürgerliche Wirklichkeit, indem sie die naturhaft anthropologische Substanz des Menschen beschneidet und diese andere, gemodelte Natur als seine erste ausgeben will.

Gegen dieses praktizierte Modell steht schon 1720 die bürgerliche Utopie einer universalen Menschenliebe im Konjunktiv; durch die Sprachform außerhalb der praktischen Ethik angesiedelt, ist sie nur eine Idee des Trostes in der gegenwärtigen Fremde:

> "Ein jeder würde gleich dem andern mit Rath und That an die Hand gehen. Solchergestalt würde ein jeder so viel Vollkommenheit erreichen / als nur immer möglich ist und darinnen immer weiter fortschreiten." (11)

Daß dies altruistische Ideal einer Entäußerung der Individuen zur Gesellschaft nur ein Wunsch ist, erhellt aus den im folgenden Jahr (1721) erschienenen Vernünfftige(n) Gedancken von dem Gesellschaftlichen Leben der Menschen und insonderheit dem Gemeinen Wesen zu Beförderung der Glückseeligkeit des menschlichen Geschlechts, Kurztitel: deutsche 'Politik'. Hierin erörtert Wolff nach einer kurzen Definition des Gesellschaftlichen mit Hilfe der Vertragstheorie (12) zunächst ein Faktum, das die bürgerliche Gesellschaft in der Tat zusammenhält: die Triebunterdrückung in der Familie. Dabei nimmt er Einsichten Freuds unkritisch vorweg.

Die Kernzelle des bürgerlichen Gemeinwesens ist die Ehe; Zweck dieser Institution ist neben dem Gattungserhalt vor allem die Eindämmung des "unkeuschen Wesens" des Menschen. Der - von Wolff ausführlich beschriebene - Weg der sexuellen Lust führt ins Verderben der Unzucht. Dieser Weg der Lust ist von der gesetzten Bestimmung des Menschen gesehen wider seine Natur. (13) Aber ebenso ist auch die vollkommene Versagung der "Brunst" und der "Begierde" gegen die Natur. In diesem Widerstreit seiner doppelten Natur muß sich der Mensch mit der Hilfe seines Verstandes für die Reinheit der idealen Natur und gegen die physiologische Körpernatur entscheiden. (14) Der Körperlust - die es zu brechen gilt - setzt Wolff einen anderen Lustbegriff entgegen, die als "unschuldige Lust" vor allem in der Kunst ihre Erfüllung findet. Der positive Lustbegriff, der durch die Folgenlosigkeit des Lustgefühls definiert ist, deckt sich weitgehend mit Freuds Begriff der Sublimation. (15)

Die sublimierte Lust entfaltet sich sowohl als stilles Vergnügen des genießenden Individuums als auch im Rahmen einer gesellschaftlichen Praxis. Das Modell hierfür ist das Theater - auch "Comödien, Tragödien und Opern" tragen dem Verlangen nach unschuldigen Vergnügen Rechnung. (16) Diese kontrollierte Sinnlichkeit ist ein Aspekt der Nützlichkeit der theatralischen Vorstellungen, der andere ist in ihrer Fähigkeit begründet, den gesellschaftlichen Zusammenhang einzelner Handlungscodes stellvertretend, d.h. synekdochisch zu repräsentieren: im Theater wird das vom Einzelnen nicht zu überblickende Ganze in einem überschaubaren Superikon zusammengestellt. Gerade diese totalisierende Qualität hebt Wolff bei der Beurteilung der Nützlichkeit des Theaters besonders hervor. Theater ist also 1. als Zeichen Kunst, 2. Medium der Sublimation der triebhaften ersten Natur des Menschen, und 3. ein topografisches Instrument, das die Gesellschaft als Ganze anzeigt. Aus dem letzten Punkt ergibt sich noch ein weiterer: 4. von der gesellschaftlichen Landkarte, die das Theater gleichsam liefert, sind einzelne Details ablesbar, die im Leben nur schwer zu rekonstruieren sind:

> "Hingegen in Comödien und Tragödien folget alles, was zusammen gehöret, in einer kurtzen Reihe auf einander, und lässet sich daraus der Erfolg der Handlungen viel besser und leichter begreifen, als wenn man im menschlichen Leben darauf acht hat." (17)

Diese semiotische Didaktik kann aber nur realisiert werden, wenn die Darstellungsform eine "natürliche" ist. (18) Das 'natürliche' Moment wird von der sogenannten Theorie der poetischen Gerechtigkeit näher bestimmt, nach der die praktische Ethik in Form einer Kausalverknüpfung von Tugend und Glück, Laster und Unglück auf der Bühne erscheinen muß. (19) Das Vergnügen im Theater legitimiert sich letztlich nur, wenn die als naturhaft ausgegeben bürgerlichen Verhaltensmaßstäbe reproduziert werden.

Das Theater ist somit für Wolff eine Art mimetischer Propagandaapperat, dessen Funktionsweise nicht vollkommen aus den Kategorien der Vernunft deduziert werden kann. Im Ansatz scheint bei Wolff eine Theorie der psychagogischen Wirksamkeit des Theaters durch:

> "Es haben aber Comödien und Tragödien darinnen einen Vorzug für geschriebenen Historien, daß sie einen grösseren Eindruck in das Gemüthe des Menschen machen. Denn was man selber mit Augen siehet und mit Ohren höret, beweget einen mehr und bleibet besser, als was man bloß höret. Nemlich die Geberden und Minen des Menschen, in gleichen die Veränderung der Stimme, damit die

Worte vorgebracht werden, nachdem man von diesem oder einem anderen Affect getrieben wird, lassen sich zur Zeit nicht völlig beschreiben." (20)

Was sich "zur Zeit nicht völlig beschreiben" läßt, ist die Tatsache, daß das Körper-Ich trotz seiner Abtrennung vom Vernunft-Ich noch laufen, arbeiten und leben kann. Diese Präsenz des Lebens im Körper ist vom Ort der Cogito aus nicht einzusehen. Das Theater wird so zum didaktischen Ort einer Körpersemiotik, einem Ort der Reflexion der sinnlichen Ganzheit des Menschen und eine Lehrstätte der Affekte. Weil der eigene Körper fremd geworden ist, benötigt das Cogito-Ich ein lehrhaftes Bilderbuch des körperlichen Verhaltens, aus dem es den Umgang mit sich selbst über die Nachahmung eines Dritten (des Schauspielers) lernt. Gegen diese verschobene Körperpraxis in der Anschauung hält Wolff aber - in einer eher beiläufigen Bemerkung - an der Idee einer Individualität fest, die sich beim zwanglosen Dialog im "Kaffe-Haus" bilden kann. Im Gegensatz aber zur Diskussion der individuellen humours und spleens in England, die auf der Basis institutionalisierter gesellschaftlicher Freiräume vor allem Orte einer 'inneren Freiheit' bezeichnen, ist die Persönlichkeitsbildung im deutschen Kaffeehaus von vornherein lediglich als Möglichkeit zur überlappenden - vertikalen - Kommunikation im Binnenraum der festgeschriebenen Ständehierarchie konzipiert. (21)

VI.2. 'WITZ': LOGISCH-ÄSTHETISCHE PRAXIS DER TAUSCHABSTRAKTION

Die Theaterreform im Sinne einer Positivierung der Komödie scheiterte, soweit sie als Aufnahme des Lachens in ein ideales Menschenbild konzipiert war, an der Verwechselung oder Überlagerung beider Lachtypen, wobei zumindest in der Theorie das satirische Verlachen/irrisio als Konzessionslachen eindeutig favorisiert wurde. Dieses ältere Lachen, in der rhetorisch-poetologischen Tradition stehend, sollte seine didaktische Wirkung in der Ausgrenzung des Unvernünftigen finden, obwohl die Epoche selber schon zu einem anderen Formprinzip der "befreiten Logik" (1) - des "Witzes" in der zeitgenössischen Terminologie - gefunden hatte, das die Terme deaxiologisch als gleiche behandelte: Die progressive Form - Witz - wurde um des progressiven aufklärerischen Gehalts zuliebe hintenan gestellt, der in der Form der irrisio präsentiert wurde.

Modell dieser vergeblichen Bewegung ist die Umkehrung der Ständeklausel in der Komödie, die auf die Positivierung der bürgerlichen Charaktere zielt. Im Laufe dieses Prozesses der Verbürgerlichung der Komödie wird aber mit der komischen Comunitas auch das transzendierende Moment des Komischen eleminiert. Übrig bleibt nur noch die ausgrenzende Bewegung des satirischen Verlachens, das im Sinne eines Wirkungsmechanismus des prodesse begriffen wird (2) und das - wie die Idee eines didaktischen Theaters überhaupt - die Übernahme einer Praxisfigur der vergangenen Epoche darstellt. Das satirische Verlachen des als "Lächerlich" Empfundenen entstammt der rhetorischen Tradition des Barock; die auf dem Überlegenheitsgefühl des Zuschauers basierende Schadenfreude soll positive Konsequenzen für diesen selber haben. Der Lachstil einer vergangenen Epoche soll eine "emanzipierende Kraft" (3) gerade gegenüber den alten Strukturen - also in politischer Hinsicht gegenüber dem Feudalismus und im kulturellen Bereich gegenüber dem Barock - entfalten. Dies Lachen der irrisio, des Hohns, definiert Wolff in seiner Psychologia empirica (1732) näher.

Die Psychologia empirica ist zunächst als 'Erfahrungswissenschaft' konzipiert, die die Vorgänge der menschlichen Seele erklärt (4), wobei die Seele das freie Moment im Gegensatz zur Unfreiheit des Leibes bezeichnet. (5) Ausdruck dieser Gewichtung ist der Wolff'sche Begriff der "Kraft der Seele", der für ein einheitliches Prinzip steht, das sowohl die Empfindungen, Einbildungen als auch die Begriffe der Vernunft hervorbringt. (6)

Das Lachen fällt nun in die "Seelenhandlungen" der Affecte (7), und innerhalb dieser Gruppe unter den Oberbegriff des Hohns (irrisio). Dieser wird als eine Freude über einen Fehltritt eines anderen definiert, der obendrein dadurch Schaden erleidet. (8) Das Lachen resultiert nun innerhalb dieser Gruppe von Seelenzuständen aus der Wahrnehmung derjenigen Dinge, die unserer Erfahrung oder unserem Verstand widersprechen: "Risus nascitur ex iis, quae nostra opinione absurda sunt." (9) Diesen Ansatz einer bisoziativen Lachtheorie belegt Wolff nun mit Beispielen aus dem Bereich der praktischen Ethik; der Widerspruch zwischen der Stellung bzw. dem Charakter einer Person zwingt zum Lachen. (10) Das Lachen ist demnach ein Resultat der Abweichung von einem moralischen Handlungscode; wenn ein kirchlicher Würdenträger betrunken und Mädchen küssend (vino inebriari ac virgines asculari) angetroffen würde, so sei dies allemal eine lächerliche Szene, deren Effekt aus dem Widerspruch der 'Würde' des Amtes und den tatsächlichen nur allzu weltichen Handlungen herrühre. Obwohl Wolff feststellt, daß es auch ein Lachen ohne Beteiligung der irrisio gebe (§ 744), bleiben die zum Lachen reizenden Widersprüche als Kontraste stehen und werden nicht in eine bisoziative Einheit aufgelöst. Wolff führt damit die rhetorische Theorie fort, die das lachende Subjekt nicht als Träger eines logisch dritten Termes auffaßt, sondern es an einen der widersprechenden Handlungscodes attachiert. Wenn das Lachen immer mit einem der beiden Handlungsebenen identisch ist, ist es nur als Verlachen denkbar. Die Erklärung des Lachens mündet so in eine Theorie der Schadenfreude, die als irrisionis summus gradus, als oberste Stufe des Hohns definiert wird. Das Verhöhnen in Form der "Schadenfrohe" scheint eine Nationaleigenschaft der Deutschen zu sein, denn dies Wort kennt nur die deutsche Sprache: "Germanis peculiare nomen est, quid istiusmodi homini imponunt." (11)

Demgegenüber bestimmt Wolff den Begriff des Witzes (ingenium) als ein kognitives Prinzip, das dem Erkennen von "Ähnlichkeiten" dient. (12) Dabei unterscheidet er zwei Komponenten des Witzes: einer, der "bloß an Sinnen und Imagination hänget" und der sich "bey Poeten, Rednern, Pickelheringen und so weiter" findet, dieser Witz erkennt nur den äußeren Zusammenhang der Dinge. Eine andere Qualität des Witzes befähigt zum Erkennen der "innere(n) Aehnlichkeiten der Dinge"; diese Art des Witzes kommt der wissenschaftlich-technischen Erfindungsgabe zu. (13) In ähnlicher Weise setzte sich schon bei Bouhours der Begriff bel esprit aus den Elementen intelligence und imagination zusammen. (14) Die Dichotomie des Erkenntnisbegriffes, der wir schon im Zusammenhang der Konstruktion des Schönen begegnet waren, taucht also auch in der Bestimmung des Witzprinzips als einer Erkenntnispraxis auf.

Mit dem paradox klingenden Begriff 'Erkenntnispraxis' ist hier zweierlei gemeint:

1. Das niedere oder imaginative Erkenntnisvermögen war ein Resultat einer von zwei Seiten her vordringenden Vernunft, dem esprit géométrique als einer Denkabstraktion der mechanischen Naturerkenntnis stand eine andere Rationalität gegenüber, die als Realabstraktion des ökonomischen Wertbegriffes zu bestimmen ist. (15) Dies betrifft den genetischen Aspekt der Erkenntnispraxis.

2. Bei der Übertragung sowohl der Denk= als auch der Realabstraktion in einen semiotischen Code entsteht das Prinzip des Witzes, das auf diese Weise zu einem begrifflichen Instrument dieser gesellschaftlichen Praxis wird. Der Witz wird zur ideologischen Münze ähnlich dem Tugendbegriff, der über des Bürgers Tagwerk steht und ähnlich dem Sinnspruch, der über seiner Haustür hängt; gleich diesen förmlich in den Alltag eingeritzten Maximen ist das Formprinzip des Witzes (16) das zur Verkehrsform geronnene Prinzip der Tauschabstraktion. Weil es als abstrakt kognitives Prinzip eine gleichsam universale anthropologische Eigenschaft bezeichnet, die das gesamte gesellschaftliche Leben durchzieht, ist es grundsätzlich von jedem vordergründigen Nutzen oder moralischen Zweck getrennt - genauso, wie aus der Bestimmung des Tauschwerts die sinnliche Konkretheit der Ware in Form ihres Gebrauchswertes herausfällt. In diesem Sinne ist das Formprinzip des Witzes das Formprinzip einer befreiten Logik (17). Wie jede Ware von jedermann zu entsprechendem Preis erstanden werden kann, werden auch die beiden Terme, die miteinander konfrontiert werden, frei kombinierbar; sie stehen nicht mehr für einen moralischen Handlungscode oder eine begriffliche Norm, sondern sind wertfrei geworden und stehen für das reine Prinzip der Bisoziation. Weil aber der Tauschwert niemals im Gebrauchswert aufgeht, kann auch die befreite Logik des Witzes niemals als reines kognitives Prinzip erscheinen, das unterschiedslos zwischen allen Dingen eine Beziehung herstellen könnte. Auch die befreite Logik ist an die Norm einer Handlungslogik gebunden, die Konnotation des Komischen, die das Wort 'Witz' im Verlauf des 18. Jahrhunderts erhält, entstammt einer neuen Hierarchie, die sich vor dem Hintergrund im Sinne einer bisoziativen Matrix in doppelter Weise herstellt:

1. Der kognitive Prozeß einer ständigen Relativierung der Norm bildet abstrakt-gesellschaftlich nomische Strukturen aus, die auf eine historische Differenz zu dieser relativierten Norm verweisen. Einfacher ausgedrückt: Das Prinzip des Witzes wird im Verlaufe seiner praktischen Anwendung selber zur Norm, die jeder in einem bestimmten Maß reprä-

sentieren muß; insofern ist Witz auch die intellektuelle Charakterkomponente, die sich in geistvollen Bemerkungen äußert.

2. Diese abstrakte Differenz schlägt sich als Moment des Komischen in der lebenspraktischen Anwendung in Form einer spielerischen Witzkommunikation nieder: die deaxiologisierte bisoziative Logik wird auf der Sprach- und Handlungsebene praktisch angewandt. Im Salon und in der Kaffeehauskultur dient dieses Modell der Ausbildung einer spezifischen bürgerlichen Identität jenseits einer körperlichen Praxis.

Bei der Übertragung des Witzprinzips auf die komische Praxis der Komödie werden die beiden Vernunftanteile in Form einer Denk- und einer Realabstraktion, die das Witzprinzip begründet hatten, ebenfalls mittransportiert. Die gespaltene Linie der bürgerlichen Praxis, der zweifachen Arbeit an der Natur und an sich selbst, findet somit Eingang in die Komödie. Daraus resultieren Widersprüche und auch neue poetische Qualitäten.

Zunächst wird das an die komische Figur gebundene Prinzip der komischen Bisoziation befreit und sowohl in der englischen Restaurationskomödie als auch im französischen Théâtre Italien und schließlich auch in der sächsischen Komödie auf alle Figuren der Komödie ausgedehnt. Diese Ausweitung ist in engem Zusammenhang mit der Säkularisierung des metaphysischen Dualismus der barocken Repräsentation und dessen Reduzierung auf "einen innerweltlichen Dualismus von Tugendbegriff und Tugendverkörperung" (18) zu sehen. Das lebenspraktische Modell des Witzes entfaltet sich einmal auf historischer Achse gegen eine in der Transzendenz begründete Ordnung und zum anderen auf gesellschaftlicher Ebene im Widerspruch von moralischer Norm und tatsächlichem Handeln. In diesem horizontal und vertikal bestimmten Differenzpunkt gedeiht die europäische Komödie der Frühaufklärung. Deren komische Praxis entnimmt dem barocken Theatersystem den indexikalischen Gestus als didaktischen Verweis und die ausgrenzende Lachpraxis der irrisio und übertägt beides in den Raum der befreiten Logik. Daraus folgt für diese Komödie ein Widerspruch zwischen derjenigen Norm, die qua Didaktik und irrisio das Ideal bürgerlicher Tugenden und Vollkommenheit darstellen soll und der Negation eben dieser Normen in der komischen Praxis derjenigen Figuren, die gerade durch ihr Handeln die Differenz zur vorangegangenen Epoche anzeigen sollen. Anders ausgedrückt: Die Komödie der Frühaufklärung intendiert die Positivierung eines bürgerlichen Handlungsbegriffes, der aber nur negativ aus der unter der Normalperspektive gescheiterten Praxis der komischen Figur zu gewinnen ist. (19) Der besondere Reiz der Komödie dieser Epoche liegt nun darin begründet, daß sie diesen Widerspruch als antithetisches Konstruktionsprinzip selber thematisiert; den beiden sich durchdringenden Momenten des Entwurfs eines positiven bürgerlichen Lebens und der gleichzeitigen Kritik im Medium des Komischen verdankt die Komödie der Frühaufklärung letztlich ihren Erfolg. (20)

Aus diesem Entwurfcharakter der Komödie resultierte noch eine weitere Aporie: während vordergründig in der ästhetischen Praxis die bürgerliche Öffentlichkeit als ein rationaler Raum konstruiert wird, setzt sich faktisch die Tauschwertlogik des Marktes als anonyme Agentur der Praxis immer mehr durch. In dieser Überwucherung eines frei gewählten Handlungsraumes - in dem die befreite Logik ihr Spiel treibt - durch das Raster der allgemeinen Tauschrationalität verödete schließlich die komische Praxis im Sinne eines bürgerlichen Handlungsmodells und machte dem bürgerlichen Trauerspiel Platz. In dessen tragischem Doppelaspekt - ökonomischer Bankrott und Zusammenbruch der Familie - trifft der bürgerliche Optimismus des anthropologischen Selbstentwurfs auf die gesellschaftliche Realität; beide Welten, Familie/Liebe und Gesellschaft/Ökonomie werden als radikal getrennte Grundterme erlebt, zwischen denen menschliches Handeln keine Beziehung mehr herstellen kann.

Die von Steinmetz herausgearbeitete Entwicklung von einer binomischen zur monomischen Komödie strukturiert diesen Prozeß, wobei die schrittweise Ausgrenzung der negatorischen Elemente des Komischen anhand der formalen Entwicklung der Komödie abzulesen ist: Kannte die in der Tradition der Commedia dell'arte stehende binomische Komödie noch ein doppeltes Laster in Form eines allgemeinen und eines diesem gegenüberstehenden privaten (21), so kennt die darauffolgende monomische Komödie nurmehr ein privates Laster, während die Gesellschaft anders denn als Herrschaftsbereich der Vernunft nicht mehr denkbar ist. (22) Als historisch nächster Eintwicklungsschritt wird in der comédie larmoyante auch das private Laster eliminiert, dargestellt wird nur noch die seichte Differenz einer individuellen Tugend zu einem allgemeinen Ich-Ideal. Das Leben wird zum bloßen Denken, und die Reflexion darüber zum Gefühl.

VI.3. TEILUNG DES KOMISCHEN KÖRPERS IN TOTE WARE UND LEBENDIGEN SCHEIN

Je mehr die bürgerliche Gesellschaft zum Hort einer toten Warenansammlung wurde, in dem die Dinge nur im Moment der Realisierung ihres Mehrwerts zuckten und je mehr auch die Subjekte durch den Verkauf ihrer Arbeitskraft diesem Kapitalbildungsprozeß unterliegen, destomehr mußte die kompensatorische Praxis der Kunst von der materiellen Produkionsweise unterschieden werden; zugleich mußte die Herstellung des lebendigen Ganzen als Schein den Charakter von Arbeit verlieren und - scheinbar mühelose - Gegenentwürfe zur falschen gesellschaftlichen Praxis liefern. In der Komödie tritt so an die Stelle der materialen Reflexion (als der spezifischen Form einer signifikanten Praxis innerhalb der komischen Comunitas) der Austausch eines reinen Signifikats zwischen A und S. Dieser Austauschprozeß bezeichnet die semiotische Dimension der didaktischen Identifikaion mit dem nicht-identischen Dritten, umgangen wird der Körper des Anderen, unterdrückt wird die Spur des Signifikanten. Dies theatralische Modell der verschobenen Aneignung einer Identität ohne Praxis geht konform mit der Funktion bürgerlicher Kunst allgemein: nicht der signifikante Körper des A, sondern dessen Spiel als R wird als tatsächliche Leistung notiert. Ebenso wie der A hinter der R verschwinden soll, grenzt auch der auratische Schein eines jeden Kunstwerks die tote Mitte inmitten seines Warenkörpers aus. Der Tauschwert im Kunstwerk, der von dessen Warenexistenz zeugt, wird von einem symbolischen Wert umhüllt und gleichsam lückenlos versiegelt. Dieser um den toten Warenkern gelagerte Schein ist nun keine Qualität, die ein 'interesseloses Wohlgefallen' auslösen könnte, sondern er bezeichnet eine semiotische Relation, die ihrerseits auf die Utopie einer lebendigen Mitte verweist. Kunst als Ware wird so das Zeichen einer anderen Praxis. In der warenproduzierenden Gesellschaft wird Kunst aber zum Ort einer nur scheinbar anderen Praxis - dies ist das ideologische Moment des Scheins; Kunst bezeichnet aber noch ein anderes, indem der Schein an das gänzlich falsche Sein der Dinge als tote Warenkörper erinnert - dies ist der über den Schein hinausschießende Wahrheitsgehalt von Kunst.

Wir hatten im Anschluß an zur Lippe den Begriff der lebendigen Mitte als Einheit von materieller Praxis und Reflexion dieser Praxis definiert, Modell dieser Einheit war die materiale Reflexion der komischen Figur (s. o. Kap. IV.4.). Mit der zunehmenden gesamtgesellschaftlichen Arbeitsteilung zerteilt die bürgerliche Komödie auch den Körper der komischen Figur, die nunmehr zwei verschiedene Praxisformen 'verkörpern' muß: neben das ästhetische Prinzip der materialen Reflexion tritt der Verkauf der körperlichen Fähigkeiten des Harlekins und dessen Kauf durch den Zuschauer. Die bürgerliche Komödie als Institution - sofern sie die komische Comunitas errichtet - produziert fortan beides, lebendige und tote Mitte.

Neben der durch den Stand der Produktionsverhältnisse bestimmten gesellschaftlichen Organisationsform des Theaters besteht weiterhin das Prinzip einer anomischen Comunitas, in das die subjektive Wunschproduktion eingeht und kollektiv verarbeitet wird. Im Moment der Eingliederung des Theaters in den allgemeinen Verwertungszusammenhang wird der Körper der komischen Figur als Träger der kinematischen Maske geteilt - ein Teil fällt als Tauschwert vollkommen aus dem Spiel heraus und produziert nach der Logik der Warenproduktion eine tote Mitte; der andere Teil, der weiter auf der Bühne agiert und vorläufig als nicht subsumierbar erscheint, fährt fort - unabhängig von der je besonderen ökonomischen Organisationsform der Aufführung - lebendige Mitten im Durchgang durch die komische Comunitas zu produzieren (siehe Fig. 19).

Je umfassender aber mit der zunehmenden Warenproduktion tote Mitten produziert wurden, desto perfekter mußte der auratische 'Gebrauchswert' der Kunst auf die lebendige Mitte als Schein verweisen. Innerhalb dieser semiotischen Bewegung zum Aufbau eines totalen Scheins wird auch der Körper der komischen Figur - der ja schon gespalten war in einen Mehrwert realisierenden Warenkörper und einen Clownskörper der materialen Reflexion - wieder zu einer Einheit im Schein zusammengefügt, indem die materiale Reflexion nunmehr eliminiert wird. Wie aus dem zweiten Schaubild (Fig. 20) ersichtlich ist, wird die lebendige Mitte zu einem reinen Fantasma, das nicht mehr in der komischen Praxis der komischen Figur hergestellt wird; es wird nur auf sie verwiesen, um von der allein hergestellen toten Mitte abzulenken.

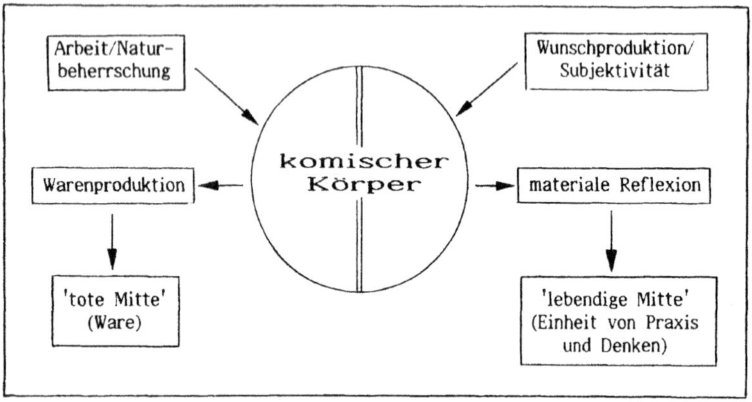

Fig. 19 (Flußdiagramm der bürgerlichen Komödie I)

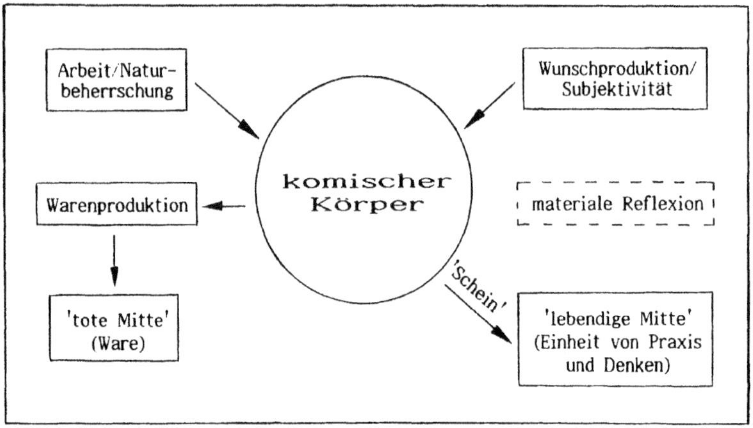

Fig. 20 (Flußdiagramm der bürgerlichen Komödie II)

Dies entspricht einer veränderten Triebstruktur der Individuen. Das dyadische Produktionsverhältnis von A und S, das sich in der Komödie durch die partielle Zerstörung der rituellen Kommunikationsformen mittels der komischen Comunitas als ein besonderes herstellte, wird nur noch als reiner Austauschprozeß im Rahmen der intratheatralischen Kommunikation verstanden: das Signifikat repräsentiert die Norm O_1, ohne sie in der komischen Praxis als O_2 neu hergestellt zu haben. Damit unterbleibt der komische Sturz, der Ort des Verdrängten in den je einzelnen Individuen bleibt unberührt, das Lachen verklingt. Nichts wird berührt, lediglich die bestehenden Normen werden bestärkt: Normen, die in der Doppelgestalt von psychischer Deformation und falscher gesellschaftlicher

Praxis weiterleben.

Der auratische Schein bürgerlicher Kunst und damit auch der Komödie, der an die verschüttete lebendige Mitte erinnern soll, ist in doppelter Hinsicht zum 'trojanischen Pferd' der toten Mitte geworden: Er verschleiert nicht nur auf der Objektseite den Tauschwert im Sinnern des Schönen, sondern umkapselt auf der Seite der Subjekte auch das Innerste der Menschen; er manipuliert deren 'Wunschmaschinen' und verformt damit den Fluß geheimer Wünsche aus dem tabuisierten Ort und bestärkt auf diese Weise die Herrschaft universaler Tabus. Die komische Praxis wird so zu einem Modell der Triebunterdrückung - diese Konstellation wird uns als Idee eines Bilderverbots der Frau in der Theorie L. Riccobonis (1743) und in der Theorie der comédie larmoyante wieder begegnen.

VI.4. DOPPELTE CODIERUNG DER POESIE
Zur Aporie der Gottsched'schen Ästhetik (1730)

Der "Provinzcharakter" (1) der deutschen Poetik in der ersten Hälfte des 18. Jahrhunderts - von dieser Einschätzung ist in erster Linie Gottscheds Critische Dichtkunst (1730) (2) betroffen - ist die unmittelbare Folge der zurückgebliebenen Lage des deutschen Bürgertums, das gegenüber den entwickelteren ökonomischen und geistigen Verhältnissen in England und Frankreich bürgerliche Ideen von dort importierte und für die deutschen Zustände zunächst als geistiges Programm formulierte. Aus diesem generellen Entwurfscharakter resultiert auch die spröde theoretische Komposition der CD, die eklektisch - innerhalb der schulphilosophischen Grundaxiomatik eines dualen Aspekts von sinnlicher Erkenntnis und hegemonialem Verstand - die unterschiedlichsten Begriffe und methodischen Aspekte miteinander zu einem mehrfach widerspruchsvollen System der Poesie verbindet.

Im Anschluß an die metaphysisch interpretierte Ordnung des esprit géométrique faßt Gottsched den Begriff der Schönheit als qualitatives Merkmal der quantitativ bestimmten Vollkommenheit: schön ist, was vollkommen ist, das Vollkommene ist auch immer schön. (3) Die Zirkelbewegung soll einen Bruch verhüllen, der durch zwei theoretische Ebenen der poetologischen Konstruktion verläuft. Die erste Bruchstelle befindet sich im theoretischen System selbst zwischen der wahrnehmungspsychologisch begründeten Produktionsästhetik einerseits und der zeichentheoretisch gefaßten normativen Poetik andererseits (4), der andere Bruch entsteht an der Stelle, an der im restituierenden Rückgriff auf traditionelle Poetiken (5) eine "Neubestimmung der literarischen Kompetenz und literarischen Funktion" der bürgerlichen Literatur geleistet werden soll. (6)

Dabei verweist der zentrale Begriff der "Nachahmung der Natur" (7) sowohl auf die doppelte Funktion der Poesie als auch auf einen doppelten Naturbegriff. Gottsched unterscheidet drei qualitativ verschiedene Nachahmungsbegriffe; der erste ist "eine bloße Beschreibung, oder sehr lebhafte Schilderey von einer natürlichen Sache". (8) Damit bezeichnet Gottsched einen zeichentheoretischen Nachahmungsbegriff im Sinne der *significatio*, die aus den poetischen Zeichen selektiv eine bestimmte Wirklichkeit als Fiktion herzustellen vermag. Im Gegensatz etwa zum Primat des Visuellen in Du Bos' Theorie ist für Gottsched die Poesie in der Hierarchie der Künste der Malerei eindeutig überlegen, weil sie *alle* Sinne anzuregen vermag und überdies auch noch *Gedanken* darstellen kann. (9) Gegen diese äußere Nachahmung, die die Wirklichkeit gleichsam 'episch' präsentiert, setzt Gottsched einen zweiten, *inneren* Nachahmungsbegriff, der als poetische *repraesentatio* des realen Gegenstandes konzipiert ist. (10) Die quasi "theatralische" Repräsentation eines Affekts oder einer Handlung leistet der *Witz*, der die Wirklichkeit in den poetischen Entwurf überführt und auch umgekehrt von der Poesie auf das Repräsentierte schließen läßt. (11)

Ein dritter, umfassenderer Nachahmungsbegriff wird schließlich mit dem Begriff der *Fabel* bezeichnet. Gottsched schließt zunächst an die Definition des Begriffes in Le Bossus *Traité du poème épique* (1675) an, der die poetische Fabel aristotelisch als eine Verbindung von *Wahrem* und *Falschem* begriffen hatte. (12) Gottsched interpretiert nun den *moralischen Lehrsatz* als das notwendig Wahre der Dichtung und die "Einkleidung desselben" als das Falsche im Sinne des bloß fiktional Intendierten. (13) Das heißt, die *Fabel* ist unter dem Aspekt einer abstrakten Normenlogik immer *wahr*, lediglich unter dem Aspekt der Wirklichkeit der Handlung *notwendig falsch*, da sie sonst *Historie*, Geschichtsschreibung wäre. Beide Ebenen des Fabelbegriffes werden nun von einem *poetischen Handlungsbegriff* umklammert - der seinerseits aber wieder einen normenlogisch definierten gesellschaftlichen Handlungsbegriff voraussetzt; dies deutet auf die Nachahmung der *zweiten Natur* (cf. auch Fig. 21). In die Fabel ist also ein doppelter Nachahmungsbegriff eingegangen, der einmal auf die ästhetische Fiktionalität und zum anderen auf einen gesellschaftlichen Handlungsbegriff verweist. "Philosophisch könnte man sagen, sie (die Fabel, G. L.) sey ein Stücke von einer andern Welt." (14) Beide Momente des in der Fabel enthaltenen Nachahmungsbegriffes gehen eine Verbindung ein und entwerfen eine *Welt des Möglichen* (15), dieser Entwurfcharakter der Poesie stellt die Welt als ein Praxisfeld vor; die Realität erscheint nur als *eine* der möglichen Welten. Die Wolffsche Metaphysik der Welten gewinnt so in ihrer Interpretation auf der Grundlage des doppelten Nachahmungsbegriffes eine brisante Qualität: Über die Fabel, die das Mögliche sozusagen 'nachahmt', wird ein politisch zu interpretierender Wirklichkeitsbegriff sichtbar, der in der poetischen Praxis zunächst vorgegeben wird. Der Poesiebegriff ist bei Gottsched durchaus auch im Sinne einer politischen Praxis konzipiert.

Der Begriff der *Naturnachahmung* verweist aber auch auf einen außerhalb der Poesie liegenden Naturbegriff, der dennoch konstitutives Element der Poetik ist. Die Natur tritt wie in den traditionellen Poetiken als nachzuahmende *natura naturata* und als nachgeahmte natura naturans auf, erstere bezieht sich auf die Dichtung in produktionsästhetischer und letztere in rezeptionsästhetischer Sicht, allerdings wird bei Gottsched der ältere Nachahmungsbegriff der Poetiken im Sinne von imitatio/aemulatio von einem anderen, hermeneutisch begründeten Nachahmungsbegriff überlagert. (16) Die Aporien der CD resultieren aus der Interferenz der Perspektive einer im Wolffschen Geiste erkenntnistheoretisch begründeten Genese der Dichtung und der anderen Perspektive einer moralischen Legitimation der Dichtung durch eine "Signifikationshermeneutik". (17) Weimar bezeichnet damit die verborgene hermeneutische Schicht der Critischen Dichtkunst, die er mit Hilfe des bei Gottsched implizierten philosophischen Sprachbegriffes rekonstruiert. Dabei wird sichtbar, daß der Prozeß der Sprachwerdung der Dinge, der Strang res - verba, und der des sprachgebundenen Verstehens der Dinge, also die Richtung verba - res, spiegelverkehrt gegeneinander läuft. (18) Dieses gegenläufige Moment taucht in der Poetik als erkenntnistheoretischer Bruch zwischen der implizierten Wahrnehmungspsychologie und einer Zeichentheorie auf. Die "Signifikation der Rede" (19) begründet einen zeichentheoretischen Begriff der Poesie, der sich als Schicht der normativen Poetik niederschlägt, die das Werk nur als vollendete Gestalt kennt. Das ästhetische Zeichen ist aber, weil es Nachahmung ist, zum einen an den gesellschaftlichen Handlungscode und zum anderen an den geometrischen Naturbegriff fixiert, nachgeahmt wird also eine doppelte Natur, nämlich die erste und die zweite. Die Poesie als Zeichen deutet auf die Natur, von der aus aber auf produktionsästhetischer Seite sowohl die Fabel als repraesentatio von erster und zweiter Natur als auch die objektivistische Vernunft als eine wahrnehmungspsychologische Konstruktion ihren Ausgang nimmt. Der zeichentheoretischen Signifikation steht so die produktionsästhetische Repräsentation entgegen (siehe auch die Übersichtstafel Fig. 21).

Diese legitimatorische Rückbindung der Poesie an eine Rezeptionsperspektive ist Ausdruck einer bestimmten historischen Konstellation, da diese Konstruktion explizit gegen den Du Bos'schen Begriff des sentiment général gerichtet ist; in der zurückgebliebenen deutschen Situation fehlt mit dem vollkommen durchgebildeten Markt auch ein subjektiv urteilendes Publikum, das dennoch Ausdruck eines Allgemeinen wäre (20); das ästhetische Urteil muß sich über den objektivistisch gefaßten Geschmacksbegriff herstellen. Gottsched bestimmt diesen dreifach: als Fähigkeit zur Imagination, als Anwendung der "logischen Regeln" der Vernunftlehre und als Fähigkeit in der Anwendung dieser Regeln auf die künstlerische Praxis allgemein. (21) Ebenso wie der umgangssprachliche physiologische Geschmacksinn angeboren ist, ist auch der "metaphorische" Gebrauch eine natürliche Fähigkeit des Menschen. (22) Unter der Suprematie der Vernunft wird der Geschmack zu einem übergelagerten Regulationsmechanismus, der die Anwendung der Regeln und Codes überwacht. "Derjenige Geschmack ist gut, der mit den Regeln übereinkömmt, die von der Vernunft, in einer Art von Sachen, allbereit fest gesetzet worden." (23) Werden diese Regeln nicht beachtet, so entsteht nur eine unvollkommene "Scheinschönheit" (24),

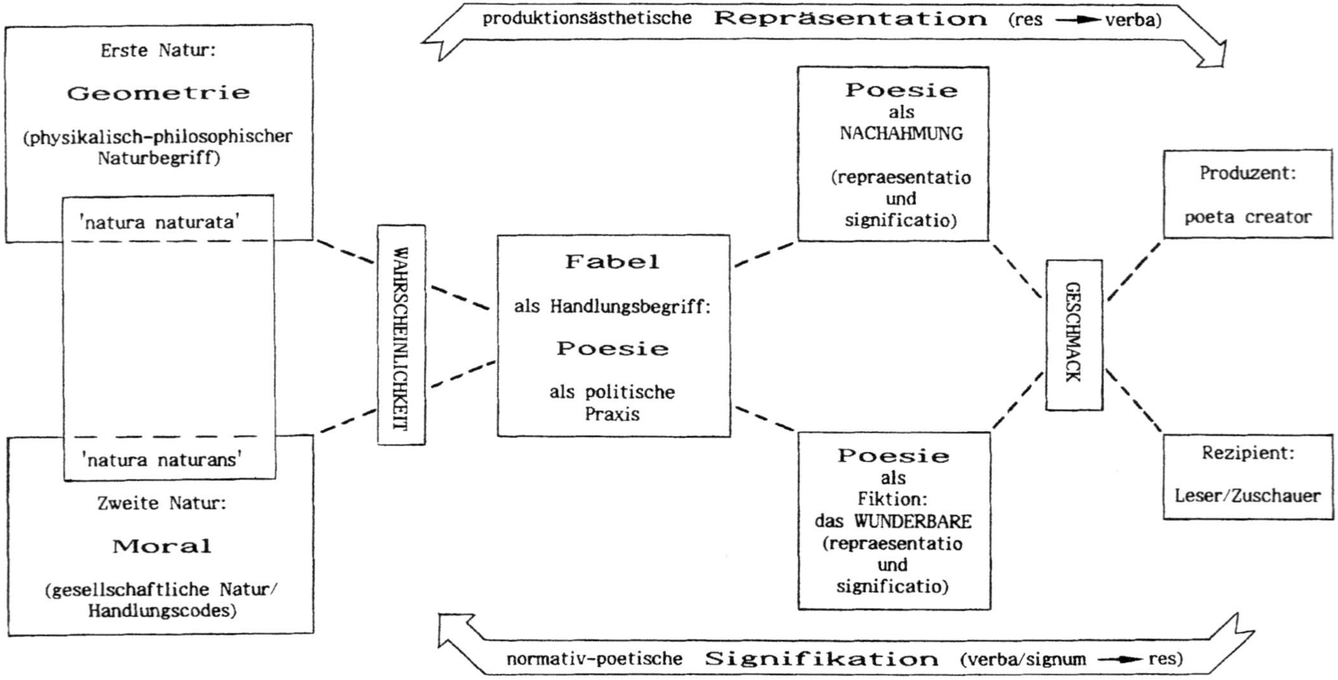

Fig. 21 (Gottsched 1730)

die weder dem geometrischen Erkenntnisbegriff noch dem gesellschaftlichen Handungsbegriff genügt.

Ein weiterer Schaltmechanismus im System der Poesie, der den Zusammenhang von Natur, Poesie und den Subjekten regeln soll, ist der Begriff der Wahrscheinlichkeit, den Gottsched aus der klassischen Doktrin übernimmt und ihn gemäß seinem Doppelschema von Repräsentation und Signifikation einmal als "Übereinstimmung der Fabel mit der Natur" (25) und ein weiteres Mal als "die Aehnlichkeit des Erdichteten, mit dem, was wirklich zu geschehen pflegt" (26) definiert. Die erste Definition weist auf den geometrischen Erkenntnisbegriff, die zweite auf die Ordnung der gesellschaftlichen 'Natur'. (Vgl. die Übersichtstafel Fig. 21)

In der Critischen Dichtkunst überlagern sich somit zwei ästhetische Grundauffassungen, die verschiedene Stufen der Entwicklung der Poetik repräsentieren; die ältere poeta creator-Theorie, nach der die Welt im Werk mikrokosmisch nachgeschaffen wird, wird mittels des geometrischen Konstruktionsideals uminterpretiert. (27) Dem steht ein aus der Barockpoetik des französischen Klassizismus übernommener Wahrscheinlichkeitsbegriff gegenüber, der bei Gottsched eine polemische Implikation erhält und der zum fiktionalen Entwurfcharakter der Poesie hinführt. Die Poesie ist nicht mehr nur Teilnahme am Diskurs der metaphysischen Vernunft wie bei Muratori, sondern Garant des Regelsystems einer vernünftigen gesellschaftlichen Praxis. Die zeichentheoretische Bindung der Poesie an einen Handlungsbegriff hat damit einen politischen Sinn erhalten, der sich als Grundkonzept einer bürgerlichen Literatur bestimmen läßt, "die objektiv fortschrittliche Legitimationsmuster im Rahmen des noch festgehaltenen Ordoprinzips" entwickelt. (28) Dieser ältere Ordnungsbegriff stellte sich aber über die produktionsästhetische Repräsentation eines objektivistisch gefaßten Naturbegriffes her. Charakteristisch für das Gottschedsche Denken ist der Umstand, daß an dieser Stelle die traditionelle Begrifflichkeit des prodesse/delectare oder utile/dulce den Doppelaspekt der Poesie zunächst verdeckt. Die Poesie vermittelt als Diskursform zwischen der Philosophie und der Historie angesiedelt einen Begriff sowohl von der Praxis der Naturbeherrschung als auch von der Theorie der Gesellschaft:

> "Die Poesie hergegen ist so erbaulich, als die Moral, und so angenehm, als die Historie; sie lehret und belustigt, und schicket sich für Gelehrte und Ungelehrte: darunter jene die besondre Geschicklichkeit des Poeten, als eines künstlichen Nachahmers der Natur, bewundern; diese hergegen einen beliebten und lehrreichen Zeitvertreib in seinen Gedichten finden." (29)

An dieser generellen doppelten Verschlüsselung aller Begriffe, insbesondere am doppelten Naturbegriff, hat sich in der Literatur zu Gottsched eine tiefgründige Fehde entzündet. Birke 1966 versuchte die aporetische Konstruktion des Gottsched'schen Naturbegriffes durch eine Auffüllung des poetologischen Naturbegriffes mit den aus einem anderen Naturbegriff in Gottscheds philosophischen Schriften gewonnenen Prinzipien zu glätten.

Hermann 1970:134 stellte richtig, daß sich dieser doppelte Naturbegriff innerhalb des Gottschedschen Denkens nur in seiner Poetik findet und sich somit von einem anderen Naturbegriff seiner philosophischen und naturwissenschaftlichen Schriften abhebt. Wenn Hermann nun allderdings behauptet, die verschiedenen Bildungstraditionen entstammenden Naturbegriffe stünden bei Gottsched *theoretisch* getrennt nebeneinander, so überträgt er eine wesentlich jüngere Konstellation der Geistesgeschichte, wie sie in der neukantianischen und lebensphilosophischen Diskussion (Rickert, Dilthey) um die verschiedenen Erkenntnisbegriffe von Natur- und Geisteswissenschaften an der Wende zum 20. Jahrhundert aufgetaucht ist, auf deren historischen Ursprung im 18. Jahrhundert. Gleichzeitig wird damit das entscheidende Moment von Gottscheds Doppelcodierung verkannt: Die Poesie wird zur Mittlerin eines Praxisbegriffes, der von einem feudalistischen Ordnungsbegriff zu einem autonom im Rahmen der bürgerlichen Handlungscodes tätigen Subjekt überleitet. Dieser in der poetologischen Theorie implizierte Praxisbegriff ist Ausdruck des neuzeitlichen Wirklichkeitsbegriffes, der 'die Natur' immer nur als "das dem Subjekt nicht Gefügige" (30) auffaßt. Am emphatischen Gestus dieser Praxis der Naturbeherrschung hat Gottsched zweifach festgehalten, einmal, indem der geometrische Erkenntnisbegriff als Repräsentation in die Poesie eingeht und somit die poetische Fantasie *legitimiert*, und zum anderen in der semiotischen Rückkoppelung dieser Fantasie an die bürgerliche Moral als einer Praxis *diesseits* der Grenze zur ersten Natur. Politisch schlägt sich diese doppelte Legitimation der Poesie in dem Versuch nieder, den Literaturkonsum in die protestantische Berufsethik zu integrieren. (31) Die poetische Einbildungskraft führt nicht länger zu einem Aufruhr der Affekte, sondern bietet "Modellösungen gesellschaftlicher Konflikte" an, die des Bürgers "sittliche Identität auf säkularer Ebene reproduzieren und stabilisieren." (32) Gerade vor dem Hintergrund dieser politischen Interpretation der Gottschedschen Ästhetik kann die These von der absoluten Geschiedenheit der rhetorisch-poetologischen Begriffe einerseits und der philosophisch-naturwissenschaftlichen Begriffe andererseits nicht aufrechterhalten werden; beide Dimensionen gehen zwar als Heteronome in die *Critische Dichtkunst* ein, beziehen aus dieser heteronomen Stellung aber gerade ihre Wirksamkeit, ein doppeltes zu leisten.

Das progressive Moment der Gottschedschen Theorie liegt in ihrem rationalen Entwurfcharakter, die den "zurückgebliebenen literatursoziologischen Bedingungen in Deutschland" Rechnung trägt (33); das gleiche Moment blockierte aber wenig später "in der bürgerlichen Konsolidierungsphase der Jahrhundertmitte sowohl die politische Fundierung der Literatur als auch die psychische Emanzipation des bürgerlichen Publikums und nahm deshalb feudalapologetischen Charakter an." (34)

VI.5. VERTREIBUNG DES HARLEKINS: Auswischung des Signifikanten

VI.5.1. Der Körper

Vollends evident wird der im voranstehenden Kapitel referierte Zusammenhang bei der Betrachtung von Gottscheds Komödienauffassung; seine Theaterreform ist ohne diese doppelte Intention - zum einen Rückgriff auf den klassizistischen Kanon und zum anderen Entwurf eines neuen, bürgerlichen Theaters - und ohne die doppelte Wirkung seines Konzepts - Legitimation der Poesie als bürgerlicher Praxis und zugleich die Blockierung einer weitergehenden Entwicklung - nicht zu verstehen.

Wenn nach Gottsched die Figuren der Commedia dell'arte "kein Muster in der Natur haben" (1), so ist mit Natur der Raum der zu konstituierenden bürgerlichen Gesellschaft gemeint, wobei die historische Differenz zum Feudalismus in Form eines nationalen Ressentiments gegenüber dem italienischen Volkscharakter ausgedrückt wird. Die alte vorbürgerliche Gesellschaft und die materiale Reflexion der komischen Figur werden ineins gesetzt. Die Theaterreform entsteht so an der Schnittlinie des Entwurfs einer neuen Gesellschaft und der Erprobung einer neuen ästhetischen Praxis. Diese neue Praxis sollte im Theater zum veristischen Schauspielstil führen, der in Deutschland zwar erst von Lessing diskutiert wurde, den Gottscheds Theorie aber schon vorbereiten half. In dem Stoß, der Harlekin von der Bühne schubst, treffen sich also einmal als immanent ästhetische Kraft die Legitimation der poetischen Einbildungskraft in Form des Wahrscheinlichkeitspostulats, das selber aber - daran sei erinnert - als anthropologische Restsubstanz vom allmächtigen Verunftbegriff hervorgetrieben wurde, und des weiteren eben diese Kraft der Rationalität, die das vor ihr ausweichende irrationale Rest-Ich des Narrentums bezichtigte. (2) Am Ende des seit der Renaissance andauernden Ausbildungsprozesses eines neuzeitlichen Subjekts kehrt das Narrenschiff zurück (3), und nimmt die Gegenbilder des bürgerlichen Vernunft-Ichs auf. Erst in der Romantik legt es wieder an und entläßt eine träumende komische Figur in die literarische Gesellschaft und auf die Bühne: in der Zeit von 1737 - 1790 trat nachweislich keine explizit als Harlekin bezeichnete persona dramatis auf. (4) Als er von seinem Schlaf auf der Arche erwachte, hatte dieser Harlekin das Springen verlernt, er war seinem Körper fremd geworden und aus dieser Trauer um eine nurmehr erinnerte Praxis entsprang die unendliche Reflexion der romantischen Ironie. Um die Kräfte näher beschreiben zu können, mit deren Hilfe Gottsched den Harlekin ins Narrenschiff packt, ist die Skizze seines Poesiebegriffes um die Grundzüge seiner Anthropologie und seines Gesellschaftsbegriffes zu ergänzen.

In der Vorrede zum zweiten Practischen Theil seines Werkes Erste Gründe der gesammten Weltweisheit (1734) bekennt sich Gottsched in einem gegen Epikur gerichteten Passus zur stoischen Ethik, die den "Schein( ) der Lust" durchschaut hat und geduldig die Unlust der Tugendeinübung ertragen hilft. (5) Die theoretische Ethik steht auch hier im Rahmen einer Praxis der Affektmodellierung. (6) Bürgerliche Pflichten sind nicht identisch mit allgemein menschlichen, diesen Unterschied konzediert Gottsched, gleichwohl sieht er in seinen Ausführungen davon ab. (7) Den bürgerlichen Tugendpfad betritt nur der, der die moralischen Normen verinnerlicht hat und "keiner äußerlichen Zwangsmittel zum Guten brauche." (8) Diese Einübung der Tugend ist - wenn diesselbe nicht schon im Kindesalter eingetrimmt wurde - eine mühselige und langwierige Prozedur. (9) Gottsched entfaltet deutlich die Aporie, die zur Grundlage eines vernünftigen bürgerlichen Lebens führen soll: Der Mensch ist von vornherein ein zersplittertes Bündel, er ist keine komplexe Gestalt verschiedener körperlicher, psychischer und geistiger Zustände oder Schaltungen, sondern die um der theoretischen Selbsterkenntnis willen eingeführte Teilung des Menschen in Geist, Körper und sinnliche Empfindungen wird als realer Tatbestand in eine ethische Praxis überführt. Nur von dieser Perspektive aus wird überhaupt verständlich, inwiefern die Sinnlichkeit als ein potentiell vollständig zu eliminierender Teilbereich des Menschen aufgefaßt werden kann. (10)

Die theoretische Scheidung von Selbst und Welt ist im Hinblick auf die Praxis der Individuen so angelegt, daß die theoretische Zergliederung der Aporie in kleine Teile - um sie begrifflich fassen zu können - notwendig mit den einzelnen kleinen Arbeitsschritten am Selbst identisch ist. Aus der postulierten universalen Gesetzmäßigkeit bürgerlicher Normen und Tugenddefinitionen folgt als erster Schritt die beständige Selbstbeobachtung, aus dieser 'Selbsterkenntnis' des Individuums diagnostiziert es seinen individuellen Abstand zur allgemeinen Norm und leitet daraufhin die notwendigen Maßnahmen zur Arbeit am Ich ein.

Bei Gottsched rückt dabei der Begriff des "Vermögens" zu einem Schlüsselbegriff auf, dessen Doppelbedeutung im Sinne ökonomischen Reichtums und individueller Fähigkeit durchaus wörtlich genommen wird, der Begriff verweist somit auf die Doppelgestalt der Kräfte, die das bürgerliche Individuum modellieren: Die Kraft des Vermögens eines Individuums umgreift unterschiedslos so verschiedene Dinge wie Körperkraft, psychische Fähigkeiten und materiell-monetären Besitz. (11) Diese jede logische Klassifikation sprengenden Konnotationen des Vermögensbegriffes verweisen auf einen Zustand, in dem alle Dinge einschließlich des Menschen dasselbe bedeuten: Das logisch gemeinsame ist die Ware, die die verschiedenen ontologischen Zustände auf eine Qualität, die ökonomische Wertform, reduziert. Weil die Logik des Tauschwerts in der Praxis der Warenproduktion entsteht, wird daraus eine allgemeine anthropologische Figur abgeleitet, derzufolge die abstrakte Vernunft - der geometrische Geist als Tauschwert - durch eine unterschiedslose Kontamination aller Bereiche und Gegenstände zum Zwecke ihrer Bearbeitung entsteht; das Resultat einer bestimmten Praxisform wird als Vorbedingung für jede Praxis überhaupt angesehen, die dialektische Beziehung von Subjekt und Objekt wird durch ein einseitiges Ergreifen der Dinge ersetzt. Das abstrakte ethische Postulat ist nun nichts weiter als die rationalisierende Erklärung dieses Zugriffs. Der Körper des Menschen erscheint von daher in dieser praktischen Ethik als Ding unter Dingen (12), als Ware neben Waren und wird als solcher von Gottsched ungeschieden neben dem Notgroschen abgehandelt. Weil dieser Waren-Körper aber lebt, wird er als Leib problematisch; er muß ein Leben lang beobachtet werden, er avanciert zur anthropologischen Teststation, auf die das bürgerliche Individuum zurückgeworfen ist, und von der es sich von Testversuch zu Testversuch zu emanzipieren trachtet. (13)

VI.5.2. Brandmale

Die Konsequenzen der Theaterreform ergeben sich aus dieser Spaltung des Menschen in ein rationales Subjekt und in ein affektbestimmtes körperliches Objekt. Die materiale Reflexion des Harlekins stand diesem Spaltungsprozeß im Wege, er repräsentierte eine gleichsam archaische Einheit von Körpersprache und sozialem Handlungscode, er war sozusagen noch 'körpermächtig' und stand mit dieser zusätzlichen Ausdrucksdimension auch der Literarisierung der Komödie entgegen, die sich in der zunehmenden Sprachmächtigkeit der Figuren niederschlug. (1)

Die Positivierung der Ständeklausel setzte zunächst am Harlekin als dem extremsten Vertreter der komischen Comunitas an: wenn die Komödie als Medium bürgerlicher Selbstdarstellung durchgesetzt werden sollte, so war für eine Figur, die antithetisch in einem Gegenraum lebt (und auf diese Weise die Grenzen dieses Raumes beleuchtet) keine Stelle mehr auf der Bühne frei. Die auf Subjektivität zielende Praxis der komischen Figur störte den Prozeß der Durchsetzung der abstrakten Vernunft. Daß die Verstoßung des Harlekins kein einmaliges Autodafé war, sondern eher ein Prozeß der schleichenden Positivierung des komischen Raumes, zeigt die Geschichte des Harlekin-Kostüms. Dem äußeren Gestaltwandel der komischen Figur, der sich an der Entwicklung seines Kostüms vom Flickenkittel über ein weißes Kleid zum realistischen Dienerhabitus ablesen läßt (2), entspricht auch eine innere Angleichung seines dramaturgischen Charakters an die Wirklichkeit der bürgerlichen Welt. Gottsched bemerkt: "Die Kleidungen der Personen müssen nach ihrem Charakter und Stande eingerichtet sein: nur der Harlekin hat hier, ich weiß nicht warum, eine Ausnahme." (3) Die bürgerliche Gesellschaft wiederholt an den kollektiven Idealtypen die eigene Unterwerfung unter das abstrakte Tauschverhältnis, unter das sie so neben der äußeren Lebensform auch die Fantasie und Wunschbilder zwingt. Der 'realistischere' Gestus und Habitus der Bedienten entspringt ihrer Unterwerfung unter das Realitätsprinip einer gewinnbringenden Vernunft; die in Domestikenuniform steckende Figur erscheint einträglicher als die Sprünge Harlekins in einer ortslosen Topografie.

Theatralisch drückt sich die Unterwerfung aller Figuren unter das abstrakte Rentabilitätsverhältnis als Realitätsgewinn in Form einer "vollkommenen Illusion" (4) aus. Die

Illusionierung der theatralischen Repräsentation bezeichnet jedoch nur die zeichentheoretische Dimension dieser Angleichung, dem steht die inhaltliche Domestizierung des gesellschaftlichen Handlungsraumes in der Komödie voran. Die gesellschaftliche Wirklichkeit mußte als Illusion realistisch erscheinen, weil der Begründungszusammenhang der Gesellschaft selber schon ein abstrakter ist.

Von hier aus fällt Licht auf den geistesgeschichtlichen Zusammenhang, in dem Gottscheds Reformbestrebungen stehen. Aktuell greift er in den Hamburger Opernstreit aufgrund der 1728 erschienen Streitschrift Fuhrmanns Das in unseren Opern=Theatris und Comoedien-Bühnen Siechende Christentum und Siegende Heidenthum ein (5). Ziel Gottscheds war es, die "krichliche Autorität auf dem Gebiet des Dramas in Frage zu stellen." (6) Lag der äußere Anlaß zu einem deutschen Reformprogramm in dem Versuch begründet, die pietistische Sittenkritik in aufklärerischer Intention einzudämmen, so stellt sich der Inhalt des Reformprogramms als eine getreue Übernahme von Fuhrmanns christlichen Reformvorschlägen dar. (4) Fuhrmanns Traktat ist in der Sprache der finstersten Gegenaufkärung verfaßt, in dem Wüten trifft sich das Nachflackern der Hexenverbrennungen mit einem Vorschein der Bücher- und Menschenverbrennungen des 20. Jahrhunderts:

> "Was sagen aber andere cordate Leute in Hamburg zu der Schand=Charteque, die werth, daß sie von Meister Hansen öffentlich auf dem Scheiterhaufen mit Feuer=Flammen illuminiert werde." (8)

Und zu dem Brand des Kopenhagener Theaters am 19. April 1689, bei dem 260 Menschen ums Leben kamen, schreibt er noch vierzig Jahre später:

> "Diese Comoedie hat sich in eine so klägliche Tragödie verwandelt, (...). (...) und mußten sie ihre Curiosität in den Flammen mit Ach und Weh büssen (...)." (9)

Auch dieser Geist der Gegenaufkärung operiert mit dem Vernunftbegriff, der die "Pickelherings=Naturalia" als widernatürliche, weil freien Willens erfolgt Raserei begreift, und damit die Praxis der materialen Reflexion als "überbestialisch" denunziert und einer ersten Natur zuschlägt, in der nichts menschliches zu finden ist. (10) Diese anthropologische Positivität, die allein dem Menschen als "Gottes Ebenbild" anstünde, verwirklicht sich in der Reinheit von Sünden; wenn dieses Thema zum Gegenstand der theatralischen Aufführung würde, wären die "Schauspiele Exempel der Tugend und Laster." (11) In theologischer Verkleidung formuliert Fuhrmann ein Programm, das mit dem Gottschedschen Reformplan identisch ist - tauscht man nur das anthropologische Ideal der theologisch begründeten Sündenreinheit mit dem säkularen Vernunftoptimismus der Aufklärung aus:

> "Aber wie den Reinen alles rein, so könten solche Schauspiel unter den Christen auch wol(!) endlich geduldet werden, nemlich 1) wen die Objecta der Comoedien nicht sündlich, (nicht schwermüthige Masceraden) sondern Schauspiele Exempel der Tugend und Laster 2) die Subjecta, dier Personen nicht sündlich, keine Buben und Possenreißer seyn, 3) der Finis und Absehen auch nicht sündlich,

sondern zum Besten der Zuschauer angesehen, und nicht vor Geld ihnen ein Gelächter und Kurtzweil zu machen." (12)

Gottsched tauschte nur ein positives Menschenbild gegen ein anderes aus, der Negativabzug war beidesmal die komische Figur. Weil beide Positive sich aber in einer Differenz zu einem ideologisch fixierten Ideal befanden, konnte mit der Übernahme des äußeren Rahmens des Reformprogramms auch die Funktion der Zurschaustellung einer anthropologischen Positivität übernommen werden. Daß die Gottschedsche Reform, die auf der Doppelstrategie von gleichzeitiger literarischer Legitimation und der Kanalisation der Imagination beruhte, erfolgreicher war als die frontale Attacke der klerikalen Kritik - die hier und da lediglich die Schließung der Theater, nie aber deren Christianisierung erreichte - zeigt der Zustand des Theaterwesens ein Jahrzehnt nach dem Beginn von Gottscheds Wirken. Nach Rieck waren in den vierziger Jahren des 18. Jahrhunderts die positiven Auswirkungen der Theaterreform schon allerorts sichtbar: 1. der "klerikale Affront" gegen das Theater war zurückgedrängt, 2. der bürgerliche Schauspielstand hatte sich konsolidiert, und 3. hatten sich die materiellen Bedingungen des Theaterwesens allgemein verbessert. (13)

VI.5.3. Die Texte

Die Übernahme des äußeren Formgerüsts legitimiert Gottsched durch eine nachträgliche Konstruktion einer inneren Typologie der komischen Figuren, die nicht mehr negatorisch den Gegentext zur Norm liefern, sondern Bestandteil des innerhalb der Gesellschaft liegenden Kontextes sein sollen. Die komische Praxis der komischen Figur der Volkskomödie steht quer sowohl zu Gottscheds anthropologischem Ideal als auch zu seinem Natur- und Gesellschaftsbegriff. So erweist sich auch Gottscheds neue Definition des Komischen aus dem Jahre 1760 als ein Rückgriff auf das Verlachen der Standessatire: das "Lächerliche: Besteht überhaupt in einer ungeschickten Verbindung solcher Dinge, die sich nicht zusammenreimen." (1) Was im ersten Blick als allgemeine Definition der Bisoziation aufgefaßt werden könnte, wird sofort an der gleichen Stelle im Handlexicon (1760) als Bisoziation von abstrakter Norm und nicht-bürgerlichem Code näher bestimmt. "In den Sitten ist das Lächerliche bloß ein Uebelstand, der entweder dem Wohlstande, oder der eingeführten Gewohnheit, oder den Sitten der artigen Welt anstößig ist." (2) Gottsched stellt die Bisoziation als ein Aufeinandertreffen verschiedener inhaltlicher Codes vor; lächerlich kann nur die Differenz zur abstrakten Norm wirken, die spontanen Subcodes einer äußeren Situations- oder Wortkomik, die nicht in das geltende Moralsystem eingebunden sind, fallen als Möglichkeiten der Ursache zum Komischen heraus. Die belehrende Standessatire, die immer wieder didaktisch auf die Norm verweist, sei

"(...) nun das wahre Belustigende in der Comödie. Allein kleine Geister, die

> keine Einsicht in die Moral besitzen, und das ungereimte Wesen in den menschlichen Handlungen weder wahrnehmen noch staririsch vorstellen können, haben sich auf andre Art zu helfen gesucht. Sie haben das Lächerliche nicht in den Sachen, sondern in närrischen Kleidungen Worten und Geberden zu finden gemeynet. Daher hat Harlekin und Scaramutz die Hauptsache ihrer Lustspiele werden müssen. Diese müssen durch bunte Wämser, wunderliche Posituren und garstige Fratzen, den Pöbel zum Gelächter reizen." (3)

Gottsched wirft damit zugleich dem komischen Körpertext vor, Signifikant zur Herstellung eines Sinnzusammenhanges zu sein, der schon an anderer Stelle produziert worden war - und dem die Deformation in der komischen Praxis erspart bleiben soll. Dies ist der gleiche Argumentationstopos, den wir schon in Pino da Caglis Kritik der Commedia dell'arte und in seinem Entwurf einer bürgerlichen Komödie gefunden hatten. Bei Gottsched wird das Problem aber zugleich auch <u>in</u> die Poetik hineinverlagert, der Widerspruch von moralischem Lehrsatz und einer autonomen komischen Praxis taucht im Rahmen der poetologischen Doppelcodierung von <u>Repräsentation</u> und <u>Signifikation</u> auf. Wenn die Komödie nur als Beförderungsmittel einer moralischen Norm angesehen wird, sind die Restabilisierungen, die sich ad hoc nach dem komischen Sturz ergeben, Ergebnisse eines konkurrierenden Produktionssystems von Normen, die von der poetisch intendierten <u>Repräsentation</u> der Norm abweicht. An diesem Punkt schneidet sich die anthropologische Ideologie mit der ästhetischen Praxis, aus der Fusion entsteht ein neuer, symbolischer Zeichenbegriff: Gottsched versucht die Komödie als gesellschaftliche Institution zu begründen, indem er sie mittels eines <u>Regelkanons</u> auf die <u>Reproduktion des Scheins</u> festlegt, der die Herkunft der Signifikate verbirgt. Die syntagmatische Handlungsebene, die als Zusammenballung der ästhetischen Signifikate erscheint, soll Träger eines außerästhetischen Signifikanten - des bürgerlichen Moralsystems - sein. Die Einheit von gesellschaftlicher und ästhetischer Dimension der komischen Praxis wird aufgerissen, weil die fortwährend produzierten - sozusagen bedeutungsleeren - Signifikanten der komischen Figur (wie Körpertechniken, Requisiten, Habitus) die jeweiligen Bedeutungen (Sé) immer erst während des Spiels kontrapunktisch herstellen können. Nur von dieser Forderung nach Unterdrückung der Signifikantenpraxis her ist Gottscheds Hoffnung auf eine bürgerlicher Komödie in Deutschland - die den europäischen Vorbildern gleichkommen könne - zu verstehen:

> "26. §. Wir Deutschen müssen uns so lange mit Uebersetzungen aus dem Französischen behelfen, bis wir werden Poeten bekommen, die selbst etwas regelmäßiges machen können. (...) Etliche von unsern Comödianten haben ihre Schaubühne allbereit bey vielen Kennern durch die ordentlichsten und auserlesensten Stücke beliebt gemacht; und wenn sie fortfahren, so wird mit der Zeit in diesem Stücke Deutschland den Ausländern nicht nachgeben dörfen." (4)

Die Unterdrückung der komischen Signifikantenpraxis stellt sich Gottsched als Eliminierung des Körpertextes dar, an dessen Stelle die literarische Komödie mit einem vorliegenden Text tritt, der die moralische <u>Signifikation</u> in der poetischen <u>Repräsentation</u> garantiert. In der Realisierung dieses Textes stellt sich erst jenes Kontinuum der Fiktion her, das wir als die vollkommene Durchillusionierung eines kontinuierlichen dramatischen Geschehens wahrnehmen. Erst vor dem Hintergrund dieser nicht abreißenden Signifikatenkette kann Gottsched das Komische in Form des "Lächerlichen" wieder in die Komödie integrieren:

> "Es ist also wohl zu merken, daß weder das Lasterhafte noch das Lächerliche für sich allein, in die Comödie gehöret; sondern beydes zusammen, wenn es in einer Handlung verbunden angetroffen wird." (5)

Signifikante Träger oder Agenten dieser Signifikatenkette sind die befreiten Figuren. Gottscheds Figurenkonzeption weist im Gegensatz zu den äußerlichen Typen der Commedia dell'arte eine "innere Typologie" auf (6), jene arbeiten sich noch an der äußeren Natur ab - wie es die Themen der klassischen Lazzi vorführen -, die neuen "moralischen Normfiguren" (7) bearbeiten gleichsam ihre innere Natur und führen dies einem Zuschauer vor, der in der Realität das gleiche leisten muß. Auf diese Weise wurde die Komödie - unabhängig von der tatsächlichen Schichtung des Publikums - zu einem Reflexionsmedium der Bürger, die sich mit Hilfe des hier vorgeführten "moralischen Codes der Mittelklasse" (8) als Klasse erst zu formieren begannen.

VI.5.4. Der Affe

Die aufklärerische Regelpoetik Gottscheds entwarf einen formalisierten Rahmen, in dem die negativ konzipierten Idealtypen Grenzwerte eines moralischen Handlungsraumes besetzten, innerhalb derer sich die Positionen des bürgerlichen Tugendsystems erst entfalten können. Diese Grenzmarken bezeichnen in der Critischen Dichtkunst fünf poetologische Gebote, die sämtlich modifizierte Topoi der traditionellen Poetiken sind. Das Ziel dieser Modifikationen ist es, innerhalb der tradierten Definition der Komödie diese als eine genuin bürgerliche literarische Gattung zu etablieren.

1. Die traditionelle Einheitsregel (Ort/Zeit/Handlung) (1) wird beibehalten, die Einheit der Handlung jedoch so definiert, daß sie als besonderes Verkettungsgebot zu bezeichnen ist; damit ist ein flüssiger, nicht abreißender Handlungsstrang gefordert (2).

2. Das ebenfalls aus der traditionellen Poetik übernommene Gebot der Affekte ist als Ausführungsbestimmung zur Ständeklausel zu verstehen: "Von den Affecten ist hier ebenfalls nicht neues zu sagen; als daß man die tragischen, nemlich die Furcht, das Schrecken und Mitleiden zu vermeiden habe." (3) In der 1. Auflage (1730) war noch hinzugefügt: "Alle übrige finden in der Komödie auch statt." (4)

3. Im Zusammenhang mit dem Thema der Liebe in der Komödie - das wir anhand von Luigi Riccobonis Réformation du Théâtre (1743) noch gesondert erörtert werden - formuliert Gottsched ein Moralgebot, wonach die "Gesetze der Schamhaftigkeit und Zucht"

in der Liebe und der "Ehrbarkeit" in der Lustigkeit nicht zu verletzen sind. (5)

4. Ausgehend von der rhetorischen Theorie der mittleren Stillage und Ständeklausel formuliert Gottsched ein Natürlichkeitsgebot des Stils. Dabei wird die Sphäre der Alltäglichkeit, deren Schilderung der Komödie traditionellerweise zufällt, einer "ganz natürliche(n) Schreibart" zugeordnet (6). Im gleichen Zusammenhang wird auch die klassische Ständeklausel umformuliert: "Die Personen, so zur Komödie gehören, sind ordentliche Bürger, oder doch Leute von mäßigem Stande, dergleichen auch wohl zur Noth Barons, Marquis und Grafen sind (...)." (7) Der letzte Halbsatz ist eine Hinzufügung der 3. Auflage (1742) und ist als Konzession an das inzwischen herangewachsene bürgerliche Drama zu verstehen, das unter anderem die Auseinandersetzung mit der Aristokratie - in Form der Assimilation bzw. der Abgrenzung zum niederen Adel - thematisierte.

5. Schließlich sei noch der Vollständigkeit halber das schon oben (p. 167f.) dargestellte Gebot einer inhaltlich definierten Bisoziation erwähnt (8).

Die hinter den formalen Kategorien und Geboten stehende Intention findet ihre bildhafte Zusammenfassung in der allgorischen Darstellung der Komödie durch einen A f f e n. Im Artikel 'der Affe' des Handlexicons heißt es: "(der Affe) als das Thier, welches die Handlungen der anderen am besten nachahmet, ist ein Sinnbild der Nachahmung. Man hat ihn als ein Zeichen der Komödie angegeben." (3)

War die komische Figur bei Fuhrmann als "bestialisch" charakterisiert, so wird sie bei Gottsched zum Affen, dahinter steht beidemale die Denunziation der Körpermächtigkeit der komischen Figur als tierisches Relikt am Menschen. Der allegorische Affe symbolisiert sowohl die Aporie des doppelten Naturbegriffes als auch das tautologisch begründete Menschenbild. Das 18. Jahrhundert sah den Affen als anthropomorphes Tier, ähnlich den mechanischen Männlein und den Tiermaschinen, wie sie etwa von Jacques de Vaucanson und Pierre und Henri-Louis Jaquet-Droz zu der Zeit gebaut wurden. (10) In die Bewegungen des Tieres wurden menschliche Gebärden hineininterpretiert oder besser herausgelesen. Bei dieser Betrachtung fällt die Differenz von Inhalt und Form, die anthropomorph bestimmte Zweck-Mittel-Relation der Gebärden weg; dem naturwüchsigmechanischen Prinzip des Affen bleibt der Signifikant des Handlungscodes verborgen, er ahmt bloß das Signifikat nach, die erst vom menschlichen Betrachter wieder mit anthropomorphisierendem, signifikantem Inhalt versehen wird.

Die Unterdrückung des Signifikanten gibt die Fehlstelle in der Konstruktion der Gesellschaft an. Die tierische Geste als Grundlage einer anthropologischen Deutung der Komödie verweist auf die Fehlstelle von Natur und Gesellschaft, die aus dem Praxisbegriff nicht zu konstruieren ist: weder die Natur als bürgerliche Tugend der Mitte noch als objektive mathesis den Abstand des Menschen zu sich selber und den anderen deutend füllen, noch kann auch der Affe als Sinnbild der ästhetischen Totalisierungsleistung der Komödie das hermeneutische Paradox der Komödie nur darstellen. In dieser Lücke eines theoretischen Defizits sowohl zur Praxis der Naturbeherrschung als auch zur ästhetischen Praxis des Theaters, in dieser gebrochenen Schichtung von politischen, literarischen und historischen Konstellationen fungiert der Affe als allegorischer und zoologischer Zwitter, der die teleologisch intendierte Naturhaftigkeit des menschlichen Handelns symbolisiert. Der Affe kann diese zweifache symbolische Benennung leisten, weil der doppelte Naturbegriff (im Sinne eines Gesellschaftscodes und einer geometrisch erfaßten ersten Natur) mit dem Schicksal der Komödie zusammenfällt, präfigurativ ein Ganzes - die bürgerliche Gesellschaft - repräsentieren zu müssen, das als historische Realität noch nicht existiert.

Das Grundproblem jeder Komödientheorie, das hermeneutische Paradox der Komödie zu begründen, wird bei Gottsched durch die historische Verschiebung sowohl der gesellschaftlichen Realität als auch aufgrund der Brüche, die seine Poetik enthält, zusätzlich problematisch; an die Stelle zweier Terme (Gesellschaft und Komödie), die durch eine poetologische Theorie der Nachahmung verknüpft werden, tritt neben die aporetische Konstruktion des Naturbegriffes die paradoxe Bedeutungsverdoppelung des Gesellschaftsbegriffes auf der Grundlage der anthropologischen Selbstaufspaltung in Affekt und Vernunft. Der Affe symbolisiert nun alle vier Beziehungen für den Menschen, der Harlekin hätte sie demgegenüber vorexerziert und auf zwei Grundterme reduziert. Die komische Praxis ist immer nur auf der Grundlage einer schon durchgesetzten Norm zu leisten, die Position der komischen Comunitas muß eine einheitliche gegenbildliche Ordnung bezeichnen können; in Umbruchszeiten, in denen der Praxisbegriff selber noch utopischen Entwurfcharakter hat - wenn alle Dinge also in der Mitte zwischen zwei Systemen stehen, von denen das eine gerade noch, das andere noch nicht ausschließlich gilt - ist die komische Praxis nicht eindeutig komisch, weil sie sich auf mehrere Terme bisoziativ stützen kann. An die Stelle des Sprungs in den dritten Term tritt die zögernde Reflexion über die Beziehung zwischen dem neuen und dem alten Term und der Alternative einer umfassenden Negation. Bedingung für das Komische ist in einer solchen Konstellation zunächst die Reduktion der alternativen Codes auf einen binären Term; dies Ziel verfolgte Gottscheds Theaterreform. Die Auswischung des Signifikanten durch Entfernung der komischen Figur soll das Lachen wieder möglich machen. Weil aber anstelle des doppelten Signifikats (der poetischen repraesentatio und der significatio) - im Einklang mit der Tendenz bürgerlicher Praxis überhaupt - nur der Signifikant unterdrückt wurde, ist das Lachen damit zugleich auch unmöglich geworden: An die Stelle einer gesellschaftlichen Einheit von Praxis und Reflexion, Signifikant und Signifikat, tritt die Abspaltung des Signifikanten von der Praxis und seine Unterordnung unter den Schein der Tauschabstraktion. Diese Konstruktion soll die erste, triebhafte Natur und die zweite, vernunftmäßige Natur wenigstens im Begriff des Schönen als harmonisches Ideal synthetisieren. Die Einheit dieser beiden Terme ist aber in keiner Praxis mehr zu leisten, an die Stelle der Bisoziation tritt nach der Vertreibung Harlekins als des Agenten einer volkstümlichen Ratio die melancholische Trauer, die dem Unvermögen einer Verknüpfung von Ich und Welt entspringt. Daraus folgt als einzige Tätigkeit die Rührung, die sich vom Fluß der eigenen Tränen mitreißen läßt und auf diese Weise die Illusion einer unmittelbaren Identität von Ich und Natur genießt.

VI.6. MARGINALIE ÜBER IMPROVISATION

> "(...) der Jazz kann uns zeigen (...), daß es tatsächlich Leute gibt, die eine andere Denkform leben (...): NICHT die des Wissens, sondern eines gewaltigen Begehrens, eines Da-Seins ihres Körpers im selben Augenblick, in dem er sich gesellschaftlich artikuliert."
>
> Philippe Sollers: Jazz. In: Tel Quel 80, 1979:17 (Meine Übers., G. L.)

> "Unsere Komödianten haben es auch eine lange Zeit her so gemachet, und nach dem Exempel der wälschen Bühne aus dem Stegreife ihre Fratzen hergespielet. Allein da sich viel schlechtes Zeug darunter gemenget, welches artigen Stadt- und Hofleuten einen Abscheu gemachet: so hat man endlich, nach dem Exempel der Franzosen, kleine Stücke von der Art mit Fleiß ausgearbeitet, und sie wohl gar in Versen gemachet, damit die Komödianten sie auch auswendig lernen müßten." (1)

Aus diesen Sätzen Gottscheds läßt sich exemplarisch die Intention derjenigen ästhetischen Praktiken ablesen, die mit den Merkmalen bürgerlicher Praxis allgemein konform gehen: Die - Bedeutung produzierende - Signifikantenpraxis des komischen improvisierten Spiels der volkstümlichen Komödie wird von der Reproduktion literarisch vorgefertigter Sätze abgelöst, deren Sinnebene den Schein eines kontinuierlichen Zusammenhangs hervorbringen soll. Die spontane Ausdrucksfähigkeit des einzelnen Schauspielers wird dabei der gleichen rigiden Körperbeherrschung unterworfen, der sich alle unter dem Zwang der warenproduzierenden Gesellschaft unterziehen mußten. Das Erlernen der Rolle bedeutet die Beherrschung von Ich und Ich-Fremden zugleich, es ist sozusagen die Bewahrung eines Anderen (R) im Ich (A) für Andere (S).

Bürgerliche Kunst tendiert dazu, im Bereich des Individuums - sowohl des vorführenden als auch des genießenden - eine Reduktion der Wahrnehmungsmöglichkeiten zu betreiben und zugleich auf der Ebene der gesellschaftlichen Organisation der Kunst die ästhetische Praxis des autonomen Künstlersubjekts aufzufächern. Die einzelnen Arbeitsschritte werden auf getrennt arbeitende Spezialisten umverteilt, der Zusammenhang wird von einer Kontrollagentur - z. B. dem Dirigenten oder dem Regisseur - geleistet. Diese arbeitsteilige Hierarchisierung reproduziert den zunehmend abstrakten ökonomischen Zusammenhang der warenproduzierenden Gesellschaft. Wenn auch die Kunst zur Ware wird, muß sie gleichsam doppelt den Schein des Ganzen synthetisieren: als Kunst und als Ware. In dieser Doppelgestalt wird sie auch produktionsästhetisch organisiert, indem der materiale Warenteil des Werkes als Handarbeit, das scheinhafte Moment der Kunst als Kopfarbeit erscheint. Der Autor als Lieferant des Textes verrichtet die Kopfarbeit, ebenso der Regisseur, der den Text mit Hilfe von Requisiten und Schauspielern inszeniert; der Schauspieler ist hingegen gleichsam nur lebendiger Teil unter den Gegenständen, die die Bühne füllen - als gegenständliches Subjekt verrichtet er nurmehr Handarbeit. Die Einheit von Ausdenken und spontanem Variieren der Lazzi im Augenblick ihrer Ausführung weicht einer reproduzierenden geistigen Tätigkeit des Auswendiglernens des Textes und entsprechender Körperpositionen. Inhaltlich ist damit die Arbeit des Schauspielers als geistige definiert, ökonomisch ist sie jedoch als Handarbeit zu bestimmen.

In dem Moment, da die Kunstproduktion immer auch die Herstellung einer Ware ist, verobjektiviert sich auch der Inhalt des Werkes; individuelle Ausdrucksmöglichkeiten weichen normierten ästhetischen Codes (2), die aber aufgrund ihres komplexeren Aufbaus nicht mehr ad hoc formulierbar sind. Diese Komplexität der ästhetischen Codes hängt unmittelbar mit der ökonomischen Gestalt des Kunstwerkes zusammen: es muß nicht nur, wie jede andere Ware auch, die im materiellen Arbeitsprozeß geschaffene doppelte Wertform in den Austausch transportieren und somit Gesellschaft herstellen, sondern darüberhinaus als Kunst in einer weiteren semiotischen Arbeit diesen umfassenden Vorgang nochmals als Ganzes im Schein totalisieren. Die Arbeitsweise der vorbürgerlichen, volkstümlichen Kunst ist dagegen beim Spielen all'improvviso auf eine überschaubare Anzahl von ästhetischen Grundcodes angewiesen, die unmittelbar auf die gesellschaftlichen Handlungscodes verweisen können. Der komplexe Zusammenhang bürgerlicher Kunst wird dagegen durch eine besondere Form der Symbolproduktion hergestellt, indem der - beim Improvisieren noch sichtbare - Weg des Schaffens ausgeblendet wird zugunsten einer Reihung scheinbar autonomer Signifikate, wobei diese besondere Anordnung der zeichenhaften Sinneinheiten des Werkes zugleich auch die Ausklammerung des nun nicht mehr Sichtbaren kompensieren soll. Der Signifikant verschwindet hinter dem Signifikat. Die komplizierten Formprinzipien der bürgerlichen Kunstformen beinhalten so zugleich einen - von der Zeitdauer und der materialen Gestalt her - ausgedehnteren Entwicklungszusammenhang. Diese innere Logik einzelner Teile einer größeren Form (z.B. der Sonate) ist nicht mehr ad hoc formbar. Das Beispiel der Sonate ist gerade deshalb besonders bemerkenswert, weil sich bei ihr die improvisatorische Praxis in Form der Kadenz der Solo-Sonate pro forma bis heute erhalten hat; und weil sich die Improvisation in der Musik am längsten hielt - bis zum Ende des 19. Jahrhunderts. Diese hier am Beispiel der Musik angedeutete Entwicklung kann mit vier Bedingungen begründet werden, von denen die praktische Ausübung jeder improvisierten Kunst abhängt:

1. der Existenz eines allgemein geltenden bzw. gesellschaftlich anerkannten ästhetischen Kanons von Formelementen und künstlerischen Ausdrucksmitteln;
2. einer selbständigen Entscheidungsmöglichkeit - einer ästhetischen Autonomie in actu - des Einzelnen in der Interaktion mit den Spielpartnern (ohne die hierarchische Vermittlungsinstanz eines Regisseurs oder Dirigenten);
3. einer gesellschaftlich definierten Funktion der jeweiligen Kunstform, unabhängig von deren (möglicher) ökonomischer Formbestimmung als Ware; das setzt weiter
4. die Existenz einer stabilen Gesellschaft mit intakten Normen und Handlungscodes voraus, die Abweichungen jederzeit wieder integrieren kann.

Improvisieren kann somit als ästhetische Arbeit an einem vorgegebenen Grundmodell definiert werden, als besondere Qualität erscheint das Sichtbarmachen dieser Arbeit im Moment der Realisation. Improvisieren bedeutet in keinem Fall ein gesetzloses Extemporieren, es ist vielmehr die spielerische Annäherung an eine Äquilibration von gegebenen ästhetischen Mikrostrukturen und deren Anordnung innerhalb einer gesellschaftlichen Makrostruktur (des Rezeptionsprozesses). (3) Dabei fällt die zeitliche Verschiebung aufgrund des komplizierten Vermittlungsvorgangs weg: der Reiz der Improvisation liegt im wesentlichen in der unmittelbaren Einheit des ästhetischen Produktionsprozesses und seiner Rezeption. (4) Die produktionsästhetisch bedingte Unmittelbarkeit des Improvisierten teilt sich dem Zuschauer als eine zusätzliche Qualität, als ein besonderes Faszinosum mit, das unter Umständen eine technisch weniger perfekte Ausführung sowie eine inhaltliche Redundanz des Improvisierten gegenüber einem ausgearbeiteten Kunstwerk auszugleichen vermag. Dies bei der haptischen Teilnahme an improvisatorischen Praktiken erfahrene "Lusterlebnis" (5) ist nach Vladimir Jankélévitch durch den zeitlogischen Eintritt in ein Feld der "Ex-Temporalität" gekennzeichnet, die den Seinsfluß der (chronologischen) A-Reihe der Makrozeit negiert und eine "Ko-Temporalität" gleicher Zeitpunkte als Spielzeit der Wirklichkeit etabliert (6): Improvisieren ist reines, gleichsam 'punktförmiges' Sein - ein Zusammenspiel der Materie auf der Ebene der Signifikanten.

Die oben genannten vier Punkte einer Soziosemiotik der Improvisation waren bei der vorbürgerlichen improvisierten Komödie bzw. bei den in die Haupt- und Staatsaktion eingelagerten komischen Szenen alle erfüllt. Dabei ergab sich eine gleichsam natürliche Kongruenz zwischen dem gesellschaftlichen Blickwinkel der Zuschauer der öffentlichen Plätze und der ästhetisch entwickelten Hypoperspektive des komischen Spiels: die materiale Reflexion der komischen Figur hatte ebenso wie das Bewußtsein ihrer Zuschauer eine weder politisch noch ontologisch hinterfragbare Realität als bisoziative Folie des Komischen zur Voraussetzung.

Im Gegensatz zu diesen überschaubareren Ordnungsmustern, die komisch negierbar waren, verstand die bürgerliche Gesellschaft unter "Kunst" zunächst ein positives 'Planspiel', das aus folgenden Gründen einer improvisierten komischen Praxis entgegenstehen muß:

1. Die ästhetische Rekonstruktion der Gesellschaft erforderte wesentlich komplexere Modelle, wobei die - aus einer anderen Gesellschaftsform stammende - Improvisationstechnik die notwendigen Ausdrucksmittel weder entziffern noch reproduzieren konnte.

Auf der Seite der bürgerlichen Kunstproduktion heißt das, daß die Trennung in Autor/ Regisseur/Schauspieler, die zunächst immanent ökonomische Ursachen hatte, als konstitutives Moment des bürgerlichen Theaters ästhetisch integriert wird: die dem einzelnen Schauspieler arbeitsteilig zur Verfügung stehenden kinematischen und sprachlichen Grundcodes bleiben in Bezug auf das Ganze der Gesellschaft und der Aufführung partikulare Momente.

2. Das ideologische Moment von bürgerlicher Kunst steckt in der Kluft zwischen der gesellschaftlichen Realität und dem ästhetischen Entwurf dieser Wirklichkeit; aufgrund seiner totalisierenden Leistung für die Gesellschaft wird das Bild ein 'real Imaginäres'. Die Improvisation kann dies nicht leisten, weil sie ihre Codes als Einheit von Signifikant und Signifikat aus dem sozialen Umfeld des Spiels selbst bezieht: sie sind als imaginäre Teil des Realen. Damit verfehlt die Improvisation das ästhetische Surplus des Bildganzen, kann es mit keinem überschießenden 'Sinn' einrahmen - ohne das im übrigen auch kein Werk als Ware gehandelt würde.

Die Domestizierung des Komischen in der Theaterreform verhindert somit einen ästhetisch-gesellschaftlichen Rückfall auf vorbürgerliche Bewußtseinstufen. Daß eine radikale Unterdrückung des improvisatorischen Elements in der Komödie nicht vollends gelang, hat einen immanent kommunikationstheoretischen Grund, der sich in der Spieltechnik auch der reformierten Komödie niederschlägt: Zur Aufführungssituation der theatralischen Form "Komödie" gehört immer ein Moment unvorhergesehener Neuheit, mit dem sich die Schauspieler - für den Zuschauer meist nicht bemerkbar - den Raum der komischen Comunitas schaffen; gerade auch in einem durchinszenierten Stück des modernen Repertoire-Theaters. (7) Der comic spirit, die Gegenwart des komischen Raumes, bedarf einer offenen paradigmatischen Initialsituation, die die syntagmatische Handlungsebene für eine gewisse Zeit komisch affiziert.

VI.7. GEWINNUNG EINES VERISTISCHEN SCHAUSPIELSTILS DURCH ABSPALTUNG DES SIGNIFIKANTEN

Das Hinterherhinken Deutschlands zeigt sich auch bei einer stilanalytischen Betrachtung der Leipziger Theaterreform. Die Neubersche Truppe ersetzte den in Deutschland herrschenden englischen Schauspielstil, der von den englischen Wanderkomödianten eingeführt worden war und der im wesentlichen dem Volksschauspielstil ähnelt, durch den rhetorischen Stil. (1) Zu der Zeit in europäischem Kontext ästhetisch belanglos, war der rhetorische Stil dennoch als vorbereitendes Training während einer 25-jährigen Übergangszeit zum darauffolgenden veristischen Stil notwendig (2), in zweifacher Hinsicht: zum einen wird die Rolle als eine stabile Gestalt qua indexikalischem Verweis jenseits der Ebene der Inlusion produziert, der flüchtige, virtuell inexistente Charakter der Rolle im Volksschauspielstil wird verändert; das zweite Moment betrifft den Signifikanten, der beim Volksschauspielstil naturwüchsig in Einheit mit dem Signifikat an der virtuellen Rolle hing und dem auktorialen Rollenträger zugeordnet wurde. Aus $A_{(r-f)}{}^{Sa} \xrightarrow{\vee} \langle R \rangle^{Sé}$ wurde $(A_r)A_R Sa \xrightarrow{\vee} R^{Sé}$. Der neue, bürgerliche Reformstil, der - so Lessing - einen "fortreißende(n) Ton der Überzeugung" (3) im Sinne einer natürlichen Darstellungsweise produziert, wurde in Deutschland erst in der zweiten Hälfte des 18. Jahrhunderts von den Schauspielern Ekhof und Schröder aus Frankreich übernommen.

Das historische Datum der Entstehung des veristischen Stils ist überliefert: Am 10. April 1720 übertrug der damals 67-jährige Schauspieler Michel Baron (1653 - 1729) bei einem ersten Bühnenauftritt nach 19-jähriger Pause die Vortragsweise, die er in der Truppe Molières geübt hatte, auf die Tagödie. (4) Das Ergebnis hatte nachhaltigen Erfolg, der noch heute übliche Schauspielstil war geboren. Was hatte sich auf der Bühne abgespielt?

VI.7.1. Uminterpretation des rhetorischen 'pathos': Einheit von Körpersignifikant und Seelensignifikat (L. Riccoboni 1738)

Luigi (Louis) Riccoboni, genannt Lélio, rühmt noch 1738 in seinem als Anhang zu den Réflexions historiques sur les differens théâtres de l'europe erschienenen Pensées sur la déclamation die "einfache und natürliche Darstellungsweise" Barons, der uns keine Fiktionen mehr vorgegaukelt hatte, sondern uns mit der Darstellung des Wahren unterhielt. (1) Obwohl Riccoboni Barons Herkunft aus der Tradition der komischen Praxis kennt und obwohl er selber als Liebhaber 'Lélio' des Théâtre Italien einer der erfolgreichsten Schauspieler seiner Zeit war, unterliegt er in seiner theoretischen Begründung des veristischen Stils dem Trugschluß einer kontinuierlichen Entwicklung der Schauspieltechnik, indem er den neuen Stil aus dem rhetorischen Stil abzuleiten versucht. Erst sein Sohn François Riccoboni wird zwölf Jahre später in seinem Art du Théâtre (1750) den veristischen Stil samt seiner Ableitung aus der komischen Praxis theoretisch erfassen und somit die neuzeitliche Schauspieltheorie begründen.

Riccoboni père nennt den rhetorischen - weil er nur in der Tragödie geübt wurde - den "tragischen Stil" (déclamation tragique). (2) Dort ist alles gestellt, die Schauspieler reden gespreizt und die Absicht, ein Kunstprodukt zu liefern, ist für jeden sichtbar:

> "Die tragische Deklamation verfährt genau umgekehrt: schon die ersten Worte lassen keinen Zweifel aufkommen, daß hier alles Fiktion ist und die Schauspieler sprechen derart ungewöhnlich in langgezogenen Tönen, die keine Ähnlichkeit mehr mit der normalen Sprechweise haben, daß über die Kunstabsicht keinerlei Zweifel aufkommen kann." (Meine Übers., G. L.) (2)

Der Zuschauer läßt sich "jenseits des Wahrscheinlichen" tragen (4), das Publikum hat sich aber schon so sehr an die "bizarre Darstellung" gewöhnt, daß es - so argwöhnt Riccoboni 1738 - revoltieren würde, wenn es mit "der Natur und der Wahrheit, wie sie sind" konfrontiert würde. (5)

Um die neue Technik, die die Ereignisse realistisch schildert, theoretisch zu fundieren, entwickelt Riccoboni seine Schauspieltheorie aus der Rhetorik, die er im Sinne einer allgemeinen "Vortragskunst" versteht. (6) Die rhetorische pathos-Strategie erweitert er dabei zu einem System der Körpersemiotik - Rednern und Schauspielern ist gemeinsam, daß sie über die Sprache hinaus ihren Körper als Ausdrucksmedium ihrer Gefühle benutzen. (7) Der reine Seelenausdruck als immaterielles Signifikat bedarf eines materiellen Signifikanten, um entziffert werden zu können; die Gebärden erscheinen gleichsam als seelische Ausdrücke am menschlichen Körper. (8) Dieser Körper ist aber nicht nur signifikanter Sinnträger, sondern auch Hindernis und materieller Widerstand: das Seelenzeichen kann nur sichtbar werden, wenn die amorphe Körpermasse gezähmt wird, indem der Vortragende sich von der "Sklaverei der Sinne" befreit. (9) Das rhetorische Pathos wird im Sinne einer Harmonie von Körper- und Seelenausdruck interpretiert, der Vortrag erscheint dann als eine natürliche, überzeugende Einheit von Tun und Denken. (10)

Aus dieser als natürlich empfundenen Einheit von äußerem Körperausdruck (Sa) und innerer Seelenlage (Sé) konstruiert Riccoboni das veristische Theaterspiel, dessen signifikante Mimik keiner Verdoppelung durch die Sprache mehr bedarf (wie der rhetorische Stil) und der sich ebenso von den Grimassen der komischen Figur abhebt, die nach dieser Klassifikation nur äußere Körpermerkmale darstellen. (11) Der veristische Stil ist 'natürlich', weil sich auf der Körperoberfläche der Sinn der Handlungen zeigt: Das Koordinationszentrum ist ins Innere verlagert, der Körper kann mittels Mimik und Gestik einem inneren Signifikat folgen und so das Spiel als eine Ganzheit konstituieren. (12) Diese Einheit von sprachlichem, mimischem und kinematischem Ausdruck interpretiert Riccoboni als individuelles Vermögen (13), eine natürliche Einheit der Fiktion zu schaffen. (14) Diese Einheit entsteht durch das Fernhalten jeder signifikanten Störung aus dem Seelenausdruck des Signifikats; die Glaubwürdigkeit eines kunstvollen Vortrages zum Beispiel entsteht durch das Auslöschen der Spur des Signifikanten. (15) Dies Modell überträgt Riccoboni auf den Schauspieler: die Einheit des fiktionalen Raumes stellt sich als vollkommene Identität von Schauspieler (A) und Rolle (R) her. Die beiden Teilelemente des Aktorkomplexes des rhetorischen Stils A_R^{Sa} und $S^{Sé}$ faßt Riccoboni somit zu einer Einheit $A^{Sa}/R^{Sé}$ zusammen - der Auktor ist Träger sowohl eines Körpersignifikanten (A^{Sa}) als auch eines Seelensignifikats ($R^{Sé}$). "Den seelenvollen Tonfall trifft man ganz einfach, indem man das, was man sagt, auch fühlt." (Meine Übers., G. L.) (16) Die Einheit von A und R unter der Dominanz des inneren Seelenausdrucks soll zu jener Illusion auf der Bühne führen, die aufgrund der Trennung beider durch die indexikalischen Verweise des rhetorischen Stils ständig unterbrochen wurde:

> "Der alles entscheidende Punkt auf der Bühne - wie ich schon mehrfach erläutert habe - ist es, die Zuschauer mit allen zur Verfügung stehenden Mitteln zu überzeugen, daß die Tragödie kein bloßes Kunstgebilde (fiction) ist, die von den Schauspielern veranstaltet wird, indem sie Helden verkörpern. Man muß vielmehr den Zuschauern die Illusion verschaffen, daß dort oben die Helden des Stückes selber sprechen und handeln." (Meine Übers. u. Hervorh., G. L.) (17)

Riccobonis Traktat ist damit ein erster versuch, den bürgerlichen Fiktionsbegriff theoretisch zu fassen. Weil er aber an die rhetorische Theorie und Praxis des pathos und nicht an die eigene komische Praxis anschließt, bleibt ihm das Wesen des symbolischen Repräsentationsbegriffes fremd, die Natürlichkeit der Fiktions erscheint letztlich als göttlicher Ausdruck inmitten der menschlichen Handlungen. (18)

VI.7.2. Der 'Strahl' des Körpers: 'Illusion' als Einheitschiffre für Natur und Gesellschaft (Hogarth 1753)

Die 1753 in London erschienene Analysis of beauty von William Hogarth brachte der im gleichen Jahr in England weilende Christlob Mylius nach Deutschland und übersetzte sie sogleich; das Werk erschien 1754 unter dem Titel Zergliederung der Schönheit. Lessing widmet der Übersetzung drei Rezensionen in der Berlinischen Priviligierten Zeitung (1), in denen er eine zweite, billigere Ausgabe des Hogarthschen Werkes ankündigt.

Hogarth begreift seine Analysis als eine allgemeine Theorie der darstellenden Künste, die neben den Werken der bildenden Kunst auch die schauspielerische Darstellung einer Rolle umfaßt: Der menschliche Körper ist zunächst ein Gegenstand unter beliebigen anderen, die beim Abbilden als fiktionale zu rekonstruieren sind, um ihn als bewegten Körper darzustellen, bedarf es der Kenntnis bestimmter Gesetze: die Maltechnik und die Schauspieltechnik bedienen sich nach Hogarth der gleichen analytischen Methode, um den menschlichen Körper als Bild bzw. als Rolle herzustellen. (2) Das Prinzip, nach dem Hogarth die Bewegungen des Körpers zergliedert, nennt er Wellen- und Schlangenlinien. Damit bezeichnet Hogarth bestimmte Bewegungsformen, die man sich als bürgerliche Ideal-Kineme vorzustellen hat. Diese eleganten Bewegungen sind aber doppelt widersprüchlich, weil sie sich zum einen vom Drill der Contence des Hofmanns herleiten und zum anderen der Mehrzahl der zweckgebundenen Arbeitsbewegungen der Bürger widersprechen. (3) Hogarth löst den Widerspruch, indem er den Gebrauch der anmutigen Gesten zum einen in die arbeitsfreie Zeit verlegt (4) und andererseits diesen kunstvoll geschlängelten Bewegungen den Status einer erst mühsam zu erwerbenden Natürlichkeit zuerkennt. Die methodische Analyse mündet so in ein didaktisches Programm, das ein tägliches Körpertraining propagiert.

> "Wer diese Bewegungen täglich mit den Händen und Armen, wie auch mitandern

> solchen Theilen des Körpers, welche derselben fähig sind, übet, der wird in kurzer Zeit seine ganze Person reizend und ungezwungen machen, daß es eine Lust seyn wird." (5)

Diese Art der Natürlichkeit unterscheidet sich nach Hogarth von den Haltungen der Aristokratie durch eine innere Beteiligung an der Bewegung. Im Gegensatz zum äußeren Zwang, den der Hofmann seinem Körper auferlegt, definiert sich die bürgerliche, natürliche Bewegungsweise durch eine vorangehende Internalisierung der gesellschaftlichen Verhaltens- und Haltungsformen, sodaß die Beherrschung der äußeren Form am Körper - die der inwendigen Norm entspricht - als Einübung in eine schon vor den äußeren Formen präexistente innere Natur erscheint. Dem Hofmann, dem diese Übereinstimmung von internalisierter Norm und äußerer Körpernormung fehlt, muß - nach Hogarth - der Versuch der Selbstdarstellung zu einer steifen, lächerlichen Darbietung geraten. (6)

Die aristokratische Repräsentation ist aufgespalten: die Körperhaltung als Signifikant weist auf ein abstraktes Signifikat, das aber kein Teil des aristokratischen Köpers ist. Die bürgerliche Form der Körperbeherrschung verlegt diesen abstrakten Verweisungszusammenhang in den Körper hinein: das bürgerliche Individuum erscheint als Einzelwesen, das vom gesellschaftlichen 'Korpus' getrennt ist, trotzdem vermag es den Sinn der Gesellschaft sowohl in seiner Arbeit als auch in seinen natürlichen Gebärden zu verkörpern. Zeichentheoretisch wird diese Einheit in der zusammenfallenden Doppelung von Signifikant und Signifikat symbolisiert. Der Hofmann wird lächerlich, weil an ihm kein Signifikat erscheint, er produziert nur - ähnlich der komischen Figur - signifikante Gesten, deren Bedeutung sich erst im gesellschaftlichen Kontext, auf den sie verweisen, erschließt. Die bürgerliche Gebärde dagegen verweist nicht, sie ist als Doppelbewegung von Arbeits-/Symbolgebärde konstituierendes Moment des Gesellschaftlichen. Dabei sind die inneren "Gemüthsbewegungen" als der signifikante Bedeutungsteil zu verstehen, der dann den Sinn der körperlichen Geste (im Sinne einer Einheit von Sa/Sé) bestimmt. Die Natürlichkeit der bürgerlichen Bewegungen meint also die Einheit von innerer und äußerer, psychischer und kinematischer Bewegung.

Diese Bewegungseinheit schlägt sich auch im neuen Schauspielstil nieder, der nicht mehr wie der rhetorische an den deiktischen Charakter der Sprache gebunden ist. Die sich zuerst in der Komödie durchsetzende bürgerliche Schauspielgeste bedarf nach Hogarth der Sprache nicht, weil in den signifikanten Gesten der Komödie schon der gesellschaftliche Zusammenhang als Sinn (Sé) miteingeschlossen ist - die Handlung des Stückes ist also auch ohne Kenntnis der Sprache allein den kinematischen Zeichen zu entnehmen:

> "Das, was ich unter der Handlung, abgesondert und unter dem Begriffe, daß sie dem Verstande der Worte Stärke giebt, unterschieden genommen, verstanden haben will, kan man begreifen, wenn man setzt, daß ein Fremder, welcher von allen den Wirkungen durchaus Meister ist, in einer von unsern Komödien sey, von der Sprache des Schauspiels aber gar nicht versteht. Es ist klar, daß seine Gedanken, unter solchen Einschränkungen, hauptsächlich aus dem entstehen würden, was er durch die Linien der zu jedem Charakter gehörigen Bewegungen

würde unterscheiden können." (7)

Dieser Körpertext wird aber nur deshalb verstanden, weil die Kineme der gesellschaftlichen Tätigkeiten auf der Bühne reproduziert werden. (8)

Nun kann auch die Bedeutung der Schlangenlinie des Körpers als Moment der künstlerischen Darstellung und der bürgerlichen Körperpraxis genauer angegeben werden. Der Widerspruch der schönen Schlangenlinie zur praktischen Arbeitsgeste löst sich auf, wenn man annimmt, daß der Begriff neben seiner analytischen Komponente zugleich auch eine ideologische enthält - die Schlangenlinie wird nämlich durch die Gleichmäßigkeit einer beständigen Abwechselung definiert. (9) Hogarth begründet dies Theorem der wahrnehmungspsychologischen Wechselreize anthropologisch:

> "Das Auge hat diese Art des Ergetzens an gewundenen Spaziergängen, an schlangenförmigen Flüssen und an allen solchen Gegenständen, deren Formen, wie wir hernach sehen werden, vornehmlich aus dem, was ich die Wellen= und Schlangenlinien nenne, zusammengesetzt sind." (10)

Das beständige Fließen der Schlangenlinien, die sich ebenso in der Natur wie am eigenen Körper finden, ist die Projektion einer stetigen Tätigkeit der Natur und ihrer Körperwelt und wird - in einem zweiten Vorstellungsakt - dort als Kontinuum der Fiktion entziffert. Dabei wird die Geschäftigkeit - die letztlich aus der ökonomischen Sphäre stammt - als ästhetische Kategorie wahrgenommen, dies ist der "schöne Schein", den Hogarth am ästhetischen Gegenstand zu sehen glaubt:

> "Daher werden wir allezeit einen solchen Hauptstral voraussetzen, welcher sich mit dem Auge fort bewegt, und die Theile jeder Form ausmerket, das ist, auf die vollkommenste Art untersucht; und wenn wir genau dem Laufe eines Körpers, welcher in Bewegung ist, folgen wollen, so wird allemal vorausgesetzt, daß sich dieser Stral mit dem Körper bewegt." (11)

Der Begriff des 'Körperstrahls' stammt aus der Perspektivkunst: es ist die gedachte Hilfslinie, die vom Mittelpunkt des abzubildenden Gegenstandes zum Auge verläuft. (12) Dieser Strahl der Körper bedeutet ein mehrfaches, einmal ist er eine geometrische Hilfskonstruktion, darüber hinaus deutet er aber auch auf die Aura der bürgerlichen Fiktion, die die Warenkörper umgibt - wie der Tauschwert an der Ware klebt und sie erst 'gesellschaftsfähig' macht, so adelt auch erst der Strahl die Körper der Individuen, mit dessen Hilfe sie die Gesellschaft als ein unendliches Bedeutungsfeld konstruieren. Wie aber auch der Gebrauchswert hinter dem Tauschwert verschwindet, so verschwindet der Körper als Bedeutendes (Sa), als Ort der materiellen und symbolischen Praxis, immer mehr hinter diesem Strahl einer reinen Signifikaten-Kette (Sé). Der Strahl dieses Sinnkontinuums gerät der bürgerlichen ästhetischen Praxis offensichtlich so hell, daß die Theorie den darunter liegenden signifikanten Ort der Sinnproduktion - den Körper - nicht mehr sieht.

Die bürgerliche Theorie erklärt die neue semiotische Dimension nur als Leuchtkraft des reinen Signifikats und nicht als Einheit beider Zeichenelemente unter der Herrschaft des Bedeuteten (Sé). Der Schein wird zum Natürlichen, weil er das repräsentiert, was die Gesellschaft real zusammenhält: den Tauschwert. Der Schein als Wert der Kunst wird symbolisch ausgetauscht, somit entsteht auch der Schein einer Abgehobenheit der Kunst von der ökonomischen Distributions- und Reproduktionssphäre. Der ästhetische Schein der Kunst verschleiert somit die materiale Schicht (Sa) und die ökonomische Wertform des Kunstwerkes als Ware. Ein Schauspielstil, der diese Schichtung auf den menschlichen Körper überträgt, muß die real getrennten Individuen in der theatralischen Fiktion als ein ganzheitliches Tableau zeigen: Die Interaktion der Figuren muß ineinandergreifen, die Ruhestellung der rhetorischen crux scenica muß übersprungen werden. Dies geschieht durch Abspaltung des Signifikanten vom auktorialen Rollenträger und der Ankettung des Signifikanten an das Signifikat der Rolle, die damit zu einem festen Bestandteil des Auktors wird. Wenn man die Formel *(B.1) des rhetorischen Stils als $A \xrightarrow{\vee} R$ abkürzt, so erscheint das Verhältnis von A und R jetzt als $A \xrightarrow{\bullet\bullet} R$, bzw. genauer als

*(B.3) $$A_r \xrightarrow{\bullet\bullet} R_f^{Sa/Sé}$$

Diese Formel des veristischen Schauspielstils bedeutet, daß der auf der realen Ebene handelnde Schauspieler eine fiktionale Rollengestalt produziert, die als Einheit wahrgenommen wird, weil symbolisch (durch das Zeichen $\xrightarrow{\bullet\bullet}$ angedeutet) Bedeutendes (Sa) und Bedeutetes (Sé) in einer Bewegung zusammenfallen; dies Moment des Zusammenfallens produziert auch den Effekt der Illusion. (Vgl. auch Fig. 22) Gegenüber der barocken Form der Repräsentation steht das bürgerliche Individuum vor der Aufgabe, die Semiose gleichsam solipsistisch - ohne Rückgriff auf ein universales, externes Signifikat - zu leisten. Die Tauschabstraktion ist zugleich universales Moment des Gesellschaftlichen und Bürde des isolierten Einzelnen, mit Hilfe des ihm auferlegten Signifikanten - seinem Körper - das Gesellschaftliche (oder das Signifikat) zu produzieren. Dies Signifikat, das in der signifikanten Körperhaltung erscheint, ist sozusagen das abstrakte Fluidum, der gesellschaftliche 'Äther', dessen sich die isolierten Individuen entäußern, um das nomothetisch Ganze, die Gesellschaft zu konstruieren. Der ständig produzierte Schein der Haltung wird zur zweiten Natur des Menschen - die darauf aufbauenden Fiktionen der Kunst nehmen den Charakter der Natürlichkeit an.

Die Natürlichkeit der Bewegung des Schauspielers - die zugleich auch 'hohe Kunst' ist - erwächst aus dem Zusammenfallen von Signifikant (Sa) und Signifikat (Sé); nach Ballhausen wird die schauspielerische Gebärde erst dann zur "künstlerischen", wenn ihr "Ausdruckswert" (als Sa) mit dem "Gestaltwert" (als Sé) zusammenfällt. (13) Historische Voraussetzung für dieses Zusammenfallen, bei dem jedes einzelne Kinem anaphorischen Charakter erhalten muß, war die seit dem 18. Jahrhundert zu beobachtende Reduktion des Gebärdengebrauchs im Alltagsleben. Kriss-Rettenbeck stellt - mit ähnlichem Ergebnis wie Elias (14), nur auf andere - niederere - Volkschichten bezogen - aufgrund des ikonografischen Materials für die Zeit von ca. 1420 bis zur Mitte des 17. Jahrhunderts eine Formvielfalt von Gebärden und eine "enorme Dichte im Gebrauch von Gebärden" in Deutschland fest. (15) In abgeschwächter Form waren diese Gebärden noch bis ins 18. Jahrhundert in Gebrauch, um dann rapide abzunehmen. Die im veristischen Stil erscheinende Einheit von Signifikant und Signifikat kann nur aufgrund dieser allgemeinen Reduktion der Körpersignifikanten durchgesetzt werden. Der habituelle Gebärdenfundus wurde von semiotisch leeren Arbeits- und Handlungsgesten verdrängt, die ihren Sinn allein in der praktischen Bewältigung der Aufgaben finden, die zur Reproduktion des Lebens notwendig sind. Diese bedeutungsleeren Kineme können nun in der theatralischen Darstellung neu semiotisiert werden - die konventionalisierten C-Handlungen werden zu meta-regulativen R-Regeln (im Sinne von *(B.2)). Das Theater wird zum Ort der Einübung des Körpers in das Kontinuum der Fiktion, ähnlich wie die Romanlektüre die Fantasie trainiert. (16) Das Herstellen des Gesellschaftlichen erscheint im Theater als die Leistung des einzelnen Schauspielers, der den exemplarischen "Lebensgestus" für alle demonstriert. (17) Hier entspringt die Idee des Theaters als einer Weihestätte ebenso wie der Mythos vom "guten Schauspieler", der dämonisch die Rolle zelebriert.

> "Bei dem guten Schauspieler ist beides so ineinandergewachsen, die innere und die äußere Gestaltung so unter einem Gesetz individueller Kunst, daß die äußere Aktion selbständig und ohne Bewußtsein der inneren erfolgen und dennoch diese letztere vollgültig vertreten kann." (18)

So schreibt noch Georg Simmel 1923. Die "äußere Aktion" ist die signifikante Praxis, die das Signifikat als bewußtlosen Schein produziert. Von diesem Schein her leuchtet der bürgerlichen Welt die Gewißheit, "daß die Elemente des Lebens doch wohl in ihrem letzten Grunde nicht so heillos gleichgültig und beziehungslos nebeneinander liegen, wie das Leben es glauben machen will." (19) Die Beweislast, die der bürgerlichen Kunst obliegt, verkehrt in der totalisierenden Synthese das Verhältnis von Schein und Realität und bringt als Folge in der ästhetischen Reflexion die idealistische Prämisse hervor, daß die Fiktion die Realität garantiere. Eine solche Konstruktion ist nur da denkmöglich, wo die Realität selber als fiktive Ordnung verstanden wird.

Weil Hogarth das Prinzip der bürgerlichen Sinnproduktion mit den Begriffen des Strahls und der Schlangenlinie vorläufig benennen kann, versucht er auch, die Bewegungen der komischen Figuren vorurteilsfrei zu beschreiben. Den feineren Harlekin und den grobschlächtigeren Scaramuz - die er beide als Gegensätze innerhalb des komischen Körpertextes unterscheidet - charakterisiert er folgendermaßen:

> "Die Stellungen des Harlekins sind sinnreich aus gewissen kleinen geschwinden Bewegungen des Kopfes, der Hände und der Füsse zusammengesetzt. Einige derselben entwickeln sich aus dem Körper als in geraden Linien, oder drehen sich in kleinen Zirkeln herum. / Scaramuz ist, seinem Charakter gemäß, gravitätisch abgeschmackt in unangenehm übertrieben ausgedehnten Bewegungen von unnatürlichen Längen und Linien. Es scheint, daß diese beyden Charaktere ausgedacht

worden, indem man sich einen vollkommenen Gegensatz von Bewegungen vorgestellet hat." (20)

VI.7.3. Die 'Verdoppelung' des Schauspielers: Entdeckung der Inlusion (F. Riccoboni 1750)

Im Frühjahr 1750 erscheint Francesco Riccobonis Lettre de Mr. Riccoboni, Fils, à Monsieur *** (1), worin er seine zu Beginn des gleichen Jahres erschienene Schrift L'art du Théâtre gegen erste Kritiken mit dem Hinweis verteidigt, er habe keine literarische Poetik, sondern die Beschreibung der schauspielerischen Darstellungstechnik liefern wollen. (2) Beide Texte sind Erwiderungen auf Rémond de Sainte Albines Schrift Le Comédien (1747), worin dieser die Illusion des veristischen Stils als "Feuer des Schauspielers" und als "magie à la déclamation" definiert hatte. (3) Diese ideologische Verklärung der schauspielerischen Arbeit durch die Kunstkritik setzt F. Riccoboni eine eigene Theorie entgegen, die den spieltechnischen Gegebenheiten aus der Sicht des Schauspielers Rechnung trägt.

Riccoboni fils definiert die schauspielerische Geste als "umfassenden Einsatz des ganzen Körpers" (la disposition totale du corps). (4) Die Schauspielkunst teilt dies Medium des menschlichen Körpers mit dem Tanz, der aber lediglich Ausdruck einer reinen Körperform sei, der Schauspieler stelle dagegen mittels des Körpers innere Vorgänge, die "Stimmungen der Seele" dar. (5) Riccobonis Theorie stellt die Vermittlung dieser inneren Empfindung in äußere Zeichen ins Zentrum ihrer Argumentation: "Es gibt nur eine Regel zu befolgen - und die schreibt uns das Gefühl vor, das wir darzustellen haben." (Meine Übers., G.L.) (6) Das innere Signifikat soll durch die signifikante Körperpraxis nach außen treten und so eine ununterbrochene Reihe von sichtbaren Signifikaten herstellen, die den Eindruck einer Totalität der Fiktion hinterlassen. (7) Um die theoretischen Regeln dieses Stils zu formulieren, muß zunächst der besondere Charakter der Körperpraxis eruiert werden. Die inneren Empfindungen, die über den Körper nach außen transportiert zu einem sinnhaften Kontinuum zusammenschmelzen sollen, werden in der zeitgenössischen Theorie als vorgegebenes Grundmoment eines "gewissen Etwas" (Je ne sçai quoi) bezeichnet. F. Riccoboni versucht, diese Empfindungsfähigkeit (Noblesse du sentiment) (8) als Resultat einer affektiven und kognitiven Distanz zu sich selber und zum thematisierten Gegenstand zu deuten. (9) Diese grundlegende Distanz, die sich in der zur Schau gestellten "beiläufigen Interessiertheit" (desinteressement) (10) zeigt, ist die auf das allgemeine Verhalten zurückprojizierte abstrakte Rationalität, der wir schon mehrfach in doppelter Form begegnet waren: als geometrische Ratio der Naturerkenntnis und als gesellschaftliche Ratio der Tauschabstraktion. Die darauf basierende kognitive und affektive Distanz des bürgerlichen Ichs zu jedem Nicht-Ich ist die Besingung, daß ein von der Unmittelbarkeit der ersten Natur unterschiedenes, nunmehr als 'neu' empfundenes, Gefühl für das Andere entstehen kann. Dieses neue Empfinden enthält die monadische Isolation der Individuen gleichsam als Bedingung in seinem Begriff; die Einübung in die neue Empfindungsweise setzt die private Kultivierung der realen gesellschaftlichen Getrenntheit voraus. Die Rationalität der gesellschaftlichen Produktionsweise wiederholt sich so in der von der Arbeitssphäre scheinbar abgehobenen Selbstrepräsentation während der Konversation im Salon: Nach Riccoboni werden sowohl die Gesprächspartner als auch der Gesprächsgegenstand von dieser spezifischen Distanz beherrscht. (11)

Die neue Wahrnehmungsmöglichkeit der sich ihrer Isoliertheit bewußt gewordenen Individuen wird nun in der veristischen Schauspielpraxis gleichsam instrumentell eingesetzt, um die reale gesellschaftliche Trennung in einer fiktionalen Darstellung des Ganzen wieder aufzulösen. Um das Dargestellte als Wahrheit zu retten, müssen aus dem Bild alle Spuren des Darstellens verschwinden, d.h. der Schauspieler muß als auktorialer Rollenträger von der fiktionalen Ebene verschwinden und vollständig in der Rolle aufgehen. Der Signifikant erscheint nicht mehr an der realen Person des Schauspielers (wie beim Volkstheater), auch nicht mehr an einer Zwischenform eines auktorialen Rollenträgers (wie beim rhetorischen Stil), sondern er taucht nur noch als Einheit mit dem Signifikat in der Rolle auf, der diesseits der Inlusion lediglich die - ästhetisch bedeutungslose - reale Person des Schauspielers gegenübersteht. (Vgl. Fig. 22)

Dieses Moment der Abspaltung des Signifikanten von einer spieltechnischen Mittlerfigur - wie sie als A_R^{Sa} des rhetorischen Stils und als A_f^{Sa} des Volksstils existiert - und dessen unmittelbare Zuordnung zur Rolle bezeichnet auch den Geburtsort des *Schauspielerparadoxes*: Der Schauspieler muß die in der Praxis vorher kollektiv erfahrene Trennung in Rollenträger und Rolle nunmehr individuell, als privates Spielgeheimnis und unmerklich für die Zuschauer, handhaben. Gerade weil F. Riccoboni als erster auf die spieltechnische Notwendigkeit des *dédoublement* hinweist (12), das die Linie der Inlusion zwischen A und R zieht, kann man seine Theorie mit Fug als die erste konsequent bürgerliche Schauspieltheorie bezeichnen. (13) Die *Art du Théâtre* eröffnet zugleich auch die Reihe der von Schauspielern mit spielpraktischer Erfahrung verfaßten Schauspieltheorien, gegen die die Theoretiker des schönen Scheins - ohne Bezug zur Spielpraxis - immer wieder ihre Forderung nach einer empathischen Verschmelzung von Schauspieler und Rolle setzen werden.

Die Verdoppelung ist neben ihrer primären Eigenschaft - der gerichteten Aufmerksamkeit gegenüber der eigenen Rolle - darüberhinaus auch die Grundbedingung für das Ensemblespiel, weil nur aufgrund dieser Distanz die kontinuierliche Wahrnehmung auch der anderen Rollen möglich ist. (14) Dieses veristische Zusammenspiel aller Rollen impliziert zugleich auch den Wegfall des statuarischen Elements in der Darstellung der einzelnen Rolle. Riccoboni fordert einen gleichsam fließenden Stil: der Schauspieler dürfe in keiner Positur verharren; damit verweist er auf das gleiche ästhetische Moment, das Hogarth mit dem Begriff der Schlangenlinie bezeichnet. (15)

Die Idee zu solch einer flüssigen, ineinander greifenden Interaktion entnimmt nun Riccoboni weder dem realen gesellschaftlichen Verhalten noch dem rhetorischen Stil, sondern er gewinnt sie am Modell der komischen Praxis. Die Theorie des veristischen Stils spaltet sich auf diese Weise in zwei einander widersprechende Teile, deren theoretische Antithese die Leerstelle der Praxis ausfüllen soll. Der schon im Zusammenhang mit der Genese der bürgerlichen Empfindung aus der Distanz zum Anderen dargestellte wahrnehmungspsychologische Teil der Theorie begründet, wehalb der veristische Stil überhaupt als ein Kontinuum der Fiktion wahrgenommen werden kann. Der andere Teil der Theorie enthält eine gleichsam produktionsästhetische Begründung des neues Schauspielstils, der an dem Prinzip der Distanzlosigkeit der komischen Comunitas gewonnen ist. Damit interpretiert Riccoboni die Affektdistanz der komischen Figur spezifisch bürgerlich: Das Komische als Figuration des Niedrigen im Sinne eines gesellschaftlich ungefilterten Affektausdrucks dient als Fundgrube eines unverfälschten, natürlichen Agierens. Aber Riccoboni macht das Niedere nicht nur - wie in der traditionellen Dramentheorie - zum Vorbild des Komischen, sondern ebenfalls zum Vorbild des Tragischen (16), zugleich eliminiert er damit die formale Begründung der Ständeklausel und ersetzt sie durch eine inhaltliche Definition: der Wahrheit des darzustellenden Ausdrucks. (17) Die spieltechnische Dimension der Positivierung der Ständeklausel begründet so einen einheitlichen, bürgerlichen Stil, die auch das von der Ständeklausel traditionellerweise ausgegrenzte Gebiet des Tragischen mitprägt. Die Tragödie definiert sich nunmehr lediglich dadurch, daß sie nur ein kleines Spektrum der neuen Ausdrucksvielfalt benutzt:

> "Der einzige Unterschied, den man zwischen den Genres feststellen kann, besteht darin, daß die Komödie alle Tonlagen durchlaufen kann, während die Tragödie sich auf einen kleinen Ausschnitt beschränkt." (18) (Meine Übers., G. L.)

Weil Riccobonis Theorie das prononcierteste Pamphlet für einen bürgerlichen Schauspielstil ist, übersetzt Lessing die Art du Théâtre sofort und veröffentlicht sie noch im gleichen Jahr im 4. Stück der Beiträge zur Historie und Aufnahme des Theaters (1750, pp. 481 - 544). Darin übersetzt er den Kernsatz Ricconoris, der die beiden theoretischen Stränge zusammenführt folgendermaßen: "K u r z, m a n m u s s s i c h a u s- d r ü c k e n w i e d e r P ö b e l u n d b e t r a g e n w i e L e u- t e v o m S t a n d e." (Meine Hervorh., G. L.). (19) Dieser Satz bringt die gesellschaftstheoretische Dimension des veristischen Stils auf eine Formel, er bezeichnet sozusagen den ideologischen Ort seiner Genese - die gesellschaftliche Distanz der Subjekte produziert gleichsam die Fiktion der Distanzlosigkeit in Form der 'Natürlichkeit'. Das Natürlichkeitsideal ist somit selber eine Funktion derjenigen gesellschaftlichen Verkehrsform, in der die Individuen über die Dinge, die sie herstellen und austauschen, ein sachliches Verhältnis zueinander entwickeln.

Wieso kann aber die Affektdistanz des Niedrigen, des Komischen, zum Vorbild einer neuen Empfindungsqualität werden, deren innerer Ausdruck gleichsam natürlich am Körper des Schauspielers erscheint? Betrachtet man die beiden Schaubilder des Volksschauspielstils (Fig. 14, p. 78) und des rhetorischen Stils (Fig. 15, p. 105), so wird deutlich, daß sie sich beide vom veristischen Stil durch eine auktoriale Mittlerstufe unterscheiden, die jeweils - vom Zuschauer aus gesehen - auf der fiktionalen Ebene und jenseits der Linie der Illusion und - vom Auktor her gesehen - diesseits der Linie der Inlusion agiert. Diese Mittlerfigur eines Zeichen produzierenden Körpers fehlt beim veristischen Stil, während sie das zentrale Element des rhetorischen Stils darstellt und im Volksstil eine virtuelle Einheit mit dem realen Schauspieler A_r bildet. Gerade die zentrale Stelle der Mittlerfigur A_R beim rhetorischen Stil - in die die Rolle immer wieder zurückfällt, um ein erstarrtes Tableau zu bilden - verhindert die Weiterentwicklung des rhetorischen Stils zum veristischen. Der sichtbare Modus der Repräsentation, der den Signifikanten unablässig zeigen muß (A_R^{Sa}), wäre nur bei einer vollkommenen Fusion von Auktor und Rolle unter Preisgabe der Illusion in eine an der Rolle haftende Sinneinheit von Signifikant und Signifikat zu überführen; das entscheidende Moment der Illusion, die Velegung der Trennungslinie der Illusion in den Schauspieler, wäre nicht hergestellt.

Der Volksstil (Fig. 14, p. 78) steht demgegenüber dem veristischen Stil aus zwei Gründen näher: einmal durch die ungenügende Trennung von A_r und A_f - wie es auch die Zusammenfassung $A_{(r \rightarrow f)}^{Sa}$ in *(A.26) angibt -, wobei der A_f der fiktionalen Ebene leicht in seine Elemente A_r und R gespalten werden kann; und zum anderen durch das Prinzip des einbahnigen Produzierens der Rolle, die - gerade weil sie instabil ist - fortlaufend vom A hergestellt werden muß. Das nachstehende Schaubild des veristischen Stils (Fig. 22) zeigt dies vollkommene Zurücktreten des A_r zugunsten der von ihm im Rahmen der intratheatralischen Kommunikation hergestellten Rolle als Einheit von Signifikant und Signifikat:

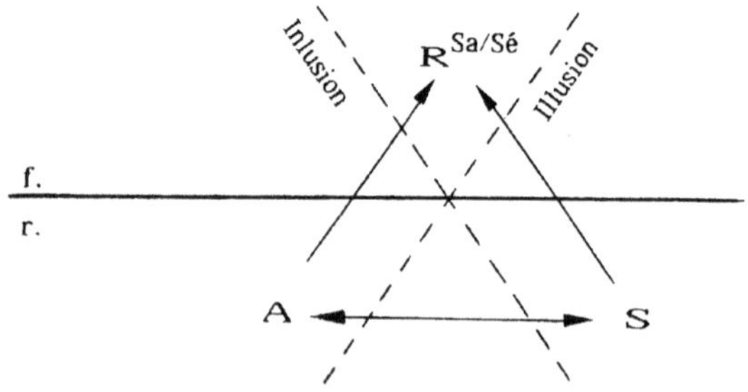

Fig. 22 (veristischer Schauspielstil)

Der veristische Stil ist also ein formal einfacherer Stil, der die verschiedenen Semiotisierungsstufen, die bei den anderen Stilen (für das Publikum) sichtbar werden, in den Schauspieler hineinverlagert. Der A_r des veristischen Stils produziert ebenfalls beständig die R_f, nur mit der - gegenüber dem Volksstil - zusätzlichen Regel, daß die Produktion von R_f zu einer kontinuierlichen Präsenz zu führen hat, und mit der - gegenüber dem rhetorischen Stil - zusätzlichen Regel - daß ein Zurückgehen in die Ruhestellung des auktorialen Rollenträgers als Fiktionsdurchbrechung verboten ist. Aus diesem Grunde muß Riccoboni seine Theorie gegen die üblichen Fiktionsdurchbrechungen des Niedrigkomischen abgrenzen, obwohl dieses zugleich das Paradigma eines natürlichen Stils überhaupt lieferte; (20) er grenzt die "üblen Possen der Lustigmacher" (21) (la mauvaise plaisanterie des parades) (22) gegen das höherstehende Komische des Charakterfaches einerseits (23) und gegen das ebenfalls positiv verstandene "niedrig-komische" (le bas Comique) (24) ab.

Im Rahmen dieser Umwertung des Komischen kann Riccoboni auch das Prinzip der Bisoziation aufgrund seiner praktischen Kenntnis exakt als formales Prinzip bestimmen. Die besondere Form der Wahrnehmung in der Komödie ist der Inhalt des Komischen; so erklärt es sich, daß ein Ereignis einmal als komisch und ein anderes Mal als tragisch empfunden wird (25): Das in der Komödie herrschende Prinzip bezieht alle Ereignisse - auch die 'tragischen' - auf den einen Grundcode der komischen Comunitas, der alle Differenz ineins faßt; dasselbe Ereignis wird dagegen als tragisches wahrgenommen, wenn es äthetisch im Code einer nicht zusammenzubringenden Zweiheit dargestellt wird.

VI.8. EXKURS
Ende des veristischen Schauspielstils

Mit dem Ende des Naturalismus bricht noch im 19. Jahrhundert das Kontinuum der Fiktion auseinander. Strömungen, Ereignisse und ästhetische Praktiken wie Symbolismus, Futurismus, Expressionismus, Dada und wenig später Surrealismus versuchten die am Imperialismus zerbrochene Welt partikular zu ordnen. Dabei kam der Signifikant als Spur des ästhetischen Prozesses in Form eines sichtbaren Materials wieder zum Vorschein. Dieser signifikante Vorschein wurde nicht zuletzt im Ästhetizismus des 19. Jahrhunderts vorbereitet: die Beschränkung auf einen nur noch biografisch zu legitimierenden Kunst-Schein bereitet die Beliebigkeit der Signifikantenordnung vor, wie sie zu Beginn des 20. Jahrhunderts gebräuchlich wurde.

Aus diesem Experimentierfeld der sogenannten 'historischen Avantgarde' können für den Bereich des Theaters folgende relevante Spielpraktiken herausdestilliert werden, die auch theoretisch reflektiert wurden:

1. das Uslovnyi Theater ('Bedingte Theater') und das Modell der Biomechanik im russischen Theateroktober (Meyerhold, Tairov u. a.);
2. die futuristische Idee des Maschinenmenschen, der Ueber-Marionette (Craig);
3. die expressionistische Idee eines Stegreiftheaters, aus dem sich das Psychodrama entwickelte (Moreno);
4. die Idee eines Theaters als revitalisiertes archaisches Ritual, eines Theaters der Grausamkeit (Artaud), die später (zusammen mit Dada) die Happeningbewegung beeinflußte;
5. die politische Idee eines epischen Theaters (Brecht).

Im Hinblick auf die Auflösung der Zeicheneinheit des Auktor-Rollen-Komplexes wollen wir die drei letzten Theaterformen im Zusammenhang mit der Ablösung des veristischen Stils im 20. Jahrhundert näher betrachten.

VI.8.1. Psychodrama (Moreno 1924)

Jakob Moreno Levy (der sich später J. L. Moreno nannte) eröffnete am 1. April 1922 in der Wiener Maysedergasse 2 ein Stegreiftheater. (1) Dort waren die traditionellen theatralischen "Örter" radikal aufgehoben: die Wohnung im obersten Stock stellte die Bühne dar, jeder war Zuschauer und Schauspieler zugleich. In seinem 1924 anonym erschienenen Pamphlet Das Stegreiftheater entwirft Moreno die Theorie dieses Theaters.

Das nachgesprochene Wort ist zur "geistigen Ware" verkommen, gegen die eine "Wahrheit des Wortes" steht, die aus der unmittelbaren, nicht-entfremdeten Praxis hervorgeht. (2) Das Material dieser ästhetischen Praxis ist das Individuum selbst; diese "Metapraxie" führt zu einer "Produktion unendlicher Gestalten". (3) In der bewußten Praxis des Scheins wird sowohl der gesellschaftliche Schein als auch der Charakterpanzer des Individuums durchstoßen. (4) Im Stegreifspiel steigt "das Unbewußte unverletzt (durch das Bewußtsein)" auf (5) - die ästhetische Praxis geht in einen psychotherapeutischen Erkenntnisprozeß über. Theater und Leben kreuzen sich. Im Stegreiftheater wiederholt sich so in einer gesellschaftlich-ästhetischen Praxis das beim ersten Erleben unbeeinflußbar gebliebene Trauma, bei dem wir nur Leidende, passive Zuschauer unseres Lebens waren. Die Wiederholung des Traumas im metapraktischen Spiel befreit: "(...) jedes wahre zweite mal ist die Befreiung vom ersten. (..) Man gewinnt zu seinem eigenen Leben (...) den Aspekt des Schöpfers." (6) Das falsche Gelebte und die Idee eines wahren Lebens stoßen als zwei bisoziative Terme aufeinander, im Lachen über das Vergangene beginnt sozusagen ein neues Leben als dem "metapraktischen Beweis eines Reiches der Freiheit (...)." (7)

Im Zusammenfall von Theater und Leben fallen auch die alten Elemente der theatralischen Kommunikation Auktor, Rolle und Zuschauer ineins; es gibt keine zeichentheoretischen Verweisungslinien mehr, der Schein bricht zusammen - genauer: wird nicht mehr hergestellt -, damit entfällt auch eine ästhetisch legitimierbare signifikante Praxis. Diese Art der theatralischen Aktion geht folgerichtig in das therapeutische Modell des Psychodramas über, das unter Verzicht auf die ästhetische Dimension - und damit die totalisierende Leistung des Super-Ikons - nur noch die subjektive Identität einzelner Individuen mittels handlungsvermittelter Psychotechniken herstellen kann. An die Stelle der Darbietung kollektiver Basiscodes tritt das Ausagieren individueller Interaktionsfiguren. Konsequent nennt Moreno daher sein Theater auch "Stegreiftheater", weil bei der Improvisation gleichsam nur der leere Raum zwischen den Präfigurationen, die Schaltstelle zwischen den festgelegten Codes variabel ist. Im Stegreif werden dagegen die eigenen Interaktionsformen hervorgeholt, in der Spielpraxis der "Stegreiflage" wird aus dem Agieren Erkenntnis und Handeln zugleich. "An die Stelle der Tiefenanalyse tritt Tiefenproduktion." (8)

Das noch ästhetisch begriffene Wiener Konzept eines Stegreiftheaters geht bruchlos über in die rein klinische Praxis des Psychodramas. Moreno emigriert 1925 in die USA (9) und eröffnet im Staat New York eine psychiatrische Privatklinik mit einem für psychodramatische Sitzungen/Vorstellungen geeigneten Theaterbau. Schon unter dem Einfluß des amerikanischen Denkens formulierte er seit 1928 in verschiedenen Aufsätzen eine Theorie des Psychodramas (10) und begründet damit die moderne Gruppenpsychotherapie - explizit gegen das körperliche Nicht-Handeln der klassischen psychoanalytischen Sitzungen. Moreno bedient sich im wesentlichen dreier verschiedener psychodramatischer Techniken:

1. die auf der Mutter-Kind-Dyade basierende Doppelgängerrolle;
2. die Spiegel-Technik, wobei ein Ko-Therapeut als Spiegel fungiert;
3. den Rollentausch. (11)

Moreno beeinflußte die moderne Psychotherapie in nicht zu überschätzendem Ausmaß: in Verbindung mit der Gestalttheorie formten sich aus seiner Technik neue, unorthodoxe Therapieformen, die mittlerweile auch von der freudianischen Orthodoxie - in Form von Gestalt-, Urschrei- und Encounterkursen - rezipiert werden.

VI.8.2. Das Theater der Grausamkeit (Artaud 1931 - 37)

Auch Artauds Theater - seit 1927 praktisch erprobt und in den Jahren 1931 - 1937 theoretisch entworfen - will den Schein zerreißen und den Signifikanten im Namen der "Grausamkeit" reinstallieren. Grausam ist dieser Vorgang deshalb, weil die Befreiung des Signifikanten zugleich ein Rückgang zum Körper ist; die Zerstörung der Repräsentation und die Wiederherstellung der Präsenz des Lebenden ist ein identischer Prozeß. Die Spur des Lebenden verläuft in unsichtbaren Linien - Artaud führt die Akupunktur und die Psychoanalyse als Modelle an -, das Theater soll "unseren Verdrängungen Leben (...) verleihen." (1)

In einer exemplarischen Interpretation hat Derrida gezeigt, (2), auf welche Weise die Zerstörung des okzidentalen Scheins, der am geschriebenen Wort als seinem Signifikat klebt, die unterdrückte, originäre Stimme des Körpers freisetzen soll. Artaud schreibt:

> "Anstatt auf die Texte zurückzugreifen, die als endgültig, als geheiligt angesehen werden, kommt es vor allem darauf an, die Unterwerfung des Theaters unter den Text zu durchbrechen und den Begriff einer Art von Sprache zwischen Gebärde und Denken wieder zu finden." (3)

Um diese Sprache jenseits der Worte, des Textes und auch des Theaters zu finden, begibt sich Artaud auf Reisen in sein Inneres und nach Mexiko; er zerstört so den Okzident an sich selber, indem er in seinem Körper die fremden Spuren einritzt (4), die zunächst weder die literarische Kritik noch die Ärzte in den Heilanstalten entziffern können. (5)

Das Modell einer solchen nicht-entfremdeten Körpersprache findet Artaud im balinesischen Theater. (6) Hier sind die Schauspieler "lebendige Hieroglyphen". (7), die ohne Umweg über die Sprache, den Text, "eine genau festgelegte Zahl von bestimmten Gebärden, von altbewährten, zu festgesetzten Zeit eintretenden Mienen nutzen (...)." (8) Das Prinzip des asiatischen Theaters etzt den Gebärdenfundus des Alltagshandelns in ästhetische Körpercodes um, die zwar hochstilisiert sind, dennoch aber als spontane Ausdrucksgebärden improvisatorisch eingesetzt werden. An dieses Prinzip der "Körperhieroglyphe" schließt Artaud an und erweitert so den theatralischen Zeichenbegriff um eine signifikante und eine gesellschaftliche Dimension. Der Diskurs des abendländischen "dialogisierten Theaters" (9) wird gleichsam nach zwei Seiten hin verräumlicht. (10)

Nun kann auch eine weiter oben (im Kap. VI.6. Marginalie über Improvisation, p. 172 - 175) nicht gestellte Frage beantwortet werden: Was ist die Ursache für ein Wiederaufleben der Improvisation als künstlerischer Technik im 20. Jahrhundert? Die Improvisation in der abendländischen Kunst des 20. Jahrhunderts ist als Akkulturationsphänomen zu deuten, prominentestes Beispiel für diesen Vorgang ist die Jazzmusik. Es bliebe einer anderen Studie vorbehalten, den Einfluß des Jazz auf andere Kunstformen wie écriture automatique, action painting, die Theaterimprovisation und die Improvisation in der neueren post-seriellen Musik zu untersuchen. Ein wesentlicher Beleg für diese Hilfestellung des Jazz beim Wiederauffinden des Signifikanten nach der Zerstörung des Kontinuums der Fiktion wäre das der afro-amerikanischen Musik inhärente kinetische Element, d.h. Musik ist per definitionem ein audio-visueller Komplex, wobei die Simultaneität von Polymetren und Polyrhythmen als Bewegungsreize aufgenommen und in sensomotorische Energie umgesetzt wird (11): Musik kann nur mit Hilfe des Körpers rezipiert werden (Aspekt des Tanzes). In der kollektiven Organisation zur Produktion der Musik taucht dieser Zusammenhang in umgekehrter Reihenfolge auf: rein akustische Phänomene, wie z. B. der Rhythmus, werden primär optisch über bestimmte Bewegungsabläufe übermittelt. (12) Dieses gesellschaftlich definierte Interaktionsverhältnis zweier Wahrnehmungskanäle im Jazz mag das Bewußtsein für den ideologischen Schein des romantischen Gesamtkunstwerks geschärft haben und die Kunstformen des Abendlandes wieder auf den Körper als eine synästhetische Einheit zurückverwiesen haben. Daß die Ausgrenzung olfaktorischer, taktiler und geschmacklicher Reize und Signale aus dem ästhetischen Kommunikationsprozeß das Ergebnis einer historischen Entwicklung ist, beweist auch Morenos Versuch, sein Theater durch das Zurücktreten des dominanten Sehsinns in der Stegreifaktion und durch die Schärfung des Hörens und Denkens sinnesphysiologisch zu fundieren. (13) Im Zuge der Entwicklung einer modernen Schauspieltechnik - die so einer Erinnerung vergessener Praktiken gleichkommt - werden heute zunehmend olfaktorische, vor allem aber taktile Momente ins Schauspieltraining mit aufgenommen (14); das Wiederfinden des Sinns kollektiver Interaktionsformen als einer ästhetischen Produktionsform läuft über das Üben der Sinne des Einzelnen. Allerdings ist von dieser Entwicklung nur der Strang A/R betroffen, der S bleibt von dieser Dimension ausgeschlossen - wenn es sich nicht um Experimente wie Mitspieltheater und Psychodrama fürs Abonnements-Publikum handelt. (15) Das Abonnements-Publikum scheitert an der Grenze zwischen aktiver und passiver Beherrschung der ästhetischen Subcodes. Das Auffinden des Signifikanten im Anschluß an die Ethnokunst reißt somit den Graben zwischen dem rezeptiven Massenpublikum und dem schöpferischen Individuum nochmals auf. Die Improvisation als Befreiung vom Text erfordert auch die Verpflanzung der gesellschaftlichen Praxisvorstellung, desen Teil die Improvisation ist, in den abendländischen Raum. Improvisation ist somit nur im Anschluß an diese - aus eurozentrischer Sicht - marginalen Weltbilder möglich, - die als ästhetische Subcodes in die 'Weltkultur' fließen. Die dezentralisierten ethnischen Praktiken, die in die Lücke des eingebrochenen okzidentalen Sinnkontinuums einbrechen, beanspruchen keine universale Geltung mehr - sie zielen auf die Herstellung von Gebrauchszeichen und nicht mehr auf die Reproduktion des Ganzen als repräsentativer Schein.

VI.8.3. Das epische Theater (Brecht 1927)

Aus diesem Dilemma zwischen einem Publikum, das sich nur im Hinblick auf den Schein zusammenfindet und der Notwendigkeit der Zerstörung dieses Scheins als einer Vorbedingung jeder anderen Praxis erwächst auch Brechts Theater. Er formuliert seine Theorie des Verfremdungs-Effekts bezeichnenderweise erst endgültig, nachdem er 1935 den chinesischen Schauspieler Mei lan-Fang gesehen und kennengelernt hatte. (1) Auch das chinesische Theater ist Improvisation im Sinne einer spontanen Reihung eines strengen Kanons semiotischer Kineme. (2) Dieses charakteristische Merkmal traditioneller Improvisation greift Brechts Theorie in umgekehrter Form auf: Die Kineme sind beliebig, die Schaltstellen ihrer Reihung aber hochartifiziell konstruiert, mehr noch - sie sind außerästhetisch bestimmt.

Brechts V-Effekt entsteht durch die besondere Form der Repräsentation des Signifikanten, das Verhältnis A — R — S wird im Sinne einer "systematisch durchdachte(n) Wirkungskette" (3) neu definiert. Unter dem Primat der Ratio wird der "Gestus des Zeigens" (4) zu einem politisch verstandenen Verweis auf die Machbarkeit des Spielens und damit des Handelns überhaupt. In diesem Gestus des V-Effekts wird das Kontinuum der Fiktion zerbrochen, weil die Identifikation mit der Rolle (als Einheit von Sa/Sé) - diese "Inkubusgewohnheiten" (5) - durch eine Wiederabspaltung des Signifikats von der Rolle auf historisch höherer Stufe wieder rückgängig gemacht wird. Die Metareflexivität führt zeichentheoretisch einmal zu einer Verdoppelung des theatralischen Zeichens und des weiteren zur partiellen Aufhebung der Ebenen der Inlusion und der Illusion (vgl. dazu und zum folgenden Fig. 23). Der Signifikant der Rolle steht für eine andere Zeichenschicht, die am realen Auktor angebunden ist: eine individuelle Zeichenschicht von sozusagen primären Signifikanten, die beim Arbeiten an der Rolle und mit dem Stück/Text entstanden sind. Diese signifikante Arbeitsspur wird später - in der Aufführung - als Signifikat interpretiert, d.h. als Ergebnis des Produktionsprozesses im Sinne einer Auseinandersetzung mit der Rolle; in einer gleichsam sekundären signifikanten Praxis wird dieser Prozeß dem Zuschauer S vorgeführt. "Bevor er die Worte memoriert, soll er memorieren, worüber er gestaunt und wobei er widersprochen hat. Diese Momente hat er nämlich festzuhalten in seiner Gestaltung". (6)

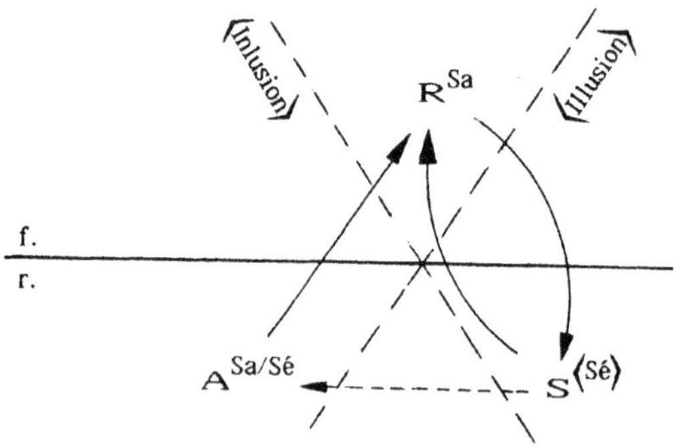

Fig. 23 (episches Theater)

Das obige Schaubild des epischen Theaters zeichnet sich durch seine zweifache Teilung der theatralischen Zeichen aus. Die im ästhetischen Arbeitsprozeß vom Auktor festgelegte signifikante Anordnung geht als Signifikant in die Rolle ein - das Bedeutende (Sa) verweist auf den Zuschauer S, der das Bedeutete (Sé) zu ergänzen hat. Die Rolle wird so zur List der Vernunft und verliert ihre illusionierende Macht als List des schönen Scheins. Brecht verlagert den geteilten Zeichenkomplex einmal in den realen Auktor und sodann auf die fiktionale Rollengestalt und den ebenfalls realen Zuschauer. Das Zeichen kommt somit wieder in der Realität an, wo es auch seinen Ursprung hatte; daß es nun seinen Weg über die fiktionale Ebene nimmt, bedeutet zweierlei:

1. ist der Fiktionsbegriff als eine bürgerliche Praxisform nicht vollkommen durchbrochen,
2. verweist diese Konstellation auf einen defizitären Handlungsbegriff, der unter Absehung von der affektiven Komponente diejenige Vernunft im Publikum voraussetzt, die es doch gerade zu propagieren gilt.

Wenn Brecht meint, in der traditionellen Dramaturgie werde der Zuschauer S "in eine Handlung hineinversetzt", während der S beim epischen Theater dieser "gegenübergesetzt" wird (7), so unterliegt er hier einer Fehleinschätzung sowohl des Prinzips der Illusion als auch seiner eigenen Theorie. Zeichentheoretisch betrachtet verhält es sich nämlich gerade umgekehrt: erst die Doppelung der Geste in eine Auktoreinheit $(A^{Sa/Sé})$ und in eine Rollen- und Zuschauereinheit $(R_f^{Sa}/S_r^{\langle Sé \rangle})$ zieht den S in das fiktionale Geschehen - freilich zu dem Zweck, ihn in die Realität zu verstricken. Betrachten wir die beiden folgenden schematischen Darstellungen (aus Gründen der Übersichtlichkeit wurde das bis jetzt verwendete Dreiecksschema etwas verändert):

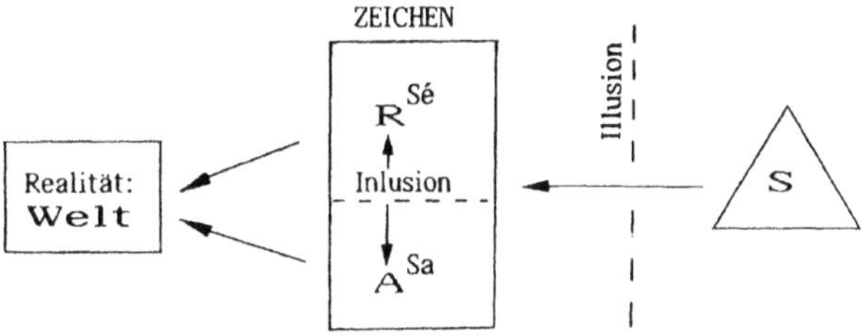

Fig. 24 (Semiotik des Illusionstheaters)

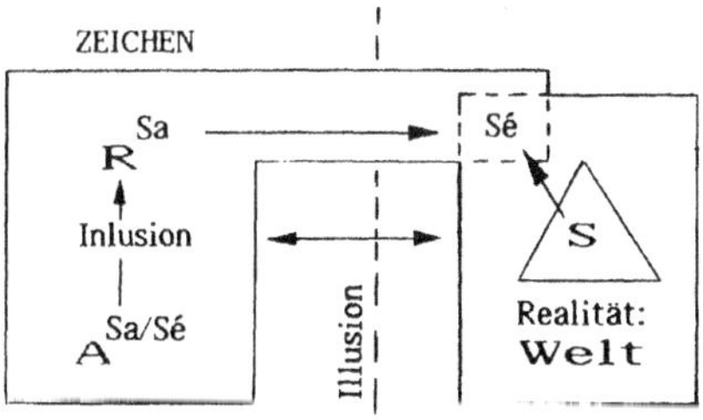

Fig. 25 (Semiotik des epischen Theaters)

Aus der triadischen Zeichenrelation des Illusionstheaters (reales Ding/WELT — Signifikant/A — Signifikat/R) (Fig. 24) ist eine miteinander verwachsene Zeichendyade geworden (Fig. 25): Der Zuschauer wird als Teil der gesellschaftlichen Wirklichkeit/WELT aufgefaßt, und zwar, dies ist das entscheidende, innerhalb des ästhetischen Prozesses selber. Auf diese Weise wird der Zuschauer auch zum Endpunkt der Rolle. Das Zeichen ist teilweise in die Realität hineinverlagert, Gesellschaft und Theater berühren sich im S. Wenn alle Teilnehmer dieser Wirkungskette diesen Vorgang bewußt mitgestalten, heben sich auch tendenziell die Ebenen der Inlusion und der Illusion auf. Der Berührungspunkt von Theater und Wirklichkeit, der sich in dem Moment bildet, in dem der S das Signifikat erschließt und somit ästhetische Praxis vollendet und zugleich die gesellschaftliche Praxis beginnt, ist zugleich auch der kritische Punkt der Konstruktion: Der S sitzt nach wie vor motorisch immobil im Theaterstuhl und muß denken und handeln - oder?

Er muß es nicht, aus wiederum zwei Gründen: Er kann sich immer noch auf den Illusionsrest zurückziehen, den ihm die Rollengestalt bietet und die Rampe als Wall, als schützende Grenze betrachten: aus dieser Art des Widerstandes würde aus dem epischen Theater ein Rampentheater, das Primat der Ratio zerbräche an einer individuellen Hemmung des S. Aus dieser theoretischen Möglichkeit folgt ein politisches Argument: Der S ist innerlich nicht verpflichtet zu handeln, das Signifikat zu 'erschließen'. Die Politisierung wird nur als rationaler Prozeß konstruiert, die psychische Dimension bleibt unstrukturiert. Damit ist das epische Theater propagandistisch, es überläßt dem Zuschauer die Wahl über sein eigenes Handeln oder Nicht-Handeln. Das propagandistische Element von Brechts Theorie beruht auf zwei Prämissen:

1. auf dem Primat des Kognitiven und des Gesellschaftlichen im 'machtpolitischen' Sinne;
2. auf der Verwechselung der ästhetischen Produktionsweise des Theaters mit der Produktion von Bedeutung überhaupt.

Allgemeiner ausgedrückt liegt eine Verwechselung der signifikanten Praxis 'Theater' mit 'Praxis' vor. Das epische Theater verwechselt die Logik der Deixis mit der Praxis der Deixis. Erst ein Theater, das auch die individuelle Verdrängung zum gesellschaftlichen Thema machte - das also Praxis der Deixis als Mikro-Politik des Wunsches betreibt -, könnte neben der ansteckenden Lust auch die Kraft zum gesellschaftlich relevanten Handeln geben. Erst in dem Augenblick, da der S an seine innere Rampe herantritt und sie überschreiten kann, verändert sich auch die semiotische, architektonische und gesellschaftliche Gestalt des Theaters.

VI.9. DISKURS DER KÖRPER IM ROKOKO — oder: kann Liebe komisch sein?

> "Aller Ernst aus dem Phallus, aller Scherz aus dem Yoni - für Frauen und Männer vice versa.-"
>
> Friedrich Schlegel: Literarische Notizen (1797-1801). Frankfurt am Main—Berlin —Wien 1980, § 1302

VI.9.1. Brechung des dominanten Wunschterms

Die bürgerliche Theaterreform der ersten Hälfte des 18. Jahrhunderts fand nicht nur an einem imaginär gesellschaftlichen Ort, sondern auch in den Individuen selber statt. Jener Ort entsteht erst durch das endlose Fließen eines kontinuierlichen Scheins, während das Publikum dieses neuen Theaters durch einen psychischen Bruch oder eine Verwerfung innerhalb der individuellen Psyche gebildet wurde. Diese epochale Konfiguration einer äußeren unendlichen Linie, der eine innere Hemmung und Auffächerung entgegensteht, ist an den Disputen um das Thema der Liebe in der Komödie und besonders um die gesellschaftliche Stellung des Schauspielers bzw. der Schauspielerin ablesbar.

Die Liebe dringt thematisch - als Anzeichen der Comunitas - und formal - über die poetische Tradition der erotischen Gattung und der Schäferdichtung - immer wieder in die Komödie ein. Als Inhalt und als Form erfüllt die Liebe innerhalb der Komödie drei verschiedene Funktionen:

1. Lizenzierung eines dominanten Wunschterms gegen gesellschaftliche Tabus;
2. psychische Entlastung des Zuschauers durch regressive Stabilisierung; und
3. dienen deviante Formen der Sexualität oder auch nur von der Konvention abweichendes sexuelles Verhalten als bisoziative Quelle des Komischen.

Die verschiedenen Funktionen der Liebe innerhalb der Komödie entfalten sich nun wieder auf drei verschiedenen Ebenen:

1. im psychologischen Bereich;
2. innerhalb der intratheatralischen Kommunikation;
3. im gesamtgesellschaftlichen Rahmen.

Sexualität als offen verhandelter oder verborgener Gegenstand komischer Praxis kann jedoch nur im Rahmen einer vorbürgerlichen Auffassung von Sexualität funktionieren; dies wurde im Zuisammenhang einer neuen Konstellation problematisch: Foucault hat sie als Vorrücken eines "Sexualitätsdispositivs" gegen ein älteres "Allianzdispositiv" beschrieben. (1) Unter letzteres faßt er die gesellschaftlichen Regulationsmechanismen, die innerhalb traditioneller Gesellschaftsformen die Sexualität des Menschen in "einem System des Heiratens, der Festlegung und Entwicklung der Verwandtschaften, der Übermittlung der Namen und der Güter" festlegt. (2) Dagegen schiebt sich seit dem 17. und zunehmend seit dem 18. Jahrhundert das "Sexualitätsdispositiv", das das Allianzdispositiv nicht vollkommen verdrängt, sondern nur überlagert und die Beziehungen der Individuen in den bürgerlichen Institutionen Krankenhaus, Gefängnis, Erziehungsheim und vor allem der Familie neuen Verboten und Geboten unterwirft. Auf diese Weise werden am Körper zahlreiche libidinös besetzte "Relaisstationen" geschaffen, die der Lust neue Wege bahnen und die vor allem nicht mehr unmittelbar unter das Allianzdispositiv der geschlechtlichen Paarung fallen. (3) Die von der bürgerlichen Wissenschaft im Laufe der beiden letzten Jahrhunderte entdeckten Perversitäten werden sozusagen von dem gleichen Prinzip produziert, dem auch diese "scientia sexualis" ihre Entstehung verdankt.

Der historische Übergang vom Allianz- zum Sexualitätsdispositiv trifft auch die Funktion der komischen Figur als Agent des Wunsches. Innerhalb der komischen Comunitas hatte die amorphe Sexualität der komischen Figur die Funktion eines Katalysators: Liebe/Essen/der Wunsch allgemein wurde in einer Demonstration des reinen Begehrens gegen die hindernden Normen ausgespielt; aus dieser comunitativen Verschwörung geht die heterosexuell gerichtete Ordnung im Happy-End der jungen Helden in der Komödie hervor. Die Radikalität, mit der die komische Figur auf die Bisoziation der Körper als Ziel des Wunsches verweist, wird mit dem aufkommenden Sexualitätsdispositiv zerbrochen. Dabei überlagern sich drei verschiedene Strategien:

1. vordergründig die Reduktion der amorphen Sexualität der männlichen komischen Figur auf die Norm des père de famille; dem entspricht untergründig zugleich
2. die Homosexualität der traditionellen komischen Figur; und
3. die Hysterisierung der Frau, die sich in realen Machstrategien gegenüber der weiblichen komischen Figur 'on-stage' und gegenüber der Schauspielerin als Frau 'offstage' niederschlägt.

Der erste Punkt führt zur Rührkomödie und in der Folge weiter zum bürgerlichen Drama, die beiden anderen Strategien formen zusammen die Idee einer bürgerlichen Theaterreform, wie sie in L. Riccobonis De la Reformation du Théâtre (1743) entworfen wird. Der zweite Punkt taucht dort als Wiedereinführung des Harlekins und der dritte in Form eines speziellen Strafkatalogs für die Schauspielerin auf.

VI.9.2. Harlekin als Agent des Sexualitätsdispositivs (L. Riccoboni 1743)

Riccobonis Schrift spiegelt den Versuch, die Institution des Theaters und die daran beteiligten Schauspieler einer bürgerlichen Norm anzupassen; dabei verfährt die Theaterreform zweigleisig: zum einen unterwirft sie innerästhetisch die Stücke einer moralischen Reduktion und zum anderen unterwirft sie das Theater in gesellschaftlicher Hinsicht einer politischen Kontrolle.

Die seiner Schrift von 1743 schon vorangegangenen Bemühungen um eine Mäßigung hätten das Theater lediglich von einer Stätte "des Triumphes der Libertinage und der Gottlosigkeit" zu einer "Schule der schlechten Sitten" gemacht, bemerkt Riccoboni. (1) Der schon erreichte Stand einer gelungenen Konstruktion beispielhafter Charaktere wird durch die komödiantische Umgebung der Dienerintrigen und Liebesabenteuer, in die diese positiven Normfiguren hineingestellt sind, wieder aufgehoben. (2) Zentraler Punkt einer grundlegenden Reform ist die Behandlung des Themas Liebe auf der Bühne. Riccoboni verweist auf die Bände füllenden Argumente seiner Vorgänger (3), sein entscheidendes Argument schlägt aber einen neuen Ton an: Die Gesellschaft habe die Sitten der Menschen derart verdorben, daß die Komödie nicht länger ein 'Spiegel' des menschlichen Verhaltens sein kann - daraus folge vielmehr, daß im Medium der Komödie eine Korrektur dieser natürlich gewachsenen Unsitten zu erfolgen habe. (4)

Das bürgerliche Bewußtsein faßt die Liebe plötzlich als Laster auf - das bürgerliche Moralsystem (les reglemens de la vie civile) (5) legitimiert die Eingriffe in das Theater nicht mehr nur aufgrund moralischer Fundierung der ästhetischen Kategorien, sondern durch den expliziten Verweis auf einen politischen Bezugsrahmen. Moment dieses Politischen ist der didaktische Normenkatalog, der unmittelbar durch Belohnung oder Bestrafung der Handelnden vorgeführt werden kann. (6) Das traditionelle poetologische Instrumentarium des docere oder utile zielt nicht mehr nur auf ein allgemein anthropologisch legitimiertes Wohlverhalten, sondern zunehmend auf die politische Vernünftigkeit der Bürger. Die Reduktion aller menschlichen Tätigkeit auf den instrumentellen Produktionsbegriff schränkt auch die Möglichkeit einer Liebe als Erkenntnis ein, die das Bewußtsein einer Einheit von tätiger Natur und produktiver Reflexion im Menschen zur Voraussetzung hat - die Idee der reinen Liebe wird zur Produktionsstätte weiterer Versagungen, Fantasmen und libidinöser Wahnvorstellungen.

Diese gebrochene Sexualität prägt die Vorstellung einer gereinigten Liebe, die durch die Unterdrückung des sexuellen Wunschterms entsteht. Die andere Sexualität lebt im poetischen Bild der Verführung weiter (7), als deren reformiertes Gegenbild die entsexualisierte Frau erscheint. Dies bezeichnet den historischen Moment der machtstrategischen Anwendung des Sexualitätsdispositivs auf die Frau, der dominante Wunschterm des Allianzdispositivs wird aufgefächert und auf polymorphe Nebenzentren der Sexualität verlagert. So gesteht Riccoboni den sublimierten und verschobenen Seitentrieben der Lust - der Elternliebe, der ehelichen Treue, der Liebe zu den Kindern und der Vaterlandsliebe (8) - ein Daseinsrecht auf der Bühne zu, während die Liebe als reine Leidenschaft - im Sinne des Allianzdispositivs - eine "kriminelle Leidenschaft" sei. (9) Dabei schlägt Riccoboni acht Jahre vor der Entstehung von Rousseaus preisgekröntem Discours sur les arts et les sciences (1750) den gleichen Ton an, um die Frau - die in der Komödie noch ganz im Rahmen des Allianzdispositivs auftritt - den bürgerlich-patriarchalischen Normen zu unterwerfen. Die Darstellung des dominanten Wunschterms in der erotischen Comunitas erscheint unter der Perspektive dieser Norm als ein Abfall von einer angenommenen natürlichen Schamhaftigkeit der Frau, diese 'angeborene' Zurückhaltung ist nach Riccoboni zugleich auch der Grund für diese patriarchalische Ordnung. (10)

Die Komödiantin wurde in mehrfacher Hinsicht widersprüchlich: in Bezug auf die gesellschaftliche Durchsetzung des neuen Dispositivs, das den Körper der Frau in einen sexuellen Lustkörper und in eine asexuelle Gebärmaschine teilt und in Bezug auf die ästhetische Darstellung dieser Teilung im Theater durch Schauspielerinnen, die sich in der gesellschaftlichen Realität diesem Zwang noch erfolgreich entziehen konnten, indem sie ihren Lebenswandel dem der aristokratischen Frauen der Zeit anpaßten - die ihrerseits durchweg ein Doppelleben als Mätresse und Ehegattin führten. (11) Dieser Typ der "müßigen" Frau zwischen der Aristokratie und der bürgerlichen Familie war die erste Person, die vom Sexualitätsdispositiv besetzt wurde. (12) Die besondere Hysterisierung der Schauspielerin in Riccobonis Traktat knüpft dabei an den gundlegenden Mechanismus des allgemeinen Verhältnisses von Schauspielern und Zuschauern an, der auf einem reziproken libidinösen Verhältnis von Exhibitionismus und Voyeurtum beruht. (13) Das ästhetisch notwendige Moment von Exhibitionierung wird nun aber von Riccoboni im Sinne eines gesellschaftlich tabuisierten Lustüberschusses uminterpretiert. Die Versagungen und Verwerfungen der Wunschstruktur - die das Begehren in neue Regionen jenseits der erotischen Comunitas einpflanzen - werden durch die Teilung der Frau zunächst an der Schauspielerin sichtbar und an deren Körper für die ganze Gesellschaft sichtbar eliminiert.

Der vierte und der fünfte Punkt von Riccobonis Reformprogramm betrifft konkrete Maßnahmen zu Reglementierung der Frau. (14) Danach müssen alle Schauspielerinnen verheiratet sein; geben sie mit ihrem Lebenswandel dennoch zu moralischen Bedenken Anlaß, werden sie mit einem Berufsverbot belegt und verlieren obendrein noch die Hälfte ihres Pensionsanspruchs - und geben sie nochmals durch Verfehlungen (le moindre scandale) zu Klagen Anlaß, verlieren sie ihre Altersunterstützung vollständig. Der fünfte Punkt untersagt allen Schauspielerinnen auf der Bühne zu tanzen; Tanzen im züchtigen Habitus - und das heißt für Riccoboni mit bedeckten Schultern und Knöcheln - sei nicht möglich, der kleinste Wirbel entblößt den Fuß. (15)

Die solcherart enterotiserte Bühne muß dem Publikum einen anderen Anreiz bieten, Riccoboni glaubt ihn im Harlekin gefunden zu haben: In der reformierten (französischen) Komödie tritt zu dem Figurenbestand explizit noch der maskierte Harlekin des italienischen Theaters hinzu - weil er die Komödie "vergnüglicher macht". (16)

Diese Wiedereinführung des Harlekins - die zunächst vollkommen konträr zum deutschen Reformprogramm Gottscheds steht - zielt dennoch auf einen Prozeß, innerhalb dessen die Komödie von einem Medium der Einübung in die traditionellen Handlungscodes zu einem Produktionsinstrument ideologischer Normen verwandelt wird. Dabei drückt sich die historische und damit auch kulturelle Differenz zwischen Frankreich und Deutschland in unterschiedlichen Reformbestrebungen aus. Riccoboni kann an die komische Praxis des Harlekins anschließen, weil dieser - gemessen an der "Gefährlichkeit" weiblicher Figuren der erotischen Comunitas - harmlos ist.

Diese erotische Ungefährlichkeit der männlichen komischen Figur existiert aber nur scheinbar: man kann die These aufstellen, daß die 'Menge' der in der Komödie dargestellten erotischen Comunitas - als einer möglichen Quelle der komischen Comunitas - in jeder Aufführungssituations oder jedem Stück, das die Sexualität überhaupt thematisiert, konstant ist. Daraus würde bei einer entsprechenden Entsexualisierung der Frau eine stärkere Sexualisierung des Mannes resultieren; wenn die Frau nun nicht mehr offen das Objekt dieser Sexualität sein darf, folgt daraus die latente Homosexualisierung des Mannes. Aus zwei Gründen mag dieses Moment Riccoboni beim Entwurf seines Reformprogramms entgangen sein:

1. Zeichnet sich das Psychogramm der männlichen komischen Figur schon per definitionem durch einen großen Anteil 'weiblicher' Charakterkomponenten aus - (Erbe seines einstigen Schamenentums, das ihm seine regredierende Katalysatorfunktion überhaupt erst ermöglicht) -, so fällt eine noch stärker sexualisierte männliche Figur nicht sonderlich auf:
2. Das hängt weiterhin damit zusammen, daß die Epoche von der Régence bis zu Louis XVI dominant heterosexuell war, die Homosexualität war als Thema aus dem Bereich der Kultur ausgeblendet. (17)

Aus der Ambivalenz gegenüber den beiden Dispositiven, die das Sexualverhalten fortan prägen sollten, resultierte einmal eine betonte, ja zelebrierte Heterosexualität und andererseits eine gesellschaftlich negierte latente Homosexualität. Sowohl die erotische Dequalifizierung der Frau als auch ihre Idealisierung sind als Abwehrmechanismen dieser unterschwelligen Homosexualität anzusehen, wobei der gleiche Mechanismus wieder weitere 'Homosexualitäten' produzierte. Wenn nun Riccoboni dem reformierten Theater Harlekin als Ersatz für die Frau anpreist, so holt er nur eine historisch reale Konstellation auf die Bühne und macht Harlekin damit gleichsam zum Agenten des Sexualitätsdispositivs. Neben die Ideologie einer reinen, reformierten Liebe tritt aber eine andere Ideologie, die in dem Versuch besteht, in der erotischen Praxis an einer historisch schon aufgehobenen Stufe der Sinnlichkeit festzuhalten: Der Negation der erotischen Comunitas (des älteren Allianzdispositivs) in der reformierten Komödie steht die tatsächliche Libertinage der Aristokratie und der von ihr ökonomisch abhängigen Schichten im Rokoko gegenüber. Der Kontrolle der Körper steht zur gleichen Zeit der ungehemmte Reigen der Leiber gegenüber. In welchem Verhältnis stehen aber die Idee einer tugendhaften Liebe und die Praxis der Libertinage? Die Vertreter beider Liebesauffassungen berufen sich auf die poetische Utopie einer erfüllten und zugleich unschuldigen Erotik in der Tradition der Schäferdichtung.

VI.9.3. Die Liebe der Städter und die Liebe der Schäfer

Innerhalb des Gottschedschen Regelkanons war die Liebe kein konstitutives Problem der Poetik, sie ist in die allgemeinen Moralvorstellungen eingebunden, die die Komödie als bürgerliche Gattung etablieren sollen:

> "Von der Liebe und Lustigkeit darf man wohl keine Regeln geben: denn darauf verfallen die gemeinsten Comödienmacher von sich selbst. Sie mögen sich nur in acht nehmen, daß sie in der ersten, nicht die Gesetze der Schamhaftigkeit und Zucht, in der andern die Ehrbarkeit nicht aus den Augen setzen." (1)

Von daher ist ihm auch die Riccobonische Idee eines Eingriffs in das Leben der Schauspieler fremd (2), in der 4. Auflage der CD nimmt er sogar die "Schäferstücke" in den Kanon der Poetik auf. (3) Ihr Zweck soll die "Abschilderung der alten Tugend" sein. (4) Die alte Tugend ist die Utopie einer versöhnten Gesellschaft, die im Bild einer 'unschuldigen Liebe' literarisch tradiert wurde. Gottscheds Apologie der Schäferdichtung und der Entwurf eines poetischen Handlungsbegriffes in seiner Critischen Dichtkunst stehen nur scheinbar widersprüchlich nebeneinander. (5) Die Darstellung der reinen Liebe der Schäfer wird selber als Praxis verstanden, die die Versöhnung der gesellschaftlich fixierten Grenzen der Tugend und der Natur als Trieb im poetischen Entwurf zeigt. (6) Gottsched kann die Schäferdichtung in seinen bürgerlichen Poesiebegriff gerade deshalb integrieren, weil sie - etwa im Gegensatz zur Landlebendichtung, die gegenbidlliche Kritik übt - immer schon das Idealbild einer anderen Gesellschaft thematisierte. (7) Nach Schlaffer wurde das antike erotische genus medium in der Tradition der Bukolik fortgeführt; die erotische Existenz im Sinne einer "realen gesellschaftlichen Praxis" - der Liebeskunst -, lebt in den Schäfern als nur noch poetisches Bild einer utopischen Gesellschaft fort. (8) In einer Kritik an Schlaffers Deutung der Funktion der erotischen Gattung im 18. Jahrhundert weist Verweyen auf die Leerstelle zwischen der poetischen Idee der Sinnlichkeit, die im Rokoko zum Bild der Tändelei verkommt und der "Idee erotischer Befreiung" als Teilmoment einer umfassenderen gesellschaftsverändernden Praxis hin. (9) Verweyen füllt diese Leerstelle der Schlafferschen Theorie mit historischem Material auf. Dabei erweist sich die Bukolik innerhalb der pietistisch dominierten Gesellschaft (Halle, Leipzig) als eine poetische Praxis, die unmittelbar gegen den antikulturellen Normenkatalog des Pietismus samt dessen Eliminierung sogar der Adiaphora - den gegenüber geistlichen Tatsachen gleichgültigen weltlichen Dingen - gerichtet ist. Die Idee der Sinnlichkeit taucht als anti-pietistische Gegenbewegung zweifach auf: als erkenntnistheoretisches und als ethisches Problem. Die Sinnlichkeit zerfällt in die logische "Sinnfälligkeit" - als solche wird sie von Baumgarten analysiert - und in die "Sinnenlust". (10) Die Apologie der reinen Liebe bei G. F. Meier ist nur vor dem Hintergrund des pietistischen Normenkatalogs zu sehen. (11)

Der in der Erkenntnistheorie und in der semiotischen Praxis problematisierte Zusammenhang von Erkenntnis und Sinnlichkeit taucht in Frankreich gleichermaßen als Antithese von Logos und Eros auf, wie sie auch zum zentralen Thema von Marivaux' Theater wurde. Der marivaudage, der spritzige Dialog, das Verstecken, Verhüllen und Entlarven der Figuren weist auf diese "Einheit von Spontaneität und Kalkül" (12) hin. Die Antinomie von Sinnlichkeit und Erkenntnis entfaltet sich als Diskurs und dieser wiederum formt sich als Spiel. Im Universum des Rokoko sind Verlangen und Wissen unauflöslich miteinander verquickt:

*(B.4) Eros $\subset$ Logos <===> Logos $\subset$ Eros

Diese Formel des 'marivaudage' (13) bestimmt das Spiel der Liebe und des Erkennens des Anderen als semiotische Praxs, die in immer neuen Kombinationen die beiden Grundterme miteinander verbindet, und die Illusion einer stetigen sinnlichen Bewegung aller Körper hervorruft. (34) Die Quelle des Spieltriebs ist das in die Gesellschaft verlagerte sexuelle Vorspiel. In immer neuen Kombinationen suchen die Körper ihre Identität, weil ihre alte, die sie durch Teilhabe am Gestus der Repräsentation außerhalb ihrer selbst erhielten, zu existieren aufhörte. Zugleich werden die Individuen mit einer anderen Identitätsform, die sich innen bildet, konfrontiert. Historisch gesehen ist diese Konstellation somit Ausdruck des Verblassens des aristokratischen Repräsentationssystems an den Individuen - das Lachen in den Komödien Marivaux' wäre damit als bisoziativer Ausbruch aus einer gleichsam schizoiden Identität zu interpretieren. (15) Das verknüpfende Element, das die beiden Grundterme der fragilen Identität, Wissen und Fühlen, miteinander kombiniert, ist der Witz, der die metaphorische Verschiebung von Gesagtem und Gemeintem re-arrangiert. (16)

Dem Witzprinzip der befreiten Logik fällt die Aufgabe zu, die permanent verschlüsselte Anspielung auf einen dominanten Wunschterm zu decodieren. Dieser dominante Term beherrscht die semantische Struktur der Sprache und des Spiels und regelt die Beziehung von Signifikant und Signifikat. Die Codierung und Decodierung im Symbolischen wird notwendig, weil der Wunschterm im Moment seines Übertritts von der Natur in die Gesellschaft selber den verschiedensten Mechanismen der Verschiebung, Verdichtung und Sublimation unterworfen wird. An der befreiten Logk haften sozusagen noch frei schwebende sinnliche Qualitäten, die sich in immer neuen sprachlich-poetischen Ambiguitäten niederschlagen. Das gleiche Witzprinzip entschlüsselt sie aber immer wieder und führt die sinnlich-sinnhafte Doppelbedeutung auf den signifikanten Hauptterm zurück.

Der umstrittene Epochenbegriff des Rokoko kann somit für dasjenige Zeitalter benutzt werden, das in seinen semiotischen Ausdrucksformen diesen Differenzpunkt von Natur und Geschichte thematisiert, wobei aber - und dies ist die Stelle des Bruchs einer systematischen Einheit von Natur und Kultur - das gesellschaftliche Moment der Tauschabstraktion, wie es im Witzprinzip gleichsam als allgemeines Gebrauchsmuster vorlag, seinerseits als Konstruktionsprinzip einer unmöglichen Identität benutzt wurde. Durch verschiedene Gewichtung einzelner Terme sind unter diese Definition auch noch weitere epochenspezifische Strömungen - wie Empfindsamkeit, Pietismus - subsumierbar. Der Diskurs als Spiel ist der Versuch, den Schnitt von erster und zweiter Natur zu überspringen, sozusagen beide Bereiche durch die Kultivierung der sinnlichen Natur - deren prominentester Trieb die Sexualität ist - zu versöhnen. Die allgemeine, befreite Logik des Witzes und die allgemeine abstrakte Sinnlichkeit fließen in der Erotisierung der Gesellschaft und Natur zusammen. Schlaffer nennt dies "die tendenzielle Allerortisierung durch die Tätigkeit des Witzes." (17)

Die Allerotisierung speist sich aus einem doppelten Versuch der Rückkehr zur Natur - im Soma und im Gesellschaftlichen. Die ständige Erregung, die im Prozeß der Decodierung der erotischen Allusion im kaschierten Gedankenspiel und der Recodierung des sinnlichen Wunschterms in eine kommunizierte Sinnfigur frei wird, gerinnt zum erotischen Tauschwert des Körpers der Individuen, der ebenfalls kommuniziert und damit ausgetauscht werden kann. Die Erregung, die Einpflanzung des dominanten Wunschterms in den Körper wird somit zum ideologischen Zeichen einer noch tätigen Natur im Menschen. Das zweite Moment der Allerotisierung drückt dies Verhältnis von Natur und Gesellschaft metaphorisch aus: Natur wird zum zensierten Bild der Sexualität, und Sexualität fungiert als Chiffre für die verlorene Natur. Der "erotische Witz" (18) ist Spiel und Anspielung zugleich, fernes Bild einer versöhnten Natur und sinnlicher Gegenstand, weil sich in ihm der Wunsch in sublimierter Form niedergeschlagen hat. Die befreite Logik der Witzkommunikation wird Ausdruck eines realen Begehrens und realer Ort einer sublimierten Wunschbefriedigung.

Mit zunehmender Triebunterdrückung geht auch eine 'Irrationalisierung' der befreiten Logik einher, weil der dominante Term immer mehr verschoben und überlagert wurde, bis er schließlich jegliche sinnliche und logische Dominanz verloren hatte. Damit verschwindet aus dem poetischen Bild der Natur die erotische Konnotation, es stehen sich nur noch Natur und Gesellschaft als getrennte Terme gegenüber. Der Witz als Einheit von kognitiver und sinnlicher Praxis verliert seine Bedeutung und tritt in der Romantik nur noch als rein mechanisches Prinzip des Komischen auf, wie es noch Bergson (19) in der Nachfolge von Jean Paul (20) analysierte. Das dieser modernen Komik Entgegenstehende wird im 19. Jahrhundert nicht mehr das Tragische sein, sondern die Schreckensvision des Horrors, in die alles Schöne scheinbar grundlos umschlagen kann.

Die Träger dieses Horrors, die Frankensteins, Golems und Maschinenmenschen haben ihren geistigen Ursprungsort in der gleichsam sekundären Lebensgebung, wie sie als Idee im 18. Jahrhundert auftaucht: der gesellschaftliche Wert des Individuums wird an dessen Körper sichtbar, ein Körper, der sich nach dem Prinzip der Allerotisierung mit Energie, Erregung füllt und der damit die Herrschaft des toten Warenprinzips in der Gesellschaft negieren soll. Wenn die Liebe im Bewußtsein des 18. Jahrhunderts nur als physiologisches Begehren Ausdruck der Natur in der menschlichen Physis ist (21), so ist die daraus resultierende naturalistische Auffassung des Subjekts schon Ideologie. Die heterosexuelle Libertinage wird zur Praxis einer Natur, die unter den herrschenden Bedingungen immer mehr verschwindet. Von diesem Punkt aus springt die Hoffnung auf die Entfaltung der Natur des Menschen in das utopische Reich eines versöhnten poetischen Bildes über. Beide Generalthemen des 18. Jahrhundert, sowohl die Sittenstrenge des patriarchalischen Reformgehabes als auch die allgemeine Ausschweifung in einem immerwährenden Ball der Leiber (22) - den nur der Tod oder der Bankrott beendet - sind die Vorder= und die Rückseite einunddesselben Prozesses: der Überlagerung des Allianzdispositivs durch ein anderes Sexualitätsdispositiv und damit der Reduktion der 'Liebe' auf einen Mechanismus der Ideologieproduktion. Die Natur verkommt in der Praxis der Libertinage ebenso zur Ideologie wie sie in der romantischen Idee einer reinen Liebe als rüc..wärts gerichtetes Bild zur falschen Utopie wird.

VI.9.4. Die Komödie als Herrschaftsinstrument

Exemplarisch wird die Durchkreuzung der Liebe als Praxis der Allianz in der reformierten Komödie vorgeführt. Die Aufspaltung des dominanten Wunschterms macht die Komödie zu einem bevorzugten Ort der Ideologieproduktion, weil sie auf diese Weise das positive Ideal einer perfekten Gesellschaft entwerfen kann. Dies war schon der Sinn des Projets pour rendre les Spectacles plus utiles à l'Etat (1730) des Abbé Saint-Pierre. (1) Die Neuordnung der Wünsche wird nach dem Modell traditioneller Pädagogik einer gesellschaftlichen Institution überlassen, die über entsprechende Machtmittel verfügt, die frei wuchernden Triebe zu beschneiden. Die Produktion der Fantasie wird von der realen Macht kontrolliert: das Theater wird der Polizei unterstellt. (2)

Neben Schriften zur Verteidigung der Komödie gegen die klerikalen Angriffe des 17. Jahrhunderts (3) treten seit Beginn des 18. Jahrhunderts Schriften, in denen die Idee einer bürgerlichen Selbstreglementierung im Projekt einer staatlichen Theaterüberwachung Gestalt annimmt. (4) Die Bestrebungen nimmt Riccoboni 1743 mit dem Ziel auf, das Theater in ein Medium der Darstellung positiver Normen umzuwandeln. Nur staatliche Maßnahmen können diese Positivierung der gesellschaftlichen Selbstrepräsentation gegen das Publikum und die Schauspieler durchsetzen, die ihre wahren Interessen noch nicht erkannt haben. (5) Ein paritätisch besetztes Gremium - das aus zwei Theologen, einem Regierungsvertreter, einem Polizisten, zwei alten(!) Stückeschreibern und ein oder zwei(!) alten Schauspielern zu bilden sei - soll das Theaterwesen zensieren und zugleich diesen Eingriff legitimieren. Das gesellschaftliche teleonomische Moment der ästhetischen Praxis wird so in Form einer konstruktiven Kritik in das politische Subsystem der Theaterkommission verlagert. Der rationale Entwurf der bürgerlichen Gesellschaft entgeht auf diese Weise der Willkür absolutistischer und klerikaler Eingriffe in das didaktische Reflexionsmedium Theater. Weil das Theater über die Selbstzensur an der Macht partizipiert und somit von der Gesellschaft legitimiert wird, kann es auch den Entwurf einer anderen Gesellschaft legitimieren.

Riccoboni versteht das Zensurverfahren als eine Erneuerung der Komödie im antiken Geist. (7) Er nimmt damit einen komödientheoretischen Topos auf, der die verklärten Werke des Altertums mit der Praxis der zeitgenössischen Komödie vergleicht. (8) Die instruierende Wirkung eines dargestellten lasterhaften Charakterzuges hebe sich in der 'modernen' Komödie durch mehrere lasterhafte Nebenhandlungen wieder auf. Die Reform des Theaters bedeutet also - neben der Ausgrenzung des Themas Liebe - die perspektivische Ausrichtung des Zuschauerinteresses auf die präzis geschilderten Bestandteile eines bürgerlichen Charakters. Diese Perspektivierung des Zuschauerinteresses ist nach Riccoboni eine der positiven Seiten des modernen Theaters, Schauspieler wie Publikum können sich in den geschlossenen Räumlichkeiten eher auf eine "natürliche" Darstellungsweise einlassen, die es gestattet, noch die feinsten Nuancen des Charakters und der Handlung wahrzunehmen. (9) Die ästhetische Konzentration soll durch ein neun Punkte umfassendes Programm von äußeren Einschränkungen garantiert werden (10):

1. Nur noch Schauspieler mit einem Leumundszeugnis dürfen auftreten.
2. Liebe darf nicht mehr dargestellt werden, es sei denn unter dem Aspekt eines "heilsamen Schreckens" (horreur salutaire, p. 101).
3. Die Komödienliteratur wird gesichtet und nur solche Stücke, die zu "einer guten Moral ermuntern", werden weiterhin aufgeführt.
4. Das - schon erwähnte - Heiratsgebot für Frauen und materielle Sanktionen gegen diese bei moralischen Fehltritten.
5. Tanzverbot für Frauen auf der Bühne.
6. Ein neues Stück muß von der Komission vierfach überprüft werden:
   a) auf Übereinstimmung mit den Gesetzen,
   b) auf theologische Unbedenklichkeit,
   c) auf poetische Stilreinheit,
   d) die Schauspieler untersuchen den Text auf Möglichkeiten zu laszivem Gebärdengebrauch.
7. Sämtliche überschüssigen Einnahmen werden mildtätigen Zwecken zugeführt.
8. Der italienische Harlekin wird auch in die Comédie française eingeführt.
9. An allen Fest-, Feier- und Sonntagen bleibt das Theater geschlossen, ebenso während der Fastenzeit.

Einen gewissen Zuschauerschwund in einem solcherart reformierten Theater kalkuliert Riccoboni ein, nach kurzer Zeit aber schon wird sich ein ehrenhaftes Publikum herausgebildet haben, das die alten Laster nicht mehr kennt. (11) In Riccobonis Bemerkungen zum neuen Publikum seines reformierten Theaters hat sich der emphatische Erziehungsoptimismus zur prägenden Macht einer autoritären Norm gewandelt.

VI.10 NATURALLEGORESE DER PSYCHE:
"Die Gedancken von Schertzen" als Theorie der Spontaneität
(G. F. Meier 1744)

Das bei den Regeln zur Theaterreform vorausgesetzte anthropologische Modell wird in den schulphilosophischen Schriften Georg Friedrich Meiers im Zusammenhang einer 'physiognomisch' interpretierten Interaktion von Individuum und Gesellschaft näher umrissen. Körperlichkeit und Affekt, Witz und Spontaneität werden in einem System des menschlichen Handlungs- und Ausdrucksvermögens als Zeichen interpretiert, die jeweils zwischen den getrennten Sphären Natur und Gesellschaft, Arbeit und Spiel vermitteln können. Die Theoretische Lehre von den Gemüthsbewegungen überhaupt (1744) ist der Versuch, das Triebschicksal der bürgerlichen Seele im Rahmen einer 'Semiotik' der körperlichen Ausdrucksmöglichkeiten zu begreifen. (1) Darin überführt Meier die traditionelle Affektenlehre, wie sie im Rahmen der medizinischen Pathologie gelehrt wurde (2), in eine "Ästhetische( ) Lehre von den Gemüthsbewegungen." (3)

Meiers populärwissenschaftliche Semiotik der Affekte ist eine Theorie, die das Zusammentreffen von triebhafter Natur und von verbindlichen gesellschaftlichen Regeln im einzelnen Menschen erklärt. Meier unterscheidet die künstlichen Zeichen - wie sie in der Poetik und der Rhetorik systematisiert wurden - von den "natürlichen Zeichen der Leidenschaften", die "noch sehr ungewiß und unbekannt" sind. (4) Die natürlichen Zeichen des Menschen sind aber nur deshalb unbekannt, weil mit dem Abstraktwerden der Arbeit und der Normierung der Leistungen des Einzelnen für den Tausch das Maß für das Handeln sich nicht mehr aus einer unmittelbaren Arbeit an der Natur ergibt, sondern von einem abstrakt-gesellschaftlichen Ort aus an alle Tätigkeiten herangetragen wird. Die so erworbenen Mechanismen der Affektregulierung und der motorischen Kontrolle werden nunmehr als natürlich empfunden, die Gebärden und körperlichen Ausdrucksmittel werden damit erst aufgrund der Abstraktheit der gesellschaftlichen Normen und Gebote zum Gegenstand der Reflexion. Diese Konstelllation bezeichnet den historischen Hintergrund und den methodischen Rahmen einer psychologischen Zeichenlehre. Ein weiterer Aspekt zielt auf den theoretischen Zusammenhang von erster/objektiver und zweiter/subjektiver Natur. Dabei fällt der Begriff der Theorie mit dem der Allegorie zusammen - die naturhaften Triebe, die sich als Brüche in der Psyche zeigen, werden in Bildern der äußeren Natur gedeutet. (5) Das Allegorisierungsprinzip überführt die Begriffe der Wolffschen Psychologie - wie Vorstellung, Empfindung, Leidenschaft, Gemüt, Einbildungskraft - in populäre Vorstellungsgehalte, weil die veränderte psychische Struktur nicht mehr präzis mit den rationalistischen Begriffen bezeichnet werden konnte.

Die "Lehre von den Leidenschaften" ist auf dic Durchdringung der abstrakten Handlungscodes gerichtet, die an die Stelle der unproblematischen Gesten einer unmittelbaren Naturbearbeitung getreten sind; die Semiotik der Affekte ist als Lehre konzipiert, die den Ort des Individuums zwischen dem Handel der Gesellscnaft und dem Handeln des eigenen Körpers erklären soll. Dabei wird die Abstraktheit der Regeln mit der menschlichen Vernunft, die jene erkennen soll, gleichgesetzt. Der andere Teil des Menschen, der aus diesem geregelten Bereich herausfällt, wird als fremder, archaischer Einschub einer ersten Natur gedeutet; je nach dem Maß der Eindämmung dieser affektiven Schübe ist das Individuum dementsprechend auch mehr oder weniger in der Gesellschaft erfolgreich. (6)

Die Leidenschaften werden zwar als psychische Repräsentanzen aufgefaßt, aber das Repräsentierte hat seinen Ort außerhalb der Gesellschaft und des gesellschaftlich erfolgreichen Menschen. Den unbewußen Ausdruck, die physiognomische Sprache der Psyche, gilt es am eigenen Körper zu reduzieren und zugleich beim Anderen zu entziffern. (7) Im einzelnen führt Meier vier Punkte an, auf die bei der Erkenntnis des Anderen zu achten sei und die umgekehrt der eigenen Kontrolle unterliegen:

1. die Veränderung der Gesichtsfarbe;
2. die Veränderung des Mienenspiels;
3. die Veränderung der Atemfrequenz;
4. die Veränderung der sprachlichen Artikulationsfähigkeit, der paralinguistischen Sprachsignale. (8)

Wenn die Seele also auf das Soma einwirken kann (9), ist der Prozeß auch umkehrbar, die Grundidee eines psychosomatischen Wirkungszusammenhangs tritt in den Dienst der abstrakten Vernunft. (10)

Der Entwurf der Semiotik der Affekte, die entweder zum Betrug des Nächsten oder zum Selbstbetrug um der eigenen Seele willen gedacht war (11), wird zum allegorischen Planspiel eines Krieges aller gegen alle und gegen das Selbst, wobei allerdings der General, das Schlachtfeld und die Besiegten alle im Körper-Ich liegen. (12) Einzig der Scherz, der Witz scheint zwischen den Bereichen der individuellen Lust und den allgemeinen Normen vermitteln zu können. Meiers im gleichen Jahr (1744) erschiene Gedancken von Schertzen sind somit vor dem Hintergrund der skizzierten Anthropologie als Traktat über die Bedingung der Witzkommunikation in der bürgerlichen Gesellschaft zu lesen.

Meiers Schrift von 1744 belegt in der Etymologie des Wortes Witz den Übergang von einem allgemeinen Verstandesprinzip ingenium - wie es noch von Wolff und Baumgarten im Kontrast zu acumen/Scharfsinn verwendet wird - zu einer besonderen kognitiven Verhaltenweise, die das Komische konnotiert. Der "Schertz" erscheint aufgrund dieser Konnotation als eine gesellschaftlich legitime Umgangsform zwischen den Polen Spontaneität und Regel. Aus diesem doppelten Bezugssystem erklärt sich auch die "Doppelheit" (13) des Scherzbegriffes bei Meier. Einerseits bezieht er sich als bisoziativer Mechanismus der befreiten Logik auf ein kognitiv-formales Prinzip der Auflösung bestehender Ordnungsbegriffe und ihrer Transformation in bürgerliche Wertvorstellungen; dies ist gleichsam die äußere Dimension des Scherzbegriffes. In einer anderen, inneren Dimension hat er teil an der widersprüchlichen Bewegung, die in die theoretischen und praktischen

Aporien der bürgerlichen Gesellschaft mündet. In diesem Sinne konnotiert der Scherz - um mit den Begriffen der deutschen Lachtheorie zu operieren - die (gesellschaftliche) Positivierung von (komischer) Negativität, d.h. der Scherz dient als praktisches Operationsfeld des Entwurfs neuer Handlungscodes.

Vor diesem Hintergrund ist auch Meiers Erklärung einer doppelten Wirkungsweise der Bisoziation zu sehen: "Der Witz ist demnach die Fertigkeit die Aehnlichkeit, Gleichheit und Proportion der Dinge zu erkennen." (14) Die Erkenntnis der Ähnlichkeit kann nun deutlich sein, das definiert den "vernünftigen Witz", oder sie kann undeutlich sein, das ist der "sinnliche oder untere Witz." (15) Der unmittelbare Zweck beider Arten ist jedoch das Lachen (16), das den Menschen ein hedonistisches Moment von Glück gönnt. (17) Nun kann aber nur dasjenige Lachen, das im Einklang mit den sozialen Konventionen steht, Glück im Sinne einer gesellschaftlich anerkannten Witzarbeit gewähren. Deshalb grenzt Meier - neben religiösen und zotenhaften Motiven - darüberhinaus auch bestimmte Formprinzipien des Scherzes aus und definiert den konvenablen Scherz mit Hilfe des Wolffschen Begriffes der Vollkommenheit. Die "Vollkommenheit eines glücklichen Schertzes" hängt zunächst von dem Ausmaß der möglichen Bisoziation ab (18), der Kontrast beider Terme muß stark genug sein, um bisoziativ zusammengezogen zu werden.

Die andere Bedingung eines gelungenen Scherzes betrifft nach Meier das gesellschaftliche Umfeld der Witzkommunikation. Wesentlich ist hierbei, das rechte Maß zwischen der Unverständlichkeit, der Neuheit und des Bekanntheitsgrades eines Scherzes zu finden. (19) Das Gebot einer relativen Neuheit wird zum wichtigsten Kriterium bei der Beurteilung eines Scherzes innerhalb der geselligen Kultur. Ein Scherz mit den rechten Proportionen gleicht dann einem einmaligen Kunststück. "Nein, der Schertz der einmal geglückt, muß zeitlebens nicht wieder vorgetragen werden." (20) Meier macht damit die Form der abstrakt-gesellschaftlichen Produktionsweise zur Norm einer individuellen Repräsentation im Rahmen bürgerlichen Alltagshandelns. Der Scherz wird so zu einem Medium der Identitätsfindung innerhalb desselben abstrakten Raumes, der das Suchen nach Identität erst notwendig macht.

Um die Selbstdarstellung des Individuums leisten zu können, fügt Meier als dritte Bestimmung des Scherzes - nach dem inneren Formprinzip der Witzlogik und dem äußeren Gebot seiner gesellschaftlich korrekten Präsentation - noch die Bindung an die inhaltlichen Kategorien der Gesellschaft hinzu. Ein Witz muß "Würde" haben und "tiefsinnig" sein, d.h. er muß auf einen anerkannten Code oder Gegenstand bezogen sein. (21) Ein Scherz, der im geselligen Rahmen wirken soll, muß sich auf die jeweiligen Denk- und Handlungsmuster beziehen. Die Gegenwärtigkeit mit "Leib und Seel" in der "Gesellschaft" - wie es Meier im § 72 formuliert - ist nicht nur das zentrale Motiv dieser Scherztheorie, sondern auch der Schlüsselsatz zum Selbstverständnis bürgerlicher Anthropologie und Kulturtheorie überhaupt: nicht das einzelne Individuum, seine Impulse, Triebe, Arbeit, seine Konfrontation mit dem Nicht-Ich machen es zu einem bürgerlichen Menschen, sondern seine sinnliche, körperliche und geistige Anpassung an die abstrakten Konventionen; diese präskriptiven Handlungscodes füllen das gesellschaftliche Volumen, das als distanzierende Schranke zwischen die Individuen tritt. Erst durch den 'Eintritt' - und ein gelungener Scherz ist gewissermaßen das Entréebillet - in diesen abstrakten Raum wird der Mensch Teil der 'Gesellschaft'.

Als letzte Bestimmung der Vollkommenheit eines Scherzes führt Meier - gleichsam in einer gegenläufigen Ergänzungsbestimmung zu den bis jetzt genannten Charakteristiken - die Kategorie der Spontaneität ein, die allerdings die Möglichkeit mimischer und gestueller Körperkomik explizit ausschließt (22): "Ein feuriger Schertz muß demnach ganz unvermerkt und unerwartet seyn." (23) Das Phänomen des Scherzes wird so von zwei extremen Punkten - der Regel und der Spontaneität - begrenzt, die innerhalb der bürgerlichen anthropologischen Konzeption im Grunde antagonistische Prinzipien darstellen: die Scherzpraxis durchläuft das ganze Feld des Gesellschaftlichen vom abstrakten Pol ihres 'Regelwerks' bis zur Normverletzung an ihrer Grenze. Die widersprüchlichen Bestimmungen der Qualitäten des Scherzes reflektieren somit dessen Praxis als eine Form des geselligen Umgangs; der Scherz durchquert den Raum der bürgerlichen Gesellschaft und macht ihn dadurch sichtbar. Freilich ist auch diese Durchquerung lediglich als gedankliche Bewegung konzipiert. Die Spontaneität des körperlichen Ausdrucks bleibt ausgegrenzt, da sie vorbürgerliche Verhaltensstufen repräsentiert.

VI.11 LOGISCHE AUTONOMIE UND MORALISCHE TELEONOMIE DER KUNST (J. E. Schlegel 1740—1774)

VI.11.1. Tanztherapie

War bei G. F. Meier die spontane Körperreaktion aus der Witzkommunikation verbannt, so findet sich in Johann Elias Schlegels Schreiben von den sinnlichen Ergötzlichkeiten, besonders vom Tanzen (1745) eine ausdrückliche Apologie der Bewegungslust: am Beispiel des Tanzes wird das Modell einer ausgleichenden Körperpraxis entwickelt. (1) Der Tanz wird hier ganz bewußt als therapeutisches Korrektiv gegen die von der Gesellschaft geforderte Körperlosigkeit eingesetzt. Dieses Konzept interpretiert den individuellen Körper als Medium einer möglichen Durchbrechung der gesellschaftlichen Abstraktheit: für Schlegel ist nicht mehr die Vermittlung zwischen abstrakten Erfordernissen der Gesellschaft und den unmittelbaren Triebwünschen eines Ichs problematisch, sondern die Frage, wie die einander fremd gewordenen Menschen trotzdem miteinander leben können.

In dem öffentlichen Schreiben an ein junges "Frauenzimmer", dem der Vormund die Geselligkeit und das Tanzen verbieten will, vertritt dieser die ältere Generation, deren

Haltung die protestantische Arbeitsethik und die pietistische Moral noch gegen vorbürgerliche Residuen verteidigt. J. E. Schlegel gehört dagegen einer neuen bürgerlichen Generation an, die die Aporien dieser Maximen schon am eigenen Leib erfahren hat. (2) Gegen die körperlose Abstraktheit der warentauschenden Gesellschaft setzt er den kleinen Gesellschaftskreis der Salons und der Bälle, auf denen der Körper zu sich selbst finden kann. Die beim Tanz mögliche Körpererfahrung auf dem gesellschaftlichen Parkett wirkt dem untätigen Verkümmern des nicht körperlich arbeitenden Teils der Bürger entgegen, wovon insbesondere die "Frauenzimmer vom Stande" betroffen sind. (3) Die Glückseligkeit, lies: Identität des Menschen - hier des Bürgers - hängt davon ab, inwieweit er die in jedem Tauschakt aufgegebene Identität von gesellschaftlich tätiger Monade und individuellem Körper-Ich durch "unschädliche Vergnügen" zumindest partiell wieder aufheben kann. (4) Dies therapeutische "Gesundheitsargument" wurde schon in den Tanztraktaten der Spätrenaissance an der Wende des 16. zum 17. Jahrhundert aufgeführt. (5) Bei Schlegel geht die Rechtfertigung der Körperbewegung in eine Theorie des Zusammenhangs von Körperbewußtsein und Denksystem über. Selbst das Tanzen im Sinne einer therapeutischen Körperpraxis unterliegt dem regulierenden Prinzip der gesellschaftlichen Konvention; die Überformung des unmittelbaren Körperausdrucks durch das Gesellschaftliche läßt sich auch mit Schlegels Sprachgebrauch belegen: "Ungezwungene Stellungen des Leibes" sind diejenigen Körperhaltungen, die durch eine "lange und mannichfaltige Uebung" erlernt werden, ein sozusagen freier Tanzschritt, der nicht gesellschaftlich vermittelt ist, ist etwas "Gezwungenes". (6)

Das in einer marginalen Glosse skizzierte Modell einer zwanghaften Körperformung, die als therapeutische Selbstbefreiung gewertet wird, drückt begrifflich und systematisch die in der reflexiven Wendung auf das Ich sichtbar werdende Aporie des bürgerlichen Bewußtseins aus. In seiner Nachahmungstheorie unternimmt Schlegel den Versuch, die antithetischen Konstituentien - universaler Anspruch eines logischen Wahrheitsbegriffes auf der einen Seite, gesellschaftliche Eigengesetzlichkeiten und Unwägbarkeiten des Subjekts auf der anderen Seite - durch die hypothetische Konstruktion eines 'logischen Subjekts' zusammenzuführen und die Kluft auf diese Weise zumindest in der Theorie der ästhetischen Praxis zu schließen.

VI.11.2. 'Nachahmung' als Konstruktion eines logischen Subjekts

Die theoretischen Schwierigkeiten der Schlegelschen Ästhetik sind historischer, systematischer und begrifflicher Art. Historisch gesehen beinhaltet sie die Weiterentwicklung des Gottschedschen Doppelsystems von repraesentatio und significatio, wobei allerdings Produktion und Rezeption von Kunst auf der Ebene der Theorie vollkommen auseinander fallen und nur noch durch ein logisches Subjekt zusammengehalten wird, das sich als

Konstrukt der ästhetischen Praxis im Sinne eines begrifflichen Korrelats der unterschiedlichen Simiotisierungsstufen bildet. In systematischer Hinsicht trennt der Schlegelsche Nachahmungsbegriff zwischen einer Signifikaten-Codierung (Sé), die erkenntnistheoretisch begründet ist, und einer Signifikanten-Codierung (Sa), die Nachklang des handwerklichen Produktionswissens und zugleich Vorgriff auf einen materialen Kunstbegriff ist. Die begrifflichen Schwierigkeiten rühren zum großen Teil von der Komplexität dieses Gedankengebäudes her, sind aber zugleich durch terminologische Ungenauigkeiten geprägt, die aus einem Widerspruch der von Schlegel verwendeten Wolffschen Begriffe mit neuen Gedankengängen resultieren, die das Wollfsche System sprengen. (1)

Schlegel trennt zwischen einem objektiven und einem subjektiven Nachahmungsbegriff. Der objektive wird im ersten Abschnitt der 1742 geschriebenen (jedoch erst 1742 - 1745 veröffentlichten) Abhandlung von der Nachahmung entwickelt. Danach ist die Nachahmung der dinghaften Realität von einer Imitation eines semiotischen Codes - im Sinne eines Plagiats - zu trennen. (2)

Schlegel interessiert zunächst nur die Codierung der Realität, des "Vorbildes", und dessen Transformation in ein ästhetisches "Bild" mit Hilfe einer mathematisch bestimmbaren universalen relatio. Den subjektiven Nachahmungsbegriff entfaltet er dagegen im zweiten Abschnitt der Abhandlung über die Nachahmung, die als zusätzliche Bedingung einer im Geiste der mathesis universalis erfolgten objektiven Nachahmung diese als die Modulation des Objektiven durch die "Begriffe" der Menschen, d.h. durch die gesellschaftlichen Codes und die Wahrnehmungspraktiken näher bestimmt. Schlegels Nachahmungsbegriff zielt auf eine idealistische Theorie des Scheins, die aber die ästhetischen Verfahrensweisen sowohl technisch als auch inhaltlich zu bestimmen versucht - es liegt somit das Paradox einer idealistischen Theorie vor, die noch den Produktcharakter der Kunst bzw. der Poesie betont. Im krassen Widerspruch dazu steht die spätere ästhetische Theorie des Idealismus, die das materiale Produzieren aus ihrem Kunstbegriff ausklammert und in dieser Lücke das künstlerische Genie ansiedelt, das für den genießenden Bürger unfaßbar schöne Welten entwirft.

Diesen Widerspruch reflektiert auch die gegensätzliche Wertung dieses Konzepts in der Forschungsliteratur zu J. E. Schlegel. Zwei Lager konzedieren die "Modernität" Schlegels: die einen finden bei ihm die Ideen der deutschen Klassik vorweggenommen (3), die anderen finden bei ihm die Proto-Theorie einer materialistischen Widerspiegelungstheorie. (4) Anstatt die Teilmomente der Schlegelschen Theorie in Beschlag zu nehmen, wollen wir im folgenden versuchen, dem Sinn der Einheit beider gleich richtigen Teilinterpretationen nachzugehen. Dabei folgen wir der Schlegelschen Teilung der Poetik in eine Produktionsästhetik, die die Stationen Natur/"Sache"/Realität — Subjekt — Kunst nachfährt und einer Rezeptionsästhetik, deren Stationen umgekehrt Kunst — Subjekt — Natur/"Sache"/Realität lauten.

Produktionsästhetische Codierung

Der Grundbegriff der Schlegelschen Nachahmungstheorie heißt "Ähnlichkeit", er definiert als objektiver Begriff ein quantitatives Verhältnis zwischen verschiedenen Gegenständen. (5)

Die produktionsästhetische Seite der Nachahmung spaltet sich auf in eine Signifikaten-Codierung ((1742) § 1-5), die Ähnlichkeit erkenntnispraktisch definiert; auf diese Weise wird die logische Grundstruktur des Vorbildes erkannt und bewahrt. (6) Dem steht eine anders konstruierte Signifikanten-Codierung ((1742) § 6-15) gegenüber, die die materielle Formung des ästhetischen Gegenstandes untersucht. (Dazu und zum Folgenden cf. das Schaubild Fig. 26, p. 212).

Das "Verhältnis der Theile" strukturiert gleichermaßen die Ordnung der materialen Welt wie auch des ästhetischen Objekts. Die Ähnlichkeit rekonstruiert so eine logische Ordnung, die zunächst erkannt werden muß. Mit diesem Primat des Erkennens gibt sich die Schlegelsche Theorie als eine ontologische zu erkennen: Die mathesis universalis dient als Praxisersatz, die Realität wird an ihrem Begriff gemessen, der sich in der Relation ihrer Teile quantifizierend bestimmen läßt. (7) Die Qualität dieser logischen Anordnung der ästhetischen Signifikate ist lediglich von der Anzahl der Ähnlichkeiten und deren Gradation abhängig. (8) Die Ähnlichkeit, die aus der universalen Struktur der Welt gewonnen wird, prägt sich in die materielle Form des ästhetischen Objekts ein (cf. Fig. 26). Dieser erkenntnistheoretischen Dimension des Nachahmungsbegriffes steht aber zugleich eine andere Möglichkeit ästhetischer Codierung entgegen, die von einem materialen Produktionsbegriff ausgeht. Das dabei entstehende Paradox formulierte Schlegel schon 1741 im Titel seiner Abhandlung, daß die Nachahmung der Sache, die man nachahmet, zuweilen unähnlich werden müsse. Das idealistische Kunstideal, nach dem die Qualität des ästhetischen Bildes von der Signifikaten-Codierung und nicht von der materialen Identität von Vorbild und Bild auf dem Wege der Signifikanten-Codierung abhängt (9), steht im Widerspruch zur theoretischen Bestimmung des Scheins, nach der die signifikante Praxis das Signifikat hervorbringt. (10)

Den materiellen Bedeutungsträger, der die signifikante Form des ästhetischen Objekts bildet, nennt Schlegel das Subject der Nachahmung, dieser Begriff bedeutet soviel wie Mittel/Materie/Signifikant. (11) Damit ist der semiotische Prozeß der Codierung als ein materieller Vorgang definiert, der die Sprache (Verse!), Steine, Farben etc. in einer bestimmten Weise anordnet. Das Subject der Nachahmung bezeichnet also die materiale Anordnung des ästhetischen Zeichens, im Gegensatz zum Objekt der Nachahmung, dem Relatum des Nachgeahmten in der Wirklichkeit.

Mit der Forderung nach Adäquanz des Subjects meint Schlegel somit nichts anderes als die Formbarkeit des Baustoffes, aus dem die Kunstwerke bestehen (§ 6-8), diese Formbarkeit ist die Voraussetzung für die signifikante Praxis. (12) Der Begriff der Unähn-

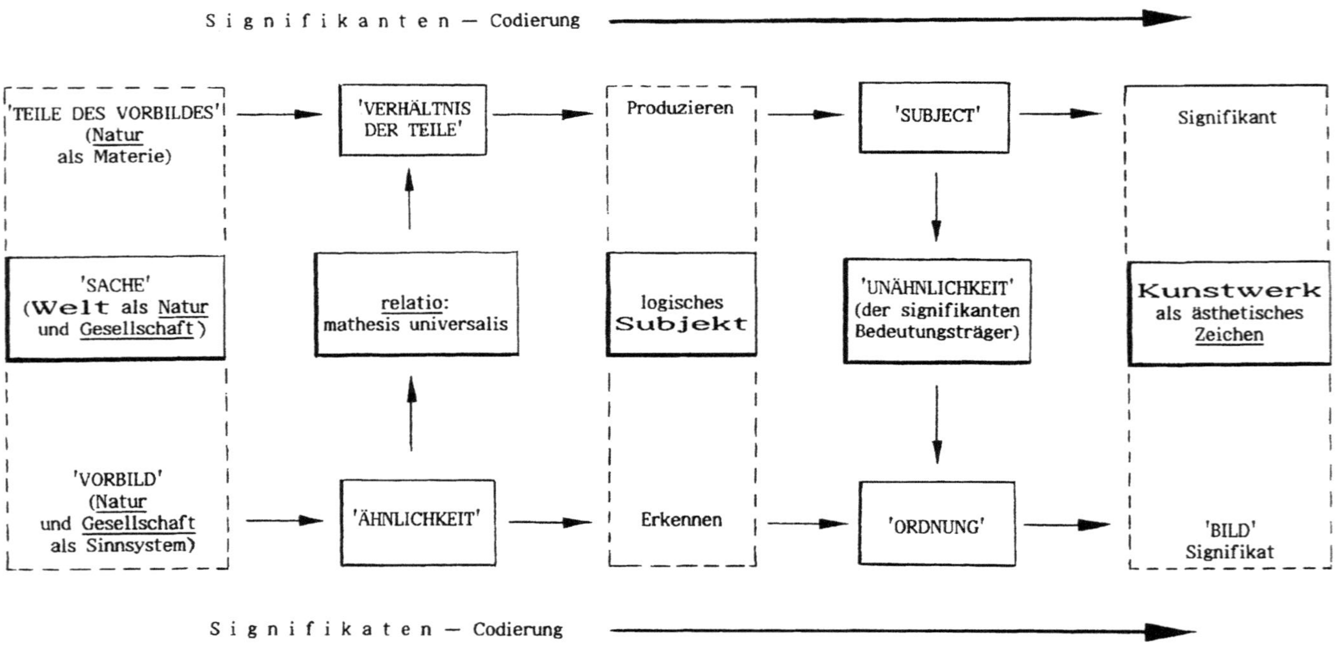

Fig. 26 J. E. Schlegel (1740–45): Nachahmung als doppelte produktionsästhetische Codierung

lichkeit gibt diese Differenz von Signifikant und Signifikat, Form und Inhalt an. Allerdings ist zu beachten, daß Schlegel mit Unähnlichkeit noch eine andere Differenz bezeichnet, nämlich die Modulation sowohl der objektiven relatio als auch der semiotischen Codes durch eine Anpassung an die Begriffe, d.h. an die Codes der Adressaten. In dieser Weise wird der Terminus unähnlich sowohl in der Abhandlung, daß die Nachahmung... etc, (1741) als auch im zweiten Teil der Abhandlung von der Nachahmung (1742) verwendet. Im ersten Teil der letztgenannten bezieht sich die Unähnlichkeit ausschließlich auf das produktionsästhetische Verhältnis von Signifikant und Signifikat auf der Seite des Kunstwerks. Wie aus der Übersicht (Fig. 26) hervorgeht, können sich Inhalt und Form in zweifacher Weise gegenseitig beeinflussen: zum einen über den erkenntnistheoretisch bestimmten Strang, der von der Ähnlichkeit über die relatio zum Verhältnis der signifikanten Teile führt und zum anderen über einen zweiten Strang, der vom Subject/ Materie über die Unähnlichkeit zur Ordnung der Signifikate und damit zum vollendeten ästhetischen Objekt führt. Innerhalb des syntagmatischen Produktionsprozesses laufen somit zwei verschiedene paradigmatische Transformationen in gegenläufiger Richtung ab; einmal beeinflußt die Erkenntnispraxis die signifikante Anordnung, das zweite Mal bestimmt diese nun ihrerseits das Endresultat des fertigen Bildes - das als Einheit von Sa und Sé außerhalb des Subjekts/Künstlers erscheint.

Die beiden gegenläufigen Bewegungen auf der paradigmatischen Achse der Beziehung von Sa und Sé setzen ein identisches Subjekt voraus, das als Erkennendes und Produzierendes im Zentrum des Semiotisierungsprozesses steht. Dieses Subjekt, das sowohl die relatio zur Natur erkennt als auch die Ordnung des Zeichens herstellt, kann als Vorstufe eines transzendentalen Subjekts der späteren Philosophie betrachtet werden. In Schlegels Theorie zerfällt die Einheit noch in zwei verschiedenen Subjekt-Begriffe, die die tatsächliche Trennung von produzierendem Künstler und genießendem Betrachter widerspiegeln. Der Erkenntnisbegriff des künstlerischen Subjekts (13) begründet gleichsam die logische Autonomie der Kunst, die aber von den Eigengesetzen des Rezeptionsprozesses in Form einer Rücksichtnahme auf das Publikum wieder eingeschränkt wird. Die Nicht-Identität von abstrakter Erkenntnis und den gesellschaftlichen Handlungscodes führt zu einem Riß in der Identität eines logischen Subjekts, gerade weil es den Versuch machen muß, den gegenläufigen semiotischen Prozeß zu synthetisieren. Der Bruch in der Identität wird historisch erst nach der Negation der Signifikanten-Codierung verschwinden, damit wird zugleich die Konstruktion eines transzendentalen Subjekts möglich.

Schlegel steht in der Mitte zwischen den Theorien der Frühaufklärung und den idealistischen Systementwürfen: Auf der einen Seite kennt er noch den produktionsästhetischen Dualismus einer doppelten Codierung, der aber nicht mehr durchlässig gegenläufig ist wie bei Gottsched oder metaphysisch vertikal wie bei Muratori, sondern als logisch autonomer Prozeß in Richtung auf das Kunstwerk verläuft. Der Agent dieses ästhetischen Produktionsprozesses ist ein künstlerisches Subjekt, das zusammen mit einem Subjekt des Rezeptionsprozesses ein einheitliches, jedoch hypothetisches logisches Subjekt bildet. Schlegel nimmt damit die traditionelle Doppelcodierung von ästhetischem Inhalt (Subject/ Signifikant) und Didaktik auf, überwindet sie aber im Versuch, der Produktionästhetik eine eigenständige Rezepitonsästhetik gegenüberzustellen. Die ethischen Kategorien fallen aus der Produktion und damit aus dem Bereich des künstlerischen Subjekts heraus. Die logische Autonomie wird aber von einer moralischen Teleonomie der Kunst begrenzt, die allerdings erst im Bereich der Rezeption ihren systematischen Ort hat und von dort auch auf die ästhetische Produktion zurückwirkt. Beide Komponenten im System der Schlegelschen Theorie - das künstlerisch produzierende Subjekt und das Subjekt des Rezeptionsprozesses - sind in einem einheitlichen Codierungs- und Decodierungsprozeß aufeinander bezogen und konstituieren erst in dieser Einheit das hypothetische logische Subjekt. Dieses entsteht im Durchgangspunkt zweier theoretisch getrennter Prozesse, die aber in der Praxis um der gesellschaftlichen Wirksamkeit der Kunst willen zusammenfallen müssen. In der späteren Kunsttheorie wird das Moment der moralischen Legitimation der Kunst vollkommen entfallen - zugleich entfällt damit auch der Bruch in der Konstruktion des ästhetisch produzierenden Subjekts. Die Konstruktion eines transzendentalen Subjekts wird nur möglich, indem der Begriff eines materialen Produzierens eliminiert wird. Ästhetische Praxis verschwindet auf diese Weise als gesellschaftliche Praxis und taucht auf der anderen Seite als unvermitteltes Zeichen von Totalität/Natur auf. Der dazwischenstehende Produktionsprozeß wird negiert, weil das subjektive Vermögen des Individuums im Begriff der abstrakten Arbeitskraft aufgegangen ist. Aus diesem abstrakten Vermögen konstruiert die Transzendentalphilosophie ihr Subjekt; bei Schlegel steht es an der Grenze zu jenem Kunstbegriff: das logische Subjekt kennt noch den doppelten Weg der Signifikanten- und Signifikaten-Codierung, revidiert aber die logische Autonomie dieses Prozesses durch die Zusammenlegung mit dem vollkommen anderen Vorgang der ästhetischen Decodierung.

Rezeptionsästhetische Decodierung

Neben den - zweigleisig vorgestellten - Prozeß der Übertragung einer inhaltlichen Vorstellung in die materiale Form des Werkes tritt die Decodierung dieser ästhetischen Gestalt in Form des Rezeptionsprozesses. Diesen Gedanken entwickelt Schlegel im zweiten Teil der Abhandlung von der Nachahmung (§ 16-24). In der Einheit stiftenden Tätigkeit des logischen Subjekts löst sich auch die Antinomie von prodesse und delectare auf: Die semiotische Codierung der universalen Wahrheit hängt unmittelbar vom Decodierungsprozeß ab, die logische Konstruktion der Kunst wird von einer auf den Gebrauch von Kunst gerichteten Zweckmäßigkeit überlagert.

Nur aus der gelungenen Decodierung entspringt das Vergnügen. Diesen Zentralbegriff seiner Nachahmungstheorie führt Schlegel als Erfahrungstatsache ein (14), die Theorie vom Primat des ästhetischen Vergnügens resultiert aus der hypothetischen Einheit des logischen Subjekts:

> "§. 18. Diese Nachahmung, deren Absicht es ist zu vergnügen, erhält ihren Endzweck dadurch, wenn die Aehnlichkeit und also auch die Ordnung die sie hervorbringt, wahrgenommen wird. Es ist also hiezu nicht allein nöthig nachzuahmen, sondern so nachzuahmen, daß die Aehnlichkeit des Bildes und Vorbildes wahrgenommen wird,..." (15)

Im Kunstgenuß läuft also der Prozeß rückwärts, das Bild wird mit dem Vorbild in der Wirklichkeit verglichen. (16) Da nun aber nicht alle Menschen einen gleichen Begriff von der Realität haben, muß der Produzent die Codierung der Wahrheit an die subjektiven Codes seiner Adressaten angleichen. "Derjenige, welcher nachahmet, muß sich nach den Vorstellungen derer richten, die das Bild vergnügen soll." (17) Das ästhetische Objekt, das Bild, ist also nicht nur eine Nachahmung der Realität, sondern auch eine Nachahmung der jeweiligen Auffassung von 'Realität': Die objektiven Erkenntniskriterien werden sozusagen von den gesellschaftlich geprägten dominanten Wahrnehmungspraktiken moduliert. Nachgeahmt werden letztlich die "Begriffe", d.h. die in der Gesellschaft benutzten Handlungfiguren und semiotischen Codes. (18)

Die Richtlinien des ästhetischen Nachahmungsbegriffes liegen somit in den realen gesellschaftlichen Normen begründet, beide treffen sich in einem allgemein geltenden Wahrnehmungscode, der vom "Begriff der Sache", nicht von der wahren Anschauung der Sache her bestimmt ist. (19) Das logische Subjekt bildet sich gleichsam als fokaler Punkt in diesem System der semiotischen Wahrnehmungs- und Handlungscodes. Die Unähnlichkeit in erkenntnistheoretischer Hinsicht führt über die semiotische Modulation zu einer Ähnlichkeit in ästhetischer Hinsicht, (die aber ihrerseits wieder durch die andere Unähnlichkeit zwischen Signifikant und Signifikat bestimmt ist; cf. p. 211 ff.)

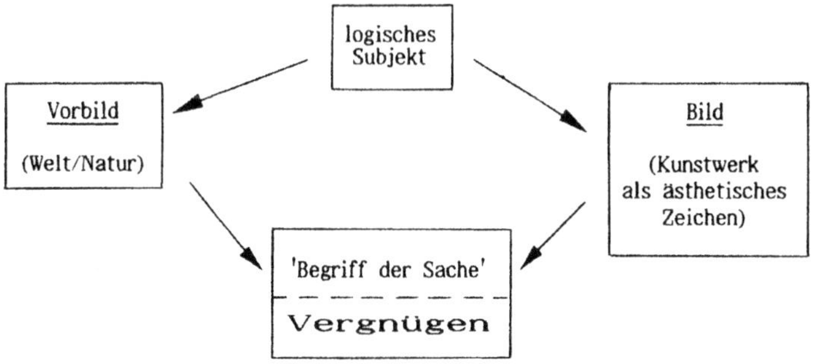

Fig. 27 (J. E. Schlegel: Vergnügen als rezeptionsästhetische Decodierung)

Das umstehende Schaubild ist mit dem vorherigen (Fig. 26) zusammen zu sehen. Aus dem - über die gesellschaftlichen Codes ("Begriff mit der Sache") vermittelten - Vergleich zwischen Zeichen (Bild) und Wirklichkeit (Vorbild) entspringt das Vergnügen der Decodierung. Im Schlegelschen Begriff der Nachahmung laufen somit drei konstitutive Elemente zu einer Definition von Kunst zusammen. Kunst ist bestimmt durch:

1. den kognitiven Charakter der materiellen Formung;
2. den hedonistischen Charakter der Decodierung; und
3. durch die Zentrierung der beiden erstgenannten Momente auf einen allgemeinen semiotischen Code.

Der letzte Punkt löst die traditionelle didaktische Implikation des prodesse ab. Die moralischen Gehalte der Kunst entstammen nicht mehr einer besonderen Formung der Kunst nach den Geboten der ethischen Norm, sie entspringen einem ästhetisch bearbeiteten Verhältnis von universaler Wahrheit und gesellschaftlicher Realität. Durch die erkenntnistheoretische und die semiotische Neubestimmung der Nachahmung ist die Didaktizität der Dichtung konstitutives Bestandteil ihrer Theorie und nicht erst eine Forderung an die poetische Praxis, von außen herangetragene - sozusagen nicht-ästhetisch definierte - moralische Kategorien und Normen zu transportieren. Von dieser Bezogenheit sowohl des prodesse als auch des delectare auf einen allgemeinen Grundcode leitet sich auch der hedonistische Tenor der Schlegelschen Theorie ab. Wenn die didaktische Wirkung gleichsam in die Bestimmung von Kunst eingeflossen ist, kann die Maxime vom Primat des Vergnügens zum zentralen Begriff der Poetik werden. Es gibt nach Schlegel allerdings drei Konstellationen, die das ästhetische Vergnügen verhindern können:

1. die Identität von Nachahmung (Bild) und Nachgeahmten (Vorbild) (20);
2. der Rezipient ist ohne Begriff des Vorbildes (21);
3. das Kunstwerk ist nur ein schwaches Bild oder stellt gar keines dar (22).

Aufgrund der Ständeklausel könnte die Komödie unter den ersten Punkt fallen. Die ciceronische Komödiendefinition, Spiegel des Lebens zu sein (23), könnte nach den Grundbegriffen der Schlegelschen Theorie zu einer langweiligen bloßen Verdoppelung des Alltags auf der Bühne führen. Vier verschiedene Modelle führen innerhalb der Schlegelschen Poetik aus diesem Widerspruch heraus:

1. Die Apologie einer Komödie in Versen;
2. die Uminterpretation des subjektiven Wahrnehmungscodes des logischen Subjekts im Sinne eines Codes der soziologisch bestimmbaren Mitte der Gesellschaft;
3. das daran anschließende Modell einer quasi-automatisierten Erziehung im Theater;
4. das Prinzip der komischen Übertreibung.

Der erste Punkt betrifft Schlegels Verteidigung einer "Comödie in Versen" (24), die er in der Konsequenz seiner Nachahmungstheorie damit begründet, daß die Repräsentation von Alltaghandlungen einer nochmaligen ästhetischen Formung auf der Signifikantenebene bedürfe. (25) Der dritte und der vierte Punkt werden weiter unten (Kap. VI.11.3.) erörtert, in den Zusammenhang der rezeptionsästhetischen Konzeption im engeren Sinne gehört lediglich der zweite Punkt. Das von Schlegel postulierte Unähnlichkeitsprinzip korrigiert nämlich die subjektiven Abweichungen der Gegenstandswahrnehmung und reduziert sie auf eine ideale Mitte. Diese fokale Mitte des logischen Subjekts bleibt aber keine erkenntnistheoretische Konstruktion, sondern gerät zu einer gesellschaftlichen Standortbestimmung der bürgerlichen Mittelklasse.

In der Literatur zu Schlegel wird die rezeptionsästhetische Kompromißformel am Ende von § 19 der Abhandlung von der Nachahmung (26) als Beispiel für die These angeführt, bei Schlegel existiere kein Klassendenken, weil er in das Erziehungsmodell den Pöbel mit einbezogen habe. (27) Die in § 19 zu findende Gegenüberstellung von Klugen und Thoren bezieht sich zwar auf die ästhetische Bildung und ist somit zunächst nicht schichtenspezifisch bestimmt; in seiner Kopenhagener Wochenschrift Der Fremde entwickelt Schlegel jedoch am Beispiel der Pädagogik einen eindeutig dreiklassigen Gesellschaftsbegriff, der die bürgerliche Mittelschicht sowohl gegen die Aristokratie als auch gegen den Pöbel abgrenzt:

> "(...) So verschieden macht die Erziehung die Charaktere eines jeden Standes, wenn sie einerley zu sein scheint; und was wird sie nicht thun, wenn sie bey den Vornehmen frey und gelinde, bey den mittlern streng und tyrannisch, und bei den Niedrigsten nachlässig ist?" (28)

Vor dem Hintergrund dieser allgemeinen Charakterisierung der Stände ist die Bevorzugung des Klugen bei der Wahl des semiotischen Codes, auf den sich das künstlerische Subjekt stützen soll, und die Attribute, die dem Klugen bei Schlegel zugeschrieben werden, eindeutig als bürgerlich zu klassifizieren (29).

Die typisch bürgerliche Verbindung von Wissen und Gefühl kann sich jeder aneignen, der einen bestimmten Bildungsprozeß durchläuft. Diese Offenheit des Bildungsprozesses bedeutet aber lediglich, daß nur die bürgerliche Schicht - in ihrer Selbsteinschätzung - bestimmte anthropologische Vorstellungen und Werte repräsentiert, nicht aber, daß sie den Anspruch und das Weltbild, dem diese Werte zugrundeliegen, aufgegeben hätte. In der Schrift Gedanken zu Aufnahme des dänischen Theaters (1747 geschrieben, jedoch erst 1764 veröffentlicht) läßt sich dieser Zusammenhang auch bei Schlegel deutlich ablesen.

VI.11.3. Die Komödie als didaktisches Instrument der bürgerlichen Mittelklasse

In einem - ebenfalls in der Wochenschrift Der Fremde erschienenen - feuilletonistischen Aperçu definiert Schlegel die theoretische Position der Komödie der Frühaufklärung: Zwischen der Vernunft der 'Sittenlehre' und dem Muthwillen der komödiantischen Praxis hin und herschwankend, beginnt sich die Komöde langsam der bürgerlichen Vernunft zuzuwenden. (1)

Der Weg der Vernunft in die Komödie zeigt Schlegel einmal in Zusammenhang mit der aufklärerischen Didaktik des Theaters, die er zu einem Modell der 'selbsttätigen' Erziehung erweitert und zum anderen anhand einer Funktionsbestimmung des Komischen durch den Mechanismus der Übertreibung. Beide Bereiche sind ihrerseits wieder auf das Grundmotiv der Legitimation der bürgerlichen Mittelklasse-Strategie bezogen, deren ästhetischer Ausdruck die Positivierung der Ständeklausel ist.

Schlegels Gedanken zur Aufnahme des dänischen Theaters beginnen im Stil der Epoche mit einer Abgrenzung zu den "unförmlichsten und unanständigsten Vorstellungen" der Wandertruppen (2) und der Commedia dell'arte. (3) Im Bruch zur komödiantischen Praxis bildet sich das literarische Theater. (4) Dieses ist ein Unternehmen des bürgerlichen "Mittelstandes" (5), das die Vertreter anderer Gesellschaftsschichten gleichsam nur als Kontraste zur eigenen Identitätsfindung einsetzt. Schlegel weist auf Contis Paragone della poesia tragica d'Italia con quella di Francia (1732) hin, worin das Theater explizit als bürgerliches Medium konzipiert wurde. (6) Schlegel bettet diese gesellschaftliche Rahmenvorstellung in seine Nachahmungstheorie ein: Das Theater ahmt die "menschlichen Handlungen" nach (7), insofern sind alle Gesellschaftsschichten als Gegenstand des Theaters eingeschlossen; aufgrund der Theorie des fokalen Subjekts nimmt aber die Nachahmung der Gesellschaft immer die Pespektive der bürgerlichen Mittelklasse an. Eine solche Sichtweise läßt die Gesellschaft als Natur erscheinen - das Prinzip der Naturnachahmung ist damit als Praxis eines bestimmten gesellschaftlichen Subjekts näher definiert. (8) Die theatralische Nachahmung bezieht sich auf die Darlegung eines abstrakten Handlungscodes: "Was aber wider die guten Sitten streitet, kann für einen vernünftigen Menschen kein Ergetzen sein." (9) Dieser zentrale Code, von dem aus das Theater konstruiert wird, ermöglicht auch die Identifikation des Zuschauers mit der Rolle. (10) Die Identifizierung hat neben der ästhetischen Funktion, die Aufmerksamkeit der Zuschauer auf das Kontinuum der Fiktion zu richten, noch die politische Funktion, eine soziale 'Konsonanz' des Bürgerlichen durch die Perspektivierung des Interesses herzustellen. Für die Komödie folgt daraus ein wirkungsästhetischer Dualismus von komischer Distanz und empathischer Teilnahme. (11) Die Zweigleisigkeit der in einen kognitiven und einen emotiven Aspekt zerfallenden Rezeption versucht Schlegel durch eine ebenfalls gesellschaftlich bestimmte Defintion des Lachens zu vereinheitlichen. (12) Der Gegenstand des Komischen muß sich innerhalb des gesellschaftlichen Codes bewegen, in dessen Mittelpunkt das hypothetische Subjekt agiert. (13) Das hermeneutische Paradox der Komödie - die gleichzeitige Identität und Differenz der Darstellung in Bezug auf die gesellschaftliche Realität - wird durch dieses Prinzip des Komischen zugleich markiert und aufgelöst: Die komische Übertreibung legt die Konstruktion der allgemeinen gesellschaftlichen Handlungscodes frei, sie ahmt nicht die besonderen, letztlich kontingenten Motive des Alltaghandelns nach. Das Prinzip der Unähnlichkeit gilt somit auch für die Komödie. (14)

Das Prinzip der Abweichung von der Wahrheit legt in idealtypischer Weise die Perspektive des fokalen Subjekts frei. Diese Art des Komischen bleibt innerhalb der Grenzen des bürgerlichen Vernunftprinzips und dessen Handlungslogik: die Torheit ist als bürgerliches Prinzip der Grenzdarstellung der Normen konzipiert. (15) Die Narrheit dagegen transzendiert das Feld der bürgerlichen Normen und wird so als "ekelerregend" abgelehnt. (16)

Auch die poetologische Klassifikation des Dramas in fünf verschiedene Formen bedient sich sowohl der Antithese von kognitivem Lachen und emotiver Einfühlung als auch der mittleren Perspektive der Nachahmungstheorie, die allerdings in Begriffen der traditionellen Stillagentheorie formuliert ist. (17) Obwohl Schlegel in der poetologischen Fundierung des Theaters den Pöbel ausgegrenzt hatte, schließt er im praktischen Entwurf eines dänischen Nationaltheaters an das Modell des Niederen im Sinne einer Darstellung des Alltäglichen in positiver Weise an; die Positivierung der Ständeklausel stellt sich als die Einbeziehung des 'Pöbels' in die bürgerliche Perspektive dar. (18) Die daraus resultierende Doppelstrategie konzipiert die Komödie als Medium der Unterweisung der unteren Klasse und der demonstrativen Abschreckung für den Bürgerstand. (19) Auf der Ebene der poetischen Theorie findet diese doppelte Konzeption ihren Niederschlag in einer Dialektik von Amusement und Engagement, die explizit gegen die Gottschedsche Form der poetischen Praxis und ihrer didaktischen Implikationen gerichtet ist. (20)

Das bei Schlegel gleichsam spielerisch konzipierte Verhältnis der beiden Wirkungsmechanismen prodesse und delectare resultiert aus der Übertragung seines Nachahmungsbegriffes auf die Komödientheorie. Das ästhetische Vergnügen kann didaktische Impulse vermitteln, weil bei der Nachahmung der Gesellschaft durch die Komödie die Umrisse der gesellschaftlichen Normen nur umso deutlicher hervortreten. Schlegel schließt dabei an Wolffs Gedanken zum Theater an, die Komödie ist als Konkretion des moralischen Systems zu verstehen:

> "Es ist wie eine Schilderei oder ein Riß, der manchmal uns Begriffe von Dingen macht, die wir nicht gesehen haben, und manchmal uns die Dinge in größerer Deutlichkeit zeigt, als wir sie in der Natur erblicken können." (21)

Auch bei der Komödie greift der Mechanismus der doppelten Codierung: Die signifikanten Strukturen der Komödie bestehen aus den gesellschaftlichen Signifikaten, d.h. die gesellschaftlichen, abstrakten Normen werden in Form von dramatisch kodifizierten Konventionen dargestellt (vgl. auch Formel *(B.2), Kap. V.11.). In der Unähnlichkeit der signifikanten Bedeutungsträger - der Basiscodes des Alltagshandelns - zur Ordnungsstruktur der normhaften Signifikate entfaltet sich die Komödie als eine ästhetische Form, die Vergnügen und Belehrung gewährt. An dieser Stelle setzt auch der Mechanismus der komischen Übertreibung ein, durch den die Komödie sozusagen eine Versuchsanordnung zur Kondensation des menschlichen Verhaltens wird. (22)

Aus der ästhetischen Doppelcodierung der Komödie folgt nicht nur die Aufhebung der didaktischen Pflichteinführung der Tugend in das niedere Medium, sondern vor allem auch - unter dem Aspekt der Rezeption - die Theorie einer selbsttätigen Umsetzung des transportierten Normensystems im Moment des ästhetischen Genusses. Das Modell der rezeptiven Decodierung des ästhetisch Produzierten erweitert sich zu einer didaktischen Theorie unbewußter Inhalte, die sich "in den Kopf" gar der "Unwissenden" festsetzen:

> "Und eben sein (des Theaters, G. L.) größter Vorteil ist, daß es alle diese Kenntnisse und Einsichten auf eine unvermerkte Weise auch sogar in den Kopf und in den Umgang derer zu bringen weiß, welche mit Fleiß ihren Beruf in der Unwissenheit und im Müßiggange suchen und nichts anders tun wollen, als sich die Zeit vertreiben. Ihr Geist bildet sich, ohne daß sie sich dessen selbst bewußt sind, nach der Art zu denken und zu reden, die sie hören; und werden witzig und artig oder wenigstens erträglich im Umgange, ehe sie daran gedacht haben, es zu werden." (23)

Die Komödie wird damit zu einem Modell einer quasi-automatisierten Erziehung, dessen Lernziel die fokale Mitte des hypothetischen bürgerlichen Subjekts ist. Die gesellschaftlichen Implikationen der ästhetischen Theorie legitimieren aber ihrerseits wieder Schlegels Vertrauen in eine Progression auch des ästhetischen Moments:

> "Mein Rat ist also, mit Beibehaltung der Komödien aus dem niedrigen Stande, die man schon hat, in denen Stücken, die man neu auf das Theater bringt, immerhöher zu steigen; aus dem niedrigern Stande in den Mittelstand, aus dem Mittelstand an den Hof und endlich bis zu den Tragödien zu kommen." (24)

Die ästhetische Erziehung geht einher mit der Entwicklung der Perspektive des logischen Subjekts, die bürgerlichen Individuen sollen sich durch die Aneignung von dessen abstrakter Identität bilden. Dem ästhetischen Fortschreiten von der niederen Komödie bis endlich zur Tragödie korrespondiert zugleich auf der gesellschaftlichen Ebene die Entwicklung des bürgerlichen Individuums zum 'Menschen' allgemein, neben dem andere Formen der Identität marginalisiert und bis auf weiteres an den Rand der Geschichte rücken werden.

VII. Zerfall des Komischen

VII.1. DIE 'GUTE KOMÖDIE' DER BÜRGER
(Gellert 1751 und 1756; de Buzonnière 1747)

"Ihr mordet und tötet auf dem Theater und wir nehmen keinen Antheil daran."

Gellert 1774:169

Dieser Satz aus Gellerts Vortrag Wie weit sich der Nutzen der Regeln in der Beredsamkeit und Poesie erstrecke (1756) bedeutet eine Absage an den äußeren Affekt der klassischen Tragödie und des barocken Tauerspiels: das "Ihr" meint nicht nur die adligen Helden der Bühne, sondern auch die Aristokratie der Zeit ebenso wie das "wir" nicht nur die Zuschauer, sondern auch die Gesamtheit der Bürger als Klasse einschließt. Das Sterben der Könige im Geist des Barock hat auf dem Theater ausgedient, was fortan interessiert, ist das Leben der Bürger. (1)

Dieser Schritt bedarf, wie wir gesehen haben, einer ästhetischen und einer politisch-gesellschaftlichen Legitimierung, die sich in der Denunziation sowohl der aristokratischen Normen als auch der Lebensweise des 'Pöbels' niederschlägt. Der Positivierung des ästhetischen Moments der bürgerlichen Praxis stand die reale Gesellschaft in Form einer hereinbrechenden negativen Gewalt gegenüber, die wie eine archaische Macht das Schicksal der Bürger bis ins Innerste der Familie und der Inidividuen hinein prägte. Die Bildung der comédie larmoyante (oder der Rührkomödie) und wenig später des bürgerlichen Trauerspiels hing im wesentlichen von drei Faktoren ab, die die Mittelklasse-Komödie transformierten:

1. der gesellschaftlich-ökonomischen Dimension der bürgerlichen Lebenspraxis;
2. der Familie als Sozialisationsinstanz, die Individuen mit einer bestimmten Triebkonstellation hervorbringt; und
3. der ideologischen Verarbeitung dieses Verhältnisses von Individuum und Gesellschaft im Rahmen der semiotischen Ausdrucksformen (Literatur, Theater etc.).

Daher stellt die Reihung Reformkomödie — Rührkomödide — bürgerliches Trauerspiel keine strikt historische Abfolge dar, sondern deutet auf die Logik eines inneren Zusammenhangs, der es zuläßt, daß alle drei Dramenformen um die Mitte des 18. Jahrhunderts gleichzeitig auf dem Theater erscheinen können. Dieser Gleichzeitigkeit in der Theaterpraxis entsprach auch eine Gleichzeitigkeit der theoretischen Legitimation dieser verschiedenen Dramenformen: So stammt etwa Gellerts Abhandlung für das rührende Lustspiel (Pro comoedia commovente) (1751) aus demselben Jahr wie seine Apologie der reformierten Mittelklasse-Komödie im 26. Brief seiner Briefe, nebst einer Abhandlung von dem guten

Geschmacke in Briefen (1751). (2)

Gellerts Argumentation in diesem Musterbrief über die "Comödie" setzt an verschiedenen Punkten an, deren Kern jedoch bezeichnenderweise die Ausgrenzung der niederen Komik ist, die nur mit der Einnahme der Perspektive des Pöbels entstehen kann. (3) Dieser 'schlechten' Komödie wird ein 'gute' gegenübergestellt, die dem negatorischen Prinzip des Komischen ein positives Element in Form einer doppelten Charaktertypologie guter und schlechter Beispiele zugesellt. (4) Diese positiven Charaktere sind die gleichen, die in der Rührkomödie ausschließlich die Bühne füllen, hier - innerhalb der traditionellen Aufklärungspoetik - ist ihr theoretischer Stellenwert aber ein anderer: ihr positives Moment wird auf das prodesse gegenüber dem 'Pöbel' bezogen, während sie in der Theorie der Rührkomödie auf das delectare für die Bürger deuten. Die Nützlichkeit der Reformkomödie ist somit zweifacher Art, sie ist ein therapeutisches Vergnügen, das die Arbeitsfähigkeit regeneriert (5) und sie ist ein allgemeines öffentliches Bildungsinstrument. (6)

In den Zusammenhang dieses Argumentationsstranges gehört auch die Liebe, die nur geduldet werden kann, wenn anstelle des naturhaften Allianzdispositivs die "zärtliche und unschuldige Liebe" tritt. (7) Nur diese vernünftige Liebe kann Gegenstand der theatralischen Kontemplation sein, die Gellert als 'vernünftigen Genuß' bestimmt. (8)

Im Anhang der 2. Auflage von L. Riccobonis De la réformation du théâtre (1747) wurde ein Traktat von de Buzonnière abgedruckt, das den Titel Moyens de rendre la comédie utile aux moeurs trägt. Das Thema auch dieser Schrift ist der Widerspruch zwischen den konkreten Lastern und dem allgemeinen Tugendprinzip in der Komödie. Der moralische Dualismus der bürgerlichen Komödie stellt sich für de Buzonnière nicht mehr lediglich als ästhetisch-moralisches Problem, vielmehr interpretiert er das allgemeine Moment des Tugendbegriffes im Sinne eines gesellschaftlichen Handlungssubstrats; das aus der qualitativ anderen Lebensform gewachsene bürgerliche Selbstbewußtsein wird zum Hintergrund einer neuen Funktion des Komischen, das im Theater als natürliches Korrektiv einer neuen Stufe der Vergesellschaftung dient.

Aus der Doppelbestimmung der Komödie - Krieg den Lastern, Lehrer der Tugend (9) - folgert de Buzonnière zunächst, daß sie die didaktische Gattung par excellence sei. Die doppelte Leistung der Komödie resultiert aus der Tatsache, daß sie das Laster nur als Verhaltensmuster im fiktionalen Rahmen darstellt - lächerlich wird die Komödie im Sinne einer "Sittensatire" durch die Differenz dieser Fiktion sowohl zur Tugend als auch zum realen Laster. (10) Der Irrtum der traditionellen Komödientheorie, das dargestellte Laster als reales mißzuverstehen, liegt nach de Buzonnière in der Trennung des dargestellten Lasters und des Komischen begründet - beide Momente sind aber als Teile eines Prozesses zu denken, aus dem auch das didaktische Moment hervorgeht. Aufgesetzte "komische Belehrungen" sind dem Wesen der Komödie "diametral entgegengesetzt" (11), das Lächerliche der in der Komödie vorgestellten Untugenden zu entdecken, bleibt dem Spürsinn des Publikums vorbehalten. (12) Damit vertraut de Buzonnière auf ein Potential

bürgerlichen Denkens, dem sich die Didaktizität der Komödie nicht mehr im Sinne einer grundsätzlichen Bildungsaufgabe stellt, die Komödie ist vielmehr ein permanentes Korrektiv, das gleichsam 'ad libitum' einzusetzen ist. Das konkrete Laster ist am Individuum sichtbar, die ex negativo dargestellte Tugend weist als abstrakt-allgemeine dagegen auf einen überindividuellen Zustand. (13) Die Moral des Einzelnen ist für de Buzonnière kein Problem mehr, sein Augenmerk ist auf die Natur des Allgmeinen - das ist die bürgerliche Gesellschaft - gerichtet. In diesem Naturzustand des Gesellschaftlichen hat auch das Lachen in der Komödie seinen Platz: "Il est de l'essence de la comédie de faire rire." (14) Aber dieses Lachen fällt unter das 'Naturgesetz' des Gesellschaftlichen: es darf kein gekünsteltes sein, das sozusagen von Pointe zu Pointe aufbrandet, sondern es soll sich "natürlich" entwickeln. Dieses "natürliche" Lachen grenzt an einen Bereich des 'Nicht-Komischen', das mit der Darstellung des Allgemeinen auf der Bühne erscheint: Da die Komödie die Sitten - gute wie schlechte - porträtiert (15), fehlt bei der Darstellung "tugendhafter Handlungen" das komische Moment (16). Dieses nicht-komische Element der Reformkomödie entsteht durch das Verschwinden des comunitativen Gegenterms, das Komische hebt sich in der Positivierung des Komischen selbst auf. De Buzonnière sucht durch eine Bekräftigung der Funktion des Lachens dieser Verebbung des Komischen entgegenzutreten, um damit zugleich die Komödie als Instrument der didaktischen Korrektur zu retten. Die dabei entstehenden Widersprüche - Funktionsweise des Komischen als Negation eines Individuums (der komischen Figur) versus Würde des allgemeinen Tugendprinzips (repräsentiert in der Idee einer 'natürlichen' Gesellschaft) - versucht de Buzonnière zu umgehen, indem er zum einen das Lachen aufgrund eines Gags als äußeres Lachen bezeichnet und es aus der bürgerlichen Komödie ausschließt (17), und indem er zum anderen ein natürliches Lachen entdeckt, das sich der 'natürlichen' Darstellung eines allgemeinen sittlichen Prinzips verdankt. Damit vollzieht de Buzonnière nochmals den Bruch zwischen einer niederen Komik und einer davon abgehobenen bürgerlichen Form des Komischen. Diese Spaltung des Komischen hat auch die Bildung zweier komischer Theater zur Folge, neben die "Théâtres de la foire Saint Germain" tritt die "gute Komödie" der Bürger. (18) In den ersteren lebt die Tradition des Volkstheaters weiter, in der guten Komödie wird eine neue Form ästhetischer Praxis zelebriert:
Ihr Gegenstand ist nicht mehr die äußere Art und Weise der Laster, sondern sie dringt zu deren Grund (fond) vor. (19) Das neue Lachen ist ein Lachen über die Schrecken des Lasters. In diesem Begriff des Lasters sind auch die Umgangsformen der niederen Gesellschaftsschichten enthalten. Die 'gute Komödie' entsteht so im Gestus einer schichtenspezifischen Abgrenzung nach unten, mit dem alten Lachen läßt diese Komödie zugleich eine historische Gesellschaftsstufe hinter sich zurück.

VII.2. DAS SELBST ALS GESPALTENE MINIATUR

> "Die empfindsamen Romane gehören ins medicinische Fach zu den Krankheitsgeschichten."
>
> Novalis: Fragmente und Studien 1799—1800. In: Schriften Bd. 3 (R. Samuel, ed.). Das philosophische Werk II. Stuttgart 1968:563, Fr. 60

In Gellerts 73. Brief der schon erwähnten Briefesammlung (1) erscheint die Natur als Vergnügen der Grundrente, der Schrftsteller genießt das Junkerleben als Gast. Die Natur ist ein utopischer Entwurf, der nur durch die Übernahme der Gutsherrenperspektive sichtbar wird. In der Apologie der feudalen Ordnung werden die Leibeigenen zu mythologischen Schäfern stilisiert (2), wohltuend wirkt diese Ordnung auf die Gesundheit ein (3). In dieser Natur entfaltet sich dann auch die Natur als poetische Metapher mühelos, der fiktive Briefeschreiber hebt die Leichtigkeit der Lektüre in dieser Umgebung hervor (4). Fehlt die ökonomische Grundlage, bleibt das Individuum von der Natur getrennt: "Das Landleben muß doch nicht für alles helfen(.)", klagt der Held des 9. Briefes (5). Die Natur hat allen Glanz verloren, das Ich zieht sich auf hypochondrische Grübeleien zurück (6). Von der Natur bleibt nur noch der Kirchhof des Dorfes als geliebter Ort zurück, der zum Doppelsymbol der Natur und des nicht gelebten Lebens wird. (7) Weil die Natur bloße poetische Metapher ist und keine Quelle des Reichtums, sie sich also gegenüber den Wünschen des Ichs verschließt, werden die libidinösen Energien von den Objekten der Außenwelt zurückgezogen und ins Ich eingeschlossen, die Libido staut sich, der Körper erkrankt. (8) Aus dieser hypochondrischen Konversion folgt dann als Reaktion die Aufgabe diese kranken Körper-Ichs: "Dein Körper geht dich nicht selber an. Die Gesundheit ist ein Gut außer dir. Die wahren Güter bestehen in deiner Seele." So trägt es Gellert in seinen Trostgründen wider ein sieches Leben (1763) vor (9). Innerhalb eines synkretistischen Gemischs von Wolffscher Psychologie, stoischem Naturrecht und pietistischem Muckertum werden die Grenzen von Ich und Welt neu gezogen, wobei jenseits des aufgegebenen Körpers ein imaginiertes apriorisches Ich erscheint, dessen irreduzible Urteilsfähigkeit die Welt in "Gutes" und "Böses" teilt. (10) In den Moralischen Vorlesungen (1770) wird die Denunziation der Arbeit als derjenigen Kategorie, die den Zusammenhang von Ich und Welt leisten kann, ausgesprochen. (11) An Stelle von Praxis oder Interaktion tritt die neurotische Fixierung auf das Selbst, die das individuelle Leiden immer nur als selbstverschuldetes Versagen gegenüber einem religiös geprägten Ich-Ideal auffassen kann. Schon in Christian Garves Vermischte(n) Anmerkungen über Gellerts Moral, dessen Schriften überhaupt und Charakter (1772) erscheint das Ausmaß des körperlichen Leidens Gellerts als herausragende Fähigkeit, die geltenden moralischen Maßstäbe am eigenen Leibe für Andere zu beschreiben. Gellert gehört sozusagen der zweiten GEneration der bürgerlichen Hypochonder an, indem er gegen das offizielle Trauergebot der Pietisten Stellung bezieht (12), das seinerseits Voraussetzung für die religiöse Erweckung war. Diese 'neue' Hypochondrie unterscheidet sich von der älteren durch eine andere Ätiologie: litten jene an Verstopfung ihres Waren-Körpers, mittels derer sie den "inneren Schatz" einzubehalten versuchten, so litten die nicht-pietistischen Hypochonder an einer Verstopfung ihres Wunsch-Körpers (13), die ihren Ursprung in der ödipalen Familienkonstellation hat. Dieser Körper hortet die Libido an den erogenen Zonen, die zugleich auch Signifikanten des Mangels der Anderen werden. Das Lusterleben "verläuft über die Neubelebung der verdrängten, sublimierten Analität" (14). Das Ich will den Phallus angesichts der Kastrationsdrohung bewahren und regrediert dabei auf frühere Stufen der Libidoorganisation, wobei z. B. das Skybalon für den Phallus stehen kann. (15)

Gellerts Empfindsamkeit ist daher gerade nicht als Einbruch archaischer, sozusagen von der Ratio berdrängter Verhaltensweisen in einen spezifischen Raum bürgerlicher Rationalität zu deuten (16), weil der Affekt bei Gellert sowohl triebdynamisch als auch gesellschaftlich ein historisch sekundäres Moment bezeichnet. Gesellschaftlich setzt sich die Empfindung sowohl vom barocken Pathos als auch der aristokratischen Affektbeherrschung ab, die Ebene der Libidoorganisation entsteht gerade durch eine qualitativ neue, nicht opponierende Zuordnung von Gefühl und Rationalität, die zugleich disjunktiv und konjunktiv ist.

Sowohl das triebdynamische als auch das gesellschaftliche Moment werden von Gellert in seinen Briefen thematisiert. Neben die doppelte Bedeutung der Natur, sowohl poetische Metapher als auch eine unerschöpfliche Ansammlung von Naturalien zu sein, treten Familienprobleme, die die Bedeutung des ödipalen Konflikts aufweisen: einzig der Ruf einer (verheirateten!) Frau kann den Helden des 9. Briefes vom Kirchhof als dem Doppelbild des Todes und des Lebens - des eigenen nicht-gelebten Lebens und der toten nicht-produktiven Natur - weglocken. (17) Die Liebe zur verheirateten Frau - die nur ein Deckbild für die eigene Mutter darstellt - ist neben dem Kirchhof der andere unmögliche Ort, zu dem es das Ich hinzieht. Zwischen dem Grabesloch und dem Inzest teilt sich das Leben und gibt in der "Differenz zum Tode" (18) beiden Orten neue Bedeutungen: Grab/Kirchhof/Natur und Frau (Mutter)/Liebe/Schreiben heißen die beiden signifikanten Verkettungen, in deren Zusammenspiel die Existenz des Ichs trotz aller Todesgedanken Konturen gewinnt. (19)

Innerhalb dieser heimlichen Wunschbriefe, die die Frau immer nur als die Frau eines Anderen - des Vaters in Gestalt des Gatten - sehen, nimmt der einzige Brief an die Mutter eine Schlüsselstellung ein. (20) Der dreißigjährige Held hat sein Konterfei in Form einer Miniatur malen lassen und diese seinem "Mädchen" geschenkt. Seine Mutter hat davon erfahren, und es ist für den fiktiven Briefeschreiber keine Frage, daß sie einen größeren Anspruch auf das Bild des Sohnes hat als dessen Geliebte. Im Entschuldigungsbrief an die Mutter nimmt er deren Einwände vorweg und bietet zugleich einen Kompromiß an: er will die Miniatur zurückbitten und für die Mutter eine Kopie anfertigen lassen. (21). Woher stammt die Macht der Mutter, die sich im Anspruch auf das Bild enthüllt? Die im Brief beschworene Situation aktualisiert die familiale Konstellation und damit auch die Triebstruktur des fiktiven Ich. Die Macht der Mutter wird sowohl von der Angst vor ihrer Liebe als auch von der Angst vor dem Verlust ihrer Liebe genährt. Mit der Entdeckung der Kastration folgt nicht die Lösung von der Mutter als dem primären Anderen, dem ersten Liebesobjekt, sondern die Bewahrung der Vorstellung einer phallischen Mutter. Sowohl aus der Kastrationsangst des ödipalen Konflikts als auch aus der fetischistischen Verleugnung der phalluslosen Mutter erwächst deren Macht, die das symbolische Bildnis des Sohnes nochmals den eingeschliffenen desymbolisierten Interaktionsformen unterwirft: Die Spaltung des Selbst-Bildes, die Verdoppelung von Ich und Miniatur, soll die Mutter versöhnen. Mit der Ichspaltung tritt die Idee des Lebens zu dritt (Sohn, Mutter, Schiegertochter) auf (22), die Brüche im Innern werden durch den Zusammenhang der äußeren Objekte kompensiert. Die verschiedenen Selbstbilder (Sohn der Mutter/Mann der Frau) sollen durch die reale Konzentration um das imaginierte Ich zur Deckung gebracht werden.

Dieses imaginierte Ich ist konstitutiv für die Melancholie, die über den funktionalen Rahmen der Musterbriefesammlung hinaus auf Gellerts Stellung in der deutschen Literatur der Mitte des 18. Jahrhunderts weist. Im Zentrum dieser melancholischen Gemütsverfassung steht eine Imago vom Ich. Während Freud den Begriff der Imago für den Vorgang der Introjektion der ersten Objekte bei deren gleichzeitiger Desexualisierung verwendet, was sozusagen frühester Ansatz zur Bildung des Über-Ichs wird (23), bildet sich nach Lacan eine Imago des eigenen Körpers im Prozeß frühester Identitätsbildung im sogenannten "Spiegelstadium" (24). Bei Gellert handelt es sich aber - wie schon dargelegt - um ein körperloses Selbst - es ist (wiederum in Lacanscher Terminologie) ein Fantasma. (25)

Die Aufgabe des Körpers zugunsten eines Fantasmas verweist uns auf die Funktion der melancholischen Trauer zurück. Die Melancholie wird durch reale Versagungen produziert. Gellert selbst beschreibt den Vorgang folgendermaßen: "Ich werde einige Stunden traurig, weil ich nicht habe, was ich wünsche, und was Andre haben." (26) Nach Freud produzieren die Versagungen einen Rückzug der libidinösen Energien ins Ich, die freie Libido wird nicht auf ein anderes Objekt verschoben. Gerade diese Rückwendung der Ströme ins Ich ist die Bedingung für die Entstehung eines "leeren Ichs" (27) Eine andere Voraussetzung für diese Triebkonstellation ist die Objektwahl auf narzißtischer Grundlage, mit der Wendung der Libido ins Ich findet zugleich eine narzißtische Identifizierung des Ich mit dem aufgegebenen Objekt statt. Aus diesem unbewußten Vorgang resultiert weiter ein Zwiespalt zwischen der Imago des Ich - Freud nennt es "Ichideal" - und "dem durch Identifizierung veränderten Ich." (28) Das Ich zehrt sich zwischen seinen

Wunschphantasien und den Anspruch des Über-Ichs auf. Die daraus resultierenden Selbstvorwürfe stellen somit gleichsam aufs Ich gewendete Vorwürfe an das geliebte Objekt dar, die Befriedigung, die aus der Melancholie gezogen wird, stammt aus dieser Selbstquälerei - das hypochondrische Verfallensein an die Krankheit hat auch einen sadistischen Aspekt: die Krankheit beeinträchtigt sowohl das Objekt gewordene Ich des Kranken, als auch andere Objekte in Form realer Personen seiner Umwelt. (29) Das leere Ich des Melancholikers ist damit das Produkt eines ins Negative gewendeten sekundären Narzißmus. Gellert selbst beschreibt den Vorgang in folgenden Worten: "Sie (die Traurigkeit, G. L.) unterhält meine Eigenliebe, und ich sehe mein trauriges Wesen als einen Beweis an, daß ich weit glücklicher seyn sollte, als ich bin; ob es gleich nur ein Beweis ist, daß ich nicht glücklich bin." (30)

Die Melancholie verweist als Imago des Selbst auf ein Moment von Glück, die Negation des Körpers fantasiert von der Existenz eines anderen Körpers, eines anderen Ichs. Die Negation des eigenen Körpers wird zum Ersatz für Praxis überhaupt, alle Tätigkeit des Individuums ist in die Sphäre der Innerlichkeit hineinverlagert, weil der Zusammenhang zum Ganzen verloren ist. (31) Die im Innern hausende Imago des Selbst imaginiert den Körper - an die Stelle von sozialem Handeln tritt die Somatisierung. Die Hemmungen, Widerstände und Schmerzen des Körpers dienen als Ersatz für äußere Praxis. Dieses imaginäre Leben bringt neben dem Ich als Fantasma aber auch noch ein anders phantastisches Reich hervor: die Poesie.

VII.3. "WOLLUST DER POESIE"
Zum gesellschaftlichen Ort der Rührkomödie

> "Man weiß nämlich, daß diese Geschlechtsliebe der Brennpunkt der Poesie ist (...)."
>
> Franz von Baader: Urbild der Menschheit. Zur Theologie und Anthropologie des Paradieses. (In: ders.: Sätze aus der erotischen Philosophie und andere Schriften. Frankfurt am Main 1966:86

Im leeren melancholischen Ich bildet sich eine fantasmagorische Fülle, die sich in den Raum, der zwischen dem Körper-Ich und den Objekten liegt, ergießt. Gleichermaßen wird die Distanz zwischen den Subjekten durch das Schreiben überbrückt. Die Manie des Briefeschreibens, die sich in der Mitte des 18. Jahrhunderts als Mode ausweitet, ist der Versuch, die leeren Beziehungen zwischen den Individuen gleichsam materialiter zu füllen und somit sichtbare und fühlbare Beziehungsdokumente (1) herzustellen, die eine kommunikative Nähe herstellen und im gleichen Akt deren Grenze aufgrund der realen Distanz (2) bezeichnen.

Gellert thematisiert im 56. Brief seiner Musterbriefesammlung den Zusammenhang von melancholischer Hypochondrie und therapeutischem Schreiben:

> "Mein lieber Freund, Ich bin krank. Kann man sich denn etwa gesund schreiben, wenn man an Sie schreibt? (...) Ich habe mir immer sagen lassen, daß ein Kuß von einem lieben Mädchen eine Universalmedicin seyn soll. (3)"

Zwei therapeutische Vorschläge sollen dem Brief zufolge aus der Misere der Melancholie herausführen: das Gesundschreiben (4) und das Gesundküssen. In der "Wollust der Poesie" (5) gehen also die ursprüngliche Objektlibido als Wunsch, die neurotische Introjektion und damit die Krankheit, sowie das Schreiben als weiterer Ausbruchsversuch eine besondere Verbindung ein. Wunsch — Krankheit — Schreiben sind Signifikanten, die erst in dieser Anordnung ihre signifikative Wirkung entfalten. Die leere Imago des Ich wird zum Meister über die signifianten Terme; das Lusterleben (jouissance) (6) wird außerhalb des Körpers angesiedelt: Im Übergang zur Bedeutung legitimiert sich sowohl die Neurose als auch ihr Produkt, das Geschriebene. Die Negation des Körper-Ichs entfaltet so das Bild eines Ich-Ideals, das nunmehr polemisch in politischer Absicht gegen den Pöbel und den Adel eingesetzt werden kann.

Die Ordnung der signifikanten Terme wird zu einem Modell auf der ideologischen Ebene, Literatur/Kunst erscheint als adäquate Ausdrucksform dieser durch das Leid Geadelten. So stellt auch die Rührkomödie eine positive Semiotisierung dar, die aber gleichwohl den signifikanten, neurotischen Ursprung noch an den einzelnen negativen Handlungsmomenten der Rührung erkennen läßt. In ähnlicher Weise, wie die Terme Wunsch/Krankheit/ Schreiben das abstrakte Tugendsystem zugleich hervorbringen und niederschreiben, ist auch der positive Begriff der Rührung erst das Ergebnis einer bestimmten Empfindungstätigkeit. (7) Die Rührung ist nach Gellert eine gemischte Empfindung, die die Dissonanzen "Lust" und "Unlust" miteinander verbindet. Diese Empfindungsqualität wird zunehmend ein neuartiges Instrument, das gegen den Adel eingesetzt wird. Die Unlust - im Sinne einer eposchenspezifischen Praxis - wird somit als negative Reibungsfläche zur Bedingung bürgerlichen Lusterlebens. (8) Das Leiden ist privat, seine Bedeutung aber öffentlich. Wenn nun innerhalb der Forschungsliteratur diese paradoxe Konstellation von "Innerlichkeit und Öffentlichkeit" (9) in Form einer Dichotomie von Empfindsamkeit einerseits und Rationalität andererseits in ein heuristisches Modell eingebaut wird (10), so verlangt die dialektische Antithese nach einer historischen und systematischen Funktionsbestimmung: in der Durchdringung von Innen und Außen entsteht ein 'ganz anderer' Ort. Innerhalb seiner topografischen Grenzen bildet sich das bürgerliche Subjekt - als Homunculus und als natürliches Wesen zugleich.

VII.4. EXKURS
Teilung des Körpers in Ware und Wunsch

> "Es war, als wenn meine Seele ohne Gesellschaft des Körpers dächte; sie sah den Körper selbst als ein ihr fremdes Wesen an, wie man etwa ein Kleid ansieht."
>
> Johann Wolfgang Goethe: Wilhelm Meisters Lehrjahre. Berlin 1976:434

Gegenüber der trivialisierenden Dichotomie-These und deren restaurativer Kritik ist an der Frage nach der Funktion der "Ostentation" (1) oder der "Empfindsamkeit" (2) oder der "moralischen Kritik" (3) einer "bürgerlichen Öffentlichkeit" (4) - die sich in die Realität des ancien régime einlagert - festzuhalten. Alle diese Begriffe bezeichnen ideologische Momente einer realen Bewegung: der doppelte Aspekt verweist zum einen auf ein gesellschaftlich Ungewußtes, das in Kategorien der Warenlogik zu analysieren ist und zum anderen auf ein individuell Unbewußtes, das durch die Analyse der "Seelenkräfte" erhellt wird.

Koselleck hat als erster die These von einem "moralischen Reich" der Bürger vertreten, das sich in Geheimbünden (Freimaurer, Illuminaten) und in einer übernationalen Gelehrtenrepublik organisiert und auf diese Weise dem absolutistischen System der "Politik" einen qualitativ anderen Bereich entgegensetzt. (5) Habermas nahm die Grundthese der 'dualistischen Aufspaltung der Welt' auf und modifizierte sie, indem er in einem historischen Schnitt durch die Gesellschaft des 18. Jahrhunderts mehrere soziologisch relevante Felder unterschied, die funktional ineinander übergreifen. Neben dem Intimbereich der Familie existiert die Sphäre des Marktes, durch die Identität von Warenbesitzer und Familienvater bildet sich eine bürgerliche Öffentlichkeit, die Teil einer weiter gefaßten Gesellschaft ist.

Den anderen Teil der bürgerlichen Gesellschaft bildet eine öffentliche Sphäre der Literatur, der Presse, der Clubs etc. (6) All dem steht eine gänzlich andere Öffentlichkeit in Form der feudalen Staatsgewalt gegenüber, die sich in die Bereiche der 'Polizei' und des 'Hofes' unterteilt. (7)

Methodisch läßt sich diese Aufteilung - zu der noch das Individuum als soziologisch relevante Größe hinzukommt - durch zwei Produktionskreise erklären, die quer durch die einzelnen Felder wirken und auf diese Weise auch die Funktion des Überlappens verdeutlichen. Der eine Kreis umfaßt das Gebiet der Warenproduktion, der andere die Produktion von Subjektivität. Beide Produktionskreise sind auf eine eigentümliche Weise miteinander gekoppelt, sie funktionieren nach einer besonderen Logik, die sich weder mit den aristotelischen Kausalitäten, noch mit der Funktionsweise eines Reiz-Reaktions-Schemas erklären läßt; man muß sich eine 'mehrwertige' dialektische Logik mit Leerstellen und Stillständen vorstellen oder - noch bildhafter - ein reales Perpetuum mobile, das insgeheim Energieströme frißt und zeitweise auch ruht. (8)

Der Produktionskreis der materiellen Warenproduktion umfaßt sowohl die 'Familie' als auch den' Markt' und die 'Gesellschaft', erstreckt sich also vom intimen Bereich über den privaten bis hin zum öffentlichen; die Produktion der - noch wesentlich im Familienkreis hergestellten - Waren und ihre Distribution auf dem Markt konstitutieren zusammen eine relevante Sphäre der bürgerlichen Öffentlichkeit. Dieser materielle Produktionskreis wird auf einer anderen Ebene von der Produktion von Subjektivität begleitet und überlagert. Aufgrund dieser Überlagerung kann der Intimbereich der Familie als "Agent der Gesellschaft" (9) bezeichnet werden. Die Herstellung von Subjektivität muß dabei als Teilung des Körpers in seine abstrakten körperphysiologischen Fähigkeiten und in seine individuelle psychische Ausdrucksfähigkeit beschrieben werden - die 'Zweiheit' des Körpers wird aber gerade zur konstitutiven Bedingung eines einheitlichen bürgerlichen Subjekts.

Das Sexualitätsdispositiv teilt den Körper in eine Anzahl beliebiger Orte auf, die als erogene Zonen Öffnungen bezeichnen, die sich dem Anderen - als Objekt - zuwenden. Diese Zersplitterung der Körpereinheit wird aber doppelt gesteuert: einmal von der ödipalen Wunschlogik, wie es die Lacansche Formel $S \diamond a$ (zu lesen als: das Subjekt begehrt ein Objekt im Sinne eines Triebzieles) ausdrückt und weiter von der abstrakten Warenlogik, wie sie in der Marxschen Formel $W—G—W'$ (zu lesen als: Käufer und Verkäufer tauschen Ware und Geld zum Zweck der materiellen Bedürfnisbefriedigung) zum Ausdruck kommt. Subjektivität ist also einem zweifachen objektiven Prozeß unterworfen, beide - sowohl die Wunschlogik als auch Warenlogik - formen als gesellschaftliche Totalitäten den Körper. Die dem ödipalen Feld entstammende Triebunterdrückung geht mit einer Hemmung des Somas einher, die sich in der Beschränkung der Motorik ausdrückt - die traditionellen 'Körpertechniken' werden durch eine allgemeine, unspezifische Fähigkeit zur abstrakten Körperbeherrschung ersetzt, die gemäß den arbeitsökonomischen Erfordernissen überall eingesetzt werden kann. Das Individuum wird dabei "frei" in dem Sinne, daß es seine Arbeitskraft nunmehr beliebig verkaufen kann. Der Körper ist zur Ware geworden und damit zugleich Moment des Gesellschaftlichen in Form einer subjektiven Produktivkraft.

Dieser Körper ist nun als Einheit von Ware und Soma in doppelter Weise fremdbestimmt, er ist das Signifikat eines außerhalb seiner Materialität befindlichen signifikanten Prozesses. Der Waren-Körper wird zu einer Quelle gesellschaftlichen Reichtums in Form des absoluten Mehrwerts, der sich aber erst außerhalb, jenseits seiner Reichweite im gesellschaftlichen Tauschprozeß realisiert. Auf diesem Waren-Körper, der Ort des gesellschaftlich Anderen in Form des Mehrwerts ist, bilden sich an den erogenen Zonen somatische Nahtstellen (10), die besondere Verbindungen mit den realen Objekten eingehen. Diese Verbindungen sind vom metaphorischen Wunsch des Triebes geprägt (11), das Objekt erscheint als Ort des Signifikanten. Das Objekt a (lies: "klein a") als Ziel des Wunsches verleiht dem Subjekt erst die Bedeutung, das Selbst ist gewissermaßen als Endpunkt der Bedeutung nur ein Signifikant dieses Anderen: s(A). (12) Das Subjekt ist nur im Hinblick auf den Mangel des nie erreichbaren Objekts, auf den es seine Wunschströme richtet und im Hinblick auf den Wert, den es für einen anderen gesellschaftlichen Ort produziert.

Weil der Körper als Ware/Soma nur Ort eines Signifikats ist, kann er auch in den Strudel eines Austauschprozesses geraten und für jede andere Bedeutung stehen - der Waren-Körper wird in den Kreislauf der befreiten Logik einbezogen. Das trianguläre Feld der Familie (Eltern und Kind) erhält auf diese Weise noch einen anderen Sinn: Es ist nicht nur der Ort der Produktion des Waren-Körpers, sondern auch der Ort einer "psychologischen Emanzipation" (13) des Individuums. Das Gitternetz der Wunschströme auf dem Waren-Körper verdichtet sich und produziert einen autonomen Wunsch-Körper, der gleichsam wie ein Astralleib über jenem schwebt und auf Wanderung gehen kann. Aus der oben beschriebenen Triebmodulation folgt eine Umorganisation der Libido, die am Wunsch-Körper haftet. Dieser Wunsch-Körper ist aus den Leitströmem des traditionellen Allianzdispositivs herausgenommen, er wird nurmehr von einem reinen Begehren geleitet. Dies metonymische Begehren verweist auf den Signifikanten des Mangels des Anderen S(A̸) (14), d.h. sowohl auf den - dem Subjekt abhanden gekommen - Waren-Körper wie auch auf den Phallus als Leerstelle der Bedeutung. (15) Das Begehren des Wunsch-Körpers bedient sich gewissermaßen der befreiten Logik der Wünsche, jede Bedeutung kann auf eine andere verweisen. Nicht nur der Waren-Körper ist 'frei' in seinen Bewegungsrichtungen, sondern auch der Wunsch-Körper ist 'frei', eine beliebige verbindung einzugehen: dies ist z.B. der Ursprung des romantischen Ideals der "Liebesheirat", die die Individuen unabhängig von der traditionellen Filiation der Güter und der Körper miteinander verbindet.

Oberhalb dieser beiden Ursprungsorte des Wunsch-Körpers und des Waren-Körpers - gleichsam in einer anderen räumlichen Dimension - bildet sich das bürgerliche Subjekt als Ort des metaphorischen Waren-Körpers als auch des metonymischen Wunsch-Körpers. Diese Einheit eines doppelten Körpers im Subjekt ist nun nach der Seite der Öffentlichkeit hin ebenfalls doppelt strukturiert (16), bzw. produziert diese erst als bürgerliche: Die "Erfahrung" (17) dieser freien Subjektivität konstituiert eine Öffentlichkeit des Privaten, indem diese z.B. im Medium der Literatur Gegenstand intersubjektiver Reflexion und Kommunikation wird. Empfindsame Literatur ließe sich so bestimmen als Niederschriften der Abenteuer des Wunsch-Körpers, die sich im Rahmen verschiedener Semiotisierungsstufen niederschlagen. Auf die Bedeutung des Briefkultes hatten wir schon hingewiesen, anhand der literarischen Produktionsweise Gellerts werden wir diesen Punkt noch näher präzisieren.

Ein weiteres Moment der Öffentlichkeit des Privaten konstituiert sich über den politischen Prozeß der gesellschaftlichen "Regelung" (18) der gesellschaftlichen Warenlogik und der subjektiven Wunschlogik. Öffentlichkeit entsteht im verwalteten und normierten Nachvollzug der Produktion und Distribution sowohl des Waren- als auch des Wunsch-Körpers. Die beiden Produktionskreise werden zur Identität gezwungen, die Gesellschaft erscheint auf diese Weise als logisches Konstrukt einer Ganzheit, die mit der Summe ihrer Teile identisch sein soll. Dies ist zugleich der logische Ursprungsort sowohl der Idee eines autonomen Subjekts als auch eines bürgerlichen Reiches der Freiheit. Werden die beiden beschriebenen Prozesse — gesellschaftliche Produktion von Subjektivität einerseits und private Reflexion dieser Subjektivität im Medium der Öffentlichkeit andererseits — als identische gedacht, so entsteht neben den beiden Produktionskreisen noch ein anderer Raum: die Gesellschaft als Ideologie. "Die entfaltete bürgerliche Öffentlichkeit beruht auf der fiktiven Identität der zum Publikum versammelten Privatleute in ihren beiden Rollen als Eigentümer und als Menschen schlechthin." (19) Mit diesem dritten ideologischen Raum komplettiert das bürgerliche Denken die Funktionsweise seiner gesellschaftlichen Logik nach dem Muster des ödipalen Dreiecksfeldes (20), die Ich-Konstitution und die Warenproduktion werden unter die Totalität eines logischen Gesetzes subsumiert. Die Gesellschaft wird in dem Maße zur Ideologie, wie sie eine Einheit der Produktion von Subjektivität und materieller Produktion repräsentieren soll - ähnlich jenem anderen disjunktiven Schnitt, der das Subjekt als identische Einheit von Waren- und Wunsch-Körper hervorbringt.

Das Ineinandergreifen der beiden triangulären Termkombinationen — Waren-Körper/ Wunsch-Körper/Subjekt einerseits und Produktion von Subjektivität/materielle Produktion/ Gesellschaft andererseits — sei am Beispiel des Säkularisierungsprozesses des Pietismus kurz illustriert. Der Pietismus kommt uns bei der Schilderung der Doppelrolle, die das bürgerliche Subjekt als 'Eigentümer' und 'Mensch' - als Waren-Körper und als Wunsch-Körper - zu spielen hat, entgegen, weil er schon als religiöse Bewegung Ausdruck einer komplexen Schichtung von individueller und gesellschaftlicher Praxis war. Die pietistische Innenschau als stufenweiser Annäherungsversuch zu Gott (21) kann als ein Versuch betrachtet werden, den vom Selbst abgespaltenen Waren-Körper wieder in eine größere Einheit zu integrieren. Der Pfad der Erweckung ist identisch mit der Spur des Waren-Körpers, der auf der Suche nach dem Ort seiner abstrakten Fähigkeiten einer anderen Praxis nachfahren will. Weil das Individuum - als Ware Arbeitskraft - zugleich auch ein gesellschaftlicher Ort ist, zielt die pietistische Praxis auf die Erfahrung der gesellschaftlichen Warenlogik in einem doppelten Prozeß der Einswerdung mit sich selbst und mit der Gesellschaft.

Dieser Prozeß der Einswerdung kam in einem doppelten Tätigkeitsfeld des Pietismus zum Ausdruck. Neben einer Praxis der inneren Dimension, die eine reale Distanz zu Gott/Natur/Gesellschaft mystisch zu überbrücken versuchte, existierte eine Praxis der äußeren Dimension, in der das Individuum sein Verhältnis zu Gott/Natur/Gesellschaft durch Arbeit bestimmte. So geben die Auffassungen August Herrmann Franckes "von Arbeit und Beruf, Kapital und Zins, Reichtum und Armut" die "Anschauungen der Bourgeosie in einem sehr frühen Entwicklungsstadium der kapitalistischen Produktionsweise erstaunlich getreu" (22) wieder.

Der 'innere Schatz' des mystischen Erweckungserlebnisses und der materielle Reichtum werden in einer bestimmten Weise miteinander korreliert und liefern somit gesellschaftlich wirksame Praxismodelle individueller Handlungsmuster und moralischer Legitimationen. Im Rahmen der zunehmenden Abspaltung des Wunsch-Körpers wird schließlich auch das Erweckungsmodell säkularisiert: an die Stelle der Sünde tritt die Krankheit des Körpers. (23)

VII.5. EMPFINDSAMKEIT: ÜBERSCHREITUNG DES BEGEHRENS

Die Empfindsamkeit als Resultat und Zeichen des in Ware und Wunsch geteilten Körper-Ichs hat eine historisch-gesellschaftliche und eine davon nicht zu trennende literarisch-ästhetische Funktion. Die empfindsamen Gefühle entstehen im Prozeß der gesellschaftlichen Umverteilung der freigesetzten Wunsch-Körper, gerade in dieser Zusammenführung zu neuen Konstellationen definiert sich der Bürger in der Differenz sowohl zur Aristokratie als auch zum 'Pöbel'. Solange die staatliche Sphäre noch in Form realer Gewalt vom repräsentativen Prinzip der feudalen Mächte organisiert wird, muß sich das qualitativ andere gesellschaftliche Moment in der vermeintlichen Privatsphäre des Körpers einnisten. Mit der Negation des absolutistischen Repräsentationssystems im privaten Bereich wird zugleich auch an einem qualitativ anderen Moment der Vergesellschaftung festgehalten, das die Individuen mit ihrem Waren-Körper repräsentieren. Die individuelle Beschränkung entfaltet zugleich ein gesellschaftlich positives Moment: der Waren-Körper stellt das Allgemeine als öffentliche Sphäre überhaupt erst her. Aber dieser Prozeß setzt eine durchaus ambivalente Dynamik in Gang: Das gesellschaftliche Moment in den Individuen tendiert dazu, auch den lebendigen Rest in ihnen - der noch nicht Ware geworden ist - still zu legen, um nicht den ideologischen Schleier der Wertabstraktion - als Kern des Gesellschaftlichen überhaupt - zerstören zu müssen.

Dieser Augenblick des Stillstandes - logischer Ausdruck der Dissoziation der beiden Terme Ware und Wunsch - setzt den sozusagen frei treibenden Wunsch-Körper in einer Überschreitung des Begehrens in Bewegung. Das fantasmatische Subjekt lehnt sich gegen die Ichspaltung auf und errichtet im imaginären Ausfahren eine neue Ordnung des Realen. Sowohl die Neurosen und hypertrophen Gefühle als auch die großen Obszessionen und Perversionen bilden die private, turbulente Rückseite des öffentlichen Stillstandes. Empfindsamkeit, so ließe sich abkürzend definieren, entsteht als eine gesellschaftlich relevante Reaktion des individuellen Wunsch-Körpers auf die Niederlassung des Gesellschaftlichen im Subjekt. Die Überschreitung des dissoziativen Stillstandes wird in den symbolischen Ausdrucksformen - wie Poesie, Theater - reproduziert, indem die Terme nochmals dem gleichen fantasmatischen Prozeß unterworfen werden und auf diese Weise jene ideologischen Begriffe produzieren, die in der Ethik und der Poetik gleichermaßen auftauchen. Mit Hilfe des ideologischen Rasters der Tugendbegriffe werden die gesellschaftlichen Konstellationen in Form der poetischen Praxis reorganisiert. Das Schreiben, die Poesie wird zur Praxis einer normativen Mitte, die den Bruch zwischen Waren- und Wunsch-Körper anzeigt. Dem Subjekt wird das Schreiben zu einer eudämonistischen Tätigkeit, weil es über diesen individuellen Vorgang hinaus auch eine gesellschaftliche Praxis ist.

Poesie als gesellschafltiche Praxis führt durch die Überdetermination des imaginären Entwurfs wieder eine Ordnung ein, ebenso wie sich das Subjekt durch die Überschreitung des Begehrens seines Wunsch-Körpers in die Harmonie der empfindsamen Welt rettet. Das Schreiben überbrückt den Spalt und vermittelt zwischen dem Innern der Individuen und dem Äußeren der Gesellschaft. Die vermittelnde Überschreitung der Poesie - und dies ist im Hinblick auf die Rührkomödie der Kernpunkt unserer Argumentation - führt ebenfalls zu einer Überschreitung der poetischen Formtradition. Der Entwurfcharakter des rührenden Elements als utopischer Überschreitung der bürgerlichen Moral - "da die gemeinen Charaktere erschöpft sind" (1) - führt in der Exposition dieser Charaktere zu undramatischen, langen Tiraden der Figuren. An die Stelle von witzigem Schlagabtausch sind monologisierende Dialoge über den Zustand des Status quo - der Ichspaltung in Ware und Wunsch - getreten. In der poetischen Formüberschreitung drückt sich damit wiederum das politische Moment eines Anspruchs aus, wie er zuerst von Luigi Riccoboni 1737 als Besetzung einer "leeren Nische" formuliert wurde (2) und wie er 1753 von Fontenelle in seiner Theorie der "dramatischen Stufenleiter" (échelle dramatique) systematisiert wurde (3).

Der "polemische Ursprung" (4) der comédie larmoyante führt innerhalb ihrer poetologischen Legitimation zu einem Widerspruch zwischen dem wirkungsästhetischen Argument und der diskriptiven Poetik, die an der überlieferten Gattungstheorie orientiert ist. An diesem Widerspruch von utopischem Anspruch der Rührung in der fantasmatischen Überschreitung und der ästhetischen Wirklichkeit der durch die Ständeklausel überlieferten Form werden auch die Kritiker der Rührkomödie - wie Chassiron und Goldsmith - ansetzen. Goldsmith hat den Widerspruch in seiner Comparison between Laughing and Sentimental Comedy (1773) am Beispiel des "humour" im Sinne einer bürgerlichen Charakterkomponente vorgeführt. Innerhalb einer konservativen Kritik, die sich auf neo-aristotelische Positionen bezieht, setzt sein produktionsästhetisches Argument an der Beliebigkeit des rührenden Elements an. Eine Rührkomödie zu verfassen, bedürfe keiner besonderen Begabung, das gleichsam epische Schildern der Fakten, wie es beim "Zusammenstückeln eines Romans" (hammer out a novel) gängig sei, genüge auch zum Verfertigen einer sentimental comedy. (5) Die Kontingenz der gleichsam epischen Reihung der Signifikate zerstört die Konstruktion des humour im Wechselspiel von Individuellem und Gesellschaftlichem. Der humour als konstitutives Element des bürgerlichen Helden wird nach Goldsmith in der Rührkomödie durch die Hingabe an bloß äußerliche Versatzstücke aufgegeben. Die Formelemente der Rührkomödie - "Held mit Schleife/edle Kostüme/melancholische Konversation" (6) (Meine Übers., G. L.) - sind bloße Signifikate, die das Innere der bürgerlichen Charaktere verhüllen. Das Publikum weint nur noch über leere Menschen:

> "Es scheint als ob gegenwärtig der Humor von der Bühne verschwindet - und bald werden sich unsere komischen Schauspieler nur noch durch eine feine Garderobe und dann und wann ein Lied auszeichnen." (7) (Meine Übers., G. L.)

Den Verfechtern der comédie larmoyante kam es aber gerade auf diesen "Signifikatseffekt" (8) der leeren Subjekte an, die sich aufgrund des Mechanismus der projektiven Identifikation (9) in der Figur spiegeln und sich auf diese Weise als ein anderes Selbst wiederfinden.

VII.6. DISSOZIATION DER KÖRPER

So beurteilt Gellert in seiner Verteidigung der Rührkomödie dieses austauschbare Signifikat, das die Rührung transportiert, als die wesentliche positive Qualität der neuen Gattung. (1) Die neue Ordnung der Empfindsamkeit wird nicht mehr in einer signifikanten Praxis hergestellt, sondern gründet in einer zwanghaften Anordnung der Terme, die sich sozusagen ringförmig um das leere Ich legen. Das empfindsame Moment entsteht im Affektaustausch der übers gespaltene Ich hinausschießenden Wunsch-Körper. Die öffentliche Privatheit der comédie larmoyante und die private Öffentlichkeit der Briefe sind Teile eines poetischen Systems, die das geteilte Leben als "vie ordinaire" (2) in Rechnung stellen. Weil die empfindsame Poesie zugleich eine individuelle und eine gesellschaftliche Praxis ist, fallen produktionsästhetische und wirkungsästhetische Bestimmung in einem Funktionskreis zusammen. In der Revision der Ständeklausel treffen sich die poetische Mitte und die fragile Mitte des bürgerlichen Lebens. Diese Mitte des vie ordinaire kann nun nach Fontenelle auf alle Zeiten und alle Stände überragen werden. (3) Durch diesen kämpferischen Anspruch der bürgerlichen Tugendbegriffe legitimiert sich die Koinzidenz von Poesie und Moral. Die Poesie gerinnt zur Praxisform moralischer Codes, erst aufgrund dieser doppelten Codierung wird die empfindsame Literatur gesellschaftlich wirksam.

Der Aufstieg Gellerts zu einer deutschen Symbolfigur, die den Zeitgeist in Leben und Werk zusammenfaßt (4), beruht auf dieser Einheit von poetischer und Lebenspraxis, deren Zentrum das leere fantasmatische Ich ist. Um diese Imago gruppieren sich die verschiedenen Stationen zu einem Ring signifikanter Terme: Natur - Landleben - Stadtleben - Ökonomie - Familie - Hetero/Homosexualität - Hypochondrie - Melancholie - Schreiben - Natur - ... bilden eine Gloriole, deren einzelne Punkte sich wechselseitig produzieren und wieder auslöschen und auf diese Weise 'Signale' des Ichs aussenden.

Der Bruch in der Konstruktion - die neurotische Erkrankung, der Schmerz des somatisierten Leidens - wird als Baustein in den Ring der Terme mit eingebaut und verliert auf diese Weise seine ausschließlich negative Funktion. Das somatische Leiden zeigt die Existenz des Ich an, die narzißtische Identifikation mit dem aufgegebenen Objekt verschafft diesem Zutritt ins leere Ich - über die Schaltstelle der Hypochondrie tritt Natur und Gesellschaft ins Ich ein und hält dessen körperliche Existenz und Denken zusammen.

Die Bedeutung wird "buchstäblich" ein Ort des Körpers, poetischer Text und die Buchstaben des Körpers spinnen eine Bedeutungsgewebe im Raum des Realen. (5) Sowohl die Bedeutung als auch das 'Leben' entspringen dem "disjunktive(n) Effekt zweier konvergierender Felder, dem der Logik, der Signifikantenlogik, und dem des Ortes, des Ortes des Körpers" (6) Was die Literaturgeschichtsschreibung als die "Kultur der eigenen Psyche" (7) bzw. die "Öffentlichkeit des Intimen" (8) bezeichnet, entfaltet sich als Bedeutungsspiel im Ring der Terme, in deren Zentrum der Phallus steht oder - fehlt. (9) Der Phallus ist zugleich "Buchstabe des Mangels" und "einzig mögliches Emblem des Objekts" (10) und wird auf diese Weise Teil des Realen (11): Grenzobjekt und Motor der Bedeutung.

Der Ring der austauschbaren signifikanten Terme in Gellerts poetischem/moralischem System funktioniert nach diesem Prinzip der metaphorischen und metonymischen Substitution von Körper und Buchstabe. Im System der Tugend wird dieser Austauschprozeß formalisiert; die Ethik wird zur Münze, die die Identität von Körper und Signifikant und auch - und das ist das ideologische Moment der Verquickung von innerer und äußerer Praxis - von Waren- und Wunsch-Körper. (12) In Gellerts Rührkomödien erscheinen die Gefühle konvertibel, die Figuren handeln nach dem Modell des Geld- und Warenverkehrs sowohl mit sich selbst als auch mit ihren Gefühlen. Der Wert einer Person hängt in gleichem Maße von ihrer Tugend und ihrem materiellen Vermögen ab. Was das zeitgenössische Publikum so sehr faszinierte - so ist zu vermuten -, war die damit verbundene unterschwellige Thematisierung der Teilung in Ware und Wunsch. Der Austausch der Gefühle, das begehrliche Kreisen der Wunsch-Körper findet somit auf zwei Ebenen statt: einmal wird er auf der Bühne innerhalb der fiktionalen Ebene dargestellt, zum anderen wird er im Austausch zwischen dem illudiertem Tableau und den Zuschauern im Parkett real praktiziert. Damit wird aber das von den Kritikern der comédie larmoyante besonders hervorgehobene Moment des äußerlichen Scheins - das beliebige Spiel der Terme - zu einer signifikanten Praxis, weil alle am empfindsamen Prozeß beteiligten (Autoren, Schauspieler, Figur und Zuschauer) von der realen Trennung in Ware und Wunsch betroffen sind. Der Ort dieser signifikanten Praxis ist der sozusagen tränengefüllte Äther des Gesellschaftlichen, in dem die einsamen und freien Wunsch-Körper auf der Suche nach dem Bedeuteten, dem leeren Ich als Signifikat, herumirren. Über diese wirkungsästhetische

Funktion der weinenden Kultgemeinde hinaus hat die Rührkomödie auch eine politische Bedeutung - wenn auch in negativer Gestalt: sie bildet sozusagen eine Körperschaft der verlorenen Seelen, die gemeinsam das Nicht-Handeln einüben. Die comédie larmoyante ist deshalb über die individuelle Gefühlsästhetik hinaus auch eine gesellschaftliche Praxis, weil sie ein kollektives Rearrangement der Teilung in Ware und Wunsch leistet. Die comédie larmoyante inszeniert eine Comunitas der dissoziierten Körper. Die poetische Reflexion dieser Dissoziation legitimiert auch den Nachdruck, den die Verfechter der comédie larmoyante auf die neuartige Qualität der Empfindung legen, die als das Regelwerk der ars durchbrechende natura interpretiert wurde. (13)

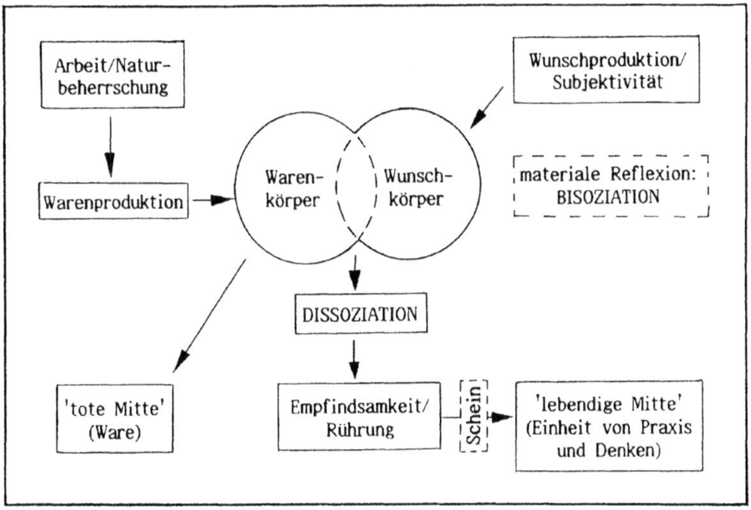

Fig. 28 (Flußdiagramm der comédie larmoyante)

Im obenstehenden Flußdiagramm der comédie larmoyante (Fig. 28) ist diese Relation durch den unterbrochenen Pfeil angedeutet, der die Rührung als scheinhafte Praxis einer unerreichbaren Einheit von Waren-Körper und Wunsch-Körper ausweist. Gegenüber den beiden früher schon dargestellten Diagrammen der bürgerlichen Komödie I und II (Fig. 19 und 20, p. 156), in deren Zentrum jeweils der Körper der komischen Figur stand - je nachdem ob er noch der materialen Reflexion mächtig war (I) oder ob sein Körper schon zum signifikantenlosen Medium des Scheins degradiert war (II) -, weist das Flußdiagramm der comédie larmoyante keinen komischen Körper mehr auf. Die beiden Kreise des Waren-Körpers und des Wunsch-Körpers repräsentierten vielmehr - im Sinne der aufgezeigten Einheit von produktionsästhetischem und rezeptionsästhetischem System - sowohl die Körper der Bühnenfiguren als auch die der Zuschauer. Beide vereint eine Logik der Dissoziation, die an die Stelle der komischen Bisoziation getreten ist; fortan gibt es wenig zu lachen.

VII.7. GENESE DES UNKOMISCHEN

Der Prozeß der Positivierung der Handlung und der Charaktere - poetologisch der Ständeklausel - drängt den comunitativen Gegenterm, der das Lachen auslöst, immer weiter zurück. An die Stelle der Bisoziation von Ordnung und komischer Gegenwelt tritt die Dissoziation einer Welt. Die poetischen Beschreibungskategorien, Begriffe wie das Seltene (le rare), das Bemitleidenswerte (le pitoyable), das Zärtliche (le tendre) (1) und das Natürliche (2), beziehen sich auf die doppelte Ungewißheit des gesellschaftlich Ungewußten und des psychisch Unbewußten. 'Bemitleidenswert' und 'zärtlicher' Empfindungen zugänglich sind diese Menschen, weil trotz peinlicher Berechnung und rigider Lebensweise die Wirklichkeit ins Irrationale umschlagen kann und den Zerfall, die Störung auf den Betriebsplan setzt. Das gemischte Genre gibt diese wankende Lage des bürgerlichen Individuums zwischen der Fortune als Frucht der Arbeit und dem unberechenbaren Markt- und Affektgeschehen wieder.

Die "psychosoziale Strukturrevolution" (3), die das bürgerliche Individuum in ein Reich 'positiver' Praxis - Poesie, Moral, Denken, Empfindung - und in ein Reich 'negativer' Praxis - Affekt, Trieb, Soma - spaltete, beeinflußte auch das Lachen dieses Individuums. Gerade weil der dominante Wunschterm, der im Lachritual sowohl die gesellschaftliche Ordnung als auch die Triebstruktur durchbrach, nur in negativer, perverser Gestalt erscheint, kann er nicht mehr Teil eines bisoziativen Zusammenspiels von Lust- und Realitätsprinzip werden. Sowohl die Ichspaltung als auch die politische Machtkonstellation führen zu logischen Disfunktionen, die einen weiteren Gegenterm - den komischen - undenkbar werden lassen. Im Themenkatalog der comédie larmoyante dominieren - ebenso wie bei der traditionellen Volkskomödie - Alltagsdinge wie Liebe, Geld, Essen und Trinken, Glück. Sie werden aber nicht mehr als Wunschterme eines ganzheitlichen Körpers begriffen, sondern als Stationen einer poetischen Reflexion aufgefaßt, die die Ströme und Energiefelder des Wunsch-Körpers analysiert. Die Begriffe können nicht mehr wie in der komischen Comunitas mit dem ihnen Entgegenstehenden (dem Nicht-Wunsch/Thanatos/Wärmetod, der 'reinen' Struktur) im Lachen bisoziativ verschmolzen werden, sozusagen in Erfüllung gehen, sondern sie werden als Terme einer 'proto-tragischen' Zweiheit empfunden. Der Differenzpunkt der comédie larmoyante zum bürgerlichen Trauerspiel ist der Tod als Motiv, der im Trauerspiel als einheitsstiftender Term der Disjunktion von Ich und Welt fungiert.

Demgegenüber hält die Rührkomödie noch am Leben fest, dessen Symbol der Begriff der Liebe wird. Liebe erscheint als imaginärer dritter Term, der die Einheit in zweifacher Hinsicht als ideologische Ordnung errichtet: als individuelles Ideal und gesellschaftlich als geschichtsphilosophische Idee der Freiheit. Die poetische Formüberschreitung der comédie larmoyante resultiert - neben der Dissoziation von Ware und Wunsch - zusätzlich aus einer Überlagerung der - in den Begriffen der Comunitas-Formel ausgedrückt - Stadien von O_2 als utopischer Entwurf und C als Gegenentwurf, die aber beide in ihrer Einheit den Rang einer ersten Ordnung O_1 haben sollen.

Die Überlagerung verschiedener logischer Standpunkte der Rührkomödie, die sowohl eine dem Ordo des ancien régime entgegenstehende Comunitas als auch schon die positivierte Norm der neuen Ordnung O_2 repräsentieren soll, begründet auch ihren ideologischen Charakter; die Positivierung besteht in der Reduktion einer zweiten Ordnung zur zugleich ersten und einzigen. Die comédie larmoyante bezieht ihre Legitimation nicht aus der Negation einer Ordnung, sondern aus dem Entwurf einer anderen Ordnung (4), aus der die vorangegange auch als negativer Term ausgegrenzt war. Dieser 'negative Term' war wohlgemerkt die übermächtige Realität des ancien régime; was logisch noch nicht einmal als negativer Term erschien, konnte im Handeln sehr wohl Ansatzpunkt einer deutlichen Kritik des 'Hofes' werden - auch in Gellerts Komödien.

Wenn demgegenüber Chassiron in seiner Kritik der comédie larmoyante an einem Begriff der "wahren Komödie" (5) festhält, in der das Komische gleichsam als Prinzip einer negativen Mimesis (6) funktioniert, so ist dies poetologisch traditionelle Argument auch in historischer Hinsicht ein konservatives: der Mechanismus der komischen Negation setzt die Welt als Einheit voraus, die in jedem Anspruch der Bürger - also auch durch die dramatische Position der comédie larmoyante - schon durchbrochen war.

Auch das Komische wird dieser Bewegung unterworfen: der "Schein der Traurigkeit" (7), den die Rührkomödie darbietet, entsteht als Moment der Überschreitung des Komischen. Der Begriff einer "ernsten Komödie" (8) wird aus einer Weiterentwicklung der Teilung des Komischen in ein äußeres und in ein natürliches Lachen, wie sie etwa de Buzonnière vorgeschlagen hatte, gewonnen. Hurd teilt in seiner Dissertation in the Provinces of Drama (1753) den "humour" auf in einen Begriff, der das Lachen aufgrund der "Besonderheiten" (pecularities) eines Charakters - der komischen Figur - als ein Allgemeines produziert (9) und in einen anderen humour, der die "wahre Darstellung" (truth of representation) eines Charakters leistet. (10) Dieser humour ermöglicht die Erkenntnis einer "charaktersitischen Qualität" des Individuums und ist damit die Ursache für das Lachen als ein Besonderes. Durch die Zusammenlegung beider theoretischer humour-Begriffe in der komischen Praxis gewinnt Hurd den Begriff einer "serious comedy":

> "Die Komödie - das Abbild privaten Lebens - kann entweder einen heiteren oder einen ernsten Grundton haben - wie das Leben spielt - oder gar beides in einem Stück vereinen; aber das erste ist ohne Zweifel ihrem Ursprung und ihrer Eigenart weitaus gemäßer als das letztere." (11) (Meine Übersetzung, G. L.)

Auch Gellert geht in seiner Apologie des neuen Genres davon aus, daß es eine doppelte Gattung des Lächerlichen gebe. (12) Das eine Lachen ist ein Resultat des "handgreiflichen" Gags des Volkstheaters, das andere ist "feiner", es ist das Kooptionslachen, das zum schmunzelnden Einvernehmen wird. (13) In der Rührkomödie wird dieses innere Schmunzeln auf dem Weg der empathischen Identifikation zum Seufzer positiviert und damit aufgehoben: Die "gesetztere Freude" (14), die das Tableau auf der Bühne bietet, zeigt an, daß sich Wirklichkeit und Illusion in ihrem Status gekreuzt haben - die ästhetische Fiktion ist die Garantie einer Einheit des Realen und damit einer Totalität, die nur noch als ideologischer Anspruch, als logische, moralische und ästhetische Fiktion erschien.

VII.8. DAS ENDE DES HAPPY-ENDS

Die Idee sowohl eines ungespaltenen Subjekts als auch einer gesellschaftlichen Totalität transportiert der Begriff der Liebe. Liebe ist der imaginäre dritte Term, der das trianguläre Denken der ödipalen Wunschlogik auf die Gesellschaft überträgt. Die "angenehm unruhige Liebe" (1), die Gellert zur "Haupthandlung" (2) der Rührkomödie macht, hat damit eine mehrfache Bedeutung: Sie ist als Liebe des Sexualitätsdispositivs eine sublimiert, ortsverschobene, als solche kann sie zum Bild des Ganzen und damit des gespaltenen Lebens werden; zugleich ist sie auch - im Sinne der Allerotisierung - Zeichen einer Resurrektion der Einheit des Körper-Ichs. Die positivierte Comunitas der Wunsch-Körper steht unter der Herrschaft der ödipalen Dreieckslogik, die Liebe ist der ordnungsstiftende Term, der das Gesetz des Vaters fortpflanzt. Das Happy-End ist nicht mehr Sieg über den Vater (im Sinne der "Dreisätzigkeit" N. Frye's) (3), sondern der 'zärtliche' Vater wird zum Garanten des Tugendsystems. (4) Das Happy-End ist nicht mehr der Ort einer tatsächlichen Allianz der Körper und der Terme, sondern kündigt den Auftritt eines ideologischen dritten Terms an, der über den getrennten Körpern steht und zwischen ihnen vermittelt.

Die Apologie der Liebe als Thema der comédie larmoyante greift explizit diesen doppelten Liebesbegriff auf. Voltaire macht in der Préface zu seiner comédie larmoyante Nanine (1749) die Legitimation einer "tragédie bourgeoise", wie er sie nennt, von der Auffassung und der Darstellungsmöglichkeit der Liebe abhängig. Die Liebe ist nicht nur ein naives, 'zärtliches' Spiel, sondern sie hat auch einen 'schrecklichen' Aspekt, der herkömmlicherweise in der Tragödie dargestellt wurde. Nun ist aber auch schon in der klassischen Tragödie der Aspekt einer zärtlichen Liebe zu finden - warum soll das Thema einer "amour furieux, barbare, funeste" nicht in der Komödie erscheinen? (5)

Während Voltaire durch eine Synthese der Liebesauffassungen die neue Dramenform theoretisch begründet, legitimiert sich nach Gellert die Rührkomödie durch den Ausschluß der Liebe im Sinne des Allianzdispositivs; diese "schreckliche" Liebe, die den Rang einer Naturgewalt einnimmt, bleibt der Tragödie vorbehalten. (6) Die Liebe der Komödie ist die 'zärtliche', die imaginäre Liebe des dritten Terms. Gellert selbst faßt die öffentliche Bedeutung des Intimen im Rahmen der Vorstellungen, die das neu-stoische Naturrecht im 17. und 18. Jahrhundert entwickelt hatte. (7) Wenn die stoisch geregelte Liebe als erstes Prinzip des Naturrechts gedeutet wird, so kann in der Übertragung der ödipalen Dreickslogik auch die Gesellschaft in Begriffen der Freundschaft und der Liebe gedeutet werden. Die häusliche "Privatglückseligkeit" (8) wird als private Ordnung zum Garant der gesellschaftlichen Ordnung. Die 'zärtliche' Liebe ist die Liebe der in Waren-Körper und Wunsch-Körper gespaltenen Individuen, ist Ausdruck des Begehrens der Wunsch-Körper, die ein öffentliches Geisterreich der bürgerlichen Privatsphäre bilden.

Die nächste Generation des Sturm und Drang wird in einem letzten großen Aufbegehren versuchen, die Natur der getrennten Körper zu ergründen. (9) Ihre Poesie fährt der doppelten Spur des gespaltenen Subjekts nach, die gesellschaftliche Gewalt und die Naturgewalt treffen ungebrochen auf ein titanisches Ich. Von Grenzgängen "bis in die Milchstraße" (10) kehrt das Genie als neuerlicher poeta creator zurück, der im poetischen Entwurf die Einheit der Welt stiftet. (11)

In diesem Schöpfungsprozeß zerbrechen die alten Formen und Gattungen vollends. Das Genie des Sturm und Drang ist aber noch nicht blind gegenüber den Gegenständen, die es dichtend formt: der ästhetische Prozeß wird als Ausdruck einer gesellschaflichen Bewegung reflektiert. Die Ästhetik des Sturm und Drang nimmt damit ein kritisches Grundmotiv des bürgerlichen Kunstbegriffes auf, wie sie in England schon im 17. Jahrhundert und in Frankreich zu Beginn des 18. Jahrhunderts entwickelt worden ist. J. M. R. Lenz schreibt in seiner Rezension des neuen Menoza (1775):

> "Komödie ist Gemälde der menschlichen Gesellschaft, und wenn die ernsthaft wird, kann das Gemälde nicht lachend werden. (...). Daher müssen unsere deutschen Komödienschreiber komisch und tragisch zugleich schreiben, weil das Volk, für das sie schreiben, oder doch wenigstens schreiben sollten, ein solcher Mischmasch von Kultur und Rohigkeit, Sittigkeit und Wildheit ist. So erschafft der komische Dichter dem Tragischen sein Publikum." (12)

In der Konfusion der Gattungen und der Empfindungen werden sich Liebe und Tod für kurze Zeit - in einigen Dramen und Gedichten - an jener Grenze von Norm und Überschreitung treffen, die die komische Figur einst in der Praxis der materialen Reflexion spielerisch, gleichsam im Vorübergehn, als Bedingung des Alltäglichen vorgeführt hatte.

Verzeichnis der logischen Symbole

Die nachstehenden Zeichen sind in der Reihenfolge ihrer Verwendung im Text aufgelistet.

$\Rightarrow$	transduktiver Operator: "transformiert"
//	partielle Reflexivität: "teilweise auf der Basis von"
$\equiv$	materiale Äquivalenz, Identitätszeichen
&	Konjunktion: "und"
$\sim$	Negation: "nicht"
$\rightarrow$	(a) Subjunktion: "folgt aus"; (b) tiefgestellt: Funktionswertzuordnung
$\in$	Elementbeziehung ($a \in A$: "a ist Element der Menge A")
$\Diamond$	modaler Operator: "es ist möglich, daß"; bei Lacan: Ausdruck des Wunsches
$\supset$	materiale Implikation: "wenn, so"
λ	logische Konstante "absurd"
$\bullet$	'gelatologischer Faktor' (vorangestellt)
/	Trenner: "bei"
!	deontischer Operator: "es sollte der Fall sein, daß"
$\downarrow$	termerzeugender Operator: "derart, daß"
$>$	Zeitrelation: "nach"
$\vdash$	deduktive Ableitbarkeit eines Theorems, Assertionszeichen
$\subset$	Mengeninklusion ($A \subset B$: "Menge A ist Teil der Menge B")
$\vert$	Sheffer-Strich: "weder, noch"
$\overset{\blacktriangle}{\longrightarrow}$	ikonische Relation
$\longleftrightarrow$	wechselseitiges Produktionsverhältnis; reflexive Relation
$\overset{\curlyvee}{\longrightarrow}$	indexikalische Relation
$\circ\!\!\longrightarrow$	Abkürzung für das Zeichen "wenn, so" einer natürlichen Sprache (umgangssprachliche Folgerung)
$\vee$	alternierende Disjunktion: "oder"
:	ausschließende Disjunktion: "entweder, oder"
$\overset{\bullet\bullet}{\longrightarrow}$	symbolische Relation

Verzeichnis der Figuren

(1) Ebenen eines materialen Handlungsmodells 14

(2) Ethnopoetologisches Modell der Komödie 28

(3) Funktionsräume des Theaters 48

(4) Grundschema der intratheatralischen Kommunikation 54

(5) Komische Fiktionsdurchbrechung 55

(6) Fiktionale komische Fiktionsdurchbrechung 56

(7) Konzessions- und Kooptionslachen im Theater 57

(8) Schema der offenen theatralischen Makrozeit 60

(9) Schema der geschlossenen theatralischen Mikrozeit 61

(10) Schema des intratheatralischen komischen Sturzes 63

(11) Soziale Dimension des komischen Sturzes 64

(12) Semantische Dimension des komischen Sturzes 67

(13) Komische Restabilisierung 68

(14) Volksschauspielstil 78

(15) Rhetorischer Schauspielstil 105

(16) Congreve (1695) 121

(17) Farquhar (1702) 125

(18) Muratori (1706) 135

(19) Flußdiagramm der bürgerlichen Komödie (I) 156

(20) Flußdiagramm der bürgerlichen Komödie (II) 156

(21) Gottsched (1730) 160

(22) Veristischer Schauspielstil 186

(23) Intratheatralisches Modell des epischen Theaters 192

(24) Semiotik des Illusionstheaters 193

(25) Semiotik des epischen Theaters 193

(26) J. E. Schlegel (1740–45): Nachahmung als doppelte produktionsästhetische Codierung 212

(27) J. E. Schlegel: Vergnügen als rezeptionsästhetische Decodierung 215

(28) Flußdiagramm der comédie larmoyante 237

Anmerkungen

Zur Einleitung

1 Platon 1926:99. Im folgenden werden die Literaturhinweise nur in Kurzangaben - bestehend aus dem Verfassernamen, dem Erscheinungsdatum und der Seitenzahl - zitiert. Werke bis 1800 finden sich im Quellenverzeichnis, später erschienene Werke enthält das Literaturverzeichnis. –2 Stierle in: Preisendanz/Warning 1976:373; Warning 1976: 279f.; Souriau 1948:168-172 –3 Platon: Staat X, 5 –4 Platon: Philebos 48 c –5 Kindermann (1952) 1975:112 –6 Frye (1964) 1975:196 –7 Farré (1967) 1975:197; Gutwirth (1964) 1975:371 u.379 –8 Kallen 1911:152; Ritter 1940/41; Zijderveld 1976:179 –9 Stierle 1975:163; Höllerer 1976:922 –11 Johnson 1975:173; Ritter 1940/41 –12 Warning 1976:303 –13 Stierle 1975:79 –14 Gabel (1962) 1967:96 –15 ibid. –16 ibid. –17 cf. Warning 1974 –18 Ritsert 1973:110 –19 Foucault 1974(a):424 –20 Kristeva 1974:180 –21 Plessner 1953:167f. –22 Zu diesem Begriff Plessners cf. Dux 1970:294ff. und Hammer 1967. Vgl. a. Schütz 1971:180; Anders 1956:309 –23 Ritsert 1973:11o –24 ibid. –25 Althusser (1965) 1968:105 –26 Foucault 1974(a): 425f. gebraucht den Begriff "hypo-epistemologisch" zur Charakterisierung der Position der Humanwissenschaften im Gesamtsystem des Wissens. –27 Deleuze 1969:65f. –28 Bourdieu (1972) 1976:147; Bourdieu (1970) 1974:20 –29 Kristeva (1974) 1978:202 –30 Deleuze 1969:160f. (im Orig. deutsch, G.L.) –31 Hinck 1977(a):25 –32 ibid:31 –33 Frye (1957) 1975:1667 –34 Johnson 1976:197 –35 Martini (1963) 1975:354 –36 Althusser (1965) 1969:146ff. –37 Marquard 1976:147 –38 Warning 1974 –39 Die Ständeklausel besagt, daß die in der Komödie auftretenden Figuren entweder sozial 'niedriger' oder ethisch 'schlechter' als die der Tragödie seien. In der Forschungsliteratur wird allgemein angenommen, daß die theoretische Begründung der Zweiteilung der dramatischen Gattung - es sind eigentlich drei, wenn man das Satyrspiel mitzählt - durch Aristoteles auf einer ethischen Unterscheidung beruht (Martino 1972:365f.). Demgegenüber weist Koller 1954:162f. darauf hin, daß die strenge Scheidung der Tänze in solche für Freie und Sklaven in der Folge zu einem beliebten Einteilungsschema nicht nur aller Dichtungsarten, sondern der Künste überhaupt wurde. Lindsay 1965:340 stellt fest, daß sich die Tragödie aus dem Agon der Satyre und damit der exponierten Figuren entwickelt habe, während die Komödie aus dem Agon des Komos, des gemeinen Gefolges entstanden sei. Die Grammatiker des 4. Jahrhunderts Diomedes, Donatus und Euanthius bauten ihre Gattungseinteilung auf einer solchen Unterscheidung auf, die sich dann über die mittelalterlichen Glossare fortpflanzte (Martino 1972:365f.) und in der Renaissance schon durch die lateinische Übertragung der aristotelischen Poetik des Alessandro de' Pazzi (1536) in den Kanon der Poetiken aufgenommen wurde.- Sie findet sich noch in den ersten beiden Auflagen von Gottscheds Critischer Dichtkunst, erst mit der dritten Auflage (1742) wird sie in Deutschland gleichsam offiziell aufgehoben - der Weg für das bürgerliche Schauspiel ist frei. –40 Die Begriffe "Stimme" und "Schrift" sind der Grammatologie Derridas entlehnt. Cf. Derrida (1967) 1972; ders. (1967) 1974

Zu I.1.

1 Berger/Luckmann (1966) 1969 –2 Pfister 1977:28; Steinbeck 1970:85 faßt das hermeneutische Paradox in der Frage zusammen, ob die dramatische Realität "alle Qualifikationen eines Realen an sich trägt außer der einen, real zu sein?" –3 "Ich soll meine Individualität, meinen Charakter mitbringen, und ich soll den Charakter der Gesellschaft annehmen; beides soll in demselben Moment geschehen, soll eins und in einer Handlungsweise vereinigt sein." Schleiermacher (1799) 1931:94 –4 ibid:88; cf. Hinrichs 1965:29-33. Dort auch eine geistesgeschichtlich 'korrekte' Analyse von Schleiermachers Theorie; wir arbeiten vor allem die antizipatorischen Momente des Begriffs "Gesellschaft" heraus, der bei Schleiermacher eigentümlich ambivalent immer an der Grenze zweier Bedeutungen schwebt: die 'gute' Gesellschaft der Konversation treibenden Bürger und 'Gesellschaft' als theoretischer Begriff. Zur allgemeinen Charakterisierung des Schleiermacherschen

Denkens "als jeweiliges Vorherrschen oder Zurücktreten" gegensätzlicher Begriffe vgl. Manfred Frank: Das individuelle Allgemeine. Textstrukturierung und -interpretation nach Schleiermacher. Frankfurt/Main 1977:92 —5 Schleiermacher (1799) 1931:87 —6 ibid:85 —7 ibid:89 —8 Schleiermacher (1799) 1931:89 —9 ibid:101 —10 ibid:103

Zu I.2.

1 Th. W. Adorno: Noten zur Literatur III. Frankfurt/Main 1965:134 —2 Adorno (1970) 1973:181f. —3 Hegel 1970(b), I:74. Die im Text in Klammern folgenden Seitenangaben beziehen sich auf diese Ausgabe. —4 Hegel 1970(b), III:573. Vgl. a. ders. 1970(a):543 —5 "Die materielle Einmaligkeit des Zeichens und die Allgemeinheit und Totalität des Sinns verschmelzen in der konkreten Einheit eines historischen Phänomens, der Äußerung." Medvedev (1928) 1976:157 —6 ibid:12 —7 ibid:19. Vgl a. Schütze 1975:151ff., bes. 163 —8 Ohne an dieser Stelle die vielfältigen historischen und systematischen Probleme einer entwickelten Semiotik auch nur anreißen zu können, sei darauf verwiesen, daß der bildhafte Gebrauch der Begriffe 'Schreiben' und 'Lektüre' herkömmlicherweise zwar einen sukzessiven Prozeß unterstellt, der in der Anwendung auf den Saussureschen Zeichenbegriff jedoch im Sinne untrennbarer Teilmomente eines jeden Zeichens zu denken ist (Ferdinand de Saussure: Cours de linguistique génerale. R. Engler, ed. Wiesbaden 1967): Die zwischen signifiant (Signifikant/Bedeutendes, im folgenden als 'Sa' abgekürzt) und singifié (Signifikat/Bedeutetes, abgekürzt als 'Sé') bestehende "rélation de renvoi" oder "sending-back relation" markiert das traditionellerweise als "aliquid stat pro aliquo" definierte Relatum zwischen Zeichen und denotiertem Objekt (cf. U. Eco: The Influence of R. Jakobson on the Development of Semiotics. In: D. Armstrong/C. H. van Schooneveld, eds.: Roman Jakobson. Lisse 1977:44). Die Peirce'sche Zeichenklassifikation kann nach R. Jabobson als die Wirkung verschiedener logischer Möglichkeiten des rénvoi zwischen Signifikant und Signifikat begriffen werden: die indexikalische Beziehung ist demnach die einer tatsächlich bestehenden Kontiguität, das Ikon bezeichnet eine Ähnlichkeitsbeziehung und das Symbol (im Sinne Peirce') definiert sich durch die Beziehung einer konventionalisierten Kontiguität (U. Eco, op. cit., p. 50). Zur unterschiedlichen Konzeption des Zeichenbegriffs bei Peirce und Saussure vgl. auch die Modelle bei Schifko 1975:94f. —9 Kristeva 1969 passim. Die "Signifikantenpraxis" operiert auf der Ebene der einzelnen Werkgebilde, der Begriff der "signifikanten Praktiken" bezieht sich dagegen auf die unterschiedlichen Kunstformen. —10 Althusser (1965) 1968:105. Vgl. a. Lefebvre 1977: 68, 152 u. 158f. —11 Cicourel 1973,I:172f. —12 von Wright 1977:120. Vgl. a. Iwin 1972:435-438 —13 Khatchadourian 1977:482. Eine ähnliche Klassifikation von Normen trifft Iwin 1972:407 —14 Khatchadourian 1977:485 —15 ibid:488 —16 Arbeitsgruppe Bielefelder Soziologen 1973,II:455 —17 Bourdieu (1972) 1976:195; vgl. a. Rehbein 1977: 241 —18 Burns 1972:100 —19 ibid:28 —20 Die Formeln, die im folgenden entwickelt werden, bedienen sich zwar der von der symbolischen Logik entwickelten Zeichen, sind aber nicht rekursiv zu lesen - es handelt sich vielmehr um Abbreviaturen von Diskursmodellen, die sich im gleichen logischen Feld einer natürlichen Sprache bewegen, das zugleich (in Form z.B. der ästhetischen Praxis) ihr Gegenstand ist (cf. Cesare Segre: Analysis of Tale, Narrative Logic, and Time. In: ders.: Structures and Time. Chicago-London 1979:38). Vgl. a. die Bemerkungen über "Pseudonotationen" von Wunderlich 1974:289ff.- Die formelhafte Kurzschrift wird im folgenden heuristische Arbeitshilfen bereitstellen und uns bei der Analyse der - durchweg philosophisch anspruchsvollen und des öfteren intrikaten - Theorien des Komischen vorteilhafte Dienste erweisen. —21 Hörmann 1976:320 —22 Arbeitsgruppe Bielefelder Soziologen 1973,II:492, Anm.5 —23 ibid:468 —24 Dreitzel 1962:190 u. 199f. —25 Vgl. Broekman 1977:175 —26 Waldenfels 1977:154. Den gleichen Zusammenhang entwickelt Lefebvre in einer Theorie der Mimesis als einer Modalität gesamtgesellschaftlicher Praxis, die in der Differenz zur intendierten Reproduktion immer auch ein Moment einer kreativen Neuproduktion enthält. Levebvre 1975:188 u. 255 —27 Schütz 1963:311 —28 ibid. —29 ibid:319; Schütz (1932) 1974:80ff., 91 u. 116f. —30 Cf. Arbeitsgruppe Bielefelder Soziologen 1973,II:393, Anm.1a —31 Kristeva 1969(a):447f. Vgl. Peirce 1960,V,5.316 u. 6.156 —32 Marx (2)1974:426f. —33 Grathoff 1970 —34 ibid:57f. —35 ibid:62f. Grathoff konstruiert

damit die Genese feststehender Sozialtypen - unter anderen den des Narren (p.74) —36 ibid:108 —37 Peirce 1960,V,5.171. Vgl.a. Peirce 1955:150-156 —38 "The abductive suggestion comes like a flash. It ist an act of insight, although of extremely fallible insight. It is true that the different elements of the hypothesis were in our minds before; but it is the idea of putting together what we had never before dreamed of putting together which flashes the new suggestion before our contemplation." Peirce 1960, V, 5.181 —39 Lefebvre 1977,II:131 —40 Innerhalb der behavioristischen Psychologie wurde der Begriff des "divergenten Denkens" (Guilford) geprägt (Schmittchen/Erb 1976:45). Koestlers Begriff der "bisociation" (Koestler 1966), die Vorstellung eines "gestalt-switch" (Groeben 1975:134-145), Luhmanns systemtheoretische Kernvorstellung der "Komplexitätsreduktion" beziehen sich alle auf diesen Vorgang. Klaus 1972:257 entwickelt die Vorstellung eines "schöpferischen Denken", das als eine Art "geistiger Mutation" (263) nicht in einen Algorhythmus zu transformieren ist. Etwas abweichend davon bezeichnet Piaget (1945) 1975:298 mit Transduktion einen Sonderfall der "Assimilation", wobei das entgegenstehende Element "illegitim" auf das erste reduziert wird. Von Wright 1977:70 entwickelt die Vorstellung eines "Transfers der Intention" als einer Leistung des praktischen Schlusses, die die Lücke zwischen Prämisse und Konklusion und damit auch den "logischen Riß" zwischen der kognitiven Einstellung einerseits und der Handlung andererseits überbrückt. Transduktion bezeichnet somit einen hermeneutischen Schlüsselschritt, der als Bewegung der Praxis den "qualitativen Sprung" in die Struktur des Gesamtmodells leistet (cf. Lorenzer 1973:85f.). Sartres (1960) Begriff der "Totalisierung" und Eliades "Kosmisierung" beziehen sich auf die gesellschaftlichen Dimensionen des transduktiven Prozesses. Zur Bestimmung des Humanen aufgrund der menschlichen Fähigkeit zur "hyperkomplexen" Logik des Wahns vgl.a. die Ansätze der neueren Anthropologie (Morin 1974:137-158). Mit W. A. Koch 1971:57,89 u. 602 wollen wir die Transduktion künftig durch das Zeichen des transduktiven Operators (⇒) symbolisieren. —41 Cf. Krappmann 1971:58 u. 74ff. —42 Burns 1972:101. Der Begriff der "kognitiven Dissonanz" bezieht sich auf die Theorie Festingers (1957) 1970. —43 "It is this reconstruction of the self and of social reality that the whole conception of drama and the theater is founded." Burns 1972:137 —44 zur Lippe 1975:219 —45 Deleuze/Guattari (1972) 1974:191f. —46 Nitschak 1976:18f. —47 Iser 1975:293 —48 "Hence, aesthetic forms are the symbolisation of the meaning of the act, not only as instrumental, in the scienticfic sense, or as transcendental, in the religious sense, but as representative of all action as dramatic action." Duncan 1969:284 —49 Cicourel 1973,I:179 —50 F. Haug (2)1973:24 —51 Prewo et al. 1973:101; vgl.a. Habermas (3)1973:215 —52 Duvignaud (1967) 1975:110 —53 Gadamer (1960) 1972:105 —54 Arnaszus 1974 —55 Bloch 1972:88f.

Zu I.3.

1 Derrida (1967) 1974:84 —2 Wir werden an dieser Stelle die 'klassischen' Spieltheorien nicht referieren. Es sei nur auf folgende Zusammenfassungen verwiesen: Roubiczek 1932; C. Allemann 1951; Heidemann 1958/59; Berlyne 1969; Schidtchen/Erb 1976. Zur Interpretation des zweckfreien Spieltriebs als "automatische Synthesis" des Gesellschaftlichen in der Spieltheorie Schillers vgl. Nitschak 1976:174, 229 u. 249 —3 Duvignaud (1967) 1975:111 —4 Freud (1907) (1908):172 —5 Kris (1941) 1970:874 —6 Freud (1912-1913): 372 —7 Winnicott 1973:22f. —8 ibid:124 —9 ibid:63 —10 ibid:124 —11 Wälder 1932:192 —12 Erikson (1950) 1968:211f. —13 Piaget (1945) 1975:108 —14 Piaget (1954) 1975:112 —15 Schmidtchen/Erb 1976:29 —16 E. Simmel (1926) 1975:666 —17 E. Simmel weist auf die "arbeitsteilige" Inszenierung der Urszene im infantilen "Doktorspiel" hin. (1926) 1975:666. Vgl.a. Erikson (1950) 1968:206; Kris 1952:210 —18 Krappmann 1971:74ff. —19 ibid:79 —20 ibid:167 —21 Leclaire (1968) 1975:114 —22 ibid:127 —23 Christian 1963:107f. —24 ibid:102 —25 Die ökonomische Spieltheorie reduziert die transduktiven Operationen auf einen algorhythmisch programmierten binären Entscheidungsmodus der gleichen logischen Klasse (Klaus/Liebscher 1974: 252). Demgegenüber umgreift das Spielen als Alltagshandeln - logisch ausgedrückt - mehrere Klassensysteme. Ein ähnlicher Spielbegriff wurde in der kybernetischen Spieltheorie unter dem Begriff des "free-form gaming" eingeführt. Cf. Shubik 1972:2 —26 Le-

febvre 1977,III:180ff. –27 Csikszentmihalyi/Bennett 1971:56f. –28 Berlyne 1969 –29 Bateson 1972:177-193 –30 Bateson 1972:180 –31 ibid:183 –32 S. Miller 1973:91; vgl. a. Morin 1974:34 –33 Schon 1923 verwendete Samjatin (beeinflußt von dem Naturwissenschaftler Robert Mayer, von Bergson und von Marx und Engels) den Begriff der "Entropie" im Rahmen einer revolutionären Kulturtheorie: das Verhalten in einmal geprägten Formen führt letztlich zum Absterben jeder Aktivität in der reinen Struktur, die damit zur sinnlosen Unordnung, zur Entropie wird. (Samjatin (1923) o.J.:182) –34 Reucher/van der Boom 1977:94. Cf.a. Warning 1974:64; Berger 1970:89 –35 Reucher/van der Boom 1977:97 –36 Huizinga 1939:15f; Berger 1970:87f. –37 Freud (1907) (1908), DA,X:174 –38 Duerr 1978:142 –39 Deleuze 1969:79 u. 193f. –40 "For the sake of brevity I shall give the name of the A series to that series of positions which runs from the past through the near past to the present, and then from the present through the near future to the far future, or conversely. The series of positions which runs from earlier to later, or conversely, I shall call the B series." McTaggert (1925) 1968: 87f. –41 Christian 1963:102f. –42 Christian 1963:103. Der proleptische und haptische Charakter der Zeit schlug sich z.B. auch in der Doppelbedeutung des lat. tempus nieder: die Zeit ist die materielle Abfolge eines atmosphärischen Geschehens, das seinerseits wiederum Ausdruck der "Psyche des Universums" ist. Cf. Onians (1951) 1954:250f. u. 411f. –43 Bieri 1972:221 –44 Sladek 1977:20 –45 Cf. Garfinkel 1973,I:196 u. Arbeitsgruppe Bielefelder Soziologen 1973,I:38f. –46 "Die reale Zeit als B-Reihe stellt sich in den bewußten Ereignissen, die sie ordnet, durch A-Bestimmungen dar, und dies ist möglich, da diese jene als ihr Konstruktionsprinzip implizieren." Bieri 1972:217. Cf. a. Gale 1968(b):100 –47 Die "Spielstimmung" ist Bestandteil des metakommunikativen Spielgesetzes und setzt die Freiheit von inneren, sozialen und äußeren Zwängen oder Gewalten voraus. –48 Kroy 1976:123 –49 ibid:236f. –50 Rapp 1973:237 –51 Lacan 1971,II:177f. –52 Slochower 1970; Blumenberg 1971:57 –53 Adorno (1970) 1973:426 –54 Maranda/Maranda 1973:140, Anm.23. Vgl.a. Warning 1974:249 –55 Bataille 1957

Zu II.

1 Dieser Begriff ist ein von Edith Trager gebildeter Neologismus, cf. Milner 1972:3, Anm.1

Zu II.1.

1 Maranda/Maranda 1973:140 –2 Maranda/Maranda 1973:139 –3 Piatigorsky 1974:226 –4 Berger 1973:45 –5 Lévi-Strauss (1971) 1975:789 –6 Derrida (1967) 1974:524f. –7 Eliade 1973:208 –8 Einen Überlick über die verschiedenen Theorien des Fests gibt Simon 1976:128ff. –9 Caillois 1950:135ff. –10 Simon 1976:259 –11 Eliade 1973:165 –12 Lefebvre 1977,III:110 –13 Bachtin 1969 –14 Blumenberg 1971 –15 Cf. Bataille 1957:42 –16 Warning 1976:205 –17 Kristeva (1974) 1978:176 –18 ibid. –19 Turner 1970 steht damit in der Tradition der 'klassischen' ethnologischen Studie Rites of Passages von Arnold van Gennep (1909) Chicago 1960. Zum Verhältnis von 'festem' Sinn der doxa und 'leerem' Sinn der Mystik cf. Roland Barthes: Roland Barthes par Roland Barthes. Paris 1975:102 –20 "(...) men are released from structure into communitas only to return to structure revitalized by their experience of communitas. What is certain is that no society can function adequately without this dialectic." Turner 1970:129 –21 Leach (1976) 1978:98. Vgl. bes. die grafische Darstellung p.100 –22 Nach den vorliegenden Systemen der modalen Logik, die die Funktion eines transduktiven Operators (=>) nicht kennen, müßte die Communitasformel $O_1 \supset {\sim}O_1$ -> ⅄ lauten, wobei (⅄) das Zeichen für die logische Konstante "absurd" ist. –23 Kilian 1971:62 –24 Turner 1970:132 –25 Weidkuhn 1969:294; vgl. a. Elliott 1967/68:417ff. –26 Francis Macdonald Cornford: The Origin of Attic Comedy (1914); Garden City, N.Y. 1961. Jekels 1926; N. Frye's "Dreisätzigkeit" der Komödie trägt der Formel Rechnung (Frye 1964:173) –27 Lalo 1949:30; Mauron 1964:50 –28 Der fehlen-

de Buchstabe soll die Differenz zur allgemeinen Form der Communitas und zugleich die Besonderheit des komischen Einbruchs bezeichnen. – 29 Cook 1949:28 – 30 Vgl. Zijderfeld 1976:166 – 31 Darauf verwies als erster Ritter 1940/41. Zu Ritters Theorie s. u. Kap.II.3. – 32 Kristeva 1970:165

Zu II.2.

1 Dorfles 1968; vgl. die Diskussion in Preisendanz/Warning 1976:361379 – 2 Souriau 1948 – 3 Warning 1976:280 u. 377 – 4 McGhee 1972:64f. – 5 Chapman 1976:176f. – 6 Lalo 1949:206 – 7 Cf. Fry 1963:96ff.; Lundberg 1969:28. Vgl. a. den Katalog der Bedingungen für eine Witzkommunikation in: La Fave et al. 1976:88 – 8 Radcliff-Brown (1940) 1952 – 9 ibid:95 – 10 Bradney 1957; Handelman/Kapferer 1972 – 11 Handelman/Kapferer 1972:485 – 12 Coser 1959:180f.; Zijderveld 1968:305; Kris 1952:216 – 13 Handelman/Kapferer 1972:511f. – 14 Zum psychotherapeutischen Gebrauch der Witzkommunikation cf. Amitai 1977:392f.; Eidelberg 1945:57; Grotjahn 1974:148ff. – 15 Handelman/Kapferer 1972:506 – 16 "Fortschreitende Differenzierung von ideologischen Gruppierungen verändert das Lachen qualitativ (Intellektualisierung), quantitativ (normative Einschränkung) und durch die Komplizierung der Normensysteme im Rezipienten." Karrer 1977:151 – 17 Chapiro 1940:124; Aubouin 1948:18; Lalo 1949:249f.; Hegel (1970) 1975, III:528 – 18 von Wright 1977:121 – 19 Zijderveld 1968:305. Vgl. a. Horkheimer/Adorno 1947:96 – 20 Es sei nur auf folgende Beiträge verwiesen, die das Komische innerhalb einer kommunikativen Interaktion der Gruppe ansiedeln: Martineau 1972:115; Grotjahn 1974:208; Stempel 1976:225; Giles/Bourhis et al. 1976:141f.; Zijderveld 1976:78-81; Wellershoff 1976:336; Treiber 1973:90-98. Vgl. a. die drei Interaktionsklassen der Witzkommunikation bei Warning 1976:378

Zu II.3.

1 Friedrich Georg Jünger: Über das Komische. (1936); Frankfurt am Main (3)1948. Joachim Ritter: Über das Lachen. In: Blätter für deutsche Philosophie 14, 1940/41:1-21; jetzt auch in: ders.: Subjektivität. Frankfurt am Main 1974:62-92; Otto Rommel: Komik und Lustspieltheorie. In: DVjs 21,3, 1943:252-286; jetzt auch in: Grimm/Berghahn (eds.) 1975: 39-76; Otto Rommel: Die wissenschaftlichen Bemühungen um die Analyse des Komischen. In: DVjs 21, 1943:161-195; jetzt auch in: Grimm/Berghahn (eds.) 1975:1-38 – 2 So wurde die Anmerkung (2) von Ritter 1940/41:4, die einen Hinweis auf "G. Kadner: Rasse und Humor. München 1935" enthält, in Ritter 1974 weggelassen, der Begriff 'Rasse' aber - auf den sich die Anmerkung bezog - unverändert wieder abgedruckt (Ritter 1974:66). Ebenfalls in Ritter 1974:86 fehlen im unteren Abschnitt die drei Worte: "Welt des Nordens" aus Ritter 1940/41:17. In Rommel 1975 fehlt folgende Passage aus Rommel 1943:189: "(...) die noch durch die unerfreuliche Einwirkung jüdischer Schriftsteller vermehrt wurde." – 3 Ritter 1940/41:2 = 1974:65 – 4 Rommel 1943:189 = 1975:31 – 5 Ritter 1940/41:9 = 1974:75 – 6 Carl Schmitt: Der Begriff des Politischen. Hamburg (3)1933:15 – 7 F. G. Jünger 1936:55 – 8 ibid:18 – 9 Ritter 1940/41:10 = 1974:75 – 10 Auf den Zusammenhang von faschistischer Herrschaft und 'herrschender Sexualmoral' (S. Freud) hat zuerst Wilhelm Reich in seiner Massenpsychologie des Faschismus (1933) hingewiesen. – 11 Rommel 1943:189. Rommel referiert übrigens an anderer Stelle seines Aufsatzes (p.183f.) die Freud'sche Theorie, allerdings unkorrekt und vor allem unvollständig. – 12 "Im Bild der Juden spiegeln sich verzerrt die unverstandenen oder geleugneten Widersprüche der kapitalistischen Gesellschaft; auf den Juden lenkt der Faschismus die Aggressionen und betrogenen Hoffnungen der Massen, auf den Juden projiziert er schließlich sein verleugnetes eigenes Wesen, seine geheimen Wünsche, den eigenen Untergang." Winckler 1971:84 – 13 Ritter 1940/41:9 = 1974:76 – 14 Ritter 1940/41:10 = 1974:76 – 15 ibid:9 = 74 – 16 ibid:13 = 80 – 17 ibid:12 =78 – 18 Warning 1975(b) – 19 Warning 1976 – 20 ibid:317ff. – 21 ibid:331 – 22 Marquard 1976:141

Zu II.4.

1 Koestler 1949:37 —2 ibid:42 u. 53 —3 ibid:37 —4 Johnson 1976:195 —5 Freud (1905) —6 Karrer 1977:95. Karrer unterscheidet eine semantische Interferenz, die die Signifikatebene betrifft (95), von einer sigmatischen Interferenz, die die Ebenen der basalen Praxiscodes und der Codes der signifikanten Praxis gegeneinanderhält (128). —7 ibid:177. Die behavioristische Lachforschung hat die Theorie eines "collative arousal" entwickelt, nach der das Komische durch ein abgestuftes Potential zweier semantisch-kognitiver Aspekte hervorgerufen wird. Cf. Berlyne 1972:48ff. —8 Mead (1934) 1975:250 —9 Victoreff 1953:90 u. 174. Vgl. Stierles Begriff der "komischen Enthobenheit", Stierle 1975:74 —10 Martineau 1972:115 —11 Chapiro 1940. Die französische Komiktheorie - im gleichen Zeitraum wie die deutsche Lachtheorie entstanden - entfaltet sich gleichsam auf der anderen Seite jener faschistischen Ordnung, die in F. G. Jüngers und Ritters Theorien das Bezugsfeld ihrer Äußerungen abgegeben hatte: zum einen entstand sie im gesellschaftlichen Klima der Volksfront, und zum anderen bezieht sie im Anschluß an Freud das Subjekt als psychischen Faktor mit in die Theorie ein. —12 Cf. a. Swabey 1961 —13 Chapiro 1940:50 —14 ibid:62 —15 Chapiro 1940:52; Lalo 1949:163 —16 Chapiro 1940:52 —17 ibid:140 —18 ibid:149 —19 McGhee 1972:64f. Vgl. a. Themerson 1974:134 —20 Theodor Reik: Lust und Leid im Witz. Wien 1929. Zit. n. Dieter Hörhammer, "Zur Rekonstruktion der psychoanalytischen Humor-Theorie", unveröffentl. Manuskript, Frankfurt/M. 1979:14f. Vgl. a. Freud (1905), p.195f. —21 Hörhammer a.a.O., p.15 —22 Lévi-Strauss (1971) 1975:771f. —23 Cf. Kap.IV.5. Anhang. Fragment zur Tragödie —24 Naranjo/Ornstein 1976:47. "Plötzliche Erleuchtung ist ein Einsturz der begrifflichen Struktur des Bewußtseins, der die in den Tiefen des Unbewußten begrabenen Kräfte freisetzt." Chung-yuan 1975:93 —25 Milner 1973:21; Johnson 1975:156 —26 Grotjahn 1974:170. Zum physiologischen Ablauf des Lachens cf. Berlyne 1972:51 —27 Cf. Plessner 1970:136 —28 Cf. Krüger 1973:40 —29 Lacan 1971,II:205 —30 Lindsay 1965:295

Zu II.5.

1 Kristeva (1974) 1978:35 —2 Für das Funktionieren der komischen Weltnegation und comunitativen Bedeutungsproduktion ist der Unterschied von 'fiktionaler Realitätsebene' und 'Text' jedoch irrelevant - die methodische Differenzierung setzt lediglich zwei neue bisoziative Terme, mit denen die komische Praxis auf ihre Weise verfährt. —3 Striedter 1976:393f. —4 Hinze 1970; Kleine 1970; Pfister 1977:67ff. —5 Warning 1976: 77 —6 Karrer 1977:77 —7 Iser 1976:400 —8 Kristeva (1974) 1978:35ff.

Zu III.1.

1 Zur Geschichte der Schauspielmetapher cf. Curtius (1948) 1963:148-154; Rusterholz 1970; Burns 1972:8-21; Rapp 1973:29-34 —2 In diesem Sinn verwendet Lipp 1976:367 die Theatermetapher als soziologische "Sinnformel". Indem der mimetisch konzipierte Handlungsbegriff durch einen soziologisch interpretierten Begriff des "Dramas" ersetzt wird, soll die Institutionenlehre Arnold Gehlens gerettet werden. Der Begriff des "Dramatischen" verleiht dann allen Handlungen eine nicht hinterfragbare gleichsam numinose Sinnqualität (ibid.). —3 Noch in F. G. Jünger: Die Spiele (1953) wird die Welt als Spiel im Sinne einer untrennbaren Einheit von ästhetischen, ethischen und religiösen Werten entworfen. Vgl. Heidemann 1958/59:320 —4 Lypp 1972:187 —5 G.W.F. Hegel (1970) 1975,III:447. Die in Klammern stehenden folgenden Seitenangeben im Text beziehen sich auf diese Ausgabe. —6 Ritsert 1975:171; Arnaszus 1974:229 —7 Nach Ritsert 1975: 161ff. ist diese Hegelsche Konstruktion eine Vorwegnahme von George H. Meads "Me" im Sinne persönlicher Identität und des "I" im Sinne von reflexiver Subjektivität. —8 Marx (1844) 1969:96; vgl. a. p.59 —9 "Religion, Familie, Staat, Recht, Moral, Wissenschaft, Kunst etc. sind nur besondere Weisen der Produktion und fallen unter ihr allgemeines Gesetz." ibid:76 —10 Marx/Engels 1971:27 —11 Marx (2)1974:426f.

−12 ibid:137 u. 385f. −13 ibid:136 u. 380 −14 Haarmann 1974:15 −15 Die bestehenden Unterschiede der tatsächlichen ökonomischen Organisationsformen des Theaters - erinnert sei an die von der Territorialgewalt legitimierten, zeitlich befristeten 'Kleinunternehmen' der Prinzipale des Markt- und Wandertheaters und an die im Rahmen merkantilistischer Politik erfolgte Umstellung der Hoftheater, die seit der 2. Hälfte des 18. Jahrhunderts zunehmend einem allgemeinen zahlenden Publikum geöffnet wurden - bleiben von dieser methodischen Feststellung unberührt: auch eine nicht-öffentliche Theaterdarbietung im Rahmen parasitärer Hofhaltung hat ihren 'Preis' gehabt. −16 ibid. −17 ibid:32 −18 Marx 1968,I:381 −19 ibid:363 −20 Die Funktion von sozialen Typen als positive oder negative Identifikationsfiguren hat Klapp mehrfach analysiert, dabei hat er auch das Verhältnis von "Held", "Verbrecher" und "Narr" zueinander untersucht. Klapp 1949/50; Klapp 1954; Klapp 1962 −21 Marx 1968,I:364 −22 Marx 1968,I:364 −23 Arnaszus 1974:60f. u. 74 −24 Kilian 1971:49

Zu III.2.

1 Zur kulturhistorischen Deutung des Schauspielerparadoxes cf. unten Kap. VI.7.3.. Anm. 14 −2 Gadamer (1960) 1972:114 −3 Pfister 1977:328f. −4 Wekwerth 1974:75; Burns 1972:31; Rapp 1973:80 −5 Pfister 1977:20f. u. 327 −6 Luhmann 1975:31 −7 ibid. −8 Khatchadourian 1977:485 −9 Rapp 1973:114 −10 Wekwerth 1974:77 −11 ibid:79; dies gegen Lazarowicz' Kritik an Wekwerth in: Lazarowicz 1975:8 −12 Wekwerth 1974:106 −13 Dies gegen Pfister 1977:65 −14 Antonetti 1946:96 −15 Deleuze/Guattari (1972) 1974:394f. −16 Antonetti 1946:95 −17 Wekwerth 1974:102; Burns 1972:17; vgl. a. Berger 1973:18 −18 Duvignaud 1971:89; vgl. a. Langer 1953: 307-311 −19 Grathoff 1970:44 −20 Antonetti 1946:72 −21 ibid:57 −22 ibid:72 −23 Villiers 1946:203 −24 Bullough 1957:94f. −25 Kowzan (2)1975:25 −26 Cf. Burns 1972:14 −27 Rapp 1973:76 −28 ibid:77 −29 Siegrist 1970:44ff. −30 Cooper 1972:12; Leutz 1974:141 −31 Laing/Phillipson/Lee 1971:37 −32 Grice (1967) 1975 −33 Wunderlich 1974:333 bezeichnet die Produktion der metanoetischen Perspektiven - inhaltlich korrekt - als "Regressionen", obwohl formal ein progressiver Bildungsprozeß vorliegt. −34 Wunderlich 1974:334 −35 Cf. Duncan 1962:382 −36 Rapp 1973:114 −37 Vgl. den Katalog der expliziten und impliziten Fiktionsdurchbrechungen in der Komödie bei Warning 1976:311ff. Das Aparte in der Komödie ist eines der Instrumente zur Produktion der komischen Comunitas (cf. Pfister 1977:194f.) Hillach 1967 klassifiziert die Möglichkeiten der Fiktionsdurchbrechung wie folgt: das Analysieren der Situation (35), das Zusammenfassen der Situation (40), das Verallgemeinern (44) und das "Ausbuchten" (52). Vgl. a. Weimann 1967:396 −38 Lindemann 1976:623. Das gleiche Verhältnis analysiert Stierle 1975:68 als ein Umschlagen der "Du-Einstellung" zur Objektperson in eine "Er-Einstellung". Auch Bergsons "Mechanisierungs"-These kann durch diese Substitution eines "symbolischen" Zusammenhangs durch einen indexikalischen im Sinne der Peirce'schen Begriffe plausibel gemacht werden. (Bergson (1913) 1948 −39 Wekwerth 1974:135 −40 Warning 1976:315 −41 Hillach 1967:110f. −42 Rapp 1972:72 u. 238f. −43 Hinck 1965:46 −44 Frye 1968:141 −45 Warning 1976:322 −46 Marquard 1976:143 −47 Weimann 1967:48

Zu III.3.

1 Leach (1961):407. Vgl. a. Gurvitch (1962) 1965; Lefebvre 1977; Fernand Braudel: Geschichte und Sozialwisschaften. In Bloch/Braudel et al. 1977:47-85 −2 Langer 1953:322f. −3 Schmid 1975:92f. unterscheidet z.B. bei der Analyse der Zeitstruktur des Tegernseer Antichristspiels sechs verschiedene Zeitebenen: Neutralzeit, historischer Rückgriff, dramatische Gegenwart, historische Gegenwart, prophetische Zeit, End-Zeit. −4 Hillach 1967: 130 −5 Pfister 1977:369 −6 Steinbeck 1970:94ff. −7 ibid:97 −8 "Unter der primären gespielten Zeit verstehen wir die fiktive Zeitdauer, die unmittelbar szenisch präsentiert wird, unter der sekundären gespielten Zeit die fiktive Zeitdauer vom point of

attack, dem Einsatzpunkt der szenisch präsentierten Handlung, bis zum Zeitpunkt des Textendes unter Einschluß der etwaigen ausgesparten Zeiträume zeitlich verdeckter Handlung, und unter der tertiären gespielten Zeit schließlich die fiktive Zeitdauer der Geschichte vom Beginn der nur verbal vermittelten Vorgeschichte bis zum Zeitpunkt des Textendes, bzw. bis zum spätesten Zeitpunkt, der in zukunftsgewissem Ausblick am Textende noch verbal thematisiert wird." Pfister 1977:369f. —9 Hebeisen 1961:66-69 —10 Vgl. F. H. Link 1974:422, 2.5.1. —11 ibid:420 —12 Rammstedt 1975:50 —13 Vgl. Garfinkel 1973,I.:196. Dazu auch ibid:232-236, Anm. 5a —14 Vgl. Steinbeck 1970:100 —15 Pfister 1977:122f. —16 Der Vorgang der fiktionalen Produktion von Zeit ist tatsächlich noch komplexer, wenn man die im Dramentext vom Autor vorgegebene Zeitstruktur berücksichtigt. Diese muß zunächst als ein zeitlogisches 'Nullsystem' der Signifikantenstruktur des vorgegebenen Textes decodiert werden. In der signifikanten Praxis - auf der Bühne - wird dann diese Signifikanten-Zeitstruktur wieder codiert, um schließlich im Bewußtsein des S die Illusion einer anderen Zeit hervorzurufen. —17 Steinbeck 1970:102

Zu IV.

1 Eido Tai Shimano: My Basic Policy Is to Avoid People with Ph. D.'s. In: The Laughing Man 1, 1976:33

Zu IV.1.

1 Deleuze 1969:160 (im Original deutsch, G. L.) —2 ibid:289f. —3 Ernst Howald: Eine vorplatonische Kunsttheorie. In: Hermes 54, 1919:187-207, hier: 206. Der Begriff einer komischen Katharsis hat ebenso wie die beiden Begriffe eleos und phobos eine antike und eine neuzeitliche Rezeptionsgeschichte. Schadewaldt 1960 hat die tragische Katharsis in ihrer stoischen Umdeutung korrigiert (Wölfel 1971:101) und damit ihre aristotelische Form herausgeschält (vgl. a. Fuhrmann 1973:90-98). Doch schon Aristoteles hatte die ursprünglich pythagoreischen Begriffe gegen die platonische Kunstauffassung re-interpretiert (Fuhrmann 1973:94ff.; Schadewaldt 1960:373). In ihrem frühesten Stadium bezeichnete "Katharsis" gleichsam eine korybantische List, dem derangierten Zustand der ekstasis zu entkommen (Lindsay 1965:337), Katharsis meinte also praktische Teilhabe am Ritual und wurde als Korrektiv gegen die mania eingesetzt. Identische - noch heute beobachtbare - Praktiken sind der süditalienische Tarentismus (cf. Ernesto de Martino: Land der Gewissenspein. In: Antaios 3, 1961/62:105-124), der zâr-Kult Südpersiens und des islamischen Afrika, sowie der afro-amerikanische Voudou-Kult - und der Blues (cf. Taghi Modaressi: The Zar Cult in South Iran. In: Prince (ed.) 1968:149-155). —4 Warning 1974: 117 —5 Kristeva 1974:194 —6 Lorenzer 1973; ders. 1977:54 —7 Mauron 1964:50 —8 Grotjahn 1974:78f. —9 Douglas 1974:49 —10 Kristeva 1976:49 —11 Kristeva 1976:51. Zum sogenannten "Guck-Guck-Spiel" (peek-a-boo game) und zum Problem des Lacherwerbs bzw. eines angeborenen Lächelns cf. McGhee 1972; Berlyne 1972:54; Shultz 1976:30f.; Grotjahn 1974:61-65; Schurig 1976:65-68; Buytendijk 1948:61-65 —12 Kristeva 1976:52. Vgl. a. Lorenzer 1977:187. Ebenso: Julia Kristeva: Die Chinesin. (1974). München 1976:258 —13 Kristeva 1976:53 —14 Warning 1975(b):355 —15 Wallace 1973,II: 302f.; Kristeva 1969:95 —16 Pagliari 1970:40 —17 Cicourel 1970:184f.; D. Olson (1970):200 —18 Chomsky 1973:203 u. 206; vgl. dazu a. Lyons 1975:436 —19 Garfinkel 1973,I:204f.; Schütz 1971:127 —20 Zur Frage der Kontextabhängigkeit vgl. Hörmann 1971:325; Hartmann 1970:21; Lyons 1975:462; Schifko 1975:80ff.; A. Eschbach: Einleitung zu Morris 1975:49; Wunderlich 1974:264ff. —21 Kristeva 1970 —22 Lorenzer 1973; ders. 1977 —23 Rapp 1973:83f.; Burke (1945) 1962:517

Zu IV.2.

1 Dorfles 1968:105 – 2 Duncan 1962:402f.; Rapp 1973:238f. – 3 Bouissac 1972 und 1976 – 4 Bergson (1900) 1948:80; Jean Paul (1804) (2)1974:160 (VIII. Progr., § 40 der "Vorschule"); W. Benjamin 1955:53 – 5 Cf. E. Olson 1968:52 – 6 Hesse 1973:34f. – 7 Douglas 1974:125 – 8 H. Reich 1903,I.1:44 – 9 Willeford 1969:16 – 10 Douglas 1974: 125 – 11 Cf. Karrer 1977:125 – 12 Krohn 1974 – 13 Klapp 1962:17 – 14 Deufert 1975.142f. – 15 Klapp 1949/50:157 – 16 Klapp 1954:61 – 17 Klapp 1962:68; Grathoff 1970:124f. – 18 Rapp 1973:152 – 19 Willeford 1969:60; Welsford 1935:XII; Weimann 1967:51; Nicoll (1923) 1966:189; Duncan 1962:402f.; Catholy (1966) 1975:408 – 20 Willeford 1968/69:550ff.; Bouissac 1972:4 – 21 Altenhofer 1967:187 – 22 Schütz (1932) 1974:267. Vgl. a. Bourdieu (1970) 1974:31 – 23 Hinck 1965:81 – 24 MacCollom 1971:75; Bergson (1900) 1948:82 – 25 Willeford 1967:122; Victoreff 1953:166 – 26 Chapiro 1940:58; Bergson (1900) 1948:8 – 27 Hinck 1965:34 – 28 Cook 1949:42; Green 1974:63

Zu IV.3.

1 Hans Moser in der Rolle des Leopold Habernal in dem Spielfilm Der Millionär, Deutschland 1945; Regie: Robert A. Stemmle – 2 Guattari 1974 – 3 Victoreff 1953:166; Duncan 1962:382; Welsford 1935:319f. – 4 Willeford 1969:117f. – 5 Kris 1952:182; Duncan 1962:385; Mauron 1964:83ff. – 6 Pfister 1977:243f. – 7 Schoell 1975:101. Zur sexuellen Comunitas in der Komödie cf. Emelina 1975:257f.; vgl. a. Kap. VI.9. – 8 Willeford 1967: 21 – 9 Zur Bedeutung der Abwehr von der Gesellschaft ausgehender homosexueller Zwänge - die z.B. durch späte Heiratsmöglichkeiten aufgrund ökonomischer Strukturen und der krypto-dominanten Rolle der Frauen in einer offiziell patriarchalischen Gesellschaft produziert werden - in der spontanen Witzkommunikation eines "Verbal Dueling" cf. Gossen 1976:127-129. Vgl. a. Alice Schlegel: Hopi Joking and Castration Threats. In: Linguistics and Anthropology, (In Honor of C. F. Voegelin). Lisse 1975:521-529 – 10 Freud (1905), p.146 – 11 Cf. E. Simmel (1926) 1975:665 – 12 Willeford 1969:136f. u. 144ff.; ders. 1968/69:558 – 13 Leclaire (1968) 1975:127 – 14 Cf. Eliade 1957:144 – 15 Willeford 1967:14 – 16 Driesen 1904; Kris 1952:213 – 17 McClelland 1967:282f. – 18 idid. – 19 Vgl. Groddeck 1964:273f. – 20 Zum Konzept des "organlosen Körpers" cf. Deleuze/Guattari (1972) 1974:14f.

Zu IV.4.

1 Kriss-Rettenbeck 1964/65:27 – 2 Roeder 1974:182f. – 3 Der Begriff findet sich bei Moreno 1924:56 – 4 Koestler 1949:67 – 5 Kris 1952:225 – 6 Cf. Kristeva 1969:35f. – 7 Kristeva (1974) 1978:154 – 8 ibid:155f. – 9 Bouissac 1972:5 – 10 Warning 1976: 330f. – 12 Die Proxemik (Proxemics) untersucht das mikroterritoriale Verhalten, das ebenfalls kulturell determiniert ist (E. T. Hall 1963:1019). Die Distanz zu anderen Personen und zu Objekten ist dabei von den verschiedensten Wahrnehmungsmöglichkeiten thermaler, olfaktorischer, taktiler Art etc. geprägt (E. T. Hall 1968). Das primäre Grundmaß, innerhalb dessen sich die Menschen aller Kulturen bewegen (und nach der sie auch ihre Behausungen und Geräte abmessen) ist das "Cubit", das als Quadrat-Elle definiert ist (wobei eine Elle das Durchschnittsmaß der Länge des Unterarms ist) (Scheflen 1975: 162). Das "Cubit" ist auch maßgebend für die zwischenmenschlichen Abstände; innerhalb des so gegliederten Distanzraumes steuern die proxemischen Codes das Raumverhalten aller am Kommunikationsprozeß Beteiligten. – 13 Scheflen 1972:201f. – 14 Douglas 1974:99 – 15 Birdwhistell 1970:81 – 16 ibid. Damit wird auch die Annahme eines "mimischen Uralphabets", das aus "Gestaltcharakteren" bestünde, fragwürdig; cf. Plessner 1953:163; Paul Ekman: Facial Signs: Facts, Fantasies, and Possibilities. In: Th. A. Sebeok (ed.): Sight, Sound, and Sense. Bloomington 1978:124-156. – 17 Birdwhistell 1970:119 u. 245f. – 18 Kristeva 1969:48ff. – 19 Cf. Hymes 1963,II:348 – 20 Birdwhistell 1970:120 – 21 Kristeva 1969:48 – 22 Vgl. a. Greimas' Begriff der "gestuellen Praxis".

Cf. dazu Stierle 1975:186ff. –23 Kriss-Rettenbeck 1964/65:26 –24 ibid. –25 zur Lippe 1974,I:86 –26 ibid., I:311 –27 ibid., I:321 –28 Vgl. dazu die entsprechenden Ausführungen in Kap. VI.3. –29 Warning 1976:323 -30 Zur historischen Begründung des bürgerlichen Schauspielstils s. u. Kap. VI.7.2., zur schauspieltheoretischen Analyse dieses Stils cf. Kap. VI.7.3. –31 Kriss-Rettenbeck 1964/65:26 –32 Zijderveld 1976:84 –33 Niessen 1949,I,(1):509 –34 Ogibenin 1975:7 –35 Simon 1976:18 –36 Walter F. Otto: Dionysos. (Frankfurter Studien zur Religion und Kultur der Antike IV.) Frankfurt am Main (3)1960:84 –37 Niessen 1953,I,(2):372 –38 ibid:380. Zur "rituellen Komödie" und zum Ursprung des Dramas im schamanistischen Ritual cf. Kirby 1975; Schaeffner 1965; Bricker 1973 u. 1976; Métreaux 1955; Heinrichs 1977(a) u. 1977(b); sowie Michel Leiris: Die eigene und die fremde Kultur. Frankfurt am Main 1977 –39 Gerhard Radke: Mutmaßungen zur Entstehung der attischen Tragödie. In: Auch 1952:152 –40 Ludwig Radermacher: Weinen und Lachen - Studien über antikes Lebensgefühl. Wien 1947:115 –41 Hedwig Kenner: Das Theater und der Realismus in der griechischen Kunst. Wien 1954:37 u. 41. Die aus dem Ritual tradierten apotropäischen Masken 'verfallen' im Prozeß ihrer Säkularisation in der Nea zur Abstraktion bürgerlicher Charaktere und werden zu Charaktertypen, wie sie in den erhaltenen Masken repräsentiert sind. Vgl. Heinz Luschey: Komödienmasken. In: R. Herbig (ed.) Ganymed. (Heidelberger Beiträge zur antiken Kunstgeschichte). Heidelberg 1949:76; Carl Robert: Die Masken der neueren attischen Komödie. Halle 1911:50f.; Antonia K. H. Simon: Comicae tabellae - Die Szenenbilder zur griechischen 'Neuen Komödie'. 1938:140 –42 Hinck 1965; K.-D. Müller 1972 –43 Dieser Begriff ist in Anlehnung an Canettis Vorstellung der "akustischen Maske" gebildet. Canetti bezeichnet damit die "sprachliche Gestalt" eines Menschen im Sinne einer semiotischen Repräsentation bestimmter Charaktere. Canetti 1975:498 u. ders. (1960),II:114. –44 Plessner 1970:41ff. –45 Leclaire (1971) 1976:64f. –46 Douglas 1974:123; vgl. a. Landgrebe 1977,I:78ff. –47 Welsford 1935:319 –48 Warning 1976: 333 –49 Willeford 1969:15

zu IV.5.

1 G. Rosolato: Essais sur le symbolique (1964). Paris 1979:190 –2 Lévi-Strauss 1975: 772. "Worry is experienced when the assessed possibilities in a situation far outnumber the projects available to the actor by voluntary fiat." (Im Orig. hervorgeh., G. L.) Csikszentmihalyi/Benett 1971:45 –3 Berke 1974 –4 Mordini 1965/66:353 –5 Rosolato, op. cit., p.193 –6 Otto Mann: Die Poetik der Tragödie. Berlin 1958:264 –7 ibid.–8 Rosolato, op. cit., p.194 –9 O. Mann, op. cit., p.291

zu V.1.

1 Radcliff-Umstead 1969 –2 Cf. die Forschungsübersicht Krömer 1976. Allerdings bleibt dort neuere Literatur wie Tessari 1969 und Povoledo 1975 unerwähnt. –3 Stäudlin 1823; Weismann 1972; Jürgens 1972; Alt (1846) 1970 –4 Warning 1974:77 –5 ibid:64f. –6 ibid:112 –7 ibid:84 –8 Suchomski 1975 –9 Könneker 1966:48 –10 "Die Angstorgien der Renaissance (...) stehen in einem ursächlichen Konnex mit dem Druchbruch zu einer notwendigen, neuen Weltdimension, durch welche die dreidimensionale perspektivische Welt endgültig konstituiert wurde." Gebser (1948) 1966:148f. –11 Dietze 1976:116 –12 zur Lippe 1974,I:147 –13 Foucault (1966) 1974:75 –14 zur Lippe 1974,I:311 –15 George R. Kernodle: From Art to Theater. Chicago 1944; dargestellt in: Kowzan (1970) 1975:39f. –16 zur Lippe 1974,II:19-29; Pfister 1974:42f. –17 Erwin Panofsky: Die Perspektive als symbolische Form. Leipzig-Berlin 1927:257ff., zit. nach: Bourdieu (1970) 1974:119; cf. auch Borcherdt (1935) 1969:28 –18 Marotti 1975: 232 –19 Borcherdt (1935) 1966:121ff. –20 zur Lippe 1974,II:22 –21 Marotti 1975:233; vgl. a. Duvignaud 1971:98 –22 So z.B. in Sebatiano Serlios Traktat Il secondo libro di prospettiva. Paris 1545 und Venedig 1560. Nach Marotti 1975:233 –23 Guillén 1971:292f. –24 Ferdinando Galli Bibiena: L'architettura civile preparata su la Geometria e ridotta alle prospettive. Parma 1711 –25 zur Lippe 1974,II:288. Zur

Entsprechung des Augenpunktes der Perspektivkonstruktion im körperlosen cogito cf. auch Gottfried Boehm: Studien zur Perspektivität. Heidelberg 1969:88 —26 zur Lippe 1974,II:288

zu V.2.

1 Benjamin (3)1969:21 —2 Blumenberg 1971:18 —3 Marotti 1971:18 —4 ibid:23 —5 Robortello 1548 = 1970:521 —6 Weinberg 1970:658; Spingarn (1899) (5)1925:102 u. bes. 106. Daß die Commedia dell'arte in den Poetiken der Renaissance keinerlei Spuren hinterlassen hat, wie Spingarn (ibid.) behauptet, trifft allerdings für die Poetiken ab 1570 nicht mehr zu. —7 "E talora v'inducono tanti buffoni e giocolari che fanno un'altra comedia, cosa inconvenientissima e che non lascia gustare la dottrina della comedia, l'officio della quale non è di muovere riso per ogni modo che si può, ma solamente col suo proprio, cioè col mordere e riprendere e delegiare le cose brutte e viziose." Trissino 1563:32v = 1970:61 —8 Der ersten - begrifflich noch ungenauen - lateinischen Übersetzung der aristotelischen Poetik durch Giorgio Valla aus dem Jahre 1498 folgte 1536 die weitere Übersetzung von Alessandro de'Pazzi. —9 Spingarn (1899) (5)1925:19f.; Weinberg 1961,I:111-155; Buck 1976:153 —10 Fuhrmann 1973:208; Plett 1975:100; Buck 1976:147 —11 V. Hall (1945) (2)1959:71f. —12 Plett 1975:128f. —13 Fuhrmann 1973:206 —14 Heninger 1974:295f. —15 ibid:299 —16 ibid:364f. —17 ibid.:340ff. —18 ibid:364f —19 zur Lippe 1974,II:215 —20 Bourdieu 1976:194ff. —21 Frühsorge 1974 —22 Duvignaud 1970:115f. Zur Körpermetapher cf. a. L. Barkan: The Human Body as Image of the World. New Haven 1977; K. Haberkamm: 'Sensus Astrologicus'. Zum Verhältnis von Literatur und Astrologie in Renaissance und Barock. Bonn 1972

Zu V.3.

1 Machiavelli 1516:374ff. —2 ibid:383f. —3 "(...) che tutte le lingue patrie son brutte, (...)." ibid:338 —4 "il fino di una commedia sia proporre uno specchio d'una vita privata". ibid:383; Cicero: De oratore 2, 58, 236 definiert das Lachen mittels der aristotelischen Begriffe turpitudo und deformitas. Vgl. auch Herrick 1950:37f. —5 "(...) termini che muovano riso, acciochè gli uomini correndo a quella dilettazione, gustino poi l'esempio utile, che vi è sotto; (...)." Machiavelli 1516:383 —6 Maggi 1550:323ff = 1970,I:91125 —7 Zu allgemeinen Darstellungen der Komödientheorie innerhalb der Renaissance-Poetiken cf. Herrick 1946; Herrick 1950; Spingarn (1899) (5)1925; Weinberg 1961; Radcliff-Umstead 1969 —8 Castelvetro 1570:51a-54b. Unsere Darstellung der Tabelle auf p.54b hält sich eing an die Formulierungen Bürgers 1971:59; eine englische Übesetzung findet sich bei Lauter (ed.) 1964:97 —9 Maggi 1550:310 =1970:104 —10 Bürger 1971:62 —11 "(...) la poesia fu trouata per diletto della moltididine ignorante, & del popolo commune, e non per diletto degli scientiati." Castelvetro 1576:679 (zit. n. Weinberg 1961:504). Vgl. Castelvetro 1570:16b —12 Castelvetro 1570:98b-99b; (Castelvetro 1576:109, 179,549-550, zit. n. Bray 1931:258260)—13 Castelvetro 1570: 96a-97b; (Castelvetro 1576:109, zit. n. Weinberg 1961:505) —14 Castelvetro 1570:17a —15 Herrick 1946:69

Zu V.4.

1 Povoledo 1975:258 —2 Die folgende Auflistung ist mit Sicherheit unvollständig: Bernardo Pino da Cagli: Breve considerazione (...) (1572); Giulio da Bene: Che la favola de la comedia vuole essere honesta e non contenere mali costumi (1574); Antonio Riccoboni: Ars Comica (1585); Giason Denores: Discorso intorno que principii, cause, et accrescimenti, che la comedia, la tragedia, et il poema heroico recevono dalla philosophia morale, et civile et da' governatori delle republiche (1586); Tommaso Correa: In librum de arte poetica Q. Horatii Flacci explicationes (1587); Giason Denores: Poetica, nel qual si tratta secondo l'opinione d'Aristotele della Tragedia, del Poema Heroica, & della

Comedia (1588); Nicolò Rossi: Discorsi intorno alla Comedia (1589); Federico Ceruti: Dialogus de comoedia (1593); Agostino Michele: Discorso in cui si dimostra come si posono scrivere le comedie e le tragedie in prosa (1592); Tommaso Garzoni: Piazza universale delle professioni del mondo (1595); Francesco Buonamici: Discorsi poetici nella Accademia fiorentina in difesa d'Aristotele (1597); Paolo Beni: Pavli Evgtvbeni Disputatio, in qua ostenditur praestare comoediam atque tragoediam metrorum vinculis solvere (1599); Pier Maria Cecchini: Trattato sopra l'arte comica (1601); ders.: Discorsi intorno alle comedie, commedianti e spettatori (1614); Beltrame (d. i. Nicolò Barbieri): La Supplica/Discorso famigliare (...) diretta a quelli che scrivendo o parlando trattano de comici trascurando i meriti delle azione virtuose (1634, (2)1636) —3 Weinberg 1961,I:203f. —4 Pino da Cagli 1578:a6f. = 1970:632 —5 ibid:a6v = 1970:632 —6 ibid —7 "(...) ma mutandoli i costumi degli uomini e 'l modo del vivere, non averà sempre i medesimi argomenti né se averia da trattarla sempre nel medesimo modo. Perché essendo imitazione della vita e de' costumi degli uomini, secondo che la vita et i costumi si mutano, cosi dee cambiarsi la materia d'essa e 'l modo di scriverla. Pero alcuni della età nostra, a mio giudizio, non poco s'ingannano quando credono di far buono e bello il poema col dipingere infiniti vizii di truffarie, di adulterii, di stupri, di rubamenti e d'altri simili mostri; (...)." ibid:a7v = 1970:633 —8 ibid:b2f. = 1970:640f. —9 Pino da Cagli 1578:a9v = 1970,II:635 —10 "Né per brutto si dee sempre intendere il disonesto e l'osceno, ché per se stesse tali parole d'osceno e di disonesto hanno sempre significato di male." ibid. —11 "(...) cioè cosa brutta ma non totalmente viziosa." ibid:a10v = 1970,II:636 —12 ibid:a9f. = 1970,II:636; vgl. auch 1578:a10v = 1970,II:636 und 1578:a11v = 1970, II:637f. —13 ibid:a10v = 1970,II:637 —14 "(...) tal vizio non è perciò totalmente quello che è contrario alla virtù, ma quel che s'oppone alla bellaezza, cioè la brutezza o deformità." Pino da Cagli 1578:a11 = 1970,II:637 —15 ibid:b-bv = 1970,II:639f. —16 ibid:a9-a9v = 1970,II:635 —17 ibid:b4 = 1970,II:642f. —18 ibid:b4 = 1970,II:643 —19 "Ancor che con chiarissima sperienza io mi ricordi aver veduto che la plebe ancora si compiace del solo spettacolo de la comedia quando è di dilettevole materia ben trattata da l'autore e gentilmente rappresentata dai dicitori, gli quali non schiamo io 'attori' o 'istrioni' per parermi che la bellezza di cotal opera sia tutta nella vaghezza d'i ragionamenti e ne' bei modi d'i ragionatori, non negli atti o gesti soli, che sono proprii de' mimi o di quelli che volgarmente si chiamano 'mattacini', che sol giocare a la muta sono solamente oggetti de l'occhio." Pino da Cagli 1578:b5-b5v = 1970,II:644 —20 "E quelli che con ragione discorrono e con proprità di parole ragionano sono oggetti de l'orecchio e del'animo, a cui l'auttore dee proporsi di satisfare." ibid:b5v =1970,II:644 —21 ibid:b6 =1970,II:645 —22 ibid:b6v = 1970,II:646 —23 Pino da Cagli 1578:b6v = 1970,II:646 —24 ibid:b7 = 1970,II:646. Zwei Jahre vor der Niederschrift von Pino da Caglis Schrift hatte Castelvetro als Folge seiner Theorie vom Primat des ästhetischen Vergnügens die strikte Trennung von Kunst und Wissenschaft gefordert: "Perche adunque le materie di scienze, & d'arti non sono intese dal popolo non solamente deonno(!) essere fuggite, & schifate come vniuersale soggetto d'vn poema, ma c'anchora da guardarsi, che non vsiamo alcuna parte di quelle scienze, & arti in alcun luogo del poema, (...)." Castelvetro 1570:17a —25 Pino da Cagli 1578:b7 = 1970, II:646 —26 "Cosi verrà l'autore prudente a fuggire i dannosi consigli e le false persuasioni di avari ruffiani, die finti amici e di disleali servi. Cosi fuggirà le trufferie, i rubamenti, gli adulterii e gli stupri; così s'allonterà da ogni poco lodevole fatto che potesse dare male essempio allo spettatore." Pino da Cagli 1578:b8 = 1970,II:647 —27 "(...) dilettare con giovamento e di giovare con diletto, (...)." ibid:b5v = 1970,II:644 —28 "Piacevoli ancora e non dannosi riescono alcuni episodii et agiunti di servi balordi e di villani che intendono il più delle volte le parole a contrario senso di quel che odono." ibid:b8v = 1970,II:648

Zu V.5.

1 Battista Guarini: Il Verrato Ovvero Difesa Di Quanto Ha Scritto M. Giason Denores, Ferrara 1588. Der Pastor fido zirkulierte ab 1580-85 als Manuskript und wurde erst 1590 gedruckt. Cf. Weinberg 1961,II:1074ff. —2 Giason Denores: Discorso Intorno À

Qvè Principii, Cause, Et Accrescimenti, Che La Comedia, La Tragedia, Et Il Poema Heroico Recevono Dalla Philosophia Morale & Civile, & da Governatori della Republiche, Padua 1586 —3 Cf. Weinberg 1961,II:660f. u. 1079 —4 Guarini 1588:16; (zit. n. Weinberg 1961,II:1079) —5 Nicolò Rossi: Discorsi Intorno Alla comedia. Vicenza 1589 —6 ibid:56; (zit. n. Weinberg 1961,II:667) —7 Nicolò Barbieri (1634) Milano 1971 —8 "E l'arte del descrivere le cose insegna mostrarle col loro contrario, per farle spiccar meglio." ibid:36 —9 Beltrame (1634) 1971:36 —10 ibid.

Zu V.6.

1 Diente der Begriff der repraesentatio in der Scholastik zur Bezeichnung eines Ähnlichkeitsverhältnisses, so ist seit Nikolaus von Kues bis etwa zu Leibniz mit "Repräsentation" eine kausale oder indexikalische Beziehung gemeint. Seit der frühen Aufklärung wird der Begriff im Sinne einer symbolischen Relation gebraucht: das Repräsentat existiert unabhängig von einem Repräsentanten - die Autonomie des Scheins konstituiert sich. Zur Geschichte des Begriffs "Repräsentation" cf. H. Hofmann 1974:80-101, insbes. 98ff. —2 Cf. Benjamin (1927) 1972:198; Genette 1961:16ff. —3 zur Lippe 1974,II:95 —4 Scherer 1951:118f. —5 ibid:208f. Zur Geschichte des Theatervorhanges cf. Marlis Radke-Stegli: Der Theatervorhang. Meisenheim 1978

Zu V.7.

1 zur Lippe 1974,II:336ff. —2 ibid.,II:97. Diese Haltung war zugleich das allgemeine Bewegungsprinzip der Aristokratie seit dem Absolutismus, dem erst in der Mitte des 18. Jahrhunderts eine "natürliche" Körperbewegung des Bürgers entgegengesetzt wurde. S. u. Kap. VI.7. —3 ibid.,II:316 —4 Foucault (1966) 1974:96 —5 zur Lippe 1974,II:215 —6 Boileau 1974 = 1967:139 —7 ibid:136f. —8 ibid:123 —9 ibid:107 —10 ibid: 138f. —11 Foucault (1966) 1974:105 —12 Boileau 1674 = 1967:137

Zu V.8.

1 Mandrou 1977:375; Rusterholz 1970:9-15 —2 Ballhausen 1955:94 u. bes. 102 —3 Charles Gildon hatte schon in seinem anonym erschienenen Traktat The Life of Mr. Betterton, the late eminent tragedian. Wherein The Action and Utterance of the Stage, Bar, and Pulpit, are distinctly consider'd. London 1710 (Reprograf. Nachdruck London 1970) ein "System of Acting" (137) auf der Grundlage der rhetorischen Affektposituren entworfen. —4 Ballhausen 1955:42 —5 Lang 1727 = 1975:33 (dt. 1975:183) —6 Lang (1727) 1968:85 —7 ibid:88. — Im System der französischen Klassik hatte René Bary in seiner Méthode pour bien prononcer und discours (Paris 1679) zwanzig verschiedene rhetorische Grundpositionen im Sinne kinematischer Affektembleme aufgelistet (74ff.). Im Rahmen der Aufklärungsästhetik wird aus dem geschlossenen Katalog der rhetorischen Körperrepräsentation eine unabschließbare Aufzählung ikonischer Zeichencluster; cf. Johann Gotthelf Lindner: Kurzer Inbegriff der Ästhetik, Redekunst und Dichtkunst (1771-1772). Reprograf. Nachdruck Frankfurt/Main 1979,I:199f. (Anm. 1). —8 Ballhausen 1955:58 u. 60 —9 ibid:67 —10 Lang (1727) 1968:94 —11 ibid:113. Cf. a. Peyronnet 1974:74 —12 Lang (1727) 1968:114 u. 126 —13 ibid:125 —14 ibid:105 —15 Ballhausen 1955:67f.

Zu V.9.

1 Die — teilweise schauerliche — Kulturgeschichte des Krüppels als komische Figur haben Zijderveld 1976:116-120 und vor allem Leslie Fiedler: Freaks. Myths and Images of the Secret Self. New York 1979 dargestellt. Kirby 1975:30 weist auf den ethnokulturellen Hintergrund dieser demonstrativen Praktiken hin: Wurden physische Abnormitäten

zunächst als Ausdruck einer dämonischen Repräsentation von Krankheit und Devianz interpretiert, so wurde diese Funktion schließlich in die rituelle Darstellung bestimmter sozialer Charaktere und lizenzierter Verhaltensweisen eingebunden. –2 G. F. Meier 1744, §88, p.113f. –3 Koestler 1949:82f. –4 Souriau 1948:149; Victoreff 1953:147

Zu V.10.

1 d'Aubignac (1657) 1715 = 1971,I:17 –2 ibid.,I:20 –3 ibid.,I:23 –4 ibid.,II:66f. –5 Neuschäfer 1971:XVII u. XXI –6 Bonfantini 1957:113; Dieckmann 1964:31 –7 d'Aubignac (1657) 1715 = 1971,II:67f. –8 ibid.,II:128 –9 "Quoi qu'il ne soit pas nècessaire que le sujet des Comèdies soit toujors veritable, il faut qu'il soit toûjours vraisemblable." d'Aubignac: Discours sur Terence, in: d'Aubignac (1657) 1715 = 1971,II:9 –10 "La Comédie servoit à dépeindre les actions du peuple, & l'on n'y voioit que Débauches de jeunes gens, que Fripponeries d'Esclaves, que Souplesses de femmes sans honneur, qu'Amourettes, Fourbes, Railleries, mariages & autres accidens de la vie commune. Et ce Poëme fut tellement renfermé dans la bessese(!) de la vie populaire, que le stile en devoit être commun, les paroles prises de la bouche des gens de neant, les passions courtes & sans violence, toutes les intrigues soûtenuës par la finesse & non par le merveilleux: Enfin toutes les actions populaires, & nullement Heroïques (...)." d'Aubignac (1657) 1715 = 1971,II:129f. –11 Knutson 1965 –12 d'Aubignac (1657) 1715 = 1971,IV:288ff. –13 "(...) parce que se jettant ainsi dans la Didactique & les enseignements, ils s'écartent de l'intrigue du Theatre, & en laissent ralentir l'activité." ibid., IV:291 –14 "(...) car comme la Poësie dramatique est l'Imitation des actiones humaines, elle ne les imite que par les enseigner, & c'est ce qu'elle doire faire directement; mais pour les Moeurs, c'est à dire, pour les Maximes qui regardent la conduite de la vie morale, qui nous peuvent porter à l'amour de la vertu, & nous inspirer l'aversion du Vice, elle ne les enseigne qu'indirectement & par l'entremise des Actions, (...)." ibid., IV:239 –15 ibid., IV:297 –16 ibid., IV:318

Zu V.11.

1 Taviani 1969:CI. Als wichtigste christliche Poetiken sind zu nennen: G. Bartolommei: Didascalia cioè Dottrina Comica. Florenz 1658; G. D. Ottonelli: Della Christiana Moderatione del Theatro. 6. Bde. Florenz 1646-1661. Weitere Schriften in der Bibliographie von Taviani 1969:XVXXIV. Dort finden sich auch Auszüge aus den gedruckten gegenreformatorischen Predigten gegen die Komödie. Der Begriff einer "negativen Poetik" findet sich schon bei Weinberg 1961,II:767 im Zusammenhang mit dem Teil 'Deca disputata' der Poetik des Francesco Patrizi (Della Poetica 1586). –2 Taviani 1969:XLVII –3 ibid. –4 ibid:XCV f. –5 Cf. Adolf Köberle: Vatergott, Väterlichkeit und Vaterkomplex im christlichen Glauben (1954). In: ders.: Heilung und Hilfe. Christliche Wahrheitserkenntnis in der Begegnung mit Naturwissenschaft, Medizin und Psychotherapie. Darmstadt (2)1973:203-214; sowie Hubertus Tellenbach (ed.): Das Vaterbild. Bd. 1-4. Stuttgart 1976-1979 –6 Dies Modell eines theologisch begründeten Handlungsraumes liegt nach P. Zumthor: Le masque et le lumière. Paris 1978:79 schon den Poetiken der Renaissance zugrunde, wobei allerdings - so Zumthor - die Extrempunkte der phallischen Achse - Gott/Teufel - im poetisch-rhetorischen Diskurs nicht explizit thamatisiert wurden: erst im 17. Jahrhundert werden sie innerhalb der Debatten des Kulturkampfes zu 'Agenten' auf der horizontalen Achse des menschlichen Raumes.

Zu V.11.1.

1 Bourquin 1919:50 –2 Nicole (1667) 1961:40 3 ibid. 4 Dabei konnte sich die christliche Kritik ihrerseits an die Tradition einer Verurteilung der Schauspiele durch die stoische Ethik anschließen. Weismann 1972:92-98 u. 208f. –5 Thomas v. Aquin: Summa theol., sec.qu. 167, art. 2.; zit. nach Stäudlin 1823:146 –6 Nicole (1667) 1961:43

–7 Cf. Leclaire (1968) 1975:143f. –8 Nicole (1667) 1961:52 –9 ibid:42 –10 ibid. –11 "Ce qui rend encore plus dangereuse l'image des passions que les comedies nous proposent, c'est que les Poëtes pour les rendre agreables sont obligez (...) de les farder tellement par l'adresse de leur esprit, qu'au lieu d'attirer la haine & l'aversion des spectateurs, elles attirent au contraire leur affection." Nicole (1667) 1961:57 –12 ibid;60 –13 ibid:61f. –14 (Meine Übers., G. L.) ibid:61f. –15 Der Text erschien schließlich erst 1682; cf. Georges Couton: Einleitung zu: Nicole (1667) 1961, p.25 –16 Moffat 1930:11. Trotz der Identität ihrer moralpolitischen Ziele im Bereich des Theaterwesens ist die grundlegende Differenz von protestantischen Jansenisten und katholischen Jesuiten nicht zu vergessen. –17 Caffaro (1964) 1930:99; (meine Übers., G. L.) –18 ibid:105 –19 "La raison qu'il en apporte est que l'homme fatigué par des actions serieuses a besoin d'un agreable repos, qu'il ne trouve que dans les jeux; (...)." ibid:72 –20 "Je m'étais fait une idée métaphysique d'une bonne Comédie (...)." ibid:146 –21 Urbain/Levesque: Einleitung zu: Bossuet (1694) 1930, p.40 –22 Le P. Caffaro à l'archevêque de Paris. In: Urbain/Levesque (eds.) 1930:149-156, hier p.155 –23 Bourquin 1920:570

Zu V.11.2.

1 Kolakowski 1960:250-280 –2 ibid:280 –3 Stephen Gosson: The School of Abuse (1579) –4 Thomas Lodge: The Defence of Poetry (1579). Als weitere Schrift der puritanischen Bühnenkritik ist noch zu nennen: W. Prynne: Histrio-Mastix. The Players Source or Actors Tragaedie. London 1633 –5 Collier (1698) = 1967:69 –6 "Now Religion is the Basis of Government, and Man is a wretched Companion without it." ibid:129 –7 "The Atheist has no Hereafter, and therefore will be sure to make the most of this world." ibid. –8 ibid:16 –9 "To do them right, Their Measures are Politickly taken (...)." ibid:A2v –10 ibid:157 –11 ibid. –12 ibid:164 –13 ibid:98 –14 ibid:140f. –15 ibid:148 –16 "To what purpose is Vice thus prefer'd, thus ornamented, and caress'd, unless for Imitation?" ibid:141 –17 "I can't forbear saying, that the next bad Thing to the writing these Impities, is to suffer them." ibid:157 –18 "The Matter is so Contrived that the Smut and Scum of the Thought rises uppermost; And, like a Picture drawn to Sight looks always upon the Company." ibid:12 –19 "And when the Sentence has two handles, the worst is generally turn'd to the Audience." ibid. –20 Vorrede zur Komödie The Double-Dealer, in: Congreve (1698) 1923,II:9-12 und in den Amendments of Mr. Collier's False and Imperfect Citations (1698), in: ibid., III:167-206 –21 Summers: Einleitung zu Congreve 1923,I, p.48f. Nach dem 40. Jahresbericht der Gesellschaft aus dem Jahr 1735 sollen bis dahin insgesamt 99380(!) Personen wegen Gottlosigkeit und Unzucht verurteilt worden sein. Ballein 1909:39 22 "In fine; Modesty is the distinguishing Virtue of that Sex, and serves both for Ornament and Defense: Modesty was design'd by Providence as a Guard to Virtue; And that it might be always at Hand, 'tis wrought into the Mechanism of the Body." (Meine Hervorhebung, G. L.). Collier 1668 =1967:11 –23 ibid:8 –24 "It is the business of a Comick Poet to paint the Vices and Follies of Humane Kind; and there are but two sexes that I know, viz. Men and Women, Which have a Title to Humanity: And if I leave one half of them out, the work will be imperfect." Congreve (1668) 1923,II:11f. –25 ibid.,III:194 –26 ibid.,II:12 –27 ibid.,III:180 –28 ibid.,III:205 –29 ibid.,III:173 –30 ibid.,III:172 –31 ibid.,III:173 u. 190 –32 ibid.,III:173 –33 "He discovers in his Expression, that his Religion and his Natural Philosophy are both of a size. He has declared the very Source of Living, and the Spring of Motion in the mechanical Part of man, to be no more than the Fountain-Head of Follies and Passions; and intimates very strongly, That Nature made it only for that purpose." ibid.,III:180 –34 Ballein 1909 –35 "(...) Are there not more Self-murderes, and melancholick Lunaticks in England, heard of in a year, than in a great part of Europe besides?" Congreve (1698) 1923,II:206 –36 ibid.

Zu V.12.

1 Dennis (1695) 1964:174-176 —2 ibid:175 —3 Congreve (1695) 1964:184 —4 ibid. —5 Tave 1960:14 —6 Koestler 1966:18f. —7 Schmidt-Hidding 1963:83 —8 Schmidt-Hidding 1963:92f. —9 ibid. —10 Sir William Temple: Essay of Poetry (1692) —11 Cazamian 1953:397 —12 Tave 1960:94 —13 Congreve 81695) 1964:180. Zu Beginn des 18. Jahrhunderts denotierten sowohl humour als auch wit das Komische und wurden zunächst synonym gebraucht; erst im Verlauf des 18. Jahrhunderts entwickelten sie sich zu antinomischen Begriffen (Schmidt-Hidding 1963:105ff.). So definiert Adam Smith in einer Rezension von Johnson's Dictionary (1755) wit als die spezifische Komik des Bürgers, während humour das niedere Prinzip des Narren kennzeichnet. (A. Smith: Works 1811, V:565).— Allerdings hatte schon 1709 Shaftesbury in der zweiten Abhandlung ('Sensus communis'; An Essay on the Freedom of Wit and Humour) seiner Characteristics of men, manners, Opinions and Time in einer philosophischen Bestimmung des bürgerlichen Subjekts die spezifische Charakterlogik in anderer Weise interpretiert. Die der Vernunft entgegenstehenden kontingenten Affekte des Subjekts werden durch das aristokratische Prinzip des "ridicule" harmonisiert. (Cf. Tave 1960:35f.). Der durch den Begriff "sensus communis" abgedeckte Bereich eines ersten Naturzustandes wird dabei in Kategorien der zweiten Natur gedeutet: das Subjekt wird irrationalisiert. Wit ist in diesem Zusammenhang der bürgerlichen Praxis zugeordnet, ihm ist die Entfaltung von Handel und Freiheit zu verdanken (Shaftesbury (1709) 1964:45). Die Harlekinaden der italienischen Volkskomödie dagegen werden als Zeichen der politischen Unmündigkeit und der Tyrannei interpretiert (ibid:51). Der humour ist demgegenüber als Gegenmittel zum Laster im Sinne eines Mediums der moralischen Selbstkorrektur der Bürger konzipiert. (ibid:85). —14 Congreve (1695) 164:177 —15 ibid:178 —16 Tave 1960:98 —17 Congreve (1695) 1964:179 —18 ibid:180 —19 ibid. —20 ibid:181 —21 ibid:180 —22 "let any Man that has the Spleen (and there are enough in England) be Judge. We see common Examples of this Humour in little every day." ibid. —23 ibid:180f. —24 ibid:182 —25 "(...) I look upon Humour to be almost of English growth; (...). And what appears to be the reason of it, is the great Freedom, Privilege, and Liberty which the Common People of England enjoy." ibid:185

Zu V.13.

1 Farquhar (1702) 1930,II:328. Die im Text folgenden Seitenangaben beziehen sich auf diese Ausgabe. —2 "(...) not finding a true Genius of Poetry, (...) every one turns about to his Neighbour in a Mask, and for default of Entertainment now, they strike up for more diverting Scenes when the Play is done; and tho' the Play be regular as Aristotle, and modest as Mr. Collier cou'd wish, yet it promotes more Lewdness in the Consequence, and procures more effectually for Intreague than any Rover, Libertine, or old Batchelour whatsoever." ibid:329

Zu V.14.

1 Taviani 1969:CXVI —2 Duvignaud 1971:93 —3 Fontanelle (1753) 1766, vol. 7, p.XXVI —4 Husserl 1954:61; cf. a. Horkheimer/Adorno 1947:37f. —5 Husserl 1954:62 —6 Promies 1961:114ff. —7 Husserl 1954:65. Zwei zentrale Begriffe der Philosophie Christian Wolffs - "Vollkommenheit" und "Bewußtsein" - deuten auf die Relevanz dieser Arbeit am Vernunftbegriff hin, wobei "Bewußtsein" eine von Wolff 1719 geprägte Übersetzung der lat. conscientia ist. Nach Kilian bezieht sich der Begriff auf einen "subjektverabsolutierende(n) Substanzbegriff eines autonomen Bewußtseins." Kilian 1971:165f. u. 182. —8 Horkheimer 81947) 1974:94 u. 165 —9 Sohn-Rethel 1970:91

Zu V.15.

1 Saint-Evremond (1700) 1701:37 —2 "Les idées occupent l'Esprit, les sentiments interessent le Coeur (...)." Crousaz 1715:7 —3 Martino 1972:32 —4 Baeumler 1923:42 —5 Foucault (1966) 1974:105 —6 "§.1 AESTHETICA (theoria liberalium artium, gnoseologia inferior, ars pulcre cogitandi, ars analogi rationis) est scientia cogitionis sensitiuae." Baumgarten 1750 = 1961:1 —7 Baumgarten 1735 (in: Riemann 1928) § 70 —8 Linn 1974:106 —9 Dieckmann 1964:37 —10 Heninger 1974:340; Baumgarten 1735 = 1964:26 (§ 67); (dt. Übers.: Riemann 1928:130) —11 Crousaz 1715:8 —12 ibid:10 —13 ibid:12 —14 ibid:13 —15 Crousaz 1715:94ff.; in diesem Zusammenhang zitiert Crousaz auch Platon (p.101) - überdies enthält die gesamte zweite Hälfte des Traité du Beau eine Musiktheorie. —16 ibid:43 —17 ibid:127 —18 ibid:21 —19 ibid:39f. —20 ibid:40

Zu V.16.

1 Eduard Winter: Der Josefinismus. Die Geschichte des österreichischen Reformkatholizismus 1740-1848. Brünn-München-Wien 1943:17ff. —2 Muratori (1706) 1821,I:56f. —3 "Und sintemal alle Künste und Wissenschaften von derselben Kraft geleitet werden, sind sie auf die ewige oder die diesseitige Glückseligkeit gerichtet und auf die gute Führung der Völker; denn die wahrhaft vollkommene Dichtung muß immer ergötzen und zugleich dem Gemeinwesen einen nützlichen Dienst erweisen." (Meine Übers., G. L.); ibid,I:63; vgl. a. III:9 —4 Der zuerst in der Poetik der spanischen Renaissance erfolgte metaphorische Gebrauch von gusto (cf. Francisco Sànchez-Blanco: Die Anfänge des Geschmacks in der spanischen Renaissance. In: Archiv für Begriffsgeschichte 52, 1978 (H. 2):202-214) wurde von Balthasar Gracian (1647) 1975 (cf. § 65, § 98, § 128, § 253) zur Anleitung gesellschaftlicher Erfolgstechniken im Rahmen des höfischen decorum verwendet. Der Begriff wurde insbesondere auch durch die Schrift Riflessioni sopra il buon gusto (Venezia 1708) verbreitet, die Muratori unter dem Pseudonym "Laminao Pritano" veröffentlichte.— Zum Zeitpunkt seiner Einführung in Deutschland durch J. U. König 1727 war der Geschmacksbegriff schon als Prinzipium eines regulativen Konsenses modelliert, "(...) das Wahre, gute und schöne richtig zu empfinden (...)." König 1727:259. Cf. auch F. Schümmer: Die Entwicklung des Geschmacksbegriffes in der Philosophie des 17. und 18. Jahrhunderts. In: Archiv für Begriffsgeschichte 1, 1955:120-141 —5 Muratori (1706) 1821,I:76f. —6 ibid.,I:80 —7 ibid.,I:83 —8 ibid.,I:86 —9 ibid.,I:88 —10 ibid.,I:90 —11 ibid.,I:95 —12 ibid.,I:90 —13 ibid.,I:96 —14 ibid.,I:92 —15 ibid.,I:96 —16 ibid.,I:97 —17 "Le scienze considerano il vero per saperlo, per intenderlo; e la poesia lo considera per imitarlo e dipingerlo." ibid. —18 ibid.,I:155 —19 ibid.,I:146f. —20 "Le regole del verisimile, come abbiam detto, richiedono che le favole poetiche non s'oppongano nè contradicano all'opinione fondamente conceputa delle cose." ibid.,I:148 —21 ibid.,I:149 —22 ibid.,I:149f. —23 ibid.,I:150 —24 ibid.,I:150f. —25 "Ma la poesia per l'ordinario va cercando il vero universale, piu che il particolare; in guisa che o prende un vero particolare, e lo riduce all'universale; o pure immagina un universale, e poscia per rappresentarlo in practica la conduce al particolare. Cioè da lei si dipingo le azioni, le persone, le cose, come la natura considerata in universale dee, può e suol talora fare." ibid.,I:153 —26 ibid.,I:177 —27 Gravina 1708:9 —28 ibid:23 —29 "Perciò la poesia, che con varj strumenti trasporta il naturale sul finto, avvalora le cose famigliari e consuete ai sensi colla spezie di novità: la quale, movendo maraviglia, tramanda al cerebro magior coppia di spiriti, che, quasi stimoli, spronano la mente su quell'immagine in modo che possa fare azione e riflessione più viva." ibid:34 —30 Muratori (1706) 1821,I:182 —31 ibid.,I:204 —32 ibid. —33 ibid. —34 ibid.,I:275 —35 ibid.,I:282 —36 ibid.,I:277 —37 ibid.,III:11 —38 ibid.,I:62 —39 "Commedie adunque o in Prosa o in Versi, le quali sapessero far ridere, correggessero il ridicolo de' Costumi, delle Usanze mal concertate, delle opinioni stolte del Volgo, e destramente porgessero buoni ammaestramenti, o almendo nuocere non potassero; rendebb(ero) il Teatro una Scuola segreta del ben' operare, e però utile alla Repubblica." Muratori 1749:172f. —40 Muratori (1706) 1821,III:96 —41 ibid.,III:77 —42 "In

una parola, si vuole schivar tutto cio che può recar danno ai buoni costumi." ibid.,III:99 —43 ibid.,III:78 —44 ibid.,III:99f. —45 ibid,.III:93 —46 "Consiste oggidì non poca parte di queste commedie in atti buffoneschi e in isconci intrecci, anzi viluppi di azioni ridicole, in cui non troviamo un briciolo di quel verisimile che è tanto necessario alla favola." ibid.,III:93

Zu V.17.

1 Hinck 1965:212 —2 de Voss 1975:5f. —3 ibid:40 —4 ibid:14 —5 ibid:75 —6 Duvignaud 1971:103f. —7 ibid:104; Hofius 1954:2 —8 Rapp 1973:161 —9 Bourquin 1919:572 —10 Terrasson 1715:XXXV —11 ibid:III —12 ibid:XLI —13 ibid:LXI —14 "C'est l'esprit & non la forme géometrique qu'il faut porter en toutes sortes d'Ouvrages." ibid:LXXXI f. —15 ibid:LXVIII —16 ibid. —17 ibid:146 —18 ibid:147 —19 "(...); le fin Comique ne se peut tirer que de la peinture des moeurs; & la peinture des moeurs porte naturellement le Poëte à la correction des mauvaises, & à la formation des bonnes. C'est-là seulement ce que j'appelle morale." ibid:162 —20 ibid:32 —21 ibid:165 —22 ibid:164 —23 ibid:166 —24 ibid:166f. —25 ibid:168; (Meine Übers., G. L.) —26 ibid:238 —27 "Avec ces précautions, les Magistrats favorisent les spectateurs, ils les regardent comme l'amusement d'une jeunesse inombrable, (...), qu'on détourne par là d'une infinité d'actions criminelles par elle-mêmes, & très-dangereuses pour l'Etat & pour la societé." ibid:149 —28 ibid. —29 ibid:XLVLI (= falsch paginiert, muß heißen: XLVIII).

Zu V.18.

1 Kollektiv für Literaturgeschichte (6)1977:35 —2 Martino 1972:50 —3 Cassirer (1932) 1973:404 —4 Bürger 1972:97f. —5 A. Michel in: Association Guillaume Budé 1964:161 —6 "(...) de nous amener à son (des Redners, G. L.) sentiment par la force de ses raisonnemens, ou par le pathétique des images que son invention lui fournit, (...)." Du Bos (1719) 1751,II:5; vgl. a. Pfister 1977:213 —7 Munteano 1956:320 u. 348f. —8 Du Bos (1719) 1751,I:6 —9 ibid,I:9f. —10 "La copie de l'objet doit, pour ainsi dire, exciter en nous une copie de la passion que l'objet y auroit excitée." ibid,I:26 —11 ibid:27 —12 ibid.,I:19f. —13 ibid.,I:6 —14 Bürger 1972:96 —15 Du Bos (1719) 1751,I:38 —16 ibid.,II:4f. —17 ibid.,II:323f. —18 ibid.,II:389 —19 Wölfel 1971:51 —20 ibid. —21 Du Bos (1719) 1751,II:324f. —22 ibid.,II:422 —23 ibid:353 —24 ibid.,I:386f. —25 ibid. —26 ibid.,I:397 —27 Bürger 1972:98 —28 Du Bos (1719) 1751,I:387 —29 ibid.,I:428 —30 ibid.,I:155 —31 ibid.,I:58f. —32 ibid. —33 ibis.,I:231f. —34 ibid.,III:241f. —35 ibid. —36 ibid.,I:431 —37 Nach Du Bos hinterläßt die erste Begegnung mit einem Objekt nicht die stärksten Eindrücke - wir sind noch zu sehr mit der kognitiven Einordnung des Wahrgenommenen beschäftigt; die nochmalige Vorstellung ist stärker, weil wir uns nunmehr ganz unseren Empfindungen überlassen können; ibid.,I:426

Zu VI.1.

1 Johann Adolph Hofmann: Zwei Bücher von der Zufriedenheit (1722). —2 Wolff (1720) 1728; Vorrede zur 2. Auflage, p.4v —3 ibid., § 1-10 —4 ibid:31f., § 44 —5 Cf. G. W. Leibniz (1714) (1720) 1979:26, § 58 —6 Wolff (1720) 1728:41f., § 64 —7 ibid:70, § 119 —8 ibid:113, § 184 —9 ibid:115, § 188 —10 ibid:134, § 210 —11 ibid:546, § 777 —12 Wolff (1721) 1736 = 1975:2, § 2 —13 ibid:24, § 38 —14 ibid:20, § 37 —15 ibid:373, § 389 —16 ibid:376 —17 ibid:271, § 328 —18 "Denn wiedrigen Falles siehet es der Wahrheit nicht ähnlich, und kan dadurch niemand überredet werden, daß die Sachen so aus einander erfolget, wie man in der Comödie und Tragödie siehet, folgends sind die Comödien und Tragödien mehr hinderlich und schädlich, als nützlich." ibid. —19 Martino 1972:443 —20 Wolff (1721) 1736 = 1975:269, § 328 —21 ibid: 323, § 296

Zu VI.2.

1 D. Brüggemann 1970:191 —2 Steinmetz (2)1971:98 —3 Horkheimer (1947) 1974:115 —4 "Psychologia empirica est scienta stabiliendi principia per experientiam, unde ratio redditur eorum, quae in anima humana fiunt." Wolff (1732) 1968:1 § 1 —5 Wolff (1724) (1733:540, § 332 —6 ibid:513, § 309 —7 "Affectus sunt actus animae, quibus quid vehementer appetit, vel adversatur, vel sunt actus vehementiores appetitus sensitivi & aversationis sensitivae." Wolff (1732) 1968:457, § 603 —8 "Gaudiam ex eo perceptum, quod opinione nostra altri vitio potest, vel famam quomodocunque laedit, dicitur Irrisio." ibid:552, § 730 —9 ibid:560, § 743 —10 "Si quis existimat ea, quae fecit alter, dignitati, aut persone ejus repugnare; ad risum commovetur." ibid:561, § 745 —11 ibid:562, § 746 —12 Wolff (1724) 1733:187f., § 113 —13 ibid:528f., § 320 —14 Böckmann 1932/33:80 —15 Sohn-Rethel 1970:35 —16 Böckmann 1932/33:52-130 —17 Cf. die Kritik D. Brüggemanns 1970:191f. an Böckmann 1932/33:52-130 —18 D. Brüggemann 1970:219 —19 Zur Idee eines anomischen Gegenbildes des bürgerlichen Vernunft-Ichs vgl. Promies 1961:50f. —20 Rieck 1976:370 —21 Steinmetz (2)1971:30f. —22 ibid:36f.

Zu VI.4.

1 Scherpe 1968:57 —2 Die Critische Dichtkunst - im folgenden als 'CD' zitiert - wird auf der Textbasis der 3. Auflage 1742 nach der Ausgabe J. u. B. Birke (eds.). Berlin-New York 1973-1978, Bd. VI, Teile 1-4 zitiert, wobei die einzelnen Teilbände mit römischen Zahlen angegeben werden. Nach dem Doppelpunkt folgt die Seitenzahl, danach in Klammern die Zeile. —3 CD I:183(25)-184(1); Birke 1966:44 —4 Weimar 1975:25 —5 Fuhrmann 1973:258 —6 Freier 1973:36 —7 CD I:195(6); vgl. dazu: Hermann 1970: 133; Hinck 1965:169; D. Brüggemann 1970:19; Freier 1973:45 u. 62 —8 CD I:195(8-9) —9 CD I:195(29)-196(1) —10 "Aber man ahmet überall die Art eines in solchen Leidenschaften stehenden Gemüthes so genau nach, und drückt sich mit so natürlichen Redensarten aus, als wenn man wirklich den Affect bey sich fände." CD I:198(5-8) —11 CD I:201(13-18) —12 CD I:203(5-9) —13 "In der That muß eine jede Fabel was Wahres und was Falsches in sich haben: nämlich einen moralischen Lehrsatz, der gewiß wahr seyn muß; und eine Einkleidung desselben in eine gewisse Begebenheit, die sich aber niemals zugetragen hat, und also falsch ist." CD I:203(9-13) —14 CD I:204(8-13) —15 CD I:204(13-22); vgl. auch I:206(10-24) zum Fiktionsbegriff, der anhand der Diskusion des "Unglaublichen" ebenfalls doppelt konstruiert wird. Das 5. Kap. "Von dem Wunderbaren in der Poesie" ist poetologisch eher unergiebig, da die Legitimation des Fiktionalen von der aufklärerischen Wunderkritik überlagert wird. CD I:225-253 —16 Weimar 1975: 12 —17 ibid:17 —18 ibid:16 —19 ibid. —20 Wölfel 1971:55 —21 CD I: 169(25)-170(5) —22 CD I:177(14-16) —23 CD I:178(7-10) —24 CD I:186(28) —25 CD I:255(14) —26 CD I:255(12-14) —27 CD I:184(22) —28 Freier 1973:36f. —29 CD I:221(16-22) —30 Blumenberg (2)1969:13 —31 Freier 1973:80f. —32 ibid. —33 Wölfel 1971:56 —34 Freier 1973:34

Zu VI.5.1.

1 CD II:358(20); vgl. auch CD II:342(32)-343(5) —2 Promies 1961:50 —3 ibid:60 —4 Steinmetz (2)1971:97 —5 "Nach unseren heutigen viel deutlicheren Begriffen können wirs noch viel besser zeigen, daß nichts als die Tugend ein wahres und dauerhaftes Vergnügen geben könne, und daß hergegen nur die Laster eine dauerhafte Unlust wirken, ob sie gleich anfänglich sich unter dem Scheine der Lust und Ergetzlichkeit einschmeicheln." Gottsched 1734,II:**2 (Vorrede) —6 ibid.,II:61. Ähnlich auch das Kap. "Von der Beherrschung der Gemüthsbewegungen", II:341ff. —7 ibid.,II:11f —8 ibid.,II:36 —9 ibid.,II:84 —10 ibid.,II:341f. —11 ibid.,II:130 —12 ibid.,II:136f. —13 § 546, ibid.,II:359f.

Zu VI.5.2.

1 D. Brüggemann 1970 — 2 Steinmetz (2)1971:21 — 3 CD II:358(29-31) — 4 Steinmetz (2)1971:21 — 5 Lindberg 1973:256. Seinen Ausgang nahm der Opernstreit schon mit Anton Reisers Theatromania oder Wercke der Finsterniß in den öffentlichen Schauspielen. Ratzeburg 1681. — 6 ibid:256 — 7 Das gilt insbesondere für Gottscheds Burteilung der Oper, wobei er bis in den Sprachduktus hinein die Haltung der pietistischen Bühnenkritik übernimmt: " Ich sehe überdas die Opera so an, wie sie ist; nämlich als eine Beförderung der Wollust, und Verderberinn guter Sitten. Die zärtlichsten Töne, die geilsten Poesien, und die unzüchtigsten Bewegungen der Opernhelden und ihrer verliebten Götinnen bezaubert die unvorsichtigen Gemüther, und flößen ihnen ein Gift ein, welches ohnedem von sich selbst schon Reizungen genug hat." CD II:368(18-25) — 8 Fuhrmann 1728:18 — 9 ibid:27 — 10 "Der Mimus stellet sich noch ungebärdiger, und sucht darin eine gloire, wenn er der Welt zeigen kan(!), was er vor herrliche Pickelherings=Naturalia besitze. Das ist aber recht bestialisch, ja über bestialisch. Denn die allerwildeste Bestie wird aus freyem Willen nicht rasen, oder anders ihres gleichen zu Gefallen eine närrische Conduite sich angewehnen; und die vernünfftige Creatur, so nach Gottes Ebenbild erschaffen, tuts." ibid:30 — 11 ibid:28 — 12 ibid. — 13 Rieck 1976:382

Zu VI.5.3.

1 Gottsched 1760, Sp. 988 (Handlexicon) — 2 ibid. — 3 CD II:357(6-15) — 4 CD II:359 (25-28) u. 360(2-6) — 5 ibid. — 6 Hinck 1968:18 — 7 Wolfgang Hecht: Materialien zu Luise A. V. Gottsched 'Der Witzling' und J. E. Schlegel 'Die stumme Schönheit'. Berlin 1962:163; zit. n. Hinck 1965:175 — 8 Aikin-Sneath (1936) 1964:18

Zu VI.5.4.

1 CD II:352(7-9) — 2 CD II:(25)-353(4) — 3 CD II:354(31-33) — 4 Vgl. CD (Ketelsen ed.) 1970:117; CD (Steinmetz ed.) 1972:192. Diese Variante ist im Variantenverzeichnis CD (Birke ed.) III:140 nicht angegeben. — 5 CD II:355(14-15) — 6 CD II:356(7-8) — 7 CD II:351(18-21). CD (Ketelsen ed.) 1970:115; CD (Steinmetz ed.) 1972:189: Auch diese Variante fehlt in CD (Birke ed.) III:139. Vgl. auch CD II:573(12-17) — 8 CD II:356(29)-357(6) — 9 Gottsched 1760, Sp. 52. An diese Affen-Allegorie hatte Holl in seiner Dissertation 1910 angeknüpft, um innerhalb der Komödientheorie die Heterogenität von Didaktik und Naturnachahmung plausibel zu machen. Die Gleichung Tier/Narr/Clown findet sich noch in Adornos Ästhetischer Theorie. Adorno (1970) 1973:180-182 — 10 Cf. John Cohen: Golem und Roboter. Frankfurt am Main 1968:72-85; Helmut Swoboda: Der künstliche Mensch. München 1967:127-141

Zu VI.6.

1 CD II:583(5-12) — 2 Caudwell 1971:104 — 3 Cf. G. Sanga: Note sullo spettacolo populare. In: Strumenti critici 11, 1977: 218 — 4 Moreno 1924:65f. unterscheidet daher in seiner Theatertheorie auch folgerichtig die Improvisation im Geiste eines vorgegebenen Musters vom autonomen Stegreifspiel, in dem die Subjekte sich selbst als Gegenstand und die Bühne als Welt nehmen und in dieser Verdoppelung des Scheins sich selber entdecken. — 5 Zur "jouissance" der Jazzimprovisation cf. Terence Hawkes: Structuralism and Semiotics. London 1977:121. Schon Vito Pandolfi: La Commedia dell'arte. Storia e testo. Firenze 1957ff., VI:9 hat in einem kulturtypologischen Hinweis die Jazzimprovisation mit der Spielweise der commedia dell'arte verglichen. Zum Begriff der "jouissance" s. u. Kap. VII.3., Anm. 6 — 6 Vladimir Jankélévitch: La Rhapsodie. Verve et improvisation musicale. Paris 1955:205 — 7 Hodgeson/Richards 1972:166

Zu VI.7.

1 Salzbrunn 1957:5 —2 Ballhausen 1955:105, Anm.2. —3 Lessing (1767) 1966:74 —4 Piens 1954:12 (= Einleitung zu F. Riccoboni 1750)

Zu VI.7.1.

1 "Nous avons vu de notre tems le Baron & la le Couvreur toucher tout le monde par une Déclamation simple & naturelle, & le bon sens veut que nous ne cherchions point de plaisir dans la fiction, lorsque nous pouvions l'avoir dans la verité, sur-tout dans une profession comme celle du Comédien, qui n'emprunte ses traits que de la Nature même." L. Riccoboni (1738) 1740 = 1969:268 —2 L. Riccoboni (1738) 1740 = 1969:248 —3 ibid:266 —4 ibid:267 —5 "Le plus grand nombre des Spectateurs François, n'est pas en état de sentir ce qu'on appelle vérité d'action: (...) car s'ils envisageoient la Nature & la Verité telles qu'elles sont en effet, ils en seroient révoltés." ibid: 267 u. 268 —6 ibid:248 —7 ibid:254 —8 Schon auf dem Höhepunkt der Querelle hatte z.B. de Boissimon (Les Béautez de l'ancienne éloquence. Paris 1698:22 u. 57f.) das Verhältnis von art und nature innerhalb der elocutio derart bestimmt, daß die geäußerte Gebärde im Sinne eines Kunstausdrucks mit der intendierten Wirkung des "je ne sçay quoy de naturel" (22) zusammenfällt. Jean Léonor de Grimarest (Traité du recitatif dans la lecture, dans l'action publique, dans la déclamation, & dans le chant. Paris 1707. Reprograf. Nachdruck New York 1978 der 2. Auflage Den Haag 1760) versucht erstmals, "die Bewegungen der Natur" (94) im Rahmen der überkommenen Affektrhetorik in eine "Art neuen" (106) theatralischen Deklamationsstil zu überführen. L. Riccoboni und Rémond de Sainte Albine (1747) führen die von Grimarest begonnene Diskussion eines natürlichen Darstellungsstils im Sinne einer bestimmten Schauspieltechnik fort. Das bei Grimarest thematisierte Grundproblem einer 'natürlichen' Schauspielkunst - die kontinuierliche Veräußerung der inneren Logik eines Handlugsablaufes - ist noch der Kernpunkt des Systems von Konstantin S. Stanislawski zu Beginn des 20. Jahrhunderts. —9 L. Riccoboni (1738) 1740 =1969:251 —10 "Il faut pour cela qu'il déclame si naturellement, qu'il force, pour ainsi dire, les Spectateurs à croire que tout ce qu'il dit il le pense dans l'instant même; (...)." ibid:264 —11 ibid:258 12 ibid. —13 ibid:259 14 ibid:261 —15 ibid. —16 ibid:263 —17 ibid:266 —18 ibid:252

Zu VI.7.2.

1 G. E. Lessing: Werke (Göpfert et al. ed.), III:206-207; ibid:209-210; ibid:212-214 (= Rezensionen vom 30.5., 25.6. und 4.7.1754) —2 "Aus dem, was von der durch Fertigkeit erlangten Bewegung in Wellenlinien gesagt worden, wird man vielleicht finden, daß wenn man die theatralische Handlung, besonders die reizende, linienmäßig lernte, sie geschwinder und richtiger durch Hülfe der vorhergehenden Grundsätze könnte gelernet werden, als durch die Methoden, denen man sich bisher bedienet hat." Hogarth (1753) 1754:88. Zu Interpretation von Hogarths Analysis of Beauty und zum Problem einer Körpersemiotik im kunsthistorischen Kontext cf. Kemp 1975:120f. —3 Als Folge der widerspruchsvollen Aufgabe eines - seinem Selbstverständnis nach - 'natürlichen' Theaterspiels, am Körper des Schauspielers einen illudierten anderen Körper darzustellen, der zugleich den fiktionalen Körper der Figur und ein gesellschaftlich imaginäres Körperbild vorstellen soll, finden sich noch weit bis ins 19. Jahrhundert Elemente der rhetorischen Körperdarstellung in den Traktaten zur Schauspielkunst. Cf. Gilbert Austin: Die Kunst der rednerischen und theatralischen Deklamation (1807). (Übers. v. Chr. Fr. Michaelis) Leipzig 1818. Reprograf. Nachdruck Leipzig 1969, passim; E. Thürnagel: Theorie der Schauspielkunst (1836). Mannheim (2)1841:127f. —4 "Man bemerke, daß man sich reizender Bewegungen in Schlangenlinien nur bey Gelegenheit, und mehr bey müßigen Stunden, bedienet, als sie beständig bey jeder Handlung, welche wir machen, anwendet." Hogarth (1753) 1754:82f. —5 ibid:84 —6 ibid:81 —7 ibid:89 —8 ibid:88f. —9 "Man merke hier, daß, da die ganze Schönheit auf eine beständiges Verändern ankömmt, eben dieses auch

hier, in Ansehung der artigen und schönen theatralischen Handlungen, muß beobachtet werden." ibid:89. Lessing interpretiert in seiner Rezension des Hogarthschen Werkes die Wellenlinie als "die wahre Linie der Schönheit" und die Schlangenlinie als "die wahre Linie des Reizes". Lessing: Rez. (1); Werke, (Göpfert et al., ed.), III:207 —10 Hogarth (1753) 1754:8 —11 ibid:9 —12 "(...) ein Strahl von dem Object aus nach dem Centro des Augs/(...)." Dubreuil (1639) (1710) = 1977:5 —13 Ballhausen 1955:16 —14 Elias (1936) (5)1978 —15 Kriss-Rettenbeck 1964/65:30f. —16 Cf. Roland Haas: Lesend wird sich der Bürger seiner Welt bewußt. Der Schriftsteller Johann Gottfried Schnabel und die deutsche Entwicklung des Bürgertums in der ersten Hälfte des 18. Jahrhunderts. Frankfurt/M-Bern-Las Vegas 1977 —17 Ballhausen 1955:186ff. —18 G. Simmel 1923: 241 —19 ibid:257 —20 Hogarth (1753) 1754 :87

Zu VI.7.3.

1 Abgedruckt im Anhang zum reprograf. Nachdruck der Art du Théâtre (1750) 1971. Da beide seitengleich paginiert sind, werden die beiden Texte als 'Art' und als 'Lettre' zitiert. —2 Lettre:5 —3 Rémond de Sainte Albine (1747) 1749; vgl. a. Lessing 1754(b), insbes. p.151f. —4 Lettre:5f. —5 Lettre:7 —6 Meine Übers., G. L.; Art:26 —7 Art:31 —8 Lettre:12 —9 ibid:12f. —10 ibid:13 —11 ibid. —12 "Bien loin que je me fois jamais rendu à cet avis (die Hypothese der Einheit von dargestelltem und erlebtem Gefühl, G. L.), qui est presque généralement reçû, il m'a toujours paru démontré que si l'on a le malheur de resentir véritablement ce que l'on doit exprimer, on est hors d'état de joüer." Art:37 —13 Piens (Einleitung zu F. Riccoboni 1750) 1954:15f. —14 "(...) les mouvemens de l'un produisent ceux de l'autre, & que tous se maintiennent exactement dans la situation où la Scène doit les mettre." Art:81.— Diderot greift F. Riccobonis Ideen sofort auf, er prägt auch den Begriff des 'dédoublement'. Das Theater wird für Diderot aufgrund des 'dédoublement' zu einem Modell gesellschaftlicher Praxis, in dem sowohl die narzißtische Spiegelung des Selbst als auch die didaktische Vorspiegelung für andere durchlebt werden kann (Lewinter 1976:22). Ein solches Leben ist aber nur um den Preis des Todes, der Verwandlung in die gefühllose Materie der Fiktion zu gestalten — ästhetische Praxis wird so auch zum Modell der Überwindung des Todes (Lewinter 1976:240): die Verdoppelung des Schauspielers in fiktive Repräsentation (R) und reale Präsenz (A) ist als dialektisches Bild der möglichen Transgression von Leben und Kunst gefaßt. Indem das Schauspielerparadox - "diese unbegreifliche Spaltung des eigenen Selbst" (Diderot (1770-1773) 1968,I:493) - zum philosophischen Gleichnis der psychischen Gespaltenheit der Menschen wird, ist es zugleich auch eine Kritik der ökonomisch doppelten Existenzweise - allerdings in noch unbegriffener und unbegrifflicher Form: der tote Warenkern und der Schein als Gebrauchswertsubstitution werden in der ästhetischen Praxis zugleich aufgehoben und dargestellt. Das Schauspielerparadox wird so zu einem reichhaltigen Bild der bürgerlichen Praxis überhaupt, und zwar in allen Dimensionen: psychisch, ästhetisch, philosophisch und ökonomisch. 15 Art:44 —16 Piens 1954:18 (= Einleitung zu F. Riccoboni 1750) —17 "Mais les hommes d'un rang moins élevé, qui s'abandonnent plus aisément aux impressions qu'ils reçoivent, le peuple qui ne sçait point contraindre ses sentimens, ce sont-là les vrais modéles(!) de la forte expression." Art:43 —18 Meine Übers., G. L.; Art:59 —19 Lessing (Piens ed.) 1954:77. "En un mot il faut exprimer comme le peuple, & se présenter comme les grand." Art:43 —20 Art:78. Das später in der Formulierung von J. J. Engel 1785-1786,II:206 als "Continuität des Spiels" bezeichnete Stilcharakteristikum bürgerlicher Schauspielkunst erfährt hier seine produktionsästhetische Begründung..—21 Lessing (Piens ed.) 1954:91 —22 Art:67 —23 ibid:65 —24 Art:66f. —25 Art:72f. —26 Art:73

Zu VI.8

1 Leutz 1974:31; Burkart 1972:18f. Vgl. a. Lewis Yablonski: Psychodrama. Stuttgart 1978 sowie A. J. Greimas: Le modèle transformationel et le psychodrame. In: ders.: Sémantique structural. Paris 1966:213-221 —2 Moreno 1924:7 —3 ibid:21 —4 "Die Aktu-

alität der Konflikte, von denen die Zuschauer auch subjektiv beherrscht sind, wird dem Theater die verlorene Unmittelbarkeit zurückgeben. Das Theater wird den Menschen wieder erschüttern." ibid:66f. —5 ibid:71 —6 Moreno 1924:77f. —7 "Jede Gestalt aus Sein wird durch sich selbst in Schein aufgehoben und Sein und Schein gehen in einem Lachen unter. Es ist das letzte Theater." ibid:75 —8 ibid:71 —9 Der Arzt und Dichter Moreno hatte den Prototyp eines Tonbandgerätes erfunden und das Patent in die USA verkauft. Leutz 1974:32 —10 The Impromtu School. Brooklyn 1928; Impromtu vs. Standardisation. New York 1929. Cf. die Bibliografie der Schriften Morenos in: Leutz 1974 —11 ibid:45

Zu VI.8.2.

1 Artaud (1938) 1969:11 —2 Die soufflierte Rede und Das Theater der Grausamkeit und die Geschlossenheit der Repräsentation. In: Derrida (1967) 1972, pp.259-301 u. 351-379 —3 Artaud (1938) 1969:95 —4 Derrida (1967) 1972:290f. —5 ibid:267; vgl. a. Paz (1956) 1971:435f. —6 Über das balinesische Theater und Orientalisches und abendländische Theater.In: Artaud (1938) 1969, pp.57-72 u. 73-78 —7 ibid:58 —8 ibid:59 —9 ibid:39 —10 Derrida 1972:359 —11 Alfons Michael Dauer: Stil und Technik im afrikanischen Tanz. (= Sonderbeilage zu "Afrika heute" 15.12.1967) p.1. —12 Alfons Michael Dauer: Kinesis und Katharsis. Prolegomena zur Deutung afrikanischer Rhythmik. (= Sonderbeilage zu "Afrika heute" 15.10.1969); vgl. dazu auch: John Miller Chernoff: African Rhythm and African Sensibility: Aesthetics and Social Action in African Musical Idioms. Chicago 1979. —13 Moreno 1924:56f. —14 Hodgson/Richards (1966) 1972:49 —15 Pörtner 1972; Pfister 1977:25

Zu VI.8.3.

1 Melchinger 1974,II:202 —2 ibid.,II:240 —3 Th. Buck 1971:6 —4 Brecht 1967,I:341 —5 ibid:II:677 —6 ibid,I:343 —7 ibid:III:1009

Zu VI.9.1.

1 Foucault 1977:128f. —2 ibid:128 —3 ibid. Nitzschke 1974 spricht von einer "Erfindung der Sexualität" durch die gesellschaftliche Rationalität, die von dieser zugleich beherrscht wird.

Zu VI.9.2.

1 L. Riccoboni (1743) 1747 = 1971:12 —2 ibid:14 —3 ibid:18 —4 ibid:19 —5 ibid:21 —6 "Il est constant que sur le Théâtre la punition doit être proportionée au vice & qu'il faut qu'elle soit telle que le vicieux la mérite." ibid:281 —7 ibid:40 —8 ibid:29 —9 24f. —10 ibid:41 —11 E. & J. Goncourt (1862) 1963; cf. auch: Aus der Chronique Scandaleuse. In: Franz Blei (ed.): Geist und Sitten des Rokoko (1923), Gütersloh o.J., p.271-320 und: Die Polizeiberichte für den König, ibid:409-415 —12 Foucault 1977:145. "Im Prozeß der Hysterisierung der Frau wurde der 'Sex' dreifach definiert: als das, was dem Mann und der Frau gemeinsam ist; oder als das, was in erster Linie dem Mann gehört und was der Frau folglich fehlt; oder auch als das, was für sich allein den Körper der Frau ausmacht, indem es ihn gänzlich den Fortpflanzungsfunktionen unterwirft und den daraus folgenden Störungen; die Hysterie ist in dieser Strategie das Spiel des Sexes als das 'eine' und das 'andere', das Ganze und der Teil, Grund und Mangel." ibid:182.- Die Unterwerfung der Frau unter eine neue Form der Moral und der Widerspruch der Schauspielerin zu diesem bürgerlichen Ethos wurde in mehreren zeitgenössischen Romanen und fiktiven Biografien gestaltet, so z.B. de Sainte-Croix: La Comédienne, Fille et Femme de Qualité, ou Mémoirs de la marquise de P., Brüssel 1747; Père Minime Michel-Ange Arin: La Farfalla ou la Comédienne convertie. Avignon

1762; Restif de la Bretonne: Le Mimigraphe ou Idées d'une honnête femme pour la réformation du théâtre national. Amsterdam 1770. — 13 Weidenfeld 1959:44 — 14 L. Riccoboni (1743) 1747 = 1971:102f. — 15 ibid:115f. — 16 ibid. Dies ist der achte Punkt im Reformprogramm. — 17 Stewart 1973:20

Zu VI.9.3.

1 CD II:355 (10-16) — 2 "Ich sehe niemals Comödianten; ich sehe Könige und Helden auf der Schaubühne. Ich höre, was sie reden und thun, so lange sie ihre Rollen spielen; nicht aber, was sie zu Hause in ihrem Leben und Wandel vornehmen. Warum soll ich mich, um so weit gesuchter Ursachen halber, eines Vergnügens berauben, das so nützlich ist?" Gottsched: Akademische Rede... (1749). In: Ausgewählte Werke. Bd. 9,2. Berlin-New York 1976, p.500(24-29) — 3 CD II:573-581 — 4 ibid.,II:579(16) — 5 Stockinger 1977: 150f. — 7 Lohmeier 1977:133 — 8 Schlaffer 1971:156f. — 9 Verweyen 1975:282f. — 10 ibid:297 — 11 "Die schönsten Stellen in den Poeten handeln von der Liebe, von Mädgen, und von Küssen. Wenn man dieselben anführt, so kan man freylich dabey nicht weinen, sondern man verspührt eine jugendliche Lust, die das Gemüthe aufheitert und das Herz erquickt. Was sagen nun dazu unsere finstern Sittenrichter? Sie nennen das Zoten, unkeusche, liederliche und ärgerliche Gedancken. Ich behaupte aber das Gegentheil. (...)" G. F. Meier (1748-1750) = 1976,I:36f. — 12 Bürger 1972:131f. Vgl. a. Altenhofer 1972: 117-120 — 13 Die Formel findet sich (hier leicht abgeändert) in Spacegna 1978:262 — 14 Anger 1957:185 — 15 "Nicht die Überzeugung von der Unwesentlichkeit der normorientierten Existenz ruft also dieses Lachen hervor, sondern vielmehr der Wunsch, dem drohenden Wesensverlust der gesellschaftsvermittelten Identität durch die Ridikulisierung der eigenen Widersprüche zu begegnen." Miething 1975:153 — 16 Schlaffer 1971:152 — 17 ibid:176 — 18 ibid:152f. — 19 Bergson (1900) 1948 — 20 Jean Paul (1804) 1974 — 21 Cf. Stewart 1973:38f. — 22 Hans Mayer: Die bösen Spiele des Ancien Régime (in: H. Schulte, ed.: Spiele und Vorspiele. Frankfurt am Main 1978) deutet den Immoralismus der vorrevolutionären Epoche als Ausdruck einer Gesellschaft "ohne Finalität". (S.70)

Zu VI.9.4.

1 "(..), la nation se poliroit de plus en plus jusques parmi le peuple, les sentimens de vertu entreroient avec le plaisir dans les coeurs des Citoiens, & par le perfectionement de nos moeurs, la societé deviendroit tous les jours plus douce, plus tranquile & plus h(e)ureuse, & c'est le but que je m'étois proposé dans ce Memoire." Saint-Pierre 1728-1730,II:194 — 2 ibid.,II:187 — 3 Chavigni de Saint-Martin: Le Triomphe de la Comédie, ou Response à la Critique de Prélats de France. Brüssel 1706; Nicolas de Gueudeville: LA COMEDIE DE PLAUTE, NOUVELLE TRADUCTION. 10 Bde. (Préface du Traducteur, Bd.1. p.**1r — ****3r). Leyden 1719; Anonym (= de Sautour): DISSERTATION PRELIMINAIRE De M̄. de S... à M̄. L'Abbé C... Docteur de Sorbonne, SUR LE POEME DRAMATIQUE, où l'on examine s'il est permis d'aller à la Comédie, d'en faire et d'en representer, et où l'on répond aux Objections des Monseigneur le Prince de Conty, Monseigneur l'Evêque de Meaux, M. Nicole, & autres. Amsterdam 1729 — 4 Saint-Pierre 1728-1730, II:177. Im Plan von Saint-Pierre übernimmt eine Reformkomission (Bureau des Spectacles), die aus acht oder zehn "kunstsinnigen Bürgern" besteht, diese Funktion. Die ersten vier Mitglieder bestimmt der König, diese wählen dann die restlichen hinzu. Ein ähnliches Modell hatte schon Swift 1708 in seinem Project For the Advancement of Religion And the Improvement of Manners vorgeschlagen; cf. Bourquin 1920:558, Anm. 1 — 5 L. Riccoboni (1743) 1747 = 1971:68 — 6 ibid:98 — 7 ibid:76f. — 8 ibid:69f. — 9 ibid:96 — 10 ibid:98-106 — 11 "Peu à peu le Spectacle se repeuplera; & le vuide(!), causé par la désertion des libertins, sera bien-tôt rempli par des hommes sages & raisonnables, dont l'approbation sera plus flateuse & d'un plus grand poids pur les Auteurs & les Acteurs du nouveau Théâtre." ibid:110

Zu VI.10.

1 "Sie ist eine Wissenschaft der Zeichen unserer Leidenschaften." Meier (1744) = 1971:9, § 9. Ein ähnliches Programm einer Ausdruckssemiotik hatte auch Bodmer in seinen Critischen Betrachtungen über die Poetischen Gemählde der Dichter (1741) formuliert: "Desgleichen Zeichen sind die Gesichtszüge, Gebehrdungen und Stellungen des Cörpers, ferner die Figuren der Rede, die Sitten, die Handlungen, und die Reden des Menschen." Bodmer 1741:283.- Johann Caspar Lavaters Physiognomische Fragmente (1775-1778) 1829 versuchen tatsächlich die Physiognomik als Erfahrungsmodell einer abstrakten Erkenntnisfähigkeit der Menschen untereinander zu begründen, indem ihr jeweiliger 'Verkehrswert' objektiv an ihrer Ausdrucksgestalt abgelesen werden soll. Zur zeitgenössischen Kritik dieser semiotischen Kastenlehre cf. Lichtenberg (1778) 1972. —3 Meier (1744) = 1971:2, § 2 —3 ibid:9, § 9 —4 ibid:11, § 10 —5 "Und wenn es mir erlaubt ist in dieser Allegorie fortzufahren, so kommen mir diejenigen Menschen, welche sehr wenigen und schwachen Leidenschaften unterworffen sind, wie die Schiffe vor, die wegen einer Windstille unmerklich fort gehen; oder wie die stillen Seen, die wegen Mangel der Bewegung, ein faules und stinckendes Wasser bekommen." ibid:152, § 103 —6 ibid:17f., § 15 —7 ibid:129, § 91 —8 ibid:401-403, § 230 —9 ibid:392f., § 221 —10 "Man muß die gantze sinnliche Gewißheit der Erkenntnis, die den andern bewegt, aufheben, oder sie doch wenigstens so schwach machen, daß sie nicht mehr zureicht das Gemüth zu bewegen. Folglich muß man beweisen, der andere irre ganz und gar, und seine Vorstellung sey was falsches erdichtetes, und ein Hirngespinste. Man muß daher den andern zu überzeugen suchen, (...) daß der gantze Gegenstand seiner Leidenschaft nichts würckliches, vergangenes, gegenwärtiges, oder zukünftiges sey. S o l t e(!) d a s g l e i c h e r l o g e n s e y n, e s s c h a d e t n i c h t s. Genug, wenn man nur den andern davon überzeugen kan, nach den Regeln, die ich in dem vorhergehenden Hauptstücke vorgeschlagen habe (, zu handeln)." ibid:358, § 199 (Meine Hervorhebung, G. L.) —12 ibid:364, § 201 —13 K. Bohnen: Einleitung zu G. F. Meier (1744) = 1977:XIII f. —14 ibid:19, § 14 —15 ibid. —16 ibid:27, § 20 —17 ibid:105ff., § 80 —18 ibid:33f., § 27 —19 ibid:38, § 31 —20 ibid:51, § 38 —21 "Noch einmal, ein guter Schertz muß ein Thema seyn, darüber ein witziger Kopf, einen sehr langen allegorischen und Emblematischen Vortrag halten könnte." ibid:68, § 50 —22 ibid:115, § 89 —23 ibid:81, § 62

Zu VI.11.1.

1 "Man spricht viel beherzter, weil man sieht, daß jedermann Theil an der Lust nimmt; man scherzet viel artiger, weil der Witz durch die Freude aufgeweckt und lebhaft gemacht wird; man lernet einander kennen, weil das Herz bey der Lust sich am ersten zu verrathen pflegt; man fasst Hochachtung und Freundschaft gegen diejenigen, an welchen man unter allen diesen Lustbarkeiten ein edles und anständiges Wesen bemerket." J. E. Schlegel (1745) 1764:433; vgl. auch J. E. Schlegel: Der Fremde. 5.Stück (4. Mai 1745) in Werke 1770,V:42-51 —2 J. E. Schlegel (1745) 1764:428 —3 ibid:446f. —4 ibid:445f. —5 zur Lippe 1974,II:239f. —6 J. E. Schlegel (1745) 1764:446

Zu VI.11.2.

1 Antoniewicz, Einleitung zu J. E. Schlegel (1887) = 1970:XXXII; Hofius 1954:27 —2 J. E. Schlegel (1742) 1963:487 —3 Hofius 1954:33; Baeumler 1923:153 —4 Friderici 1957:36; Schubert 1959:218; Krohn/Rieck (eds.) 1971:270. In seiner Einleitung zu Schlegel (1887) = 1970 weist Antoniewicz auf eine mögliche Beeinflußung Schlegels durch die ästhetische Diskussion in Frankreich hin, wie sie in den zehn Bänden der Histoire de l'Academie royale des inscription et belles lettres, sowie den Mémoires de litterature tirez des régistres de l'Academie royale dokumentiert ist. —5 J. E. Schlegel (1742) 1963:487f. u. 500; J. E. Schlegel (1740) 1963:410, vgl. auch 410f. —6 J. E. Schlegel (1742) 1963:493 —7 ibid:500 (§ 13) —8 ibid:498 —9 "Daraus folget, daß der höchste

Grad der Nachahmung von dem höchsten Grad der Aehnlichkeit unterschieden sey. Der höchste Grad der Nachahmung ist nämlich, wenn alle Verhältnisse in den Theilen des Bildes, die der Nachahmung fähig sind, mit dem Vorbilde übereinstimmen." ibid:499f. (Im Original hervorgehoben, G. L.) —10 ibid:496f., § 9 —11 Antoniewicz: Einleitung (1887) = 1970;CIII; Wilkinson (1945) 1973:58; Hofius 1954:31 —12 J. E. Schlegel (1742) 1963:494f. —13 Schubert 1959:133f.; vgl. a. H. Boetius: Nachwort zu Möser (1761) 1968:85 —14 J. E. Schlegel (1742) 1963:507 —15 ibid:509 (Im Original teilweise hervorgehoben) —16 "§.22. Bey dem Vergnügen, das aus der Nachahmung entstehen soll, wird nothwendig vorausgesetzt, daß das Bild und Vorbild in der Einbildungskraft dererjenigen, bey denen die Nachahmung einen Eindruck machen soll, gegen einander gehalten werden: folglich werden in dieser Einbildungskraft zwo Vorstellungen erfordert, nämlich eine von dem Vorbilde und die andere von dem Bilde; und die ganze Wirkung der Nachahmung fällt hinweg, so bald eine von diesen beyden Vorstellungen mangelt." ibid:518 (Im Original hervorgehoben) —17 ibid:514 —18 "Wenn also unsre Begriffe öfters falsch sind, und wenn wir dennoch die Bilder, die wir durch die Nachahmung hervorbringen, den Begriffen der Menschen ähnlich machen müssen: So folgt nothwendig, daß diese Bilder der Sache, der wir nachahmen, nicht nur zuweilen, sondern so oft unähnlich seyn müssen, als die Begriffe, nach denen die Menschen unsre Bilder beurtheilen werden, den Sachen selbst unähnlich sind." J. E. Schlegel (1741) 1963:482 —19 J. E. Schlegel (1742) 1963:514f. —20 ibid:518 —21 ibid:519 —22 ibid:521 —23 J. E. Schlegel (1747) 1967:88 —24 J. E. Schlegel (1740) 1963:408-424 —25 J. E. Schlegel (1742) 1963:518 —26 "Es folgt also, daß in der Nachahmung das Bild und Vorbild, wenn der Nachahmende keine schon bestimmte Absichten dabey hat, so beschaffen seyn sollen, daß es einen allgemeinen Eindruck auf alle Menschen machen könne, ohne gewisse Begriffe einer besondern Art von Leuten voraus zu setzen, und daß es weder für die Leute von geübtem Verstande zu schlecht, noch für diejenigen, die einige Uebung des Verstandes gehabt, zu hoch sey; sondern für beyde auf einmal dienen könne." ibid: 513f. —27 Salzbrunn 1957:41f.; Schubert 1959:152f., 154 u. 248 —28 Der Fremde. 2. Stück (13. April 1745) in: J. E. Schlegel 1770,V:25f.; vgl. auch: ibid., 34. Stück (30. November 1745), p.384ff. —29 J. E. Schlegel (1742) 1963:513

Zu VI.11.3.

1 "Wie es aber zu geschehen pflegt, daß man einer Tugend immer nicht viel zutrauen will, die einmal ein Zeugniß bedurft hat, und vertheidigt werden müssen; so hat die Komödie ihren Ruhm noch nicht völlig wiederherstellen können. Ihre abgedankten Bedienten tragen hierzu vieles bey. Denn der Muthwille hat dieselben in Dienste genommen, und sie setzen an vielen Orten die Unordnungen immer fort, die sie vordem unter dem Namen der Komödie getrieben. Sie sind der Ursprung der vielen Comödiantenbanden, welche ihre unflätigen Harlekine und ihre unsinnigen Staats=Actionen von einem Orte zum andern zur Schau herum führen, und den guten Namen der Komödie beflecken." J. E. Schlegel. Der Fremde. 5. Stück (4. Mai 1745). In: Werke, 1770,V:49f. —2 J. E. Schlegel (1747) 1967:75 —3 ibid:101 —4 ibid:76 —5 ibid:83 —6 ibid:76; cf. Antoniewicz (1887) = 1970:CLXVII —7 J. E. Schlegel (1747) 1967:84 —8 ibid:91 —9 ibid:85 —10 ibid:96 —11 "Hieraus folgt von selbst, .daß eine Komödie, so sehr es ihre Absicht und Bestimmung ist, Lachen zu erwecken, doch allezeit mit Erregung einiger Leidenschaften vermischt sein muß." ibid:97 —12 ibid:85 —13 ibid:101 —14 J. E. Schlegel (1741) 1963:482f. —15 J. E. Schlegel (1747) 1967:103 —16 ibid. —17 ibid:90 —18 ibid:84 u. 92 —19 "Es ist alsdann ein Verdienst für einen klugen Kopf, wenn er auch in solchen Lustspielen das rechte Maß zu treffen und sie mit nützlichen Sittenlehren zu vermischen weiß und wenn er die Kunst versteht, indem er den Pöbel nach seiner Art belehret und ergetzt, andern, die nicht Pöbel sein wollen, zu zeigen, wie schlecht pöbelhafte Sitten stehen." ibid:84 —20 ibid:85. Ebenfalls gegen Gottsched - und damit gegen das traditionelle Konzept der Literaturdidaktik gerichtet - formuliert Bodmer eine Theorie des Komischen als "moralischer Saamen", der auf einer zweifachen Achse von moralischer Progression und poetischen Erkenntniskriterien angesiedelt ist. Das Komische hat danach eine vermittelnde Stellung zwischen dem 'Wahren' und dem

'Wunderbaren' einerseits und zwischen dem 'Moralischen' und dem 'Unmoralischen' andererseits. Der poetischen Progression entspricht auch ein moralisches Fortschreiten, aus der Untrennbarkeit beider Bewegungen resultiert auch die poetische und gesellschaftliche Legitimation der Komödie. Bodmer 1741:383, 475 u. 531 —21 J. E. Schlegel (1747) 1967:86 —22 ibid:88, 101 u. 103 —23 ibid:89 —24 ibid:93

Zu VII.1.

1 Johann Gottlob Benjamin Pfeil schreibt in seiner Abhandlung Vom bürgerlichen Trauerspiele (1755): "Allein wir haben weder eine Krone zu verlieren, wir werden niemals in die Umstände der Andromache und des Roderichs geraten. Folglich fühlen wir diese Unglücksfälle nur halb. Ganz anders ist es in dem bürgerlichen Trauerspiele. Die Unglücksfälle die wir hier erblicken, haben wir oft selbst empfunden, oder wir sind sie doch noch wenigstens alle Tag zu empfinden fähig." Pfeil (1755) 1974:54 —2 Eine ausgezeichnete - philologisch orientierte - Einführung in die Theorie der Rührkomödie und des bürgerlichen Trauerspiels stellt Martino 1972 dar, der die wichtigsten Belegstellen der Theorien auch ausführlich zitiert. —3 Gellert (1751) = 1971:191 —4 ibid:193 —5 ibid:194 —6 ibid:196 —7 "Dennoch hat die Liebe, wie mich deucht, mit Recht den Platz auf dem Theater, den sie in dem Herzen der Menschen behauptet. Eine vernünftige, eine zärtliche und unschuldige Liebe ist das empfindlichste Vergnügen der Menschen." ibid:192 —8 ibid:193 —9 de Buzonnière (1747) = 1971:4 —10 ibid:11f. —11 ibid:12 —12 ibid:28 —13 ibid:14 u. 18 —14 ibid:18 —15 ibid:28f. —16 ibid:18f. —17 "(...) en excluant de la comédie le ridicule qui tombe sur l'extérieur (...)." ibid:22 —18 ibid:22 —19 ibid:29

Zu VII.2.

1 Gellert (1751) = 1971:294:304 —2 ibid:299f. —3 ibid:302 —4 ibid:296 —5 ibid: 148-152; hier: 148 —6 ibid:149 —7 ibid:150. Im Jahr zuvor hatte Thomas Gray mit seiner Elegy written in a Country Churchyard (1759) die Friedhofsromantik als literarisches Thema begründet. —8 Freud (1914) SA III:50f. Im Sprachgebrauch des 18. Jahrhunderts war "Hypochondrie" identisch mit "Milzsucht" und Konstipation, von letzterer wurden bezeichnenderweise hauptsächlich Protestanten und Pietisten befallen (Gebhardt-Wäger 1948:80). Vgl. auch den Artikel Hypochondrie in: Krünitz (ed.): Ökonomisch=technologische Enzyklopädie. Berlin 1783:566ff. Auszugsweise zit. in: Gebhardt-Wäger 1948:74 —9 Gellert 1763:19 —10 Gellert 1770:224 —11 "Folge in der Bewegung deinem Geschmacke; Arbeit, die wir hassen, ermüdet bald." ibid:276. Dies steht in Zusammenhang mit der älteren Scheidung der Arbeit in "edle" und "unedle" durch den Pietismus. Cf. Christoph August Heumann: Der politische Philosophus, das ist, vernunfftmäßige Anweisung der Klugheit im gemeinen Leben (1714) p.51, zit. n. von Graevenitz 1975:18 —12 Schings 1977:130; vgl. auch die weitere Darstellung ibid:127-132. Zur Hypochondrie Gellerts cf. ferner F. Brüggemann 1933:8f. u. 1935:6; Schlingmann 1967:27f.; D. Brüggemann 1970:203 —13 Zu den Begriffen "Waren-Körper" und "Wunsch-Körper" siehe unten meinen Exkurs: Teilung des Körpers in Ware und Wunsch. (Kap. VII.4.) —14 Kristeva (1974) 1978:154 —15 Cramer 1774:165f. teilt in seiner Lebensbeschreibung Gellerts mit, daß er an "schmerzlichen Verstopfungen" starb. —16 Mog 1976:14 —17 Gellert (1751) = 1971:151 (9. Brief) —18 Leclaire (1968) 1975:118 —19 Ebenso wie der Naturtopos taucht in Gellerts Briefsammlung das ödipale Thema immer wieder in Briefen an verheiratete Frauen auf - insgesamt achtzehnmal: im 8., 15., 16., 17., 23., 27., 29., 30., 31., 44., 54., 55., 57., 59., 61., 63., 66. und im 70. Brief, in: Gellert (1751) = 1971 —20 ibid:177-179 (23. Brief) —21 ibid:179 —22 ibid:178 —23 Freud 1920, SA III:350f. —24 Lacan (1966) 1975:64f. —25 Der Begriff des "Fantasmas" ist als Weiterentwicklung des Freudschen Imago-Begriffs zu verstehen, er drückt eine "Funktion des Imaginären" im Sinne einer wechselseitigen Erfahrung des Subjekts und seiner Objektkonstitution aus. ibid:79, 67 u. 230 —26 Gellert (1747) 1774:146 —27 Freud (1915) 1917, SA III:200 —28 ibid 203. Dieser Vorgang setzt nicht nur beim Tod des Liebesobjekts,

sondern schon bei einer Kränkung durch dasselbe ein. Die melancholische Trauer ist damit von der bewußten Trauerarbeit zu unterscheiden, die die Libido vom nicht mehr verfügbaren Objekt abzieht. Cf. ibid:198f. u. 210 —29 ibid:205 —30 Gellert (1747) 1774:147 —31 Cf. Nitschak 1976:233

Zu VII.3.

1 Vgl. Balet/Gerhard (1936) 1972:181-184 —2 Mog 1976:9 —3 Gellert (1751) = 1971: 258-259 —4 Vgl. a. ibid:239 (47. Brief). Zur weiteren Tradition dieses literaturgeschichtlichen Topos vgl. Ludwig Völker: Muse Melancholie - Therapeutikum Poesie. Studien zum Melancholie-Problem in der deutschen Lyrik von Hölty bis Benn. München 1978 —5 Gerllert (1756) 1774:185. Neben dem Zusammenhang von Schreiben und libidinösem Wunsch enthält der 56. Brief auch eine Abwehr und Erfüllung homosexueller Versuchung: das weibliche Objekt, an dem die Kußtherapie erprobt werden soll, nennt der Briefschreiber mit der männlichen Diminuitivform "Christianchen". Vgl. a. folgenden Passus: "(...), und was das Schlimmste ist, so finde ich oft eine so große Wollust im Briefeschreiben, daß ich nicht eher aufhören kann, bis der Bogen beschrieben ist." Gellert (1751) = 1971:153 (11. Brief) —6 Die Lacan-Schule übersetzt den Freudschen Begriff der "Lust" in plaisir und in jouissance, wobei ersterer den traditionellen Sinn der Freudschen Terminologie bewahrt, während jouissance eine imaginäre Körperlust bezeichnet. Vgl. Leclaire (1968) 1975:171, Anm. 140; Leclaire 1974:18; Lacan 1966:181ff. —7 "Eine gemischte Empfindung hat, gegen eine einfache gehalten, etwas neues und etwas sehr rührendes, weil eine Regung die andre durch ihren Widerstand erhöht; und darum gefällt sie uns." Gellert (1747) 1774:149 —8 1749 hatte D. Hartley in seinen Observations on man, his frame, his duty, and his expectations im Rahmen der Assoziationspsychologie Freude und Schmerz als psychische Einheiten definiert, die eine "in einfühlbarem Mitleid geübte Sympathie" vermitteln (Kimpel 1977:57). Bei Gellert ist dieser theoretische Kontrast der Gefühle als Folge einer Rationalisierung im Freudschen Sinn legitimiert. —9 von Graevenitz 1975 —10 Pikulik 1966:86 stellte die Empfindsamkeit als eine zunächst "unbürgerliche" Bewegung dar, die erst später von den bürgerlichen Schichten aufgenommen wurde; Birk 1967:148 interpretierte die "empfindsame Moral" als positive Transzendierung der rigiden "bürgerlichen Moral" und Mog 1976:34 konstatiert, daß das neue Gefühlsverhalten "sich sowohl vom aristokratischen Kontrollverhalten als auch von einer noch näher zu charakterisierenden bürgerlichen Rationalität" absetzt. Letztere ließe sich als Tauschrationalität näher bestimmen, der die empfindsame Moral als ideologische Antithese gegenübertritt. Demgegenüber hat Szondi 1973:90 Empfindsamkeit als den "Ausdruck der Tabuierung jedes Konflikts zwischen Angehörigen einer Familie" bestimmt. Von konservativer Seite hat von Graevenitz 1975 diese beiden Momente anhand der Begriffe "Pietismus" und "Bürgerlichkeit" gegenübergestellt - gegenüber den von Sauder 1974 bereitgestellten Materialien greift er damit zu kurz. Sauder hat die geistesgeschichtlichen Formen und theoretischen Traditionen, unter denen das Phänomen "Empfindsamkeit" gefaßt wurde, in seiner Monografie ausführlich zusammengefaßt: Pietismus, Sensualismus und Empirismus, die "Moral-Sense"-Theorie, die Antithese von stoischem und epikureischem Denken, die "Erfahrungsseelenkunde" als Einheit von praktischer und theoretischer Psychologie, die in einer Ausdruckspsychologie zusammengefaßt wurde. v. Graevenitz zielt auf die Umkehrung der Habermas'schen These einer bürgerlichen "Öffentlichkeit", die sich zunächst in der Sphäre bürgerlicher "Privatheit" konstituierte (Habermas 1962). Für den Pietismus weist v. Graevenitz eine gleichsam repräsentative, öffentliche Funktion der Innerlichkeit nach, während er das - davon unterschiedene - Bürgerliche als "Ostention" eines nur ideologischen Anspruchs definieren will, dem jegliches gesellschaftliches Relatum fehle (von Graevenitz 1975:72f. u. 82). Die These vom doppelten Aspekt der Innerlichkeit des 18. Jahrhunderts denunziert mit derjenigen Methode, die Geschichte als materiellen Prozeß begreift, auch die Geschichtlichkeit des 'Bürgerlichen' selbst - der Verfasser wird damit zum Opfer jener 'deutschen Verspätung', deren Schlüssigkeit er gerade bezweifelt; (cf. Helmuth Plessner: Die verspätete Nation (1959) Frankfurt am Main 1974). Merkwürdigerweise kommt Hohendahl 1972 mit Hilfe von Marx-Zitaten zu ähnlichen Ergebnissen. Zwar wird die Dichotomie-These in Form einer historischen "Gleichzeitigkeit des Ungleichen"

- nämlich von bürgerlicher Weltanschauung und absolutistischem Staat - relativiert (p.204), das Phänomen 'Empfindsamkeit' definiert Hohendahl aber ebenfalls als repräsentativen Ausdruck einer soziologisch nicht zu lokalisierenden Humanitas (p.205).

Zu VII.4.

1 von Graevenitz 1975 –2 Hohendahl 1972 –3 Koselleck 1959 –4 Habermas 1962 –5 Koselleck 1959 passim, bes. 48f. u. 85 –6 Habermas 1962:41 u. 67 –7 ibid:41. Vgl. auch die - etwas zu einfache - Darstellung in Pütz 1978:166f. –8 Zur Maschine als Metapher und Realität vgl. Deleuze/Guattari (1972) 1974 –9 Habermas 1962:67 –10 Kristeva (1974) 1978:137 –11 Cf. Lacan 1971,II:175; (1966) 1975,I:213 –12 Lacan 1971,II:166f. Vgl. a. Nasio (1971) 1976:113f. –13 Habermas 1962:58 –14 Lacan 1971,II:175 u. 180f. –15 Cf. Nasio (1971) 1976:114f. Vgl. auch unten Kap. VII.6., Anm. 6 –16 Habermas 1962:67 –17 ibid. –18 ibid. –19 ibid:68 –20 Nitschak 1976:125. "Die ödipale Form der Literatur macht ihre Warenform aus." Deleuze/Guattari (1972) 1974:173 –21 Günther 1926:175f. –22 Gerhard Bondi: Der Beitrag des hallischen Pietismus zur Entwicklung des ökonomischen Denkens in Deutschland (1964). In: Greschat (ed.) 1977:259-293, hier p.280 –23 Gebhardt-Wäger 1948:51. Cf. auch Gellerts Tagebuch aus dem Jahre 1761.

Zu VII.5.

1 Gellert (1751) 1973:137 –2 Liugi Riccoboni: Lettre sur la comédie de l'École des Amis. Paris 1737. Zit. n. Martino 1972:378 –3 Fontenelle: Vorrede zu (1753). In: 1766,III –4 Wölfel 1971:84 –5 Goldsmith (1773) 1964:262. Den gleichen Vorwurf des "Romanhaften" hatte auch schon Chassiron 1749 in seinen Reflexions sur le Comique-larmoyant erhoben: Chassiron (1749) 1973:110 –6 Goldsmith (1773) 1964:262. (Meine Übersetzung, G. L.) –7 ibid. (Meine Übersetzung, G. L.) –8 Nasio 1976:116 –9 Martino 1972:379

Zu VII.6.

1 "(...); wer wird nicht dann und wann diejenige Wollust, in welcher das ganze Gemüt gleichsam zerfließt, derjenigen vorziehen, welche nur, so zu reden, sich an den äußern Flächen der Seele aufhält?" Gellert (1751) 1973:136 –2 Fontenelle (1753) 1766,III:XXXV –3 "Ce que j'appelle ici la vie ordinaire, comprend aussi celle des Empereurs & des Rois dans tous les temps où ils ne sont qu'hommes." Fontenelle (1753) 1766,III:XXXV. Aber Fontenelle greift zugleich einen zuerst 1688 in seiner Schrift Disgression sur les anciens et les modernes geäußerten Gedanken wieder auf (vgl. Krauss 1969:28ff.), der diese Ausweitung bürgerlicher Vernunft und Lebensweise als ideologisches "Vorurteil" (préjugé) entlarvt. Es könne sein, so gibt er zu bedenken, daß unsere Regeln nichts als Gewohnheiten sind, die in der Zukunft genausowenig Geltung haben könnten wie der Großteil der antiken oder außereuropäischen Kulturen, die im Licht europäischer Vernunft nicht länger bestehen können. Fontenelle (1753) 1766,III:XXXVII –4 Pellegrini 1952:8f. –5 Leclaire (1971) 1976:22 –6 Nasio 1976:106 –7 Honnefelder 1977:119 –8 von Graevenitz 1975:46 –9 Vgl. die Bedrohung durch phallische Wahnvorstellungen bei Adam Bernd: M. Adam Bernd's Evangel. Pred. Eigene Lebensbeschreibung, samt einer Aufrichtigen Entdeckung und deutlichen Beschreibung einer der größten, obwohl großen Theils noch unbekannten Leibes= und Gemüthsplage, und auch wohl über seine eigenen Kinder verhänget. Leipzig 1738. Gebhardt-Wäger 1948:55 stellt fest, "daß bestimmte Körpersensationen in Bernd bestimmte Gedankenreihen immer wieder auslösen und ihn in Angst und Schrecken versetzen."- Nach Lacan konstituiert sich das Subjekt über das, was ihm fehlt, über einen grundsätzlichen Mangel (des Signifikanten/Anderen); während des sogenannten Spiegelstadiums definiert sich ein imaginäres Ich durch das Fehlen des Körpers, indem es das eigene Spiegelbild besetzt (cf. Lacan (1966) 1975:61-70; Safouan 1975:302; Kristeva (1974) 1978:55). Der Ort, an dem das Subjekt sich immer wieder findet, ist der signi-

fikante Mangel in ihm selbst - die (symbolische) Kastration (cf. Leclaire (1968) 1975:159). Die Kastration leitet den Trennungsvorgang von der Mutter ein und lokalisiert das Lusterleben im Genitalen - und überführt wegen "dieses Mangels die phallische in eine symbolische Funktion - in die symbolische Funktion schlechthin." (Kristeva (1974) 1978:56). In diesem Ort des Mangels durchkreuzen sich die imaginäre Beziehung zu den Objekten und die Linie des Unbewußten, (cf. Lacan (1966) 1975:53). Der Signifikant, der Körperbuchstabe - die imaginierte Abwesenheit des Phallus und das imaginierte Lusterleben als Ausdruck des Wunsches - ist zugleich eine Metapher des Subjekts und eine Metonymie des Objekts. (Cf. Lacan (1966) 1975:213 u. 274; Leclaire (1968) 1975:143f.; Wahl 1975:416; Nasio 1976:106) —10 Leclaire (1971) 1976:26 —11 ibid:42 —12 Deshalb ist es auch richtig, von einer Säkularisierung pietistischer Einflüsse bei Gellert zu sprechen. Zum Einfluß des pietistischen Sprachgebrauchs auf Gellert vgl. August Langen: Der Wortschatz des deutschen Pietismus. Tübingen 1954:454f. Die Transformation kerygmatischer "Figurationen" in poetische Prozesse hat Schöne anhand ausgewählter Beispiele bis ins 20. Jahrhundert verfolgt. Albrecht Schöne: Säkularisaiton als sprachbildende Kraft - Studien zur Dichtung deutscher Pfarrerssöhne. Göttingen 1958:22-28 u. 227-252 —13 "In Dingen, welche empfunden werden und deren Wert durch die Empfindung beurteilt wird, sollte ich glauben, müsse die Stimme der Natur von größerm Nachdrucke sein als die Stimme der Regeln." Gellert (1751) 1973:129

Zu VII.7.

1 Fontenelle (1753) 1766,III:XVIII —2 Hurd (1753) 1967,II:79 —3 Kilian 1971:25 —4 Warning 1975:356 —5 Chassiron (1749) 1973:105 —6 ibid:104 —7 Gellert (1751) 1973: 119 —8 Hurd (1753) 1967,II:72 —9 ibid,II:58 —10 ibid,II:59 —11 Hurd (1753) 1967,II:72. (Meine Übers., G. L.) —12 Gellert (1751) 1973:118 —13 ibid. Gellert schließt damit an die Unterscheidung an, die Adam Daniel Richter 1741 in seinen Regeln und Anmerkungen der lustigen Schaubühne getroffen hatte; dort unterscheidet er "das Lustige in der Sache" von einem Lustigen "in Worten" (589). Dabei bezeichnet das Lustige in Worten das gaghafte Moment der traditionellen Komik, während der Begriff der "Sache" einen durchgehenden Handlungsstrang im Sinne des Kontinuums der Fiktion meint. Das "Lustige in der Sache" positiviert das Komische und ruft "eine innerliche angenehme Bewegung de Gemüths über die empfundenen Vollkommenheiten" hervor (590). —14 Gellert (1751) 1973:119

Zu VII.8.

1 Gellert (1751) 1973:122 —2 ibid:123 —3 N. Frye 1975:170 —4 Das ist einer der Gründe, weshalb in so vielen Dramen der Epoche die Mutter in der Liste der dramatis personae fehlt. —5 Voltaire (1749) 1833,II:641 —6 Gellert (1751) 1973:122f. —7 Honnefelder 1977:121 —8 Gellert 1770:551 —9 J. M. R. Lenz (1773) 1966,I:335 —10 ibid. —11 "Gott ist nur Eins in allen seinen Werken, und der Dichter muß es auch sein, wie groß oder klein sein Wirkungskreis auch immer sein mag." ibid,I:345 —12 Lenz (1775) 1966,I:419

Quellen

Das nachstehende Quellenverzeichnis enthält das Schrifttum bis 1800. Werke, die nach diesem Datum verfaßt sind, finden sich im Literaturverzeichnis.

Amenta, Niccolò: De' rapporti di Parnaso di Niccolò Amenta avvocato napoletano. Napoli 1710

Aristoteles: Poetik. (Eingeleitet, übersetzt u. erläutert von Manfred Fuhrmann) München 1976

François Hédelin, Abbé d'Aubignac: Pratique du théatre und andere Schriften (1657); reprograf. Nachdruck (der Ausgabe Amsterdam 1715) München 1971

Batteux, Charles: Einschränkung der schönen Künste auf einen einzigen Grundsatz (1746). Aus dem Französischen übersetzt (von Johann Adolf Schlegel), und mit einem Anhange einiger eignen Abhandlungen versehen. Leipzig (2)1759

Baumgarten, Alexander Gottlieb: Meditationes philosphicae de nonnullis ad poema pertinentibus (Halle 1735). Reprograf. Nachdruck in: Aschenbrenner/Holther (eds.) 1954; engl. Übers. in: ibid:33-79; dt. Übers. in: Riemann 1928:103-147

Baumgarten, Alexander Gottlieb: Aesthetica (1750). Reprograf. Nachdruck Hildesheim 1961

Beltrame (d. i. Barbieri, Nicolò): La Supplica, discorso famigliare di Nocolò(!) Barbieri, detto Beltrame, diretta a quelli che scrivendo ò parlando trattano de Comici trascurando i meriti delle azzioni(!) virtuose. Lettere per quei galanthuomini che non sono del tutto critici, ne affatto balordi (Venedig 1634; (2)Bologna 1636). Nachdruck (Ferdinando Taviani ed.) Milano 1971

von Birken, Siegmund: Teutsche Rede=bind und Dichtkunst/oder Kurze Anweisung zu Teutschen Poesy/mit Geistlichen Exempeln; verfasset durch Ein Mitglied der höchstlöblichen Fruchtbringenden Gesellschaft den Erwachsenen (...) (Nürnberg 1679). Nachdruck Hildesheim-New York 1973

Bodmer, Johann Jakob: Critische Betrachtungen über die Poetischen Gemälde Der Dichter. Zürich-Leipzig 1741

Bodmer, Johann Jakob: Kurtze Abhandlung von den Dichtungen überhaupt; in: ders.: Sammlung Critischer, Poetischer, und anderer geistvollen Schriften, Zur Verbesserung des Urtheils und des Witzes in den Werken der Wolredenheit und der Poesie. Schriften 2. Teil. Zürich 1742:80-95

Bodmer, Johann Jakob: Von der possenhaften Schreibart. In: ders.: Schriften 2. Teil. Zürich 1742:29-36

Boileau-Despréaux, Nicolas: L'art poetique (1674). Reprograf. Nachdruck (U. und H. L. Arnold eds.) Stuttgart 1967

Bossuet, Jacques Bénigne: Maximes et réflexions sur la comédie (1694). In: ders.: L'église et le théatre. (Ch. Urbain/E. Levesque eds.) Paris 1930:169-276

Bouhours, Dominique (S. J.): Manière de bien penser dans les Ouvrages d'Esprit. Paris 1688 (de Buzonnière, Louis-François Nouel): Moyens de rendre la comédie utile aux moeurs par M. de B*** (1747). Reprograf. Nachdruck (im Anhang von L. Riccoboni (1743) (2)1747) Genf 1971

Caffaro, François: Lettre d'un théologien illustré par sa qualité et par son mérite, consulté par l'auteur pour savoir si la comédie peut être permise, ou doit être absolument défendue. (= Vorwort zu: Boursault: OEuvres. Paris 1694). In: Urbain/Levesque (eds.): L'église et le théatre. Paris 1930:68-119

Castelvetro, Lodovico: La poetica d'Aristotele vulgarizzata, et sposta (Wien 1570). Reprograf. Nachdruck München 1967; engl. Teilübersetzung (von A. Bongiorno) der 2. Aufl. Basel 1576 in: Lauter (ed.) 1964:87-97

de Chassiron, Pierre-Mathieu-Martin: Betrachtungen über das Weinerlich-Komische (1749). (= Réflexions sur le comique-larmoyante. Übersetzt von Gotthold Ephraim Lessing); im Anhang von: Chr. F. Gellert: Die zärtlichen Schwestern. (Horst Steinmetz ed.) Stuttgart 1973:91-116

Chytraeus, Nathan: Propositions on Comedy (1574). In: Herrick 1950:80f u. 147 (= engl. Teilauszug aus: N. Chytraeus (ed.): P. Terentii comoedia Adelphi. Rostock 1576:Bb3-Cc2)

Collier, Jeremy: A Short View of the Immorality and Profaneness of the English Stage: Together with the Sense Of Antiquity Upon this Argument (1698). Reprograf. Nachdruck (der 3. Aufl. 1698) München 1967

Congreve, William: Concerning humor in Comedy. Letter to John Dennis (July 10, 1695). In: ders.: Letters and Documents (John C. Hodges ed.) London 1964:176-186

Congreve, William: Amendments of Mr. Collier's False and Imperfect Citations (...) (1698). In: ders.: Works. (Montague Summer ed.) London 1923, III:167-206

Congreve, William: Vorrede (Widmung an Charles Montague) zur Komödie The Double-Dealer. In: ibid., II:9-12

Cramer, Johannes Andreas: Christian Fürchtegott Gellerts Leben. Leipzig 1774. (Im Anhang zu Gellerts Schriften, Bd. II, Leipzig 1774)

de Crousaz, Jean-Pierre: Traité du Beau, où l'on montre en quoi consiste ce que l'on nomme ainsi, par des Exemples tirés de la plûpart des Arts & des sciences (Amsterdam 1715). Reprograf. Nachdruck Genf 1971

Dennis, John: John Dennis to Congreve, Brief vom Juni (?) 1695. In: William Congreve: Letters and Documents. (John C. Hodges ed.) London 1964:174-176

Descartes, René: Über die Leidenschaften der Seele (= Traité des passions de l'âme (1646). Amsterdam 1650). In: ders.: Philosophische Werke. Leipzig 1891, IV

Destouches, Philippe Nericault: Préface zur Komödie La Force du Naturel. In: ders.: OEuvres. Paris 1811, IV:441-445

Diderot, Denis: Von der dramatischen Dichtkunst (1758). In: ders.: Ästhetische Schriften. (F. Bassenge ed.) Frankfurt am Main 1968, I:239-333

Diderot, Denis: Brief von Madame Riccoboni an Diderot vom 18. November 1758. In: ders.: Ästhetische Schriften (F. Bassenge ed.) Frankfurt am Main 1968, I:334-336 und Diderots Antwort an Madame Riccoboni vom 27. November 1758. In: ibid., I:336-347

Diderot, Denis: Das Paradox über den Schauspieler (1770-1773). In: ders.: Ästhetische

Schriften. (F. Bassenge ed.) Frankfurt am Main 1968, II:481-538

Du Bos, Jean Baptiste: Réflexions critiques sur la poësie et sur la peinture (1715). 3 Bde. Paris (5)1751

(Dubreuil, Jean): Perspectiva Practica, oder Vollständige Anleitung Zu der/Perspectiv=reiß= Kunst/Nutzlich und nothwendig Allen Mahlern/Kupfferstechern/Baumeistern/Goldschneidern/Bildhauern/Stickern/Tapezierern und andern so sich der Zeichenkunst bedienen (...) (1639). Aus dem Frantzösichen ins Teutsche übersetzt Durch Johann Christoph Rembold/Aug. Philo-Math. Augsburg 1710. Reprograf. Nachdruck Hannover 1977

Engel, Johann Jakob: Ideen zu einer Mimik. 2 Bde. Berlin 1785-1786

Engelbrecht, Johann Andreas: Von dem rührenden Lustspiel (1777). (Aus: Willhelm Cooke: Grundsätze der dramatischen Kritik); in: Jürg Mathes (ed.): Die Entwicklung des bürgerlichen Dramas im 18. Jahrhundert. Ausgewählte Texte. Tübingen 1974:92-94

Farquhar, George: A Discourse upon Comedy In Reference to the English Stage. In a Letter to a Friend (1702). In: Complete Works of George Farquhar. London 1930, II: 326-343

Fausto, Vittore: De Comoedia Libellus (Venedig 1511). In: Weinberg 1970, I:6-19

Fénelon, François de Salignac de la Mothe: Lettre à l'Académie, réflexions particulières sur la grammaire, la rhétorique, la poétique et l'histoire (1716). (Mikrofilm o.O., o.J.)

Fénelon, François de Salignac de la Mothe: Gedanken von den Lustspielen. In: J. Chr. Gottsched (ed.): Die Deutsche Schaubühne, nach den Regeln und Exempeln der Alten. Erster Teil, nebst des vortrefflichen Erzbischofs von Fenelon Gedanken, von der Tragödie und Comödie überhaupt, ans Licht gestellet von Joh. Chr. Gottscheden (1742). Leipzig (2)1746:42-48

Fontenelle, Bernard de: Remarques sur quelques Comédies d'Aristophane, Sur le Théâtre Grec, &c. in: ders.: OEuvres. Paris 1766, IX:447-467

Fontenelle, Bernard de: Réflexions sur la poëtique (1740). In: ibid., III:125-206

Fontenelle, Bernard de: Préface général de la tragédie et des six comédies de ce recueil (1753). In: ibid., VII:V-XLII; (jetzt auch in: Krauss (ed.) 1969:139-147)

Fontenelle, Bernard de: Digression sur les Anciens et les Modernes (1688). In: Krauss (ed.) 1969:139-147

Fontenelle, Bernard de: Réponse de M. de Fontenelle, Directeur de l'Académie, au Discours prononcé par M. Destouches, le jour de sa réception (25.8.1723). In: Ph. N. Destouches: OEuvres. Paris 1811, VI:507-511

(Fréron, Elie-Catherine): Le Dossier Fréron. Correspondences et documents. (Jean Balcou ed.) Genève 1975

Fuhrmann, Martin Heinrich: Das in unseren Opern=Theatris und Comoedien-Bühnen Siechende Christenthum und Siegende Heidenthum, Auf veranlassung Zweyer wider den Musicalischen Patrioten sich empörenden Hamburgischen Theatral-Malcontenten, Musandri und Harmonii, betrachtet, und zur Schau und Scheu, Die so schwer bei Menschen, noch schwerer bey GOtt sich legitimirende(!) Profession der Operisten und Comoedianten zu entdecken, und Alle christliche Hertzen von dergleichen Lebens=art, und Besuch dieser Schauplätze der Eitelkeit abzuschrecken, in einem Gespräch vorgestellet Von Liebhold und Leuthold. o.O. 1728

(Garve, Christian): Vermischte Anmerkungen über Gellerts Moral, dessen Schriften überhaupt, und Charakter. (Aus dem zweyten Stücke des zwölften Bandes der Neuen Bibliothek der schönen Wissenschaften und der freyen Künste.) Leipzig 1772

Gellert, Christian Fürchtegott: Die epistolographischen Schriften (1742 und 1751). (= Gedanken von einem guten deutschen Briefe. (Zuerst in: Belustigungen des Verstandes und des Witzes. 1742:177-181); sowie: Briefe, nebst einer Abhandlung von dem guten Geschmacke in Briefen. Leipzig 1751); reprografischer Nachdruck Stuttgart 1971

Gellert, Christian Fürchtegott: Von den Annehmlichkeiten des Mißvergnügens (1747). In: ders.: Abhandlungen und Reden. Carlsruhe 1774:143-153

Gellert, Christian Fürchtegott: Abhandlung für das rührende Lustspiel (1751). (= Pro comoedia commovente. Übersetzt von G. E. Lessing); in: Chr. F. Gellert: Die zärtlichen Schwestern. (Horst Steinmetz ed.) Stuttgart 1973:117-137

Gellert, Christian Fürchtegott: Wie weit sich der Nutzen der Regeln in der Beredsamkeit und Poesie erstrecke. Eine Rede (1756). In: ders.: Abhandlungen und Reden. Carlsruhe 1774:154-186

Gellert, Christian Fürchtegott: Tagebuch aus dem Jahre 1761. Leipzig 1863

Gellert, Christian Fürchtegott: Von der Beschaffenheit, dem Umfange und dem Nutzen der Moral; Eine Vorlesung (...) den 29sten April, 1765. Leipzig 1766

Gellert, Christian Fürchtegott: Von den Trostgründen wider ein sieches Leben. Leipzig 1763

Gellert, Christian Fürchtegott: Moralische Vorlesungen. 2 Bde. Leipzig 1770

Goldsmith, Oliver: An Essay on the Theatre or, A Comparison Between Laughing And Sentimental Comedy. (Zuerst im Westminster Magazine, January, 1773); in: P. Lauter (ed.): Theories of Comedy. New York 1964:259-262

Gottsched, Johann Christoph: Versuch einer critischen Dichtkunst vor die Deutschen. (1730; (2)1737; (3)1742; (4)1751)
a) in: ders.: Ausgewählte Werke (J. u. B. Birke eds.). Bd. VI, Teile 1-3. Berlin—New York 1973; Teil 4 (P. M. Mitchell ed.) Berlin—New York 1978
b) Reprograf. Nachdruck der 4. Auflage 1751. Darmstadt 1962
c) Teilauszüge nach der 1. Auflage 1730 in: ders.: Schriften zu Theorie und Praxis aufklärender Literatur. (Uwe-K. Ketelsen ed.) Reinbek 1970
d) Teilauszüge nach der 1. Auflage in: ders.: Schriften zur Literatur. (H. Steinmetz ed.) Stuttgart 1972

Gottsched, Johann Christoph: Erste Gründe der gesammten Weltweisheit, darinn alle philosophischen Wissenschaften in ihrer natürlichen Verknüpfung abgehandelt werden. Bd. 1: Theoretischer Teil; Bd. 2: Practischer Teil (Leipzig 1733-1734). Reprograf. Nachdruck Frankfurt am Main 1965

Gottsched, Johann Christoph: Akademische Rede, Die Schauspiele, und besonders die Tragödien sind aus einer wohlbestallten Republik nicht zu verbannen (1749). In: ders.: Ausgewählte Werke. Bd. 9, Teil 2 (P. M. Mitchell ed.) Berlin-New York 1976:492-500

Gottsched, Johann Christoph: Handlexicon oder kurzgefaßtes Wörterbuch der schönen Wissenschaften und freyen Künste. (Darin: Artikel Comödie, Sp. 421-422; Art. Lächerliche (das), Sp. 988-989; Art. Affe (der), Sp. 52) (Leipzig 1760). Reprograf. Nachdruck Hildesheim-New York 1970

Gracian, Balthasar: Handorakel und Kunst der Weltklugheit (1647). Aus dessen Werken gezogen von D. Vincencio Juan de Lastanosa und aus dem Spanischen original treu und sorgfältig übersetzt von Arthur Schopenhauer. Stuttgart 1975

Gravina, Giovanni Vincenzo: Della Ragion poetica (1708). In: ders.: Opere scelte. Milano 1819:1-201

Heydenreich, Karl Heinrich: Grundsätze der Kritik des Lächerlichen mit Hinsicht auf das Lustspiel. Leipzig 1797

Hobbes, Thomas: Leviathan or, the Matter, Form, and Power of a Commonwealth, Ecclesiastical and Civil (1651). In: ders.: English Works, vol. III (1839). Reprograf. Nachdruck o. O. 1962

Hogarth, William: The Analysis of Beauty. Written with a view of fixing the fluctating Ideas of Taste (1753). Oxford 1955. (= Zergliederung der Schönheit. Übers. v. Christlob Mylius. Berlin u. Potsdam 1754)

Horaz (= Quintus Haratius Flaccus): Ars Poetica. Die Dichtkunst. (Epistula ad Pisones. De arte Poetica). (Übers. v. E. Schäfer) Stuttgart 1972

Hurd, Richard: A Dissertation in the Provinces of the Drama (1753). (In: Q. Horatii Flacci Epistolae ad Pisones, et Augustum: with an English Commentary and Notes: to which are added Critical Dissertations). In: The Works of Richard Hurd, D. D. Lord Bishop of Worchester. Reprograf. Nachdruck (der Ausgabe London 1811) New York 1967, II:27105

Kant, Immanuel: Versuch über die Krankheiten des Kopfes (1764). In: ders.: Werke. Wiesbaden 1960, I:887-901

Kant, Immanuel: Beobachtungen über das Gefühl des Schönen und Erhabenen (1764). In: ibid., I:823-884

König, Johann Ulrich: Untersuchung Von Dem Guten Geschmack In der Dicht= und Rede=kunst (1727). Im Anhang zu: A. v. Canitz "Gedichten". Leipzig—Berlin 1727:228-322

(Krüger, Johann Christian): Sammlung einiger Lustspiele aus dem Franzosischen des Herrn von Mariveaux übersetzt. Hannover 1747. Zweiter Theil Hannover 1749

Lambert, Johann Heinrich: Neues Organon oder Gedanken über die Erforschung und Bezeichnung des Wahren und dessen Unterscheidung vom Irrthum und Schein. 2 Bde. (Leipzig 1764). (= Philosophische Schriften. Bd. I u. II, H.-W. Arndt ed.) Reprograf. Nachdruck Hildesheim 1964

Lang, Franciscus (S.J.): Dissertatio de actione scenica cum Figuris eandem explicantibus (1727).
a) A Disscours on Stage Movement. (Übers. von Dean M. Reganos). In: Ronald Gene Engle: Franz Lang and the Jesuit Stage. Phil. Diss. Univ. of Illinois 1968:78-161
b) Abhandlung über die Schauspielkunst. (Übers. u. hrsg. v. Alexander Rudin). Bern—München 1975

Lavater, Johann Caspar: Physiognomische Fragmente. 4 Bde. (in I); Tafelband. (1775-1778) Wien 1829

Lenz, Jakob Michael Reinhold: Anmerkungen übers Theater (1773). In: ders.: Werke und Schriften. (B. Titel/H. Haug eds.) Stuttgart 1966, I:328-362

Lenz, Jakob Michael Reinhold: Recension des neues Menoza. Vom dem Verfasser selbst aufgesetzt (1775). In: ibid., I:414-420

Leibniz, Gottfried Wilhelm: Monadologie 1714 (1729). (H. Glockner ed.) Stuttgart 1979

Lessing, Gotthold Ephraim: Abhandlungen von dem weinerlichen oder rührenden Lustspiele (1754 a). In: Theatralische Bibliothek. Erstes Stück. In: ders.: Werke. (Lachmann ed.) Stuttgart 1890, VI:6-9 u. 49-53

Lessing, Gotthold Ephraim: Auszug aus dem Schauspieler des Herrn Remond von Sainte Albine (1754 b). In: ibid.: VI:120-152

Lessing, Gotthold Ephraim: Hamburgische Dramaturgie (1767). (Hans Joachim Schrimpf ed.). München 1966

Lessing, Gotthold Ephraim: Der Schauspieler, worinn die Grundsätze der ganzen Körperlichen Beredsamkeit entwickelt werden (1754). In: ders.: Theatralischer Nachlaß. (Karl Gotthelf Lessing ed.) Berlin 1786, II:207-222

Lichtenberg, Georg Christoph: Über Physiognomie; wider die Physiognomen. (1778) In: ders.: Schriften und Briefe (W. Promies ed.) München 1972, III:256-295

Löwen, Johann Friedrich: Geschichte des deutschen Theaters. In: ders.: Schriften. Hamburg 1765, IV:1-76

Machiavelli, Niccolo: Discorso ovvero Dialogo, in cui si esamina se la Lingua, in cui scrissero Dante, il Boccaccio e il Petrarca, si debba chiamare Italiana, Toscana o Fiorentina (1516). (= sog. "Discorso intorno alla nostra lingua"). In: ders.: Opere. Milano 1804-1805, X:364-387

Maggi, Vincenzo: De ridiculis. (Aus: Vincentii Madii Brixiani Et Bartholomaei Lombardi Veronensis In Aristotelis Librum De Poetica Communes Explicationes. Venedig 1550). In: Weinberg 1970, II:301-327

Marmontel, Jean Francois: Art. "Comédie". In: Denis Diderot & Jean le Rond d'Alembert (eds.): Encyclopédie, ou Dictionnaire raisonné des sciences, des arts et des matieres(!). (Vol. III. Paris 1753). Lausanne—Bern 1782, VIII:561-568

Meier, Georg Friedrich: Gedancken von Schertzen (1743). (Halle 1744). Reprograf. Nachdrdruck (mit Einleitung, Zeittafel u. Bibliografie v. Klaus Bohnen). Kopenhagen 1977

Meier, Georg Friedrich: Theoretische Lehre von den Gemüthsbewegungen überhaupt. Reprograf. Nachdruck (der Ausgabe Halle 1744). Frankfurt/M. 1971

Meier, Georg Friedrich: Anfangsgründe aller schönen Wissenschaften. 3 Bde. Reprograf. Nachdruck (der Ausgabe Halle 1748-1750). Hildesheim—New York 1976

Minturno, Antonio Sebastiano: L'arte Poetica del Sig. Antonio Mintvrno, nella qvale si contegono i precetti Heroici, Tragici, Comici, Satyrici, e d'ogni altra Poesia: con la dottrina de' sonetti, canzoni, & ogni sorte di Rime Thoscane, doue s'insegna il modo, che tenne il Petrarca nelle sue opere. Reprograf. Nachdruck (der Ausgabe Venedig 1564) München 1971

Möser, Justus: Harlekin oder die Verteidigung des Groteske-Komischen (1761). (H. Boetius ed.) Bad Homburg v. d. H.—Berlin—Zürich 1968

Monaco, Francesco Mario del: In actores et spectatores comoediarum nostri temporis paraenensis (1621). In: Ferdinando Taviani: La commedia dell'arte e la società barocca. Rom 1969:184-203 (ital. Übers. pp. 203-222)

Muratori, Lodovico Antonio: Della Perfetta Poesia Italiana (1706). Milano 1821 (= Edizione delle opere classiche italiane del secolo XVIII.)

Muratori, Lodovico Antonio: Della pubblica felicità, oggetto de' buoni principi. Lucca 1749

Mylius, Christlob: Eine Abhandlung, worinnen erwiesen wird: Daß die Wahrscheinlichkeit der Vorstellung, bey den Schauspielern eben so nöthig ist als die innere Wahrscheinlichkeit derselben. In: Beyträge zur Critischen Historie Der Deutschen Sprache, Poesie und Beredsamkeit (3o. Stück). Leipzig 1747, VIII:297-322

Nicole, Pierre: Traité de la comédie (1667). (= Bibliothèque de la Faculté des Lettres de Lyon, Fascicule VI) (G.Conton ed.) Paris 1961

Opitz, Martin: Buch von der Deutschen Poeterey. In welchem alle ihre eigenschafft und zugehör gründlich erzählet und mit exempeln außgeführet wird (1624). (C. Sommer ed.) Stuttgart 1970

Pfeil, Johann Gottlob Benjamin: Vom Bürgerlichen Trauerspiele (1755). In: Johann Daniel Tietz (ed.): Neue Erweiterung der Erkenntnis und des Vergnügens. 31. Stück, VI:1-25. Auszüge in: J. Mathes (ed.) 1974:48-57

Pino da Cagli, Bernardo: Breve Considerazione intorno al componimento de la comedia de' nostri tempi. 1772 (= Anhang zur Komödie Erofilomachia des Sforza degli Oddi. Venezia 1578). In: Weinberg 1970, II:631-649

Platon: Phaidros oder vom Schönen. (Übers. von K. Hildebrandt) Stuttgart 1958

Platon: Symposion. (Übers. von F. Boll) München 1926

Platon: Philebos. In: ders.: Spätdialoge. (Übers. von R. Rufener) Zürich—Stuttgart 1969

Rémond de Sainte Albine, Pierre: Le comédien (1747). Paris ^{2}1749

Riccoboni, Antonio: Poetica Aristotelis Ab Antonio Riccobono Latine Conversa: Eivsdem Ars Comica ex Aristotele. (= "De arte poetica.") Reprograf. Nachdruck (der Ausgabe Padua 1587) München 1970:139173

Riccoboni, François (Franceso) ('Lélio II'): L'Art du Théâtre, à Madame *** suivi d'une Lettre de Mr. Riccoboni, Fils, à Monsieur ***. Au Sujet De l'Art du Théâtre (1750). Reprograf. Nachdruck Genf 1971. Deutsche Übers. von G. E. Lessing in: F. Riccoboni: Die Schauspielkunst. (Zuerst erschienen im 4. Stück der Beiträge zur Historie und Aufnahme des Theaters. Stuttgart 1750) (G. Piens ed.) Berlin 1954

Riccoboni, Luigi (dit 'Lélio'): Dell' Arte rappresentativa capitoli sei (1728). (Im Anhang des 2. Bandes von: ders.: Histoire du Théâtre Italien. 1730-31) Reprograf. Nachdruck Torino 1968

Riccoboni, Luigi: Histoire du Théâtre Italien depuis la décadence de la comédie latine, avec un catalogue des tragédies et comédies italiennes imprimées depuis l'an 1500 jusqu'à l'an 1660 et une Dissertation sur la Tragédie moderne (1728). Reprograf. Nachdruck (der zweibändigen Ausgabe Paris 1730-31) Torino 1968. (Deutsche Übers. in: G. E. Lessing: Theatralische Bibliothek. 2. Stück. 1754)

Riccoboni, Luigi: Réflexions historiques et critiques sur les différens théâtres de l'Europe. Avec les Pensées sur la Déclamation (1738). Reprograf. Nachdruck (der 2. Aufl. Amsterdam 1740) Bologna 1969

Riccoboni, Luigi: De la réformation du Théâtre (1743). Nouvelle édition, augmentée des moyens utile aux Moeurs. Par M. de B***. Nachdr. (der 2. Aufl. Paris 1774) Genf 1971

Riccoboni, Luigi: Discorso della commedia all'improvviso e Scenari inediti. (= Archivio del teatro italiano, numero 5) (I. Mamczarz ed.) Milano 1973

Richter, Adam Daniel: Regeln und Anmerkungen der lustigen Schaubühne (1741). In: Beyträge Zur Critischen Historie Der Deutschen Sprache, Poesie und Beredsamkeit. 28. Stück. Leipzig 1741, VII:577-604

Robortello, Francesco (= Robortellus, Franciscus): Explicatio eorum omnium quae ad comoediae artificium pertinent (1548). In: Weinberg 1970, I:517-529. Engl. Übers. u. d. Titel "On Comedy" in: Herrick 1950:227-239

Rotth; Albrecht Christian: Vollständige Deutsche Poesie / in drey Theilen (...). Leipzig 1688

Rousseau, Jean-Jacques: Discours sur les arts et les sciences. (= Dicours qui a remporté le prix a l'Academie de Dijon. En l'année 1750. Sur cette Question proposé par la même Academie: Si le rétablissement des Sciences & des Arts a contribué à épurer les moeurs.) In: ders.: Schriften zur Kulturkritik. (Franz. und dt.) Hamburg ^{2}1971:1-59

Saint-Evremond, Charles de: Saint-Evremonia ou Receuil De diverses Piéces(!) curieuses. Avec des pensées judicieuses, de beaux traits, d'Histoire, & des Remarques trés utiles (1700). Amsterdam 1701

Saint-Pierre, (Abbé) de: Projet pour rendre les spectacles plus utiles à l'Etat. In: ders.: OEuvres diverses de Monsieur L'Abbé de Saint Pierre. Paris 1738-1730, II:176-194

Scaliger, Julius Caesar: Poetices libri septem. Nachdruck (der Ausgabe Lyon 1561) Stuttgart 1964

Schiller, Friedrich: Die Schaubühne als eine moralische Anstalt betrachtet. (= Was kann eine gute stehende Schaubühne eigentlich wirken?) (1784). In: ders.: Sämtliche Werke. (Fricke/Göpfert eds.) München (4)1967, V:818-830

Schiller, Friedrich: Gedanken über den Gebrauch des Gemeinen und Niedrigen in der Kunst 1793 (1802). In: ibid., V:537-543

Schiller, Friedrich: Tragödie und Komödie ca. 1795 . In: ibid.: V:1017-1018

Schiller, Friedrich: Über naive und sentimentale Dichtung (1795). In: ibid.: V:694-780.

Schlegel, Johann Adolf: Von der Eintheilung der Poesie. (= 6. Abhandlung im Anhang einiger Abhandlungen.) In: Batteux ^{2}1759:389-430

Schlegel, Johann Elias: Werke. (Johann Heinrich Schlegel ed.) Kopenhagen—Leipzig 1762, II; 1764, II; 1766, IV; 1770, V; 1771, I

Schlegel, Johann Elias: Schreiben an den Herrn N. N. über die Comödie in Versen (1740). In: ders.: Ausgewählte Werke. (W. Schubert ed.) Weimar 1963:408-424

Schlegel, Johann Elias: Abhandlung, daß die Nachahmung der Sache, die man nachahmet, zuweilen unähnlich werden müsse 1741 (1745). In: ibid., 478-485

Schlegel, Johann Elias: Abhandlung von der Nachahmung 1742 (1742-1745). In: ibid., 486-527

Schlegel, Johann Elias: Schreiben von den sinnlichen Ergötzlichkeiten, besonders vom Tanzen (1745). In: ders.: Werke. (J. H. Schlegel ed.) Kopenhagen—Leipzig 1764, III:421-448

Schlegel, Johann Elias: Schreiben von Errichtung eines Theaters in Kopenhagen 1746/47 (1764). In: ders.: Ausgewählte Werke. (W. Schubert ed.) Weimar 1963:553-558

Schlegel, Johann Elias: Gedanken zur Aufnahme des dänischen Theaters 1747 (1764). Im Anhang zu: J. E. Schlegel: Canut. Ein Trauerspiel. (H. Steinmetz ed.) Stuttgart 1967:75-111

Schlegel, Johann Elias: Ästhetische und dramaturgische Schriften. (J. von Antoniewicz ed.) (1887) Reprograf. Nachdruck Darmstadt 1970

Schleiermacher, Friedrich: Versuch einer Theorie des geselligen Betragens. (Zuerst anonym erschienen im Berlinischen Archiv der Zeit und ihres Geschmacks (Rambach/Feßler eds.) 1799, I:48-66 und 111-123). In: P. Kluckhohn (ed.): Lebenskunst. (= Deutsche Literatur. Reihe Romantik) Leipzig 1931, IV:85-106

Schönaich, Christoph Otto von: Die ganze Ästhetik in einer Nuß oder neologisches Wörterbuch (1754). Deutsche Literaturdenkmale des 18. und 19. Jahrhunderts. (A. Köster ed.) (7o-81 = N.F. 2o-22) Berlin 1900

Shaftesbury, Anton Ashley Cooper: Sensus communis; An Essay on the Freedom of Wit and Humour (1709). (= Treatise II der "Charakteristics of Men, Manners, Opinions, Times" (London 1711). Indianapolis—New York 1964:41-99

Sulzer, Johann Georg: Artikel "Comédie." In: Denis Diderot & Jean le Rond d'Alembert (eds.): Encyclopédie, ou Dictionnaire raisonnée des sciences, des arts et des matieres(!). (Supplément, vol. II, Amsterdam 1776) Lausanne—Bern 1782, VIII:569-578

Terrasson, Jean (Abbé): Dissertation critique sur l'Iliade d'Homère, où à l'occasion de ce Poëme on cherche les regles d'une poëtique fondée sur la raison, & sur les exemples des Anciens et des Modernes. 2 Bde. Paris 1715

Theophrast: Charaktere. Griechisch und deutsch. (Übers. u. hrsg. von D. Klose) Stuttgart 1970

Thomasius, Christian: Von dem Studio der Poesie (1713). (= 8. Kap. der "Höchstnötige(n) Cautelen für einen Studiosus iuris"). In: F. Brüggemann (ed.): Aus der Frühzeit der deutschen Aufklärung. Leipzig ²1938:122-127

Thomasius, Christian: Ob und wie weit Comödianten / Pickelheringe / item Scharffrichters Söhne ad Dignitatis Academias zuzulassen; item ob das Papiermachen denselben praejudicire. In: Ernsthafte, aber doch Muntere und vernünftige Thomasische Gedanken und Erinnerungen über allerhand außerlesene Juristische Händel. Dritter Theil. Halle ²1724:167-185. Abgedruckt in: Schubart-Fikentscher 1963:103-117

Trapp, Joseph: Lectures on Poetry. (Praelectiones Poeticae. 3 Bde. Oxford 1711; 1715; 1719). Reprograf. Nachdruck (der Ausgabe London 1742) Darmstadt 1969

Trissino, Giovan Giorgio: La Quinta e la Sesta Divisione della Poetica ca. 1546 (1563). In: Weinberg 1970, II:5-90

Voltaire (François-Marie Arouet): Conseils a un journaliste, sur la philosophie, l'histoire, le théâtre, les pièces de poésie, les mélanges de littérature, les anecdotes littéraires, les langues et le style (1737). In: ders.: OEuvres. Paris 1838, VII:89-96

Voltaire (François-Marie Arouet): Préface zur Komödie "Nanine ou le Préjugé vaincu" (1749). In: ibid., II:641-643

Voltaire (François-marie Arouet): Dictionaire philosophique; art. "Art Dramatique" (1764). In: ibid., VI:149-162

Voltaire (François-Marie Arouet): Sur la comédie anglaise. In: ibid., VII:61-63

Weise, Christian: Von Verfertigung der Komödien und ihrem Nutzen (1708). (= Vorbericht zur Liebes-Alliance). In: F. Brüggemann (ed.): Deutsche Literatur. Aus der Frühzeit der Aufklärung. Wien—Leipzig 1928

Wolff, Christian: Vernünfftige Gedancken von der Menschen Thun und Lassen / zu Beförderung ihrer Glückseligkeit / den Liebhabern der Wahrheit mitgetheilet von Christian Wolffen (1720). Frankfurt—Leipzig ^{3}1728

Wolff, Christian: Vernünfftige Gedancken von dem Gesellschaftlichen Leben der Menschen und insonderheit dem gemeinen Wesen zu Beförderung der Glückseligkeit des menschlichen Geschlechts den Liebhabern der Wahrheit mitgetheilet. Reprograf. Nachdruck (der Ausgabe Halle 1721) Frankfurt am Main 1971

Wolff, Christian: Vernünfftige Gedancken von Gott, der Welt und der Seele des Menschen / auch allen Dingen überhaupt / Anderer Theil / bestehend in ausführlichen Anmerckungen / und zu besserem Verstande und bequemerem Gebrauche derselben herausgegeben von Christian Wolffen (1724). Frankfurt-Leipzig ^{3}1733

Wolff, Christian: Psychologia Empirica (1732). Reprograf. Nachdruck (der 2. Aufl. Frankfurt—Leipzig 1738) Hildesheim 1968

Literaturverzeichnis

Das nachstehende Verzeichnis enthält nur die zitierte Literatur. Lediglich Arbeiten, die das Komische, die Komödie sowie die Witzkommunikation im weiteren Sinn thematisieren, sind darüber hinaus aufgeführt; diese Titel sind mit einem Stern (*) versehen.

Adorno, Theodor W.: Ästhetische Theorie (1979). Frankfurt am Main 1973

*Aikin-Sneath, Betsy: Comedy in Germany in the first half of the 18th century (1936). Reprograf. Nachdruck Oxford 1964

Allemann, Cécile: Über das Spiel. Phil. Diss. Zürich 1951

*Alt, Heinrich: Theater und Kirche in ihrem gegenseitigen Verhältnis historisch dargestellt (Berlin 1846). Reprograf. Nachdruck Leipzig 1970

*Altenhofer, Norbert: Hofmannsthals Lustspiel "Der Unbestechliche". Bad Homburg vor der Höhe Berlin—Zürich 1967

*Altenhofer, Norbert: Die Komödie der Wahrheit. In: P. U. Hohendahl/H. Lindenberger/ E. Schwarz (eds.): Festschrift Liselotte Dieckmann. St. Louis, Mo. 1972:113-131

*Altenhofer, Norbert (ed.): Komödie und Gesellschaft. Komödientheorien des 19. Jahrhunderts. Hettner, Hillebrand, Meredith. Frankfurt am Main 1973

Althusser, Louis: Für Marx (1965). Frankfurt am Main 1968

*Amitai, Menachem: Zur Behandlung der Zwangsneurose. In: Psyche 31, 1977:385-398

*Amur, G. S.: Der Geist der Komödie (1963). In: Grimm/Berghahn (eds.) 1975:272-302

Anders, Günther: Die Antiquiertheit des Menschen. München 1956

Anger, Alfred: Landschaftsstil des Rokoko. In Euphorion 51 (2), 1957:151-191

Antonetti, Charles: Drame et culture. Paris 1946

Aschenbrenner, Karl/William Holther: Reflections on Poetry. Alexander Baumgarten's 'Meditationes philosophicae de nonullis ad poema pertinentibus'. Translated, with the Original Text, an Introduction and Notes. Berkeley—Los Angeles 1954

Arbeitsgruppe Bielefelder Soziologen (ed.): Alltagswissen, Interaktion und gesellschaftliche Wirklichkeit. 2 Bde. Reinbek b. Hamburg 1973

Arnaszus, Helmut: Spieltheorie und Nutzenbegriff aus marxistischer Sicht. Frankfurt am Main 1974

*Arntzen, Helmut: Die ernste Komödie. München 1968

Artaud, Antonin: Das Theater und sein Double (1938). Frankfurt am Main 1969

Association Guillaume Budé. VIIe Congrès Aix-en-Provence, 1-6 avril 1963. Actes du Congrès. Paris 1964

*Aubouin, Elie: Les genres du risible. Marseille 1948

Auch, Günter Hans (ed.): Mimus und Logos. Festschrift für Carl Niessen. Emsdetten 1952

*Bachtin, Michail: Literatur und Karneval. München 1969

Baeumler, Alfred: Das Irrationalitätsproblem in der Ästhetik und Logik des 18. Jahrhunderts bis zur Kritik der Urteilskraft. Halle 1923

Bahner, Werner (ed.): Renaissance Barock Aufklärung. Kronberg/Ts. 1976

Bahner, Werner: Zur Einordnung der "Aufklärung" in die literarhistorische Periodisierung. In: ders. (ed.): 1976:60-71

*Baldwin, Charles Sears: Renaissance Literary Theory and Practice. New York 1939

Balet, Leo/E. Gerhard: Die Verbürgerlichung der deutschen Kunst, Literatur und Musik im 18. Jahrhundert (1936). Frankfurt—Berlin—Wien 1972

*Ballein, Johannes: Jeremy Colliers' Angriff auf die englische Bühne. Diss. Marburg 1909

Ballhausen, Günther Alfons: Der Wandel der Gebärde auf dem deutschen Theater im 18. Jahrhundert dargestellt an den Gebärdenbüchern. Diss. Göttingen 1955

*Barnes, Linda Horvay: The Dialectics of Black Humour: Process and Product. Frankfurt am Main—Bern—Las Vegas 1978

*Bataille, Georges: L'Erotisme. Paris 1957

Bateson, Gregory: A theory of play and fantasy. In: ders.: Steps to an ecology of mind. New York 1972:177-193

Baudrillard, Jean: Fetischismus und Ideologie: Die semiologische Reduktion. In: J.-B. Pontalis (ed.) (1970) 1972:315-334

*Baum, Georgina: Der widerspruchsvolle Charakter und der historische und gesellschaftliche Inhalt des Komischen in der dramatischen Gestaltung. In: Grimm/Berghahn (eds.) 1975:206-252. (Aus: dies.: Humor und Satire in der bürgerlichen Ästhetik. Berlin 1959:133-177)

Bayerdörfer, Hans-Peter: Eindringlinge, Marionetten, Automaten. Symbolische Dramatik und die Anfänge des modernen Theaters. In: Jahrbuch der deutschen Schillergesellschaft 1976:504-538

*Bear, Andrew: Restoration Comedy and the Provok'd Critic. In: Harold Love (ed.) 1972:1-26

*Beare, Mary: Die Theorie der Komödie von Gottsched bis Jean Paul. Diss. Bonn 1928

*Bellessort, André: La Comédie où l'on pleure. In: ders.: XVIIIe siècle et romantisme. Paris 1942:65-94

*Benjamin, Walter: Schicksal und Charakter. In: ders.: Illuminationen. Frankfurt am Main 1955:47-55

*Benjamin, Walter: Das Kunstwerk im Zeitalter seiner technischen Reproduzierbarkeit. Frankfurt am Main [3]1969

*Benjamin, Walter: Ursprung des deutschen Trauerspiels (1927). Frankfurt am Main 1972

Berger, Peter L./Thomas Luckmann: Die gesellschaftliche Konstruktion der Wirklichkeit (1966). Frankfurt am Main 1969

Berger, Peter Ludwig: Zur Dialektik von Religion und Gesellschaft. Elemente einer soziologischen Theorie. Frankfurt am Main 1973

*Bergson, Henri: Das Lachen (1900). Meisenheim am Glan 1948

Berke, Bradley Mitchell: A formal Theory of Tragedy. Phil. Diss. New York 1974

*Berlyne, David E.: Laughter, Humor, and Play. In: Handbook of Social Psychology, vol. 3 (G. Lindzey/E. Aronson, eds.) Reading, Mass. [2]1969:795-852

*Berlyne, David E.: Humor and its Kin. In: Goldstein/McGhee (eds.) 1972:43-60

Bieri, Peter: Zeit und Zeiterfahrung. Exposition eines Problembereichs. Frankfurt am Main 1972

Birdwhistell, Ray Lee: Kinesics and Context. Essays on Body Motion Communication. Philadelphia, Pa. 1970

Birk, Heinz: Bürgerliche und empfindsame Moral im Familiendrama des 18. Jahrhunderts. Diss. Bonn 1967

Birke, Joachim: Christian Wolffs Metaphysik und die zeitgenössische Literatur- und Musiktheorie: Gottsched, Scheibe, Mizler. Berlin 1966

Bloch, Ernst: Das antizipierende Bewußtsein. Frankfurt am Main 1972

Bloch, Marc/Fernand Braudel et al.: Schrift und Materie der Geschichte. Frankfurt am Main 1977

Blumenberg, Hans: Wirklichkeitsbegriff und Möglichkeit des Romans. In: H. R. Jauß (ed.) 1964

Blumenberg, Hans: Wirklichkeitsbegriff und Wirkungspotential des Mythos. In: M. Fuhrmann (ed.) 1971:11-66

Blumenberg, Hans: Der Prozeß der theoretischen Neugierde. Frankfurt am Main 1973

*Böckmann, Paul: Das Formprinzip des Witzes in der Frühzeit der deutschen Aufklärung. In: Jahrbuch des Freien Deutschen Hochstifts 1932/33:52-130

*Bonfantini, Mario: "L'Art poetique" di Boileau e i sui problemi. Milano 1957

*Borchardt, Hans Heinrich: Das europäische Theater im Mittelalter und in der Renaissance (1935). Reinbek b. Hamburg 1969

*Borev, Jurij Borisovic: Über das Komische. Berlin 1960

*Boussiac, Paul A. R.: Clown Performance as Metasemiotic Texts. In: Language Sciences 19, 1972:1-7

*Bouissac, Paul A. R.: La Mesure des Gestes. Prolégomènes à la sémiotique gestuelle. The Hague—Paris 1973

*Bouissac, Paul A. R.: Circus and Culture. A Semiotic Approach. Bloomington—London 1976

Bordieu, Pierre: Zur Soziologie der symbolischen Formen (1970). Frankfurt am Main 1974
Bourdieu, Pierre: Entwurf einer Theorie der Praxis (1972). Frankfurt am Main 1976
*Bourquin, Louis: La controverse sur la comédie au XVIIIe siècle et la lettre à d'Alembert sur les spectacles. In: Revue d'Histoire Littéraire de la France 26, 1919:43-86 u. 555-576; 27, 1920:548-570; 28, 1921:549-574
*Bradney, Pamela: The Joking Relationship in Industry. In: Human Relations 10, 1957: 179-187
*Bray, René: La formation de la doctrine classique en France. Lausanne—Genf 1931
Brecht, Bertolt: Schriften zum Theater 1-3 (= Gesammelte Werke Bd. 15-17) Frankfurt am Main 1976
*Bricker, Victoria Reifler: Ritual Humor in Highland Chiapas. Austin, Tex. 1973
*Bricker, Victoria Reifler: Some Zinacanteco Joking Strategies. In: Kirshenblatt-Gimblett (ed.) 1976:51-62
Broekman, Jan M.: Die Einheit von Theorie und Praxis als Problem von Marxismus, Phänomenologie und Strukturalismus. In: B. Waldenfels et al. 1977, I:159-177
*Brüggemann, Diethelm: Die sächsische Komödie. Studien zum Sprachstil. Köln—Wien 1970
Brüggemann, Diethelm: Gellert, der gute Geschmack und die üblen Briefsteller. In: DVjs 45, 1971:117-149
Brüggemann, Fritz (ed.): Das Weltbild der deutschen Aufklärung. Philosophische Grundlagen und literarische Auswirkung: Leibniz—Wolff—Gottsched—Brockes—Haller. Leipzig 1930
Brüggemann, Fritz (ed.): Die bürgerliche Gemeinschaftskultur der vierziger Jahre. Leipzig 1933
Brüggemann (ed.): Der Anbruch der Gefühlskultur in den fünfziger Jahren. Leipzig 1935
*Brüggemann, Fritz (ed.): Aus der Frühzeit der Aufklärung. Reprograf. Nachdruck (der 2. Aufl. 1938) Darmstadt 1972
Buck, August: Die Rezeption der Antike in den romanischen Literaturen der Renaissance. Berlin 1976
Buck, Theo: Brecht und Diderot oder: Über Schwierigkeiten der Rationalität in Deutschland. Tübingen 1971
*Bürger, Peter: Die frühen Komödien Pierre Corneilles und das französische Theater um 1630. Frankfurt am Main 1971
*Bürger, Peter: Studien zur französischen Frühaufklärung. Frankfurt am Main 1972
Bullough, Edward: Aesthetics. London 1957
*Burke, Kenneth: A Grammar of Motives (1945). Cleveland 1962
*Burke, Kenneth: A Rhetoric of Motives (1950). Berkeley—Los Angeles 1969
*Burns, Elisabeth: Theatricality. London 1972
Buytendijk, Frederik Jacobus Johannes: Wesen und Sinn des Spiels. Berlin 1933
*Buytendijk, Frederik Jacobus Johannes: Das erste Lächeln des Kindes. In: Psyche 2, 1948:57-70

Caillois, Roger: L'homme et le sacré. Paris 1950
Caillois, Roger: Les jeux et les hommes. Paris (8)1958
*Calderwood, James Lee/Harold E. Toliver (eds.): Perspectives on Drama. New York 1968
*Calderwood, James Lee: Introduction to Comedy. In: Calderwood/Toliver (eds.) 1968: 163-176
Canetti, Elias: Masse und Macht (1960). 2 Bde. München o.J.
Canetti, Elias/Manfred, Durzak: Akustische Maske und Maskensprung. Materialien zu einer Theorie des Dramas. In: Neue deutsche Hefte 22, 1975:496-516
*Capt, Louis: Gellerts Lustspiele. Zürich 1949
Cassirer, Ernst: Die Philosophie der Aufklärung (1932). Tübingen [3]1973
*Catholy, Eckehard: Fastnachtspiel. Stuttgart 1966
*Catholy, Eckehard: Komische Figur und dramatische Wirklichkeit. In: Grimm/Berghahn (eds.) 1975:402-418 (Aus : Festschrift Helmut de Boor. Tübingen 1966)
Caudwell, Christopher. Bürgerliche Illusion und Wirklichkeit. München 1971
*Cazamian, Louis: The Development of English Humour. Durham, N. C. 1953

*Chapiro, Marc: L'illusion comique. Paris 1940
*Chapman, Anthony J./Hugh C. Foot (eds.): Humour and Laughter: Theory, Research and Applications. Chichester 1976
*Chapman, Anthony J.: Social Aspects of Humorous Laughter. In: Chapman/Foot (eds.) 1976:155-185
*Chapman, Anthony/J. R. Smith/Hugh C. Foot: Language, Humour and Intergroup Relations. In: H. Giles (ed.) 1977:137-170
Chomsky, Noam: Aspekte der Syntax-Theorie. Frankfurt am Main 1973
Christian, Paul: Kybernetik und Gestaltkreis als Erklärungsweisen des Verhaltens. In: Eckart Wiesenhütter (ed.). Werden und Handeln. Festschrift für V. E. Freiherr von Gebsattel. Stuttgart 1963:90-110
Chung-yuan, Chang: Tao, Zen und schöpferische Kraft. Düsseldorf—Köln 1975
Cicourel, Aaron V.: Generative Semantics and the structure of social interaction. In: Congresso internazionale di scienze sociali dell'Istituto Luigi Sturzo 2, 1969. (International days of Sociolinguistics) Rom 1970
Cicourel, Aaron V.: Basisregeln und normative Regeln im Prozeß des Aushandelns von Status und Rolle. In: Arbeitsgruppe Bielefelder Soziologen (eds.) 1973, I:147-187
Congresso internazionale di scienze sociali dell'Istituto Luigi Sturzo 2, 1969. (International days of Sociolinguistics) Rom 1970
*Cook, Albert S.: The Dark Voyage and the Golden Mean. A Philosophy of Comedy. Cambridge 1949
Cooper, David: Der Tod der Familie (1971). Reinbek b. Hamburg 1972
*Coser, Rose L.: Some Social Functions of Laughter. In. Human Relations 12, 1959: 171-182
*Courville, Xavier de: Un apôtre de l'art du théâtre au XVIIIe siècle: Luigi Riccoboni dit Lélio. 3 vol. Paris 1942-45
Csikszentmihalyi, Mihaly/Stith Bennet: An Exploratory Model of Play. In: American Anthropologist 73, 1971:45-58
*Curtius, Ernst Robert. Scherz und Ernst in mittelalterlicher Dichtung. In: Roman. Forsch. 53, 1939:1-26
*Curtius, Ernst Robert: Europäische Literatur und lateinisches Mittelalter (1948). Bern 1963

Davidson, Hugh M.: Pratique et rhétorique du théâtre: étude sur le vocabulaire et la méthode de d'Aubignac. In: Critique et création litteraires en France au XVIIe siècle. Paris 1977:169-175
*Deleuze, Gilles. Logique du sens. Paris 1969
Deleuze, Gilles/ Félix Guattari: Anti-Odipus (1972). Frankfurt am Main 1974
*Deufert, Wilfried: Narr, Moral und Gesellschaft. Grundtendenzen im Prosaschwank des 16. Jahrhunderts. Bern—Frankfurt am Main 1975
Dieckmann, Herbert: Die Wandlungen des Nachahmungsbegriffes in der französischen Ästhetik des 18. Jahrhundert. In. H. R. Jauß (ed.) 1964:28-59
Dietze, Walter: Raum, Zeit und Klasseninhalt der Renaissance. In: Bahner (ed.) 1976: 72-128
Doktor, Wolfgang/Gerhard Sauder (eds.): Empfindsamkeit. Theoretische und kritische Texte. Stuttgart 1976
*Dorfles, Gillo: Per una semiotica del comico. In: ders.: Artificio e natura. Torino 1968:97-116
*Douglas, Mary: The Social Control of Cognition: Some Factors in Joke Perception. In: Man 3, 1968:361-376
*Douglas, Mary: Ritual, Tabu und Körpersymbolik. Frankfurt am Main 1974
Dreitzel, Hans-Peter: Selbstbild und Gesellschaftsbild. In: Europäisches Archiv für Soziologie 3, 1962:181-228
*Driesen, Otto: Der Ursprung des Harlekin. Berlin 1904
Duerr, Hans-Peter. Traumzeit. Frankfurt am Main 1978
*Duncan, Hugh Dalziel: Communication and Social Order. New York 1962
Duvignaud, Jean: Zur Soziologie der künstlerischen Schöpfung (1967). Stuttgart 1975
*Duvignaud, Jean: Spectacle et société. Paris 1971

*Duvignaud, Jean: Le don du rien. Essai d'anthropologie de la fête. Paris 1977
Dux, Günter: Helmuth Plessners philosophische anthropologie im Prospekt. (= Nachwort von:) Plessner 1970:253-316
Eichner, Siglinde: Johann Elias Schlegel. In: B. v. Wiese (ed.) 1977:162-175
*Eidelberg, Ludwig: A Contribution to the Study of Wit. In: Psychoanalytic Review 32, 1945:33-61
Eliade, Mircea: Schamanismus und archaische Ekstasetechnik. Zürich 1957
Eliade, Mircea: Die Sehnsucht nach dem Ursprung. Wien 1973
Elias, Norbert: Über den Prozeß der Zivilisation (1936). 2 Bde. Frankfurt am Main (5)1978
*Elliott, Robert C.: Saturnalien, Satire, Utopie. In: Antaios 9, 1967/68:412-428
Emelina, Jean: Les Valets et les servants dans le théâtre comique en France de 1610 à 1700. Cannes—Grenoble 1975
Erikson, Erik H.: Kindheit und Gesellschaft (1950). Stuttgart 1968
*Ertel, Suitbert: Eine psychoanalytische Theorie des Komischen. Habil.-Vortrag Münster 1968
*Ertel, Suitbert: Die Dynamik der Witzeslust. In: M. Irle (ed.) 1969:496-501
Ertel, Suitbert/Lilly Kemmler/Michael Stadler (eds.): Gestalttheorie in der modernen Psychologie. Wolfgang Metzger zum 75. Geburtstag. Darmstadt 1975
*Farré, Luis: Das Komische (1967). In. Grimm/Berghahn (eds.) 1975:190-205
*Feibleman, James K.: Der Sinn des Komischen. In: Grimm/Berghahn (eds.) 1975:77-92; (Aus: J. K. Feibleman: Aesthetics. New York [2]1968:81-99)
*Fengére, A.: De la comédie larmoyante au drame bourgeois. In: Revue des cours et conférences 1934-35, I:558-568
Festinger, Leon: A Theory of Cognitive Dissonance (1957). Stanford 1970
*Fösel, Karl Richard: Der Deus ex machina in der Komödie. Erlangen 1975
Foucault, Michel: Wahnsinn und Gesellschaft (1961). Frankfurt am Main 1969
Foucault, Michel: Die Ordnung der Dinge (1960). Frankfurt am Main 1974(a)
Foucault, Michel: Schriften zur Literatur. München 1974(b)
Foucault, Michel: Sexualität und Wahrheit. Bd. 1. Frankfurt am Main 1977
*Freier, Hans: Kritische Poetik. Legitimation und Kritik der Poesie in Gottscheds Dichtkunst. Stuttgart 1973
Freud, Sigmund: Studienausgabe (= SA). Frankfurt am Main 1975, III; 1972, IV; 1974, IX; 1972, X
*Freud, Sigmund: Der Witz und seine Beziehung zum Unbewußten (1905). In: SA, IV:9-220
Freud, Sigmund: Psychopathische Personen auf der Bühne 1950 (1942). In: SA, X:161-168
Freud, Sigmund: Der Dichter und das Phantasieren 1907 (1908). In: SA, X:169-179
Freud, Sigmund: Totem und Tabu (1912-13). In: SA, IX:287-444
Freud, Sigmund: Zur Einführung des Narzißmus (1914). In: SA, III:38-68
Freud, Sigmund: Trauer und Melancholie 1915 (1917). In: SA, III:193-212
Freud, Sigmund: Das ökonomische Problem des Masochismus (1920). In: SA, III:340-354
*Freud, Sigmund: Der Humor (1927). In: SA, IV:275-282
*Friederici, Hans: Das deutsche bürgerliche Lustspiel der Frühaufklärung (1736-1750) unter besonderer Berücksichtigung seiner Anschauungen von der Gesellschaft. Halle 1957
*Frühsorge, Gotthardt: Der politische Körper. Zum Begriff des Politischen im 17. Jahrhundert und in den Romanen Christian Weises. Stuttgart 1974
*Fry, William F. Jr.: Sweet Madness. A Study of Humor. Palo Alto, Calif. 1963
*Frye, Northrop: Analyse der Literaturkritik (1957). Stuttgart 1964. (Teilauszug u. d. Titel "Der Mythos des Frühlings: Komödie" in: Grimm/Berghahn (eds.) 1975:159-189; Teilauszug u. d. Titel "Specific Forms of Drama" in: Calderwood/Toliver (eds.) 1968: 137-147)
*Fubini, Mario: Entstehung und Geschichte der literarischen Gattungen (1966). Tübingen 1971
*Fuhrmann, Manfred: Das systematische Lehrbuch. Göttingen 1960
Fuhrmann, Manfred (ed.): Terror und Spiel. (= Poetik und Hermeneutik) München 1971
*Fuhrmann, Manfred: Einführung in die antike Dichtungstheorie. Darmstadt 1973

*Fumaroli, Marc: La Querelle de la Moralité au Théâtre avant Nicole et Bossuet. In: Revue d'Historie Litteraire de la France, 1970:1007-1030

Gabel, Joseph: Ideologie und Schizophrenie (1962). Frankfurt am Main 1967
Gadamer, Hans-Georg: Wahrheit und Methode (1960). Tübingen ³1972
Gadamer, Hans-Georg: Die Aktualität des Schönen. Kunst als Spiel, Symbol und Fest. Stuttgart 1977
Gaede, Friedrich: Gottscheds Nachahmungstheorie und die Logik. In: DVjs 49 (Sonderheft) 1975:105-117
*Gaiffe, F.: Etude sur le drame en France au XVIIIe siècle (1910). Paris 1971
Gale, Richard M. (ed.): The Philosophy of Time. A Collection of Essays. London—Melbourne 1968
Gale, Richard M.: The Language of Time. London—New York 1968
Garfinkel, Harold: Das Alltagswissen über soziale und innerhalb sozialer Strukturen. In: Arbeitsgruppe Bielefelder Soziologen (ed.) 1973:189-262
Gebhardt-Wäger, Gusti: Die Dichtung des 18. Jahrhundert in ihrem Verhältnis zur körperlichen Krankheit. Phil. Diss. Erlangen 1948
Gebser, Jean: Ursprung und Gegenwart. Fundamente und Manifestationen der aperspektivischen Welt (1948). Stuttgart ²1966
*Geißler, Waltraud: Der Beitrag Johann Elias Schlegels zur Theorie und Praxis des Dramas in der deutschen Aufklärung. Diss. Jena 1968
Genette, Gérard: Un poétique structurale. In: Tel Quel 7, Herbst 1961:12-19
*Georgen, Dieter: Die heilende Kraft des Komischen. Bespiele aus Volksglauben, Mythen und Märchen. In: Die Freundesgabe. Jahrbuch zur Pflege des Märchenguts der europäischen Völker 1972:4-11
*Gilbert, Katharine Everett/Helmut Kuhn: A History of Esthetics. New York 1939
*Giles, Howard/Richard Y. Bourhis et al.: Cognitive Aspects of Humour in Social Interaction. A Modell and Some Linguistic Data. In: Chapman/Foot (eds.) 1976:137-154
*Giles, Howard: Language, Ethnicity an Intergroup Relation. London 1977
Gilmore, J. Barnard: Play. A Special Behavior. In: R. N. Haber (ed.) 1966:343-355
Glaser, Horst Albert: Das bürgerliche Rührstück. Stuttgart 1971
Godfroid, Michel: Le piétisme allemand a-t-il existé? Histoire d'un concept fait pour la polémique. In: Etudes Germaniques 26, 1971:32-45
Goffman, Erving: Interaction Ritual. New York 1967
*Goldstein, Jeffrey H./Paul E. McGhee (eds.): The Psychology of Humor. Theoretical Perspectives and Empirical Issues. New York—London 1972
Goncourt, Edmond & Jules de: Die Frau im 18. Jahrhundert (1862). Bern—Stuttgart—Wien 1963
Goncourt, Edmond & Jules de: Die Liebe im 18. Jahrhundert (1878). Leipzig 1905
*Gossen, Gary H.: Verbal Dueling in Chamula. In: B. Kirshenblatt-Gimblett (ed.) 1976: 121-146
Graevenitz, Gerhart von: Innerlichkeit und Öffentlichkeit. Aspekte deutscher "bürgerlicher" Literatur im frühen 18. Jahrhundert. In: DVjs 49 (Sonderheft) 1975:1-82
*Grathoff, Richard H.: The Structure of Social Inconsistencies. A contribution to a unified theory of play, game, and social action. The Hague 1970
*Green, Ronnie Lloyd. The Comic Vision: Patterns of Initiation. Phil. Diss. Wayne State Univ. 1974
Greimas, A. J.: Conditions d'une sémiotique du monde naturel. In: Languages. N° 10, 1968:3-35
Greschat, Martin (ed.): Zur neueren Pietismusforschung. Darmstadt 1977
Grice, H. P.: Logic and Conversation (1967). In: P. Cole/J. L. Morgan (eds.): Speech Acts. New York—San Francisco—London 1975:41-58
*Grimm, Reinhold/Klaus Berhahn (eds.): Wesen und Form des Komischen im Drama. Darmstadt 1975
*Grimm, Reinhold: Komik und Verfremdung. In: Grimm/Berghahn 1975:253-271. Aus: ders.: Strukturen. Göttingen 1963
Groeben, Norbert: Gestalttheorie als Irrationalismusbasis? Das Bild des 'gestalt switch' und irrationalistische Tendenzen in der neueren Wissenschaftstheorie. In: Ertel/Kemm-

ler/Stadler (eds.) 1975:134-145
Groddeck, Georg: Psychoanalytische Schriften zur Literatur und Kunst. Wiesbaden 1964
*Grotjahn, Martin: Vom Sinn des Lachens. Psychoanalytische Betrachtungen über den Witz, das Komische und den Humor (1957). München 1974
Guattari, Félix: Micro-politique du désir. In: Verdiglione (ed.) 1974:43-60
Günther, Hans R. G.: Psychologie des deutschen Pietismus. In: DVjs 4, 1926:144-176
Guillén, Claudio: On the Concept and Metaphor of Perspective. In: ders.: Literature as System: Essays towards the Theory of Literary History. Princeton 1971:283-371
Gurvitch, Georges: Dialektik und Soziologie (1962). Neuwied—Berlin 1965
*Guthke, Karl S.: Geschichte und Poetik der deutschen Tragikomödie. Göttingen 1961
*Gutwirth, Marcel: Gedanken zum Wesen des Komischen (1964). In: Grimm/Berghahn 1975: 366-401

Haarmann, Hermann: Theater und Geschichte. Gießen 1974
Haber, Ralph Norman (ed.): Current Research in Motivation. New York 1966
*Haberland, Paul M.: The Development of Comic Theory in Germany During the Eighteenth Century. Göppingen 1971
Habermas, Jürgen: Strukturwandel der Öffentlichkeit. Neuwied—Berlin 1962
Habermas, Jürgen: Zur Logik der Sozialwissenschaften (1967). Frankfurt am Main [3]1973
Hall Edward T.: A System for the Notation of Proxemic Behavior. In: American Anthropologist 65 (5), 1963:1003-1023
Hall, Edward T.: Proxemics. In: Current Anthropology 9, 1968:83-95
*Hall, Vernon: Renaissance Literary Criticism (1945). Gloucester, Mass. [4]1959
*Hallays-Dabot, Victor: Histoire de la censure théatrale en France (1862). Repr. Genf 1970
Hammer, Felix: Die exzentrische Position des Menschen. Methode und Grundlinien der philosophischen Anthropologie Helmuth Plessners. Bonn 1967
*Handelman, Don/Bruce Kapferer: Forms of Joking Activity: A Comparative Approach. In: American Anthropologist 74, 1972:484-517
Haug, Frigga: Kritik der Rollentheorie. Frankfurt am Main [2]1973
Hebeisen, Hans-Martin: Versuch einer ontologischen Analyse der Zeit und der Handlung unter besonderer Berücksichtigung der Ästhetik des Dramas. Winenden 1961
Hegel, Georg Wilhelm Friedrich: Phänomenologie des Geistes. (= Werke Bd. 3) Frankfurt am Main 1970(a)
*Hegel, Georg Wilhelm Friedrich: Vorlesungen über die Ästhetik. 3 Bde. (= Werke Bd. 13-15) Frankfurt am Main 1970(b)
Heidemann, Ingeborg: Philosophische Theorien des Spiels. In: Kantstudien 50, 1958/59: 316-322
Heinrichs, Hans-Jürgen: Psychoanalyse und Schamanismus. Zur Forschung von Michel Leiris. In: Psyche 31, 1977(a):457-475
Heinrichs, Hans-Jürgen: Exotismus und Ethnopoetik bei Michel Leiris. In: Akzente 23, 1977(b):220-233
*Hempfer, Klaus W.: Gattungstheorie. Information und Synthese. München 1973
Heninger, S. K. Jr.: Touches of Sweet Harmony. Pythagorean Cosmology and Renaissance Poetics. San Marino, Calif. 1974
*Herrick, Marvin Th.: The Fusion of Horatian and Aristotelian Literary Criticism, 1531 -1555. Urbana 1946
*Herrick, Marvin Th.: Comic Theory in the Sixteenth Century. Urbana 1950
Herrmann, Hans Peter: Naturnachahmung und Einbildungskraft. Zur Entwicklung der deutschen Poetik von 1670-1740. Bad Homburg v. d. H.—Berlin—Zürich 1970
*Hesse, Everett W.: La Comedia y sus intérpretes. Madrid 1973
*Hillach, Ansgar: Die Dramatisierung des komischen Dialogs. Figur und Rolle bei Nestroy. Phil Diss. Frankfurt am Main 1967
*Hinck, Walter: Das deutsche Lustspiel des 17. und 18. Jahrhunderts und die italienische Komödie. Commedia dell'arte und théâtre italien. Stuttgart 1965
*Hinck, Walter: Das deutsche Lustspiel des 18. Jahrhunderts. In: Steffen (ed.) 1968:7-27
Hinck, Walter (ed.): Europäische Aufklärung. 1. Teil (= Neues Handbuch der Literaturwissenschaft (K. v. See ed.) Bd. 11) Frankfurt am Main 1974

*Hinck, Walter: Die europäische Komödie der Aufklärung. In: ders. (ed.) 1974:119-135
*Hinck, Walter (ed.): Die deutsche Komödie. Vom Mittelalter bis zur Gegenwart. Düsseldorf 1977(a)
*Hinck, Walter: Einführung in die Theorie des Komischen und der Komödie. In: ders. (ed.) 1977(a):11-31
*Hinck, Walter: Vom Ausgang der Komödie. Exemplarische Lustspielschlüsse in der europäischen Literatur. Opladen 1977(b)
Hinrichs, Wolfgang: Schleiermachers Theorie der Geselligkeit. Weinheim/Bergstraße 1965
*Hinze, Klaus-Peter: Zusammenhänge zwischen diskrepanter Information und dramatischem Effekt. Theoretische Grundlegung des Problems und Nachweis an Georg Büchners "Leonce und Lena". In: GRM 20 (2), 1970:205-213
Hobson, Marian: Du Theatrum Mundi au Theatrum Mentis. In: Revue des sciences humaines 1977:379-394
*Hodges, John C.: William Congreve, The Man. A Biography from New Sources (1941). Repr. New York 1966
Hodgson, John/Ernest Richards: Improvisation. Discovery and Creativity in Drama (1966). London 1972
*Höllerer, Walter: Das Wildschwein und Hans Huckebein. Zur Semiologie des Witzes. In: Wissen aus Erfahrung. Festschrift Hermann Meyer. Tübingen 1976:917-931
*Hörmann, Hans: Semantische Anomalie, Metapher und Witz oder "schlafen farblose grüne Ideen wirklich wütend?" In: Folia linguistica 1971:310-330
*Hörmann, Hans: Meinen und Verstehen. Grundzüge einer psychologischen Semantik. Frankfurt am Main 1976
Hoffer, Wilhelm: Das Archaische im Spiel. In: Zeitschrift für psychoanalytische Pädagogik 6, 1932:230-240
Hoffmeister, Gerhart (ed.): Europäische Tradition und deutscher Literaturbarock. Bern 1973
*Hofius, Margarete: Untersuchungen zur Komödie der deutschen Aufklärung — mit besonderer Berücksichtigung Johann Elias Schlegels. Masch. Diss. Münster 1954
Hofmann, Hasso: Repräsentation. Studien zur Wort- und Begriffsgeschichte von der Antike bis ins 19. Jahrhundert. Berlin 1974
Hohendahl, Peter-Uwe: Empfindsamkeit und gesellschaftliches Bewußtsein. In: Jahrbuch der deutschen Schillergesellschaft 1972:176-207
*Holl, Karl: Zur Geschichte der Lustspieltheorie von Aristoteles bis Gottsched. (= Literaturhistorische Forschungen (v. Schick/v. Waldberg eds.) 44, 1911) Diss. Heidelberg 1910
*Holl, Karl: Geschichte des deutschen Lustspiels (1923). Reprograf. Nachdruck o. O. 1964
Honnefelder, Gottfried: Christian Fürchtegott Gellert. In: B. v. Wiese (ed.) 1977:115-134
Horkheimer, Max: Zur Kritik der instrumentellen Vernunft (1947). Frankfurt am Main 1974
Horkheimer, Max/Theodor W. Adorno: Dialektik der Aufklärung. Amsterdam 1947
Huizinga, Jan: Homo Ludens. Amsterdam 1939
Husserl, Edmund: Die Krisis der europäischen Wissenschaften und die transzendentale Phänomenologie. Eine Einleitung in die phänomenologische Philosophie. (= Husserliana Bd. VI) Den Haag 1954
Hymes, Dell H.: Die Ethnografie des Sprechens. In: Arbeitsgruppe Bielefelder Soziologen (ed.) 1973:338-432

Irle, Martin (ed.): Bericht über den 26. Kongreß der Deutschen Gesellschaft für Psychologie. Göttingen 1969
Iser, Wolfgang: Die Wirklichkeit der Fiktion. In: Warning (ed.) 1975:277-324
*Iser, Wolfgang: Das Komische: ein Kipphänomen. In: Preisendanz/Warning (eds.) 1976: 398-402
Iwin, A. A.: Grundprobleme der deontischen Logik. In: Wessel (ed.) 1972:402-522

Jauß, Hans Robert: Diderots Paradox über das Schauspiel. In: GRM 42 (N.F. 11) 1961: 380-413

Jauß, Hans Robert (ed.): Nachahmung und Illusion. München 1964
Jauß, Hans Robert (ed.): Die nicht mehr schönen Künste. Grenzphänomene des Ästhetischen. München 1968
*Jauß, Hans Robert: Reflexives Lachen. In: Weinrich (ed.) 1975:552-554
Jauß, Hans Robert. Ästhetische Erfahrung und literarische Hermeneutik. Bd. I: Versuche im Feld der ästhetischen Erfahrung. München 1977
Jehn, Peter (ed.): Toposforschung. Eine Dokumentation. Frankfurt am Main 1972
*Jekels, Ludwig: Zur Psychologie der Komödie. In: Imago 12, 1926:328-335
*Johnson, Ragnar: The Semantic Structure of the Joke and Riddle: Theoretical Positioning. In: Semiotica 14, 1975:142-174
*Johnson, Ragnar: Two Realms and a Joke: Bisociation Theories of Joking. In: Semiotica 16 (3), 1976:195-221
*Jones, James M./Hollis V. Liverpool: Calypso Humour in Trinidad. In: Chapman/Foot (eds.) 1976:259-286
*Jordan, Robert: The Extravagant Rake in Restoration Comedy. In: Love (ed.) 1972:69-90
*Jünger, Georg Friedrich: Über das Komische (1936). Frankfurt am Main [3]1948
*Jürgens, Heiko: Pompa Diaboli. Die lateinischen Kirchenväter und das antike Theater. Stuttgart 1972
*Jutrin, Monique: Le théâtre de Mariveaux: une "phénoménologie du coeur"? In: Dix-huitième siècle 7, 1975:157-179

*Kallen, Horace M.: The Aesthetic Principle in Comedy. In: American Journal of Psychology 22, 1911:137-157
Kamper, Dietmar/Volker Rittner (eds.): Zur Geschichte des Körpers. Perspektiven der Anthropologie. München 1976
Kapp, Ernst: Die Schaubühne als moralische Anstalt von Gottsched bis zu den Naturalisten (1700-1900). Masch. Diss. Tübingen o. J. (ca. 1925)
*Karrer, Wolfgang: Parodie, Travestie, Pastiche. München 1977
Kegel-Vogel, Marlies: Johann Elias Schlegel und der Erziehungsoptimismus in der deutschen Aufklärung. In: Worte und Werte. Festschrift Bruno Markwardt. Berlin 1961: 155-164
*Keith-Spiegel, Patricia: Early Conceptions of Humour: Varieties and Issues. In: Goldstein/McGhee (eds.) 1972:4-39
Kemp, Wolfgang: Die Beredsamkeit des Leibes. Körpersprache als künstlerisches und gesellschaftliches Problem der bürgerlichen Emanzipation. In: Städel-Jahrbuch, NF Bd. 5, 1975:11-134
Kendon, Adam/R. M. Harris/M. R. Key (eds.) Organization of Behavior in Face-to-Face Interaction. The Hague—Paris 1975
Khan, M. Masud R.: Der Fetischismus als Negation des Selbst. In: Pontalis (ed.) (1970) 1972:130-186
Khatchadourian, Haig: Institutions, Practices, and Moral Rules. In: Mind 86, 1977:479-496
Kilian, Hans: Das enteignete Bewußtsein. Neuwied—Berlin 1971
Kimpel, Dieter: Der Roman der Aufklärung (1670-1774). Stuttgart 1977
*Kindermann, Heinz: Grundformen des komischen Theaters (1952). In: Grimm/Berghahn 1975:93-126
*Kirby, Ernst Th.: Ur-Drama. The Origins of Theatre. New York 1975
*Kirshenblatt-Gimblett, Barbara (ed.): Speech Play. Research and Resources for Studying Linguistic Creativity. Univ. of Pennsylvania 1976
*Klapp, Orrin E.: The Fool as a Social Type. In: American Journal of Sociology 55, 1949/50:157-162
*Klapp, Orrin E.: Heroes, Villains, and Fools, as Agents of Social Control. In: American Sociological Review 19, 1954:52-62
*Klapp, Orrin E.: Heroes, Villains, and Fools. Englewood Cliffs 1962
Klaus, Georg: Kybernetik und Erkenntnistheorie. Berlin (DDR) 1972
Klaus, Georg/Heinz Liebscher: Systeme—Informationen—Strategien. Berlin (DDR) 1974
*Kleine, Winfried: Information und Informationsverhinderung in den Komödien Molières. Diss. Münster 1970
*Knutson, Harold C.: D'Aubignac's Blind Spot: Comedy. In: Neuphilologische Mitteilungen

66, 1965:125-131
Koch, Hans-Albrecht: Das deutsche Singspiel. Stuttgart 1974
Koch, Walter A.: Kinematik. In: ders.: Varia Semiotica. Hildesheim—New York 1971:211-237
Koch, Walter A. (ed.): Textsemiotik und strukturelle Rezeptionstheorie. (= Studia Semiotica, Collecta Semiotica Bd. II) Hildesheim—New York 1976
*Könneker, Barbara: Wesen und Wandlung der Narrenidee im Zeitalter des Humanismus. Brant—Murner—Erasmus. Wiesbaden 1966
Koestler: Insight and Outlook. An Inquiry into the Common Foundations of Science, Art and Social Ethics. New York 1949
*Koestler, Arthur: Der göttliche Funke. Der schöpferische Akt in Kunst und Wissenschaft. Bern—München 1966
Kollektiv für Literaturgeschichte (ed.): Aufklärung. Erläuterung zur deutschen Literaturgeschichte. Berlin (DDR) 1977
Koller, Hermann: Die Mimesis in der Antike. Nachahmung, Darstellung, Ausdruck. Bern 1954
Kopitzsch, Franklin (ed.): Aufklärung, Absolutismus und Bürgertum in Deutschland. München 1976
Koselleck, Reinhart: Kritik und Krise. Ein Beitrag zur Pathogenese der bürgerlichen Welt. Freiburg—München [2]1959
Kowzan, Tadeusz: Littérature et spectacle (1970). Le Hague—Paris [2]1975
Krappmann, Lothar: Soziologische Dimensionen der Identität. Stuttgart 1971
Krauss, Werner: Fontenelle und die Aufklärung. München 1969
*Kremers, Dieter, Die italienische Renaissancekomödie und die Commedia dell'arte. In: A. Buck (ed.): Renaissance und Barock, 1. Teil (= Neues Handbuch der Literaturwissenschaft (K. v. See ed.) Bd. 9) Frankfurt am Main 1972:317-328
*Kris, Ernst: Psychoanalytic Explorations in Art. New York 1952
Kriss-Rettenbeck, Lenz: Probleme der volkskundlichen Gebärdenforschung. In: Bayerisches Jahrbuch für Volkskunde 1964/65:14-46
Kristeva, Julia: Narratation et transformation. In: Semiotica 1, 1969(a):422-448
Kristeva, Julia: Semeiotiké. Recherches pour und sémanalyse. Paris 1969(b)
*Kristeva, Julia: Le texte du roman. The Hague—Paris 1970
*Kristeva, Julia: La révolution du langage poétique. L'avant-garde à la fin du XIXe siècle: Lautréamont et Mallarmé. Paris 1974 (Dt. Teilübers. u. d. Titel "Die Revolution der poetischen Sprache" Frankfurt am Main 1978)
*Kristeva, Julia: Noms de lieu. In: Tel Quel 68, 1976:20-56
*Krömer, Wolfram: Die italienische Commedia dell'Arte. Darmstadt 1976
Krohn, Paul Günter/Werner Rieck et al. (eds.): Aufklärung. Erläuterungen zur deutschen Literatur. Berlin (DDR) [3]1971
Krohn, Rüdiger: Der unanständige Bürger. Untersuchungen zum Obszönen in den Nürnberger Fastnachtsspielen des 15. Jahrhunderts. Kronberg/Ts. 1974
Kroy, Moshe: Mentalism and Modal Logic. A Study in the Relations between Logical and Metaphysical Systems. Wiesbaden 1976
Krüger, Manfred: Wandlungen des Tragischen. Drama und Initiation. Stuttgart 1973

Lacan, Jacques: Schriften I (1966). Frankfurt am Main 1975
Lacan, Jacques: Ecrits I. Paris 1966
Lacan, Jacques: Ecrits II. Paris 1971
*La Fave, Lawrence/Jay Haddad/A. Maesen: Superiority, Enhanced Self-Esteem, and Perceived Incongruity Humour Theory. In: Chapman/Foot (eds.) 1976:63-91
Laing, Ronald D./H. Phillipson/A. R. Lee: Interpersonelle Wahrnehmung (1966). Frankfurt am Main 1971
*Lalo, Charles: Estétique du rire. Paris 1949
Landgrebe, Ludwig: Das Problem der Teleologie und der Leiblichkeit in der Phänomenologie und im Marxismus. In: B. Waldenfels (ed.) 1977, I:71-104
Langages. Pratiques et Langages gestuels. (A. J. Greimas ed.) N° 10, 1968
*Langer, Susanne Katherine: Feeling and Form. A Theory of Art. New York 1953
*Lauter, Paul (ed.): Theories of Comedy. New York 1964

Lazarowicz, Klaus: Theaterwissenschaft heute. München 1975

Leach, Edmund R.: Zwei Aufsätze über die symbolische Darstellung der Zeit (1961). In: Mühlmann/Müller (eds.): Kulturanthropologie. Köln—Berlin 1966:392-408

Leach, Edmund R.: Kultur und Kommunikation. Zur Logik symbolischer Zusammenhänge (1976). Frankfurt am Main 1978

Leclaire, Serge: Der psychoanalytische Prozeß. Versuch über das Unbewußte und den Aufbau einer buchstäblichen Ordnung (1968). Frankfurt am Main 1975

Leclaire, Serge: Das Reale entlarven. Das Objekt in der Psychoanalyse (1971). Olten 1976

Leclaire, Serge: Discours de l'inconscient et discours du pouvoir. In: Verdiglione (ed.) 1974:15-24

Lefebvre, Henri: Kritik des Alltagslebens. Kronberg/Ts. 1977

Lefebvre, Henri: Metaphilosophie. Prolegomena (1965). Frankfurt am Main 1975

Lepenies, Wolf: Melancholie und Gesellschaft. Frankfurt am Main 1969

Leuninger, Helen/Max Miller/Frank Müller (eds.): Linguistik und Psychologie. Bd. I: Psycholinguistische Untersuchungen sprachlicher Performanz. Frankfurt am Main o.J.

Leutz, Grete: Das klassische Psychodrama nach J. L. Moreno. Berlin—Heidelberg—New York 1974

Lévi-Strauss, Claude: Der nackte Mensch (1971). 2 Bde. Frankfurt am Main 1975

Lévi-Strauss, Claude (ed.): L'Identité. Paris 1977

Lewinter, Roger: Diderot ou les mots de l'absence. Paris 1976

Lindberg, John D.: Der Pietismus und die deutsche Barockoper: Zusammenprall zweier Welten. In: Hoffmeister (ed.): 1973:251-257

*Lindemann, Bernhard: Strukturen des Gag in Buster Keaton's 'The Goat'. In: W. A. Koch (ed.) 1976:586-720

*Lindner, Burckhardt: Das Lachen im Tempel des Schönen. Zur Subversivität des Komischen in der Autonomieperiode. In: K. O. Conrady (ed.). Deutsche Literatur zur Zeit der Klassik. Stuttgart 1977:267-282

Lindsay, Jack: The clashing rocks. London 1965

Link, Franz H.: Die Fiktion der Gegenwart im Drama. In: DVjs 48, 3, 1974:417-431

Linn, Marie Luise: A. G. Baumgartens Aesthetica und die antike Rhetorik. In: H. Schanze (ed.) 1974:105-125

Lipp, Wolfang: Institutionen - Mimesis oder Drama? In: Zeitschrift für Soziologie 5, 1976:360-381

Lippe, Rudolf zur: Naturbeherrschung am Menschen. 2 Bde. Frankfurt am Main 1974

Lippe, Rudolf zur: Bürgerliche Sugjektivität: Autonomie als Selbstzerstörung. Frankfurt am Main 1975

Löpelmann, Martin: Menschliche Mimik. Berlin 1941

*Lottis, John: Comedy and Society form Congreve to Fielding. Stanford, Calif. 1959

Lohmeier, Anke-M.: Zur Bestimmung der deutschen Landlebendichtung des 17. und 18. Jahrhunderts. In: Voßkamp (ed.) 1977:123-140

Lorenzer, Alfred: Sprachzerstörung und Rekonstruktion (1970). Frankfurt am Main 1973

Lorenzer, Alfred: Über den Gegenstand der Psychoanalyse oder: Sprache und Interaktion. Frankfurt am Main 1973

Lorenzer, Alfred: Sprachspiel und Interaktionsformen. Frankfurt am Main 1977

Love, Harold (ed.): Restoration Literature. Critical Approaches. London 1972

Luhmann, Niklas: Soziologische Aufklärung 2. Aufsätze zur Theorie der Gesellschaft. Opladen 1975

*Lundberg, Craig G.: Person-focused Joking: Pattern and Function. In: Human Organisation 28, 1969:22-28

Lyons, John: Einführung in die moderne Linguistik (1968). München (4)1975

Lypp, Bernhard: Ästhetischer Absolutismus und politische Vernunft. Zum Widerstreit von Reflexion und Sittlichkeit im deutschen Idealismus. Frankfurt am Main 1973

*MacCollom, William G. The Divine Average. A View of Comedy. Cleveland 1971

*Maier, Norman R. F.: A Gestalt Theory of Humour. In: British Journal of Psychology 23, 1932:69-74

Mandrou, Robert: Der europäische Barock. Pathetische Mentalität und soziale Umwälzung.

In: Bloch/Braudel et al. 1977:368-392

Maranda, Elli Köngäs/Pierre Maranda: Strukturelle Modelle in der Folklore. In: Jens Ihwe (ed.): Literaturwissenschaft und Linguistik. Frankfurt am Main 1973, II:127-214

Markwardt, Bruno: Geschichte der deutschen Poetik. Bd. 2. Aufklärung, Rokoko, Sturm und Drang. Berlin 1956

Marotti, Ferruccio: Per un'epistemologia del teatro nel Rinascimento: le teoriche sullo spazio teatrale. In: Biblioteca teatrale 1, 1971:15-29

Marotti, Ferruccio: Structure de l'espace scénique dans les représentations théâtrales d'après les traités italiens du XVIe au XVIIIe siècle. In: J. Jacquot/E Konigson (eds.): Les Fêtes de la renaissance. (= Quinzième colloque international d'études humanistes, Tours 10.—22. juillet 1972) Paris 1975, III:231-238

*Marquard, Odo: Exile der Heiterkeit. In: Preisendanz/Warning (eds.) 1976:133-151

*Martens, Wolfgang: Die Botschaft der Tugend. Die Aufklärung im Spiegel der deutschen Moralischen Wochenschriften. Stuttgart 1968

Martens, Wolfgang: Über Weltbild und Gattungstradition bei Gellert. In: Festschrift für Detlev W. Schumann. (R. R. Schmitt ed.) München 1970:74-82

Martens, Wolfgang: Bürgerlichkeit in der frühen Aufklärung. In: F. Kopitzsch (ed.) 1976: 347-363

*Martineau, William H.: A Model of the Social Functions of Humour. In: Goldstein/ McGhee (eds.) 1972:101-125

*Martini, Fritz: Die stumme Schönheit. Spiel und Sprache im Lustspiel. Mit einem Anhang: "Einige Bemerkungen zur Poetik des Lustspiels" (1963/69). In: Grimm/Berghahn (eds.) 1975:303-365

*Martino, Alberto: Geschichte der dramatischen Theorien in Deutschland im 18. Jahrhundert. Bd. 1. Die Dramaturgie der Aufklärung (173o-178o). Tübingen 1972

Marx, Karl: Pariser Manuskripte (1844). o.O. ²1969

Marx, Karl: Grundrisse der Kritik der politischen Ökonomie ("Rohentwurf"). Berlin (DDR) ²1974

Marx, Karl/Friedrich Engels: Die deutsche Ideologie. Frankfurt am Main 1971

Marx, Karl: Theorien über den Mehrwert. Bd. 1. Frankfurt am Main 1968

Marshall, Madeleine F.: Sentimental Drama in England, France, and Germany. Ann Arbor 1973

*Mathes, Jürg (ed.): Die Entwicklung des bürgerlichen Dramas im 18. Jahrhundert. Ausgewählte Texte. Tübingen 1974

*Mauron, Charles: Psychocritique du genre comique. Paris 1964

*McClelland, David C.: Motivation und Kultur. Bern—Stuttgart 1967

*McGhee, Paul E.: On the Cognitive Origins of Incongruity Humor: Fantasy Assimilation versus Reality Assimilation. In: Goldstein/McGhee (eds.) 1972:61-80

*McMillan, Dougald: The Rise of Social Comedy in the Eighteenth Century. In: Philological Quarterly 41, 1962:330-338.

McTaggert, J. M. E.: Time. (Aus: ders.: The Nature of Existence. Vol. II. 1925, Book V, Ch. 33). In: Gale (ed.): The Philosphy of Time. London—Melbourne 1968

Mead, George H.: Geist, Identität und Gesellschaft (1934). Frankfurt am Main ²1975

Medvedev, Pavel: Die formale Methode in der Literaturwissenschaft (1928). Stuttgart 1976

Mehren, Günther: Sinn und Gestalt der Maske. In: Antaios 12, 1970:136-153

Melchinger Siegfried: Geschichte des politischen Theaters (1971). 2 Bde. Frankfurt am Main 1974

*Métreaux, Alfred: La Comédie rituelle dans la possession. In: Diogène 11, 1955:26-49

*Meuli, Karl: Der Ursprung der Fastnacht. In: Antaios 12, 1970:164-180

Michael, Friedrich: Geschichte des deutschen Theaters. Stuttgart 1969

*Miething, Christoph: Mariveaux' Theater. Identitätsprobleme in der Komödie. München 1975

Miller, Stephen: Ends, Means, and Galumphing: Some Leitmotifs of Play. In: American Anthropologist 75, 1973:87-98

*Milner, George B.: Homo Ridens: Towards a Semiotic Theory of Humour and Laughter. In: Semiotica 5, 1972:1-28

Modaressi, Taghi: The Zar Cult in South Iran. In: Prince (ed.) 1968:149-155

*Moffat, Margaret. M.: La controverse sur la moralité du théâtre. Paris 1930
Mog, Paul: Ratio und Gefühlskultur. Studien zur Psychogenese und Literatur im 18. Jahrhundert. Tübingen 1976
Moneta, Giuseppina Chiara: On Identity. The Hague 1976
Mordini, Attilio: Der Logos des Theaters. Zu einer Metaphysik des Schauspielers. In: Antaios 7, 1965/66:342-364
(Moreno, Jakob L.): Das Stehgreiftheater. Potsdam 1924
*Morier, Henri: Artikel ironie in: Dictionaire de poétique et de rhétorique. Paris ²1975: 555-595
Morin, Edgar: Das Rätsel des Humanen. München 1974
Morris, Charles W. Zeichen—Wert—Ästhetik. Frankfurt am Main 1975
*Müller, Gottfried: Theorie der Komik. Über die komische Wirkung im Theater und Film. Würzburg 1964
*Müller, Klaus-Detlef: Das Erbe der Komödie im bürgerlichen Trauerspiel. Lessings 'Emilia Galotti' und die commedia dell'arte. In DVjs 46, 1972:28-60
Munteano, B.: L'abbé DuBos, esthécicien de la persuasion passionelle. In: Revue de la Littérature comparée 30, 1956:318-350

*Naranjo, Claudio/Robert E. Ornstein: Psychologie der Meditation (1971). Frankfurt am Main 1976
Nasio, Juan David: Metapher und Phallus. In: Leclaire (ed.) 1976:105-121
Natanson, Maurice: Literature, Philosphy and the Social Sciences. The Hague 1962
Neuschäfer, H.: D'Aubignacs Pratique du théâtre und der Zusammenhang von "imitatio", "vraisemblence" und "bienséance". (= Einführung zu einem Nachdruck der Pratique du théâtre) München 1971:VII-XXVII
*Nicoll, Allardyce: The Theory of Drama (1923). New York 1966
Niessen, Carl: Handbuch der Theaterwissenschaft. Bd. 1, 1-3. Emsdetten 1949-58
Nitschak, Horst: Kritik der ästhetischen Wirklichkeitskonstitution. Eine Untersuchung zu den ästhetischen Schriften Kants und Schillers. Frankfurt am Main 1976
Nitzschke, Bernd: Die Zerstörung der Sinnlichkeit. München 1974
*Nolte, Fred Otto: The Early Middle Class Drama 1696-1774. Nachdruck (der Ausgabe Lancaster 1935) o.O. 1976
*O'Connell, Walter E.: Creativity in Humor. In: Journal of Social Psychology 78, 1969: 237-241
*O'Connell, Walter E.: Freudian Humour: The Eupsychia of Everyday Life. In: Chapman/ Foot (eds.) 1976:313-329
Ogibenin, Boris L.: Mask in the Light of Semiotics. A Functional Approach. In: Semiotica 13, 1975:1-9
*Olson, Elder: The Theory of Comedy. Bloomington 1968
Olson, David R.: Sprache und Denken: Aspekte einer kognitiven Theorie der Semantik (1970). In: Leuninger et al. (eds.) o.J., 179-207
Onians, Richard B.: The Origins of European Thought about the Body, the Mind, the Soul, the World, Time and Fate. New Interpretations of Greek, Roman and Kindred evidence, also of some basic Jewish and Cristian beliefs (1951). Cambridge ²1954

Pagliari, Antonio: Linguistics and Sociology. In: International days of Sociolinguistics 1969 (= Congresso internazionale di scienze sociali dell'Istituto Luigi Sturzo 2, 1969) Rom 1970:35-52
Paul, Arno: Theaterwissenschaft als Lehre vom theatralischen Handeln. In: Kölner Zeitschrift für Soziologie und Sozialpsychologie 23, 1971:55-77
Paul, Jean: Vorschule der Ästhetik (1804). Kleine Nachschule zur ästhetischen Vorschule. München ²1974
Paz, Octavio: Das Bild (1956). In: B. Allemann (ed.): Ars Poetica. Darmstadt 1971:425-445
Peirce, Charles S.: Philosophical Writings. New York 1955
Peirce, Charles S.: Collected Papers. Vol. V. Cambridge 1960
Pellegrini, Alessandro: Premesse critiche per la interpretazione estetica dell'opera die C. F. Gellert. Bologna 1952
Pellegrini, Alessandro: Die Krise der Aufklärung. Das dichterische Werk von Chr. F.

Gellert und die Gesellschaft seiner Zeit. In: Literaturwissenschaftliches Jahrbuch 7, 1966/67:37-96
Petitot-Cocorda, Jean: Identité et catastrophes. In: Lévi-Strauss (ed.) 1977:109-156
Peukert, Kurt Werner: Verwandlung und Gegenwart der Maske. In: Antaios 12, 1970: 121-135
*Pfister, Manfred: Das Drama. Theorie und Analyse. München 1977
Piaget, Jean: Nachahmung, Spiel und Traum. Die Entwicklung der Symbolfunktion beim Kinde (1945). (= Gesammelte Werke 5). Stuttgart 1975
Pikulik, Lothar: 'Bürgerliches Trauerspiel' und Empfindsamkeit. Köln—Graz 1966
Plett, Heinrich Franz: Rhetorik der Affekte. Englische Wirkungsästhetik im Zeitalter der Renaissance. Tübingen 1975
Plessner, Helmuth: Zwischen Philosophie und Gesellschaft. Bern 1953
Plessner, Helmuth: Die Deutung des mimischen Ausdrucks. In: ders. 1953:132-179
Plessner, Helmuth: Zur Anthropologie des Schauspielers. In: ders. 1953:180-191
*Plessner, Helmuth: Das Lächeln. In: ders. 1953:193-203
Plessner, Helmuth: Der imitatiorische Akt. In: Festschrift Kurt Hirschfeld. Zürich 1962: 22-31
*Plessner, Helmuth: Philosophische Anthropologie. Frankfurt am Main 1970
Pörtner, Paul: Spontanes Theater. Erfahrungen. Konzepte. Köln 1972
Pontalis, J.-B.: Ein neuer Heiler: J.-L. Moreno. In: ders.: Nach Freud. Frankfurt am Main 1968:190-207
Pontalis, J.-B. (ed.): Objekte des Fetischismus (1970). Frankfurt am Main 1972
*Povoledo, Elena: Le Bouffon et la commedia dell'arte dans la fête vénitienne au XVIe siècle. In: Jacquot/Konigson (eds.) 1975, III:253-266
*Prang, Helmut: Geschichte des Lustspiels. Von der Antike bis zur Gegenwart. Stuttgart 1968
*Preisendanz, Wolfgang: Reflexive Komik. In: H. Weinrich (ed.) 1975:551-552
*Preisendanz, Wolfgang/Rainer Warning (eds.): Das Komische (= Poetik und Hermeneutik VII). München 1976
*Preisendanz, Wolfgang: Artikel "Komische (das), Lachen (das)". In: Historisches Wörterbuch der Philosophie 1976, IV, Sp. 889-893
Prewo, Rainer/Jürgen Ritsert/Elmar Stracke: Systemtheoretische Ansätze in der Soziologie. Eine kritische Analyse. Reinbek b. Hamburg 1973
Prince, Raymond (ed.): Trance and Possession States. Proceedings of the second annual conference of the R. M. Bucke Memorial Society. Montreal 1968
*Promies, Wolfgang: Die Bürger und der Narr oder das Risiko der Phantasie. Eine Untersuchung über das Irrationale in der Literatur des Rationalismus. Diss. München 1961
Pütz, Peter: Die deutsche Aufklärung. Darmstadt 1968
Pust, Helga: Common sense bis zum Ende des 18. Jahrhunderts. In: Schmidt—Hidding (ed.) 1963, II:92-140

*Quatrocchi, Luigi: Il teatro di Johann Elias Schlegel. Rom 1965

*Radcliff-Brown, Alfred Reginald: On Joking Relationship (1940); sowie: A Further Note on Jokin Relationship (1949). In: ders.: Structure and Function in Primitive Society. London 1952:90-116
*Radcliff-Umstead, Douglas: The Birth of Modern Comedy in Renaissance Italy. Chicago 1969
Rammstedt, Otthein: Alltagsbewußtsein von Zeit. In: Kölner Zeitschrift für Soziologie und Sozialpsychologie 27, 1975:47-63
*Ramondt, Marie: Between Laughter and Humour in the Eighteenth Century. In: Neophilologus 40, 1956:128-138
*Rapp, Uri: Handeln und Zuschauen. Untersuchungen über den theatersoziologischen Aspekt in der menschlichen Interaktion. Darmstadt 1973
Rehbein, Jochen: Komplexes Handeln. Elemente zur Handlungstheorie der Sprache. Stuttgart 1977
*Reich, Hermann: Der Mimus. Ein literarisch-entwicklungsgeschichtlicher Versuch. Bd. I, 1. Theorie des Mimus. Bd. I, 2. Entwicklungsgeschichte des Mimus. Berlin 1903

Reich, Wilhelm: Massenpsychologie des Faschismus. Kopenhagen 1933
Reucher, Theo/Holger van den Boom: Logische Ästhetik der Gesellschaft als Philosophie der Praxis. Kastellaun 1977
Reynolds, John F.: 18 unveröffentlichte Briefe C. F. Gellerts. In: Jahrbuch des Freien Deutschen Hochstifts 1977:1-26
*Rieck, Werner: Die Theorie des deutschen Lustspiels in der Periode von 1688 bis 1736. In: Wissenschaftliche Zeitschrift der Pädagogischen Hochschule Potsdam IX, 1965:27-39.
Rieck, Werner: Johann Christoph Gottsched. Eine kritische Würdigung seines Gesamtwerkes unter besonderer Berücksichtigung seiner Theorie von der Dichtkunst und ihrer nationalen und sozialen Bedeutung. Habil.-Schrift Potsdam 1968
Rieck, Werner: Literaturgesellschaftliche Prozesse in der deutschen Frühaufklärung. In: Kopitzsch (ed.) 1976:364-384
Riemann, Albert: Die Ästhetik Alexander Gottlieb Baumgartens, unter besonderer Berücksichtigung der Meditationes Philosophicae de Nonnullis ad Poema Pertinentibus nebst einer Übersetzung dieser Schrift. Halle 1928
Rive, Renate: Sentiment. Sentimental. In: Schmidt-Hidding (ed.) 1964, II:167-189
Ritsert, Jürgen: Probleme politisch-ökonomischer Theoriebildung. Frankfurt am Main 1973
Ritsert, Jürgen: Wissenschaftsanalyse als Ideologiekritik. Frankfurt am Main—New York 1975
*Ritter, Joachim: Über das Lachen. In Blätter für deutsche Philosophie 14, 1940/41:1-21. Jetzt auch in: ders.: Subjektivität. Frankfurt am Main 1974:62-92
*Rodenfels, Herbert: Johann Elias Schlegels Lustspiele mit besonderer Berücksichtigung ihrer formalen Gestaltung. Diss. Breslau 1938
*Roeder, Anke: Die Gebärde im Drama des Mittelalters. Osterfeiern, Osterspiele. München 1974
*Rommel, Otto (ed.): Einführung zu: Die Maschinenkomödie. (= Deutsche Literatur, Reihe Barock: Barocktradition im österreichisch-bayrischen Volkstheater. Bd. 1) Leipzig 1935:5-70
*Rommel, Otto Die wissenschaftlichen Bemühungen um die Analyse des Komischen. In: DVjs 21 (2), 1943:161-195
*Rommel, Otto: Komik und Lustspieltheorie. In: DVjs 21 (3), 1943:252-286. Jetzt auch in: Grimm/Berghahn (eds.) 1975
Rosolato, Guy: Der Fetischismus, dessen Objekt sich 'entzieht'. In: Pontalis (ed.) 1972: 62-75
Roubiczek, Lili E.: Die wichtigsten Theorien des Spiels. In: Zeitschrift für psychoanalytische Pädagogik 6, 1932:248-252
Ruesch, Jürgen: Semiotic Approaches to Human Relations. The Hague—Paris 1972
Rusterholz, Peter: Theatrum Vitae Humanae: Funktion und Bedeutungswandel eines poetischen Bildes. Studien zu den Dichtungen von Andreas Gryphius, Christian Hofmann von Hofmannswaldau und Daniel Caspar von Lohenstein. Berlin 1970

Safouan, Moustafa: Die Struktur der Psychoanalyse. In: Wahl (ed.) 1973:259-321
*Salzbrunn, Joachim: Johann Elias Schlegel, seine Dramaturgie und seine Bedeutung für die Entwicklung des deutschen Theaters. Diss. Göttingen 1975
Samjatin, Jewgenij: Über die Literatur, die Revolution und die Entropie (1923). In: ders.: Morgen. Erzählungen, Essays, Dokumente. Wiesbaden o. J., S. 178-185
Sauder, Gerhard: Empfindsamkeit. Bd. 1: Elemente und Voraussetzungen. Stuttgart 1974
Schadewaldt, Wolfgang: Furcht und Mitleid? In: ders.: Hellas und Hesperien. Gesammelte Schriften zur Antike und zur neueren Literatur. Zürich—Stuttgart 1960:346-387
Schaeffner, André: Ritual et Pré-Théâtre. In: Guy Dumur (ed.): Histoire des spectacles. Paris 1965:21-53
Schanze, Helmut (ed.): Rhetorik. Beiträge zu ihrer Geschichte in Deutschland vom 16.—20. Jahrhundert. Frankfurt am Main 1974
Schechner, Richard: Public Domain. Essays on Theatre. Indianapolis 1969
Scheflen, Albert E.: Body Language and the Social Order. Englewood Cliffs, N. J. 1972
Scheflen, Albert E.: Micro-Territories in Human Interaction. In: Kendon et al. (eds.) 1975:159-173

Scherer, Jacques: La dramaturgie classique en France. Paris 1951
Scherpe, Klaus R.: Gattungspoetik im 18. Jahrhundert. Historische Entwicklung von Gottsched bis Herder. Stuttgart 1968
Schifko, Peter: Bedeutungstheorie. Einführung in die linguistische Semantik. Stuttgart–Bad Cannstatt 1975
Schings, Hans-Jürgen: Melancholie und Aufklärung. Melancholiker und ihre Kritiker in Erfahrungsseelenkunde und Literatur des 18. Jahrhunderts. Stuttgart 1977
* Schlaffer, Hannelore: Dramenform und Klassenstruktur. Eine Analyse der dramatis persona 'Volk'. Stuttgart 1972
* Schlaffer, Heinz: Musa iocosa. Gattungspoetik und Gattungsgeschichte der erotischen Dichtung in Deutschland. Stuttgart 1971
Schlaffer, Heinz: Der Bürger als Held. Frankfurt am Main 1973
Schlingmann, Carsten: Gellert. Eine literarische Revision. Bad Homburg vor der Höhe 1967
Schmid, Rainer H.: Raum, Zeit und Publikum des geistlichen Spiels. München 1975
Schmidt, Martin: Pietismus. Stuttgart–Berlin–Köln–Mainz 1972
*Schmidt-Hidding, Wolfgang (ed.): Europäische Schlüsselwörter. Bd. I: Humor und Witz. München 1963. Bd. II, 1: Kurzmonographien. München 1964
Schmidtchen, Stefan/ Anneliese Erb: Analyse des Kinderspiels. Köln 1976
*Schoell, Konrad: Das komische Theater des französischen Mittelalters. Wirklichkeit und Spiel. München 1975
*Schoeller, Bernd: Gelächter und Spannung. Studien zur Struktur des heiteren Dramas. Zürich–Freiburg 1971
*Schubart-Fikentscher, Gertrud: Die Stellung der Komödianten im 17. und 18. Jahrhundert. Berlin 1963.
*Schubert, Werner: Die Beziehungen Johann Elias Schlegels zur deutschen Aufklärung in seinen frühen Dramen und seiner poetischen Theorie. Diss. Leipzig 1959
Schütz, Alfred: Der sinnhafte Aufbau der sozialen Welt (1932). Frankfurt am Main 1974
Schütz, Alfred: Common-Sense and Scientific Interpretation of Human Action (1953). In: Maurice Natanson (ed.): Philosophy of the Social Sciences. New York 1963:3-47
Schütz, Alfred: Das Problem der Relevanz. Frankfurt am Main 1971
Schütze, Peter F.: Zur Kritik des literarischen Gebrauchswerts. Eine literaturphilosophische Untersuchung. Darmstadt 1975
*Schurig, Volker: Die Entstehung des Bewußtseins. Frankfurt am Main–New York 1976
Schwarz, Hans-Günther: Das stumme Zeichen. Der symbolische Gebrauch von Requisiten. Bonn 1974
Shubick, Martin/Garry D. Brewer: Models, Simulations, and Games. A Survey. Santa Monica, Ca. 1972
*Shultz, Thomas R.: A Cognitive-Developmental Analysis of Humor. In: Chapman/Foot (eds.) 1976:13-36
Siegrist, Johannes: Das Consensus-Modell. Stuttgart 1970
Silbermann, Alfons: Die soziologischen Aspekte des Theaters. In: ders. (ed.): Militanter Humanismus. Von den Aufgaben der modernen Soziologie. Frankfurt am Main 1966: 173-199
Simmel, Ernst: Doktorspiel, Kranksein und Arztberuf (1926). In: Psyche 29 (7), 1975: 665-676
Simmel, Georg: Zur Philosophie des Schauspielers. In: ders.: Fragmente und Aufsätze. München 1923:229-264
Simon, Alfred: Les signes et les songes. Essai sur le théâtre et la fête. Paris 1976
Sladek, August: Aktionslogik und Erzähllogik. Tübingen 1972
Slachower, Harry: Mythopoesis. Mythic Patterns in the Literary Classics. Detroit 1970
*Smith, Ewart E./Helen L. White: Wit, Creativity, and Sarcasm. In: Journal of Applied Psychology 49, 1966:131-134
Sohn-Rethel, Alfred: Geistige und körperliche Arbeit. Zur Theorie der gesellschaftlichen Synthesis. Frankfurt am Main 1970
*Souriau, Etienne: Le Risible et le Comique. In: Journal de psychologie normale et pathologique 41, 1948:145-183
*Southern, Richard: The Costumed Player. In: Calderwood/Toliver (eds.) 1968 (Aus: ders.:

The Seven Ages of the Theatre. 1961)
*Spacagna, Antoine: Entre le oui et le non: Essai sur la structure profonde du théâtre de Mariveaux. Bern—Frankfurt/Main—Las Vegas 1978
*Speier, Hans: Witz und Politik. Essay über die Macht und das Lachen. Zürich 1975
Sperber, Dan: Über Symbolik (1974). Frankfurt am Main 1975
Spingarn, Joel E.: A History of Literary Criticism in the Renaissance (1899). New York (5)1925
Stäudlin, Karl F.: Geschichte der Vorstellungen von der Sittlichkeit des Schauspiels. Göttingen 1823
Stefaneck, Paul: Vom Ritual zum Theater. In: Maske und Kothurn 22, 1976:194-223
*Steffen, Hans (ed.): Das deutsche Lustspiel. Bd. 1. Göttingen 1968
Steinbeck, Dietrich: Einleitung in die Theorie und Systematik der Theaterwissenschaft. Berlin 1970
*Steinmetz, Horst: Der Harlekin. Seine Rolle in der deutschen Komödientheorie und -dichtung des 18. Jahrhunderts. In: Neophilologus 50, 1966:95-106
*Steinmetz, Horst: Die Komödie der Aufklärung. Stuttgart ^{2}1971
*Stempel, Wolf-Dieter: Ironie als Sprechhaltung. In: Preisendanz/Warning (eds.) 1976: 205-235
Stewart, Philip: Le masque et la parole. Le langage de l'amour au XVIIIe siècle. Paris 1973
*Stierle, Karlheinz: Text als Handlung. München 1975
Stockinger, Ludwig: Entwicklungsprobleme der Schäferpoesie vom 17. zum 18. Jahrhundert im Lichte zeitgenössischer poetologischer Außerungen. In: Voßkamp (ed.) 1977:141-160
*Striedter, Jurij: Der Clown und die Hürde. In: Preisendanz/Warning (eds.) 1976:389-398
*Suchomski, Joachim: 'Delectatio' und 'Utilitas'. Ein Beitrag zum Verständnis mittelalterlicher komischer Literatur. Bern—München 1975
*Suls, Jerry M.: A Two-Stage Model for the Appreciation of Jokes and Cartoons: An Information-Processing Analysis. In: Goldstein/McGhee (eds.) 1972:81-1oo
*Swabey, Marie C.: Comic Laughter. A Philosophical Essay. New Haven—London 1961
*Sypher, Wylie: The Meanings of Comedy. In: ders. (ed.): Comedy. New York 1956
Szondi, Peter: Die Theorie des bürgerlichen Trauerspiels im 18. Jahrhundert. Frankfurt am Main 1973

*Tave, Stuart M.: The Amiable Humorist. A Study in the Comic Theory and Criticism in the Eighteenth and Early Nineteenth Century. Chicago 1960
*Taviani, Ferdinando: La commedia dell'arte e la società barocca. La fascinazione del teatro. Roma 1969
Teige, Karel: Liquidierung der 'Kunst'. Frankfurt am Main 1968
*Tessari, Roberto: La commedia dell'arte nel seicento. 'Industria' e 'arte giocosa' della civiltà barocca. Florenz 1969
Theater — Wahrheit und Wirklichkeit. Freundesgabe zum sechzigsten Geburtstag von Kurt Hirschfeld. Zürich 1962
*Theile, Wolfgang: Komödienstruktur und Wirklichkeitsbewußtsein im Theater Goldonis. In: Romanische Forschungen 89, 1977:66-87
*Themerson, Stefan: The Anatomy of Laughter. In: ders.: Logic, Labels and Flesh. London 1974:117-144
*Treiber, Hubert: Humor in Uniform oder die Anwendungsmöglichkeiten des Lachens im Rahmen von 'totalen Institutionen'. In: ders.: Wie man Soldaten macht. Sozialisation in 'kasernierter Vergesellschaftung'. Düsseldorf 1973
Turner, Victor W.: The Ritual Process. Structure and Anti-Structure (1969). Chicago ^{2}1970

Urbain, Ch./E. Levesque (eds.): L'église et le théâtre. Paris 1930.

*Vater, Theo: Das Komische und der Humor. In: Der Deutschunterricht 14 (5), 1962:65-1o5
Verdiglione, Armando (ed.): Psychanalyse et politique. Paris 1974
Verdiglione, Armando: La matière non-sémiotisable. In: ders. (ed.) 1974:201-236

Verweyen, Theodor: Emanzipation der Sinnlichkeit im Rokoko? Zur ästhetik-theoretischen Grundlegung und funktionsgeschichtlichen Rechtfertigung der deutschen Anakreontik. In: GRM 56 (N.F. 25), 1975:276-306

*Victoreff, David: Le Rire et le risible. Introduction à la psycho-sociologie du rire. Paris 1953

Villiers, André: La Psychologie du comédien. Paris 1946

Voss, Eva-Maria de: Die frühe Literaturkritik der Aufklärung. Diss. Bonn 1975

Voßkamp, Wilhelm (ed.): Schäferdichtung. (= Dokumente des Internationalen Arbeitskreises für deutsche Barockliteratur Bd. 4) Hamburg 1977

Wälder, Robert: Die psychoanalytische Theorie des Spiels. In: Zeitschrift für psychoanalytische Pädagogik 6, 1932:184-194

Wahl, François (ed.): Einführung in den Strukturalismus (1968). Frankfurt/Main 1973

Waldenfels, Bernhard: Verhaltensnorm und Verhaltenskontext. In: ders. et al. (eds.) 1977:134-157

Waldenfels, Bernhard et al. (eds.): Phänomenologie und Marxismus. Bd. 1: Konzepte und Methoden. Bd. 2: Praktische Philosophie. Frankfurt am Main 1977

Wallace, Anthony F. C.: Die psychische Einheit menschlicher Gruppen. In: Arbeitsgruppe Bielefelder Soziologen (eds.) 1973:285-322

*Warning, Rainer: Funktion und Struktur. Die Ambivalenzen des geistlichen Spiels. München 1974.

*Warning, Rainer: Komik und Komödie als Positivierung von Negativität. In: Weinrich (ed.) 1975:341-366

*Warning, Rainer: Elemente einer Pragmasemiotik der Komödie. In: Preisendanz/Warning (eds.) 1976:279-334

Weidenfeld, Dieter: Der Schauspieler in der Gesellschaft. Köln—Berlin 1959

*Weidkuhn, Peter: Fastnacht—Revolte—Revolution. In: Zeitschrift für Religions- und Geistesgeschichte 21 (4), 1969:289-3o6

*Weimann, Robert: Shakespeare und die Tradition des Volkstheaters. Soziologie—Dramaturgie—Gestaltung. Berlin (DDR) 1967

Weimar, Klaus: Historische Einleitung zur literaturwissenschaftlichen Hermeneutik. Tübingen 1975

*Weinberg, Bernard: A History of Literary Criticism in the Italian Renaissance. 2. Bde. Chicago 1961

*Weinberg, Bernard: Trattati di Poetica e Retorica del Cinquecento. 2. Bde. Bari 1970

Weinrich, Harald (ed.): Positionen der Negativität. (= Poetik und Hermeneutik VI) München 1975

*Weismann, Werner: Kirche und Schauspiele. Die Schauspiele im Urteil der italienischen Kirchenväter unter besonderer Berücksichtigung von Augustinus. Würzburg 1974

Wekwerth, Manfred: Theater und Wissenschaft. Überlegungen für das Theater von heute und morgen. München 1974

*Wellershoff, Dieter: Infantilismus als Revolte oder das ausgeschlagene Erbe. Zur Theorie des Blödelns. In: Preisendanz/Warning (eds.) 1976:335-357

*Welsford, Enid: The Fool. His Social an Literary History. London 1935

Wessel, Horst (ed.): Quantoren—Modalitäten—Paradoxien. Beiträge zur Logik. Berlin 1972

*Wetzel, H.: Das empfindsame Lustspiel der Frühaufklärung (1745-175o). Zur Frage der Befreiung der deutschen Komödie von der rationalistischen und französischen Tradition im 18. Jahrhundert. Diss. München 1956

Whitten, Norman E. Jr./John F. Szweed (eds.): Afro-American Anthropology. New York—London 1970

*Wicke, Günter: Die Struktur des deutschen Lustspiels der Aufklärung. Versuch einer Typologie (1965). Bonn ²1968

Wiebecke, Ferdinand: Die Poetik Georg Friedrich Meiers. Ein Beitrag zur Geschichte der Dichtkunst im 18. Jahrhundert. Diss. Göttingen 1967

*Wiemken, Helmut: Der griechische Mimus. Dokumente zur Geschichte des antiken Volkstheaters. Bremen 1972

Wierlacher, Alois: Das bürgerliche Drama. Seine theoretische Begründung im 18. Jahrhundert. München 1968
Wiese, Benno von (ed.): Deutsche Dichter des 18. Jahrhunderts. Berlin 1977
*Wilkinson, Elizabeth M.: Johann Elias Schlegel. A German Pioneer in Aesthetics. Darmstadt [3]1973
*Willeford, William: Der Narr an der Grenze. In Antaios 10, 1968/69:539-561
*Willeford, William: The Clown, the Kingdom and the Stage. A Study in the Forms of our Relationship to Folly. Diss. Zürich 1967
*Willeford, William: The Fool and his Sceptre. London 1969
Winckler, Lutz: Studie zur gesellschaftlichen Funktion faschistischer Sprache. Frankfurt am Main [2]1971
*Winkler, Emil: Zur Geschichte des Begriffes 'Comédie' in Frankreich. In: Sitzungsberichte der Heidelberger Akademie der Wissenschaften. Philosophisch-historische KLasse (28) 1937/38, S. 1-31
Winnicott, Donald W.: Vom Spiel zur Kreativität. Stuttgart 1973
*Wölfel, Kurt: Moralische Anstalt. zur Dramaturgie von Gottsched bis Lessing. In: R. Grimm (ed.): Deutsche Dramentheorien. Bd. 1. Frankfurt am Main 1971:45-122
*Wolff, Eugen: Johann Elias Schlegel. Kiel—Leipzig [2]1892
Wright, Georg H. von: Handlung, Norm und Interaktion. Untersuchungen zur deontischen Logik. Berlin—New York 1977
Wunderlich, Dieter: Grundlagen der Linguistik. Reinbek b. Hamburg 1974
*Wuttke, Bernhard: Nichtsprachliche Darstellungsmittel des Theaters. Kommunikations- und zeichentheoretische Studien unter besonderer Berücksichtigung des satirischen Theaters. Phil. Diss. Münster 1974

*Zijderveld, Anton C.: Jokes and their Relation to Social Reality. In: Social Research 35, 1968:286-311
*Zijderveld, Anton C.: Humor und Gesellschaft. Eine Soziologie des Humors und des Lachens. Graz 1976
Zulliger, Hans: Magie im Kinderspiel. In: Zeitschrift für psychoanalytische Pädagogik 6, 1932:24o-245

GPSR Compliance

The European Union's (EU) General Product Safety Regulation (GPSR) is a set of rules that requires consumer products to be safe and our obligations to ensure this.

If you have any concerns about our products, you can contact us on ProductSafety@springernature.com

In case Publisher is established outside the EU, the EU authorized representative is:

Springer Nature Customer Service Center GmbH
Europaplatz 3
69115 Heidelberg, Germany

Batch number: 10809464

Printed by Printforce, the Netherlands